JIDIAN YITIHUA
JINENGXING RENCAI
YONGSHU

机电一体化技能型人才用书

数控铣床/加工中心编程与加工一体化教程

周晓宏　主编

中国电力出版社
CHINA ELECTRIC POWER PRESS

内 容 提 要

本书根据数控铣床/加工中心操作工岗位的技术和技能要求，介绍了数控铣床/加工中心编程与加工的技术和技能。本书按“项目”编写，在“项目”下又分解为若干个“任务”，是一种理论和实操一体化的教材。本书按照学生的学习规律，从易到难，精选了 16 个“项目”，每一个“项目”下又设计了若干个“任务”，在任务引领下介绍完成该任务（编程、加工工件等）所需的理论知识和实操技能。

本书内容包括学习数控铣床/加工中心编程与加工基础、学会操作 FANUC 系统数控铣床/加工中心、直槽零件编程与加工、蝶形零件编程与加工、槽轮编程与加工、沟槽零件编程与加工、孔类零件编程与加工、凹模零件编程与加工、双面零件编程与加工、薄壁、深型腔加工、配合件编程与加工、简单三维零件编程与加工、应用宏程序编程与加工曲面零件、加工五边形凸模、数控铣床操作工职业技能综合训练、加工中心操作工职业技能综合训练。

本书的读者对象为各高等职业技术学院、技校、中等职业学校数控、模具、数控维修、机电一体化专业的学生，以及相关工种的社会培训学员。

图书在版编目（CIP）数据

数控铣床/加工中心编程与加工一体化教程 / 周晓宏主编. —北京：中国电力出版社，2017.2

机电一体化技能型人才用书

ISBN 978-7-5198-0170-0

Ⅰ. ①数…　Ⅱ. ①周…　Ⅲ. ①数控机床-铣床-程序设计-教材 ②数控机床加工中心-程序设计-教材　Ⅳ. ①TG547②TG659

中国版本图书馆 CIP 数据核字（2016）第 314352 号

中国电力出版社出版、发行

（北京市东城区北京站西街 19 号　100005　http://www.cepp.sgcc.com.cn）

航远印刷有限公司印刷

各地新华书店经售

*

2017 年 2 月第一版　　2017 年 2 月北京第一次印刷

787 毫米×1092 毫米　16 开本　19.5 印张　436 千字

印数 0001—2000 册　　定价 **49.00** 元

前 言

目前，企业中数控机床的使用数量正大幅度增加，因此急需大批数控编程与加工方面的技能型人才。然而，目前国内掌握数控编程与加工的技能型人才较短缺，这使得数控技术应用技能型人才的培养十分迫切。为适应培养数控技术应用技能型人才的需要，我们将在生产一线和教学岗位上多年的心得体会进行总结，并结合学校教学的要求和企业要求，组织编写了本书。

本书按“项目”编写，在“项目”下又分解为若干个“任务”，是一种理论和实操一体化的教材。本书按照学生的学习规律，从易到难，精选了16个“项目”，每一个“项目”下又设计了若干个“任务”，在任务引领下介绍完成该任务（编程、加工工件等）所需的理论知识和实操技能。

本书内容包括学习数控铣床/加工中心编程与加工基础、学会操作FANUC系统数控铣床/加工中心、直槽零件编程与加工、蝶形零件编程与加工、槽轮编程与加工、沟槽零件编程与加工、孔类零件编程与加工、凹模零件编程与加工、双面零件编程与加工、薄壁、深型腔加工、配合件编程与加工、简单三维零件编程与加工、应用宏程序编程与加工曲面零件、加工五边形凸模、数控铣床操作工职业技能综合训练、加工中心操作工职业技能综合训练。

本书可操作性强，读者通过对这些项目的学习和训练，可很快掌握数控车床加工技术和技能。本书可大大提高读者学习数控车床加工技术和技能的兴趣和针对性，学习效率高。在编写过程中，突出体现“知识新、技术新、技能新”的编写思想，以所介绍知识和技能“实用、可操作性强”为基本原则，不刻意追求理论知识的系统性和完整性。

本书由深圳技师学院周晓宏副教授、高级技师主编。本书可供各高等职业技术学院、技校、中等职业学校数控、模具、数控维修、机电一体化专业的学生，以及相关工种的社会培训学员作教材使用。

由于编者水平有限，书中难免存在疏漏之处，恳请读者批评指正。

编 者

目　录

前言

- 项目一　学习数控铣床/加工中心编程与加工基础 …… 1
  - 任务一　认识数控铣床/加工中心 …… 1
  - 任务二　学习数控铣床/加工中心操作规程 …… 8
  - 任务三　学会维护数控铣床/加工中心 …… 9
  - 任务四　选择和装夹数控铣削刀具 …… 14
  - 任务五　认识数控铣床/加工中心坐标系 …… 19
  - 任务六　认识铣削三要素 …… 20
  - 任务七　制定数控铣削加工工艺 …… 23
- 项目二　学会操作 FANUC 系统数控铣床/加工中心 …… 32
  - 任务一　操作 FANUC 系统数控铣床/加工中心 …… 32
  - 任务二　使用对刀工具对刀 …… 52
  - 任务三　学习设定加工中心刀具长度补偿的方法 …… 55
  - 任务四　设定加工中心刀具长度补偿训练 …… 58
- 项目三　直槽零件编程与加工 …… 61
  - 任务一　学习数控铣床编程基础知识 …… 62
  - 任务二　学习数控铣床编程指令 …… 68
  - 任务三　学习铣削加工工艺知识 …… 69
  - 任务四　项目实施 …… 78
  - 任务五　完成本项目的实训 …… 81
- 项目四　蝶形零件编程与加工 …… 82
  - 任务一　学习数控铣床编程指令 …… 83
  - 任务二　掌握立铣刀知识及使用方法 …… 85
  - 任务三　项目实施 …… 88
  - 任务四　完成本项目的实训任务 …… 89
  - 任务五　知识拓展：铣削方法 …… 90
- 项目五　槽轮编程与加工 …… 93
  - 任务一　学习相关编程指令 …… 94
  - 任务二　项目实施 …… 97
  - 任务三　完成本项目的实训任务 …… 102

任务四　知识拓展：刀具长度补偿的应用 …… 103
项目六　沟槽零件编程与加工 …… 106
任务一　学习槽加工工艺知识 …… 107
任务二　学习相关编程指令 …… 110
任务三　项目实施 …… 114
任务四　完成本项目的实训任务 …… 117
任务五　技能拓展：用百分表对刀 …… 118
项目七　孔类零件编程与加工 …… 119
任务一　学习孔加工和螺纹加工编程指令 …… 119
任务二　掌握孔加工方法、刀具及切削用量选用 …… 123
任务三　项目实施 …… 135
任务四　完成本项目的实训任务 …… 138
项目八　凹模零件编程与加工 …… 140
任务一　学习型腔铣削工艺知识 …… 141
任务二　项目实施 …… 144
任务三　完成本项目的实训任务 …… 149
项目九　双面零件编程与加工 …… 151
任务一　学习双面件对刀方法 …… 152
任务二　项目实施 …… 153
任务三　完成本项目的实训任务 …… 161
任务四　知识拓展：加工中心的换刀程序 …… 162
项目十　薄壁、深型腔加工 …… 164
任务一　工艺分析与工艺设计 …… 165
任务二　程序编制 …… 166
项目十一　配合件编程与加工 …… 176
任务一　学习配合件的加工方法 …… 176
任务二　凸模铣削加工 …… 178
任务三　凹模铣削加工 …… 181
任务四　完成本项目的实训任务 …… 183
项目十二　简单三维零件编程与加工 …… 186
任务一　型芯铣削 …… 186
任务二　曲面凹槽加工 …… 188
任务三　球面环槽加工 …… 190
任务四　凹模加工实训 …… 192
任务五　知识拓展：高速切削 …… 193
项目十三　应用宏程序编程与加工曲面零件 …… 198
任务一　学习宏指令编程方法 …… 198

任务二　凹模型腔加工……204
任务三　球面台与凹球面铣削……212
任务四　加工椭圆锥台……215
任务五　上圆下方凸台铣削……217
任务六　半内球体加工实训……219
项目十四　加工五边形凸模……221
任务一　认识 MasterCAM 的基本功能……222
任务二　图形绘制与修整……224
任务三　刀具路径与后处理程序生成……226
任务四　项目实施……238
任务五　完成本项目的实训任务……241
项目十五　数控铣床操作工职业技能综合训练……243
任务一　中级数控铣床操作工职业技能综合训练一……243
任务二　中级数控铣床操作工职业技能综合训练二……246
任务三　中级数控铣床操作工职业技能综合训练三……249
任务四　高级数控铣床操作工职业技能综合训练一……252
任务五　高级数控铣床操作工职业技能综合训练二……257
任务六　高级数控铣床操作工职业技能综合训练三……260
项目十六　加工中心操作工职业技能综合训练……264
任务一　加工中心中级操作工实操考核一……264
任务二　加工中心中级操作工实操考核二……266
任务三　加工中心中级操作工实操考核三……270
任务四　加工中心高级操作工实操考核一……273
任务五　加工中心高级操作工实操考核二……282
任务六　加工中心高级操作工实操考核三……287
任务七　加工中心高级操作工实操考核四……292

参考文献……301

项目一

学习数控铣床/加工中心编程与加工基础

任务一　认识数控铣床/加工中心

一、数控铣床的分类

1. 按机床主轴的布置形式及机床的布局特点分类

数控铣床可分为数控立式铣床、数控卧式铣床和数控龙门铣床等。

（1）数控立式铣床。如图 1–1（a）所示，数控立式铣床主轴与机床工作台面垂直，工件安装方便，加工时便于观察，但不便于排屑。一般采用固定式立柱结构，工作台不升降。主轴箱作上下运动，并通过立柱内的重锤平衡主轴箱的重量。为保证机床的刚性，主轴中心线距立柱导轨面的距离不能太大，因此这种结构主要用于中小尺寸的数控铣床。

（2）数控卧式铣床。如图 1–1（b）所示，数控卧式铣床的主轴与机床工作台面平行，加工时不便观察，但排屑顺畅。一般配有数控回转工作台，便于加工零件的不同侧面。单纯的数控卧式铣床现在已比较少，而多是在配备自动换刀装置（ATC）后成为卧式加工中心。

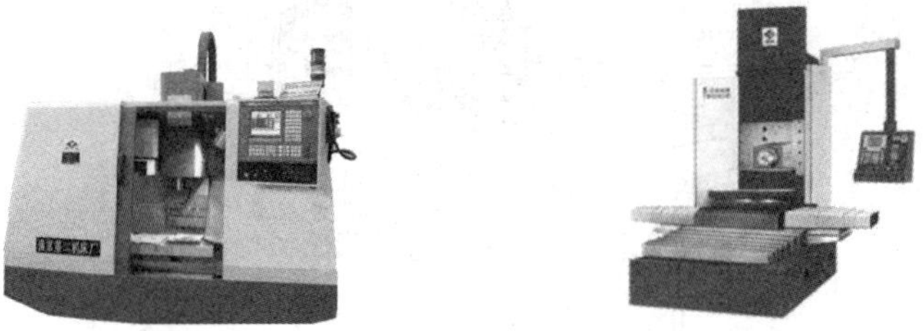

(a)　　(b)

图 1–1　数控铣床

（a）数控立式铣床；（b）数控卧式铣床

（3）数控龙门铣床。对于大尺寸的数控铣床，一般采用对称的双立柱结构，保证机床的整体刚性和强度，即数控龙门铣床，有工作台移动和龙门架移动两种形式。它适用于加工飞机整体结构体零件、大型箱体零件和大型模具等，如图 1–2 所示。

图 1–2　数控龙门铣床

2. 按数控系统的功能分类

数控铣床可分为经济型数控铣床、全功能数控铣床和高速铣削数控铣床等。

（1）经济型数控铣床。一般采用经济型数控系统，如 SIEMENS 802S 等，采用开环控制，可以实现三坐标联动。这种数控铣床成本较低，功能简单，加工精度不高，适用于一般复杂零件的加工。一般有工作台升降式和床身式两种类型。

（2）全功能数控铣床。采用半闭环控制或闭环控制，数控系统功能丰富，一般可以实现 4 坐标以上联动，加工适应性强，应用最广泛。

（3）高速铣削数控铣床。高速铣削是数控加工的一个发展方向，技术已经比较成熟，已逐渐得到广泛的应用。这种数控铣床采用全新的机床结构、功能部件和功能强大的数控系统并配以加工性能优越的刀具系统，加工时主轴转速一般在 8000～40 000r/min，切削进给速度 10～30m/min，可以对大面积的曲面进行高效率、高质量的加工。但目前这种机床价格昂贵，使用成本比较高。

二、数控铣床的组成

数控铣床形式多样，不同类型的数控铣床在组成上有所差别，但都有许多相似之处。下面以 XK5040A 型数控立式升降台铣床为例介绍其组成情况。

XK5040A 型数控立式升降台铣床，配有 FANUC–3MA 数控系统，采用全数字交流伺服驱动。

数控铣床的结构布局如图 1–3 所示。

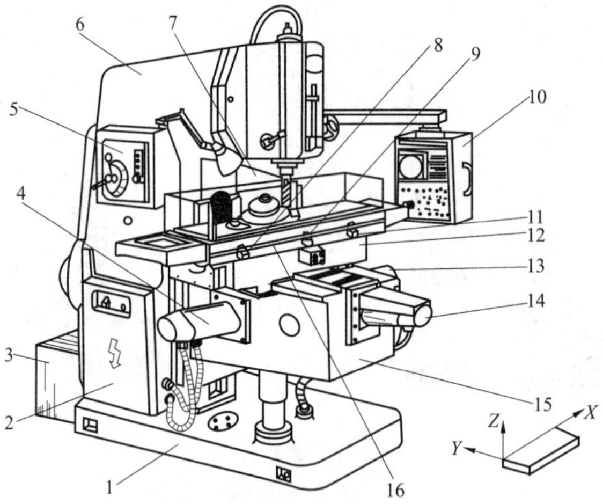

图 1–3　XK5040A 型数控铣床的布局图

1—底座；2—强电柜；3—变压器箱；4—垂直升降（*Z* 轴）进给伺服电机；5—主轴变速手柄和按钮板；6—床身；7—数控柜；8、11—保护开关（控制纵向行程硬限位）；9—挡铁（用于纵向参考点设定）；10—操纵台；12—横向溜板；13—纵向（*X* 轴）进给伺服电动机；14—横向（*Y* 轴）进给伺服电动机；15—升降台；16—纵向工作台

该机床由 6 个主要部分组成，即床身部分，铣头部分，工作台部分，横进给部分，升降台部分和冷却、润滑部分。

1. 床身

床身内部布筋合理，具有良好的刚性，底座上设有 4 个调节螺栓，便于机床调整水平，冷却液储液池设在机床底座内部。

2. 铣头部分

铣头部分由有级（或无级）变速箱和铣头两个部件组成。

铣头主轴支承在高精度轴承上，保证主轴具有高回转精度和良好的刚性，主轴装有快速换刀螺母，前端锥孔采 ISO50#锥度。主轴采用机械无级变速，调节范围宽，传动平稳，操作方便。刹车机构能使主轴迅速制动，节省辅助时间，刹车时通过制动手柄撑开止动环使主轴立即制动。启动主电机时，应注意松开主轴制动手柄。铣头部件还装有伺服电动机、内齿带轮、滚珠丝杠副及主轴套筒，它们形成垂向（Z 向）进给传动链，使主轴作垂向直线运动。

3. 工作台

工作台与床鞍支承在升降台较宽的水平导轨上，工作台的纵向进给是由安装在工作台右端的伺服电动机驱动的。通过内齿带轮带动精密滚珠丝杠副，从而使工作台获得纵向进给。工作台左端装有手轮和刻度盘，以便进行手动操作。

床鞍的纵横向导轨面均采用了 TURCTTE–B 贴塑面，提高了导轨的耐磨性、运动的平稳性和精度的保持性，消除了低速爬行现象。

4. 升降台（横向进给部分）

升降台前方装有交流伺服电动机，驱动床鞍作横向进给运动，其传动原理与工作台的纵向进给相同，此外，在横向滚珠丝杠前端还装有进给手轮，可实现手动进给。升降台左侧装有锁紧手柄，轴的前端装有长手柄可带动锥齿轮及升降台丝杆旋转，从而获得升降台的升降运动。

5. 冷却与润滑装置

（1）冷却系统。机床的冷却系统是由冷却泵、出水管、回水管、开关及喷嘴等组成，冷却泵安装在机床底座的内腔里，冷却泵将冷却液从底座内储液池打至出水管，然后经喷嘴喷出，对切削区进行冷却。

（2）润滑系统及方式。润滑系统是由手动润滑油泵、分油器、节流阀、油管等组成。机床采用周期润滑方式，用手动润滑油泵，通过分油器对主轴套筒、纵横向导轨及三向滚珠丝杆进行润滑，以提高机床的使用寿命。

三、数控铣床/加工中心的工作原理

数控机床的工作过程如图 1–4 所示。

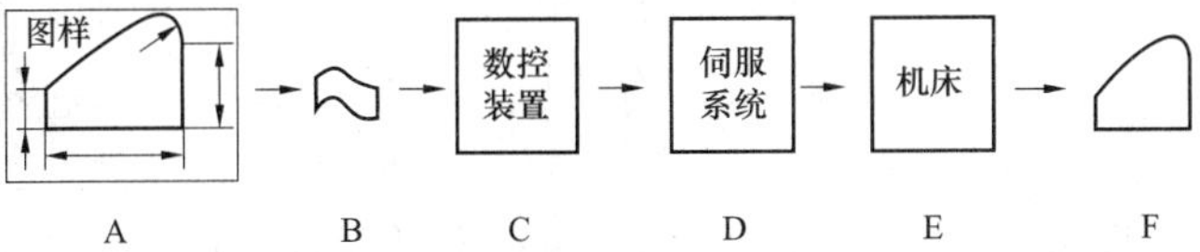

图 1–4 数控机床的工作过程

图 1–4 中，A 为零件图样，它记载着两类信息——几何信息和工艺信息。这些信息是编制数控加工程序的原始依据，根据图样编写数控程序。B 为控制介质，即程序的载体，

如穿孔纸带、磁盘等，其上记载有数控程序。C 为数控装置，一般由控制计算机和控制电路组成。数控程序经过它处理后，变成伺服系统能够接受的控制电信号。D 为伺服系统，它由伺服电路和伺服执行元件组成，它把控制电信号转换为运动物理量。“伺服”这个词起源于希腊语“奴隶”，我们可以把数控装置比作人的“头脑”，“伺服系统”则相当于人的“手”和“足”，伺服系统执行“大脑”的意志（数控装置发出的控制信号）。E 为机床，它最终完成一个零件的加工，形成最后的零件 F。

四、加工中心的特点

加工中心（Machining Center，MC）是一种能把铣削、镗削、钻削、螺纹加工等功能集中在一台设备上的数控加工机床。

加工中心与数控铣床、数控镗床的本质区别是配备有刀库，刀库中存放着不同数量的各种刀具或检具，在加工过程中由程序自动选用和更换，它的结构相对较复杂，控制系统功能较多。加工中心是一种综合加工能力较强的设备，与普通数控机床相比，它具有以下特点。

1. 工序集中，加工精度高

MC 数控系统能控制机床在工件一次装夹后，实现多表面、多特征、多工位的连续、高效、高速、高精度加工，即工序集中，这是 MC 的典型特点。由于加工工序集中，减少了工件半成品的周转、搬运和存放时间，使机床的切削利用率（切削时间和开动时间之比）比普通机床高 3～4 倍，达 80%以上，缩短了工艺流程，减少了人为干扰，故加工精度高，互换性好。

2. 操作者的劳动强度减轻、经济效益高

3. 对加工对象的适应性强

加工中心是按照被加工零件的数控程序进行自动加工的，当改变加工零件时，只要改变数控程序，不必更换大量的专用工艺装备。因此，能够适应从简单到复杂型面零件的加工，且生产准备周期短，有利于产品的更新换代。

4. 有利于生产管理的现代化

用 MC 加工零件时，能够准确地计算零件的加工工时，并有效地简化检验和工具、夹具、半成品的管理工作。这些特点有利于使生产管理现代化，当前许多大型 CAD/CAM 集成软件已经具有了生产管理模块，可满足计算机辅助生产管理的要求。

加工中心虽然具有很多优点，但也还存在一些必须考虑的问题。

（1）工件粗加工后直接进入精加工阶段。粗加工时，一次装夹中金属切除量多、几何形变大，工件温升高，温升来不及回复，冷却后工件尺寸发生变化，会造成零件的精度下降。

（2）工件由毛坯直接加工为成品，零件未进行时效处理，内在应力难以消除，加工完一段时间后内应力释放，会使工件产生变形。

（3）装夹零件的夹具必须满足既能承受粗加工中切削力大，又能在精加工中准确定位的要求，而且零件夹紧变形要小。

（4）多工序集中加工，要及时处理切屑。在加工过程中，切屑的堆积、缠绕等将会影响加工的顺利进行及划伤零件的表面，甚至使刀具损坏、工件报废。

（5）由于自动换刀装置（Automatic Tool Changer，ATC）的应用，使工件尺寸受到一定的限制，钻孔深度、刀具长度、刀具直径及刀具质量都要加以综合考虑。

五、加工中心的分类

1. 按功能特征分类

按功能特征可分为镗铣、钻削和复合加工中心。

（1）镗铣加工中心。如图 1–5 所示，镗铣加工中心是机械加工行业应用最多的一类数控设备，有立式和卧式两种。其工艺范围主要是铣削、钻削、镗削。镗铣加工中心数控系统控制的坐标数多为 3 个，高性能的数控系统可以达到 5 个或更多。

（2）钻削加工中心。以钻削为主，刀库形式以转塔头形式为主，适用于中、小批量零件的钻孔、扩孔、铰孔、攻螺纹及连续轮廓铣削等多工序加工。钻削加工中心如图 1–6 所示。

图 1–5 镗铣加工中心

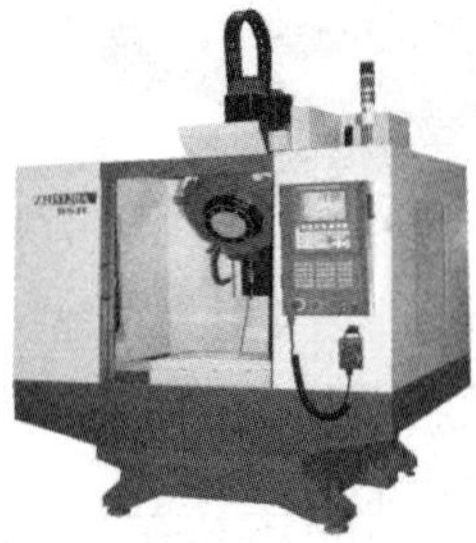

图 1–6 钻削加工中心

（3）复合加工中心。在一台设备上可以完成车、铣、镗、钻等多种工序加工的加工中心称之为复合加工中心，可代替多台机床实现多工序的加工。这种方式既能减少装卸时间，提高机床生产效率，减少半成品库存量，又能保证和提高形位精度。复合加工中心如图 1–7 所示。

2. 按主轴的位置分类

按主轴的位置分卧式、立式和五面加工中心，这是加工中心通常的分类方法。

（1）卧式加工中心。卧式加工中心如图 1–8 所示，是指主轴轴线水平设置的加工中心。卧式加工中心有固定立柱式或固定工作台式。

图 1–7 复合加工中心

图 1–8 卧式加工中心

（2）立式加工中心。立式加工中心如图 1–5 所示，立式加工中心主轴的轴为垂直设置，其结构多为固定立柱式，工作台为十字滑台。

（3）五面加工中心。五面加工中心如图 1–9 所示，这种加工中心具有立式和卧式加工中心的功能，在工件的一次装夹后，能完成除安装面外的所有 5 个面的加工。这种加工方式可以使工件的形位误差降到最低，省去二次装夹的工装，从而提高生产效率，降低加工成本。

3. 按支撑件分类

（1）龙门式镗铣加工中心。如图 1–10 所示，龙门式加工中心的典型特征是具有一个龙门型的固定立柱，在龙门框架上安装有可实现 *X* 向、*Z* 向移动的主轴部件，龙门式加工中心的工作台仅实现 *Y* 向移动。龙门型加工中心结构刚性好，该种形式常见于大型加工中心。

图 1–9　五面加工中心

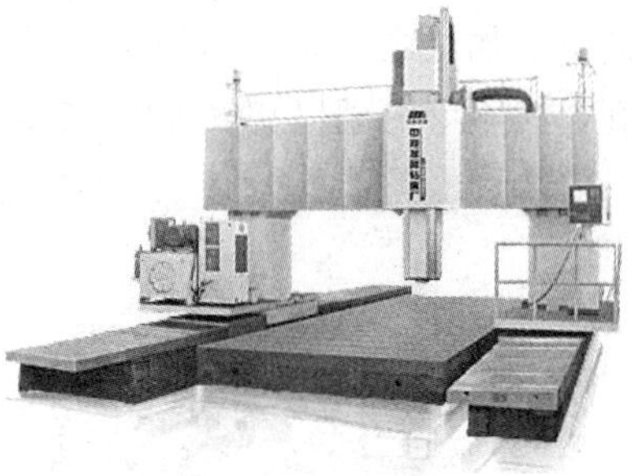

图 1–10　龙门式镗铣加工中心

（2）动柱式镗铣加工中心。动柱式镗铣加工中心如图 1–5 所示。动柱式加工中心主轴部件安装在加工中心的立柱上，实现 *Z* 向移动，立柱安装在 T 形底座上实现 *X* 向移动。动柱式加工中心由于立柱是通过滚动导轨与底座相连，刚性比龙门式结构差，一般不适宜重切削加工；加工过程中立柱要完成支承工件和 *X* 向移动两个功能，较大的立柱质量限制了机床的机动性能。该种形式常见于中小型立式或卧式镗铣加工中心。

六、加工中心的使用过程

加工中心的使用过程如图 1–11 所示，由图可见加工中心加工零件是完全按照指令进行的，程序是决定加工质量的重要因素。但编制程序是综合工艺要素和机床功能的过程，应考虑机床的功能、零件结构特点、装夹方式、刀具及切削用量等因素。各种数控系统程序编制的内容和格式有所不同，但是程序编制方法和使用过程是基本相同的。

七、数控铣床和加工中心的工艺范围

数控铣床和加工中心能够铣削各种平面、斜面轮廓和立体轮廓零件，如各种形状复杂的凸轮、样板、模具、叶片、螺旋桨等。此外，配上相应的刀具还可进行钻孔、扩孔、铰孔、锪孔、镗孔和攻螺纹等。数控铣床可以加工的零件类型如下。

（1）平面类零件。平面类零件是数控铣削加工中最简单的一类零件，一般只用数控铣床的两坐标联动（即两轴半坐标联动）就可以把它们加工出来，如图 1–12 所示。

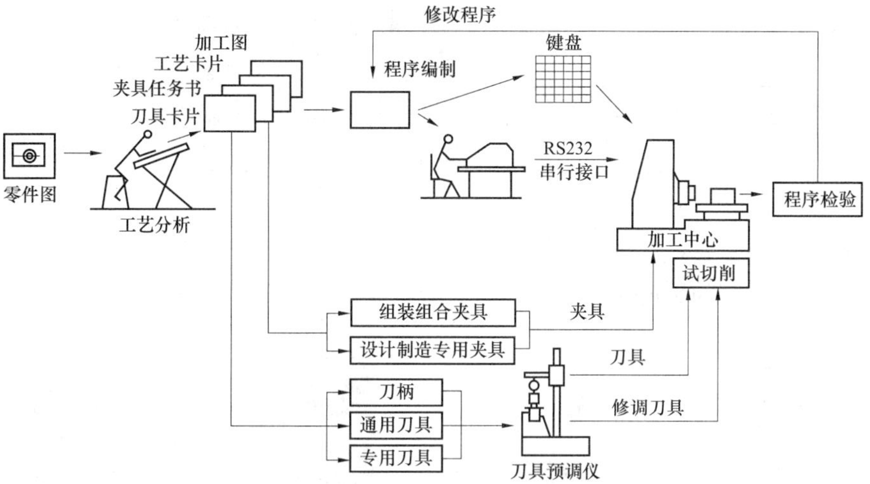

图 1–11 加工中心的使用过程

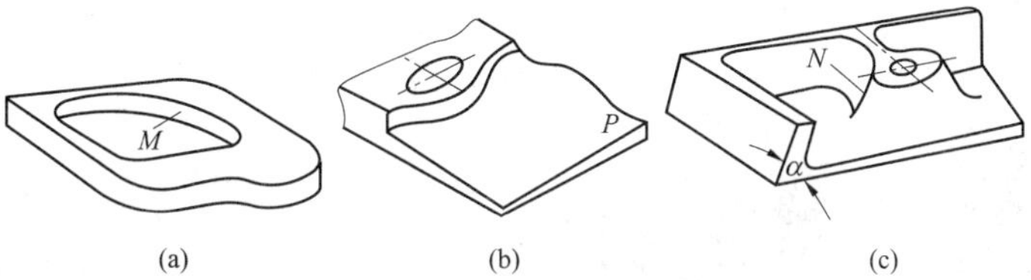

图 1–12 平面类零件

（a）带平面轮廓的平面类零件；（b）带斜平面的平面类零件；（c）带正台和斜肋的平面类零件

（2）空间曲面轮廓零件。空间曲面轮廓零件的加工面为空间曲面，如模具、叶片、螺旋桨等。空间曲面轮廓零件不能展开为平面，加工时铣刀与加工面始终为点接触，一般采用球头刀在三轴数控铣床上加工，当曲面较复杂、通道较窄、会伤及相邻表面及需要刀具摆动时，要采用四坐标或五坐标铣床加工，如图 1–13 所示。

图 1–13 空间曲面轮廓零件

（3）变斜角类零件。加工面与水平面的夹角呈连续变化的零件称为变斜角类零件，如飞机上的变斜角横梁条，如图 1–14 所示。加工变斜角类零件最好采用四轴或五轴数控铣床进行摆角加工，若没有上述机床，也可以在三轴数控铣床上采用两轴半控制的行切法进行近似加工，但精度稍差。

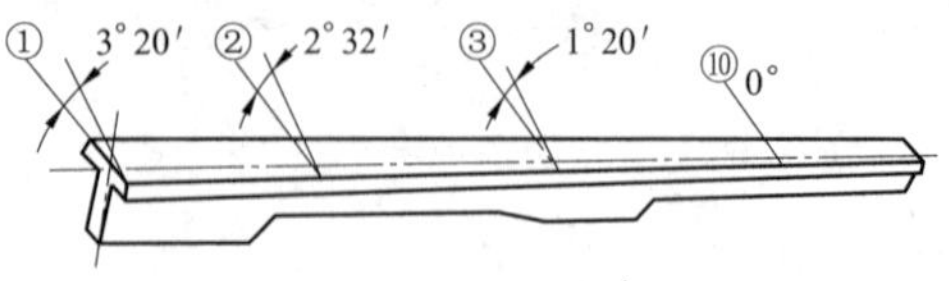

图 1–14　飞机上的变斜角横梁条

（4）孔及孔系类零件。孔及孔系类零件的加工可以在数控铣床上进行，如钻孔、扩孔、铰孔和镗孔等。孔加工多采用定尺寸刀具，需要频繁换刀，当加工孔的数量较多时，应采用加工中心加工，更加方便、快捷。

（5）螺纹。内、外圆柱螺纹、圆锥螺纹都可以在数控铣床上加工。

数控铣床加工产品示例如图 1–15 所示。

图 1–15　数控铣床加工产品示例

任务二　学习数控铣床/加工中心操作规程

一、开机前的注意事项

（1）操作人员必须熟悉数控铣床/加工中心的性能和操作方法。经机床管理人员同意方可操作机床。

（2）机床通电前，先检查电压、气压、油压是否符合工作要求。

（3）检查机床可动部分是否处于可正常工作状态。

（4）检查工作台是否越位，超极限状态。

（5）检查电气元件是否牢固，是否有接线脱落。

（6）检查机床接地线是否和车间地线可靠连接（初次开机特别重要）。

（7）已完成开机前的准备工作后方可合上电源总开关。

二、开机过程注意事项

（1）严格按机床说明书中的开机顺序进行操作。

（2）一般情况下开机过程中必须先进行回机床参考点操作，建立机床坐标系。

（3）开机后让机床空运转 15min 以上，使机床达到热平衡状态。

（4）关机后必须等待 5min 以上才可以再次开机，没有特殊情况不得随意频繁进行开机或关机操作。

三、调试过程注意事项

（1）编辑、修改、调试好程序。若是首件试切必须进行空运行，确保程序正确无误。

（2）按工艺要求安装、调试好夹具，并清除各定位面的铁屑和杂物。

（3）按定位要求装夹好工件，确保定位正确可靠。不得在加工过程中发生工件松动现象。

（4）安装好所要用的刀具。

（5）设置好刀具半径补偿。

（6）确认冷却液输出通畅，流量充足。

（7）再次检查所建立的工件坐标系是否正确。

（8）以上各点准备好后方可加工工件。

四、加工过程注意事项

（1）加工过程中，不得调整刀具和测量工件尺寸。

（2）自动加工中，自始至终监视运转状态，严禁离开机床，遇到问题及时解决，防止发生不必要的事故。

（3）定时对工件进行检验。确定刀具是否磨损等情况。

（4）关机时，或交接班时对加工情况、重要数据等做好记录。

（5）机床各轴在关机时远离其参考点，或停在中间位置，使工作台重心稳定。

（6）清扫机床，必要时涂防锈油。

提示

操作数控铣床/加工中心时一定要遵守操作规程，注意人身安全和设备安全。

任务三　学会维护数控铣床/加工中心

数控铣床/加工中心是机电一体化的技术密集设备，要使机床长期可靠地运行，很大程度上取决于对其的使用与日常维护。正确地使用可避免突发故障，延长无故障时间。精心维护可使其处于良好的技术状态，延缓劣化。因此，数控铣床不仅要严格地执行操作规程，而且必须重视数控铣床的维护工作，提高数控铣床操作人员的素质。

一、数控铣床/加工中心维护的内容

任何数控铣床/加工中心与普通机床一样，使用寿命的长短和效率的高低，不仅取决于机床的精度和性能，很大程度上也取决于它的正确使用与维护。对数控铣床/加工中心进行日常维护与保养，可延长电器元件的使用寿命，防止机械部件的非正常磨损，避免发生恶性事故，使机床始终保持良好的状态，尽可能地保持长时间的稳定工作。

要做好数控铣床/加工中心日常维护与保养工作，要求数控铣床/加工中心的操作人员必须经过专门培训，详细阅读数控铣床/加工中心的说明书，对机床有一个全面的了解，包括机床结构、特点和数控系统的工作原理等。不同类型的数控铣床/加工中心日常维护的具体内容和要求不完全相同，但各维护期内的基本原则不变，以此可对数控铣床/加工中心进行定点、定时的检查与维护。

数控铣床/加工中心的维护内容包括：数控铣床/加工中心的正确使用、数控铣床/加工中心各机械部件的维护、数控系统的维护、伺服系统及常用位置检测装置的维护等。

其中，数控铣床/加工中心使用时应注意以下几点。

（1）数控铣床/加工中心的使用环境。机床的位置应远离振源，避免潮湿和电磁干扰，避免阳光直接照射和热辐射的影响，环境温度应低于30℃，相对湿度不超过80%，使其置于有空调的环境。

（2）电源要求。电源电压波动必须在允许范围内（一般允许波动±10%），并且保持相对稳定，以免破坏数控系统的程序或参数。数控铣床/加工中心采用专线供电或增设稳压装置，可以减少供电质量的影响。

（3）遵守数控铣床/加工中心操作规程。

（4）数控铣床/加工中心不宜长期封存。数控铣床/加工中心长期封存不用会使数控系统的电子元器件由于受潮等原因而受到变质或损坏，即使无生产任务，数控铣床/加工中心也需定时开机，利用机床本身的散热来降低机床内的湿度，同时也能及时发现有无电池报警发生，以防止系统软件、参数丢失。

（5）注意培训和配备操作人员、维修人员及编程人员。

数控铣床/加工中心是高技术设备，只有相关人员的素质均较高，才能尽可能避免使用不当和操作不当对数控铣床/加工中心造成的损坏。

一般数控铣床/加工中心各维护周期需要维护与保养的主要内容见表1–1，发现问题应及时采取必要的措施。

表1–1　数控铣床/加工中心维护与保养的主要内容

序号	检查部位	检查内容			
		每天	每月	每半年	每年
1	切削液箱	观察箱内液面高度，及时添加	清理箱内积存切屑，更换切削液	清洗切削液箱、清洗过滤器	全面清洗、更换过滤器
2	润滑油箱	观察油标上油面高度，及时添加	检查润滑泵工作情况，油管接头是否松动、漏油	清洁润滑箱、清洗过滤器	全面清洗、更换过滤器

续表

序号	检查部位	检查内容			
		每天	每月	每半年	每年
3	各移动导轨副	清除切屑及脏物，用软布擦净、检查润滑情况及划伤与否	清理导轨滑动面上刮屑板	导轨副上的镶条、压板是否松动	检验导轨运行精度，进行校准
4	压缩空气泵	检查气泵控制的压力是否正常	检查气泵工作状态是否正常、滤水管道是否畅通	空气管道是否渗漏	清洗气泵润滑油箱、更换润滑油
5	气源自动分水器、自动空气干燥器	检查气泵控制的压力是否正常、观察分油器中滤出的水分，及时清理	擦净灰尘、清洁空气过滤网	空气管道是否渗漏、清洗空气过滤器	全面清洗、更换过滤器
6	液压系统	观察箱体内液面高度、油压力是否正常	检查各阀工作是否正常、油路是否畅通、接头处是否渗漏	清洗油箱、清洗过滤器	全面清洗油箱、各阀，更换过滤器
7	防护装置	清除切削区内防护装置上的切屑与脏物、用软布擦净	用软布擦净各防护装置表面、检查有无松动	折叠式防护罩的衔接处是否松动	因维护需要、全面拆卸清理
8	刀具系统	检查刀具夹持是否可靠、位置是否准确、刀具是否损伤	注意刀具更换后，重新夹持的位置是否正确	刀夹是否完好、定位固定是否可靠	全面检查、有必要更换固定螺钉
9	CRT 显示屏及操作面板	注意报警显示、指示灯的显示情况	检查各轴限位及急停开关是否正常、观察 CRT 显示	检查面板上所有操作按钮、开关的功能情况	检查 CRT 电气线路、芯板等的连接情况，并清除灰尘
10	强电柜与数控柜	冷风扇工作是否正常、柜门是否关闭	清洗控制箱散热风扇道的过滤网	清理控制箱内部，保持干净	检查所有电路板、插座、插头、继电器和电缆的接触情况
11	主轴箱	观察主国轴运转情况注意声音、温度的情况	检查主轴上卡盘、夹具、刀柄的夹紧情况，注意主轴的分度功能	检查齿轮、轴承的润滑情况，测量轴承温升是否正常	清洗零、部件，更换润滑油，检查主传动皮带，及时更换。检验主轴精度，进行校准
12	电气系统与数控系统	运行功能是否有障碍，监视电网电压是否正常	直观检查所有电气部件及继电器、连锁装置的可靠性。机床长期不用，则需通电空运行	检查一个试验程序的完整运转情况	注意检查存储器电池、检查数控系统的大部分功能情况
13	电机	观察各电机运转是否正常	观察各电机冷却风扇盍是否正常	各电机轴承噪声是否严重，必要时可更换	检查电机控制板情况，检查电机保护开关的功能。对于直流电机要检查电刷磨损、及时更换
14	滚珠丝杠	用油擦净丝杠暴露部位的灰尘和切屑	检查丝杠防护套，清理螺母防尘盖上的污物，丝杠表面涂油脂	测量各轴滚珠丝杠的反向间隙，予以调整或补偿	清洗滚珠丝杠上润滑油，涂上新油脂

另外，还需不定期地检查排屑器，经常清理切屑，检查有无卡住等；不定期清理废油池，及时取走滤油池中废油，以免外溢；按机床说明书不定期调整主轴驱动带松紧程度。

二、点检

设备点检是一种科学的设备管理方法，它是利用人的五官或简单的仪器工具，对设备进行定点、定期的检查，对照标准发现设备的异常现象和隐患，掌握设备故障的初期信息，以便及时采取对策，将故障消灭在萌芽阶段的一种管理方法。

点检制是在设备运行阶段开展的一种以点检为核心的现代维修管理制度，称作设备全员维修（TPM），这种制度，点检人员既负责设备点检，又负责设备管理。它强调的是设备的动态管理。点检、操作、检修三者之间，点检处于核心地位。因此，点检、定修是一套制度的两个侧面。点检中发现的问题要根据经济性、可能性，通过日修、定修、年修计划加以处理，减小了大、中、小修的盲目性，把问题解决在最佳时期的动态管理中。

1. 点检的 6 个要求

因为点检员是设备管理的主要把关者，其工作态度、工作作风以及工作规范程度，直接影响设备点检工作的质量。所以提出 6 个要求。

点检记录——要逐点记录，通过积累，找出规律。

定标处理——处理一定要按照标准进行，达不到规定标准的，要标出明显的标记。

定期分析——点检记录要每月至少分析一次，重点设备要每一个定修周期分析一次。每个季度要进行一次检查记录和处理记录的汇总整理，并且存档备查。每年进行一次总结。为定修、改造、修正点检工作量等提供依据。

定项设计——查出问题的，需要设计改进，规定设计项目，按项进行。

定人改进——任何一项改进项目，都要定人。以保证改进工作的连续性和系统性。

系统总结——每半年或一年要对点检工作进行一次全面、系统的总结和评价，提出书面总结材料和下一阶段的重点工作计划。

2. 点检种类

按周期和业务范围点检可以分为：日常点检、定期点检和精密点检。3 种点检的最显著的区别是：日常点检是在设备运行中由操作人员完成的，而定期点检和精密点检是由专职点检员来完成的。点检制实行的是“三位一体”制，即运行人员的日常点检，专业人员的定期点检和专业技术人员的精密点检相结合，3 个方面的人员对同一设备进行系统的维护、诊断和修理。点检的“五层防护线”是日常点检、专业定期点检、专业精密点检、技术诊断与倾向管理、精度/性能测试检查相结合，形成保证设备健康运转的防护体系。

3. 数控铣床/加工中心日常点检要点

（1）从工作台、基座等处清除污物和灰尘；擦去机床表面上的润滑油、切削液和切屑；清除没有罩盖的滑动表面上的一切东西；擦净丝杠的暴露部位。

（2）清理、检查所有限位开关、接近开关及其周围表面。

（3）检查各润滑油及主轴润滑油的油面、使其保持在合理的油面上。

（4）确认各刀具在其应有的位置上更换。

（5）确保空气滤杯内的水完全排出。

（6）检查液压泵的压力是否符合要求。

（7）检查机床主液压系统是否漏油。

（8）检查切削液软管及液面，清理管内及切削液槽内的切屑等脏物。

（9）确保操作面板上所有指示灯为正常显示。

（10）检查各坐标轴是否处在原点上。

（11）检查主轴端面、刀夹及其他配件是否有毛刺、破裂或损坏现象。

三、数控系统的日常维护

1. 机床电气柜的散热通风

通常安装于电柜门上的热交换器或轴流风扇，能对电控柜的内外进行空气循环，促使电控柜内的发热装置或元器件，如驱动装置等进行散势。应定期检查控制柜上的热交换器或轴流风扇的工作状况，风道是否堵塞，否则会引起柜内温度过高而使系统不能可靠运行，甚至引起过热报警。

2. 尽量少开电气控制柜门

加工车间飘浮的灰尘、油雾和金属粉末落在电气柜上容易造成元器件间绝缘电阻下降，从而出现故障。因此，除了定期维护和维修外，平时应尽量少开电气控制柜门。

3. 支持电池的定期更换

数控系统存储参数用的存储器采用 CMOS 器件，其存储的内容在数控系统断电期间靠支持电池供电保持。在一般情况下，即使电池尚未消耗完，也应每年更换一次，以确保系统能正常工作。电池的更换应在 CNC 系统通电状态下进行。

4. 备用印制线路板的定期通电

对于已经购置的备用印制线路板，应定期装到 CNC 系统上通电运行。实践证明，印制线路板长期不用易出故障。

5. 数控系统长期不用时的保养

数控系统处于长期闲置的情况下，要经常给系统通电，在机床锁住不动的情况下，让系统空运行。系统通电可利用电器元件本身的发热来驱散电气柜内的潮气，保证电器元件性能的稳定可靠。实践证明，在空气湿度较大的地区，经常通电是降低故障的一个有效措施。

四、数控系统中硬件控制部分的检查调整

数控系统中硬件控制部分包括数控单元模块、电源模块、伺服放大器、主轴放大器、人机通信单元、操作单元面板、显示器等部分。

每年让有经验的维修电工检查一次。检测有关的参考电压是否在规定范围内，如电源模块的各路输出电压、数控单元参考电压等，若不正常应按要求调整；检查系统内各电器元件连接是否松动；检查各功能模块使用风扇运转是否正确并清除灰尘；检查伺服放大器和主轴放大器使用的外接式再生放电单元的连接是否可靠，清除灰尘；检测各功能模块使用的存储器后备电池的电压是否正常，一般应根据厂家的要求定期更换。

对于长期停用的机床，应每月开机运行 4h，这样可以延长数控机床的使用寿命。

五、机械部分的检查调试

数控铣床/加工中心的机械传动系统是指将电动机的旋转运动变为工作台的直线运动的整个机械传动链及附属机构，包括主轴组件、齿轮减速装置、滚珠丝杠副、导轨等。

数控铣床/加工中心是机电一体化设备，机构结构较普通机床更简单，但其精度、刚度、热稳定性等要求则高得多。为了保证整机的正常工作，机械本体的维护保养也要引起足够的重视。

1. 日常维护保养

操作者在每班加工结束后，应清扫干净散落于工作台、导轨护罩等处的切屑；在工作时注意检查排屑器是否正常，以免造成切屑堆积，损坏防护罩，危及滚珠丝杠与导轨的寿命；在工作结束前，应将各伺服轴移离原点约 30cm 后停机。

2. 机床各运动轴传动链的检查调整

维修工每年应对数控铣床/加工中心各运动轴的传动链进行一次检查调整。主要检查导轨镶块的间隙；滚珠丝杠的预紧是否合适；联轴器各锁紧螺钉是否松动；齿轮传动间隙是否需要调整；检查主轴箱平衡块的链条是否磨损，并进行润滑。

3. 各运动轴精度的检查调整

数控铣床/加工中心使用一段时间后，因物理磨损或机械变形，使其精度发生变化，因此有必要对其进行检查调整。维修人员每年应对数控铣床/加工中心的安装精度检测一次。如果精度超过机床允许值，应进行调整或使用数控铣床/加工中心的参数，对反向间隙、丝杠螺距误差进行补偿，直至精度符合要求，并做出详细记录，存档备查。

4. 减速撞块的检查调整

检查机床各运动轴返回参考原点的各减速撞块固定螺钉是否松动，如果松动，固定后，数控车床的对应点可能漂移，应对有关参数（如栅点排蔽量、栅点漂移量）进行调整，使原点恢复原位置。

提示

当数控铣床和加工中心长期闲置不用时，一定要经常让机床通电，在机床锁住不动的情况下，让系统空运行。

任务四　选择和装夹数控铣削刀具

一、认识数控铣削刀具

数控铣床常用的铣刀如图 1–16 所示。

1. 铣刀各部分的名称和作用

铣刀的几何形状如图 1–17 所示，其各部分名称和定义如下。

（1）前刀面。刀具上切屑流过的表面。

（2）主后刀面。刀具上同前刀面相交形成主切削刃的后面。

（3）副后刀面。刀具上同前刀面相交形成副切削刃的后面。

（4）主切削刃。起始于切削刃上主偏角为零的点，并至少有一段切削刃拟用来在工件上切出过渡表面的那个整段切削刃。

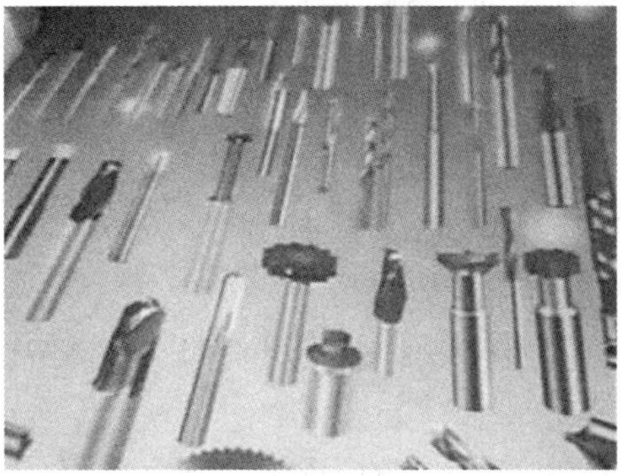

图 1–16 常用铣刀

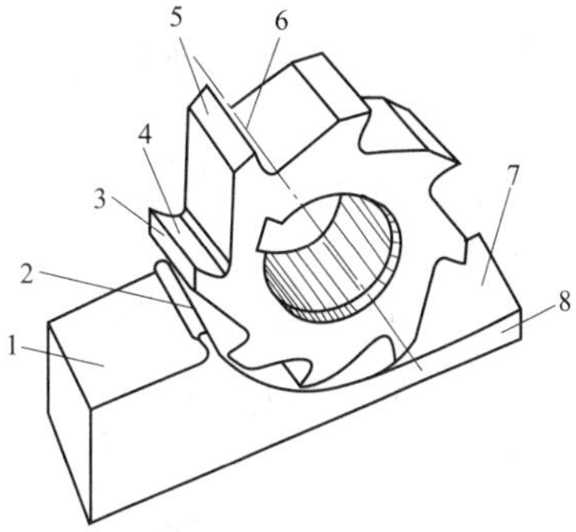

图 1–17 铣刀的组成部分

1—待加工表面；2—切屑；3—主切削刃；4—前刀面；5—主后刀面；6—铣刀棱；7—已加工表面；8—工件

（5）副切削刃。切削刃上除主切削刃以外的刃，亦起始于主偏角为零的点，但它向背离主切削刃的方向延伸。

（6）刀尖。指主切削刃与副切削刃的连接处相当少的一部分切削刃。

2. 铣刀切削部分的常用材料

常用的铣刀材料有高速工具钢和硬质合金两种。

（1）高速工具钢（简称高速钢、锋钢等）。有通用高速钢和特殊用途高速钢两种。高速钢具有以下特点。

1）合金元素如 W（钨）、Cr（铬）、Mo（钼）、V（钒）等的含量较高，淬火硬度可达到 62～70HRC，在 600℃高温下，仍能保持较高的硬度。

2）刃口强度和韧性好，抗振性强，能用于制造切削速度较低的刀具，即使刚性较差的机床，采用高速钢铣刀，仍能顺利切削。

3）工艺性能好，锻造、焊接、切削加工和刃磨都比较容易，还可以制造形状较复杂的刀具。

4）与硬质合金材料相比，仍有硬度较低，热硬性和耐磨性较差等缺点。

通用高速钢是指加工一般金属材料用的高速钢，其牌号有 W18Cr4V、W6Mo5Cr4V2 等。

W18Cr4V 是钨系高速钢，具有较好的综合性能。该材料常温硬度为 62～65HRC，高温硬度在 600℃时约为 51HRC，抗弯强度约为 3500MPa，磨锐性能好，所以各种通用铣刀大都采用这种牌号的高速钢材料制造。

W6Mo5Cr4V2 是钨钼系高速钢。它的抗弯强度、冲击韧度和热塑性均比 W18Cr4V 好，而磨削性能稍次于 W18Cr4V，其他性能均基本相同。由于其热塑性和韧性较好，故常用于制造热成形刀具和承受冲击力较大的铣刀。

特殊用途高速钢是通过改变高速钢的化学成分来改进其切削性能而发展起来的。它的常温硬度和高温硬度比通用高速钢高。这种材料的刀具主要用于加工耐热钢、不锈钢、高温合金、超高强度材料等难加工材料。

（2）硬质合金。硬质合金是金属碳化物 WC（碳化钨）、TiC（碳化钛）和以 Co（钴）为主的金属粘结剂经粉末冶金工艺制造而成，其主要特点如下。

1）耐高温，在 800～1000℃仍能保持良好的切削性能。切削时可选用比高速钢高 4～8 倍的切削速度。

2）常温硬度高，耐磨性好。

3）抗弯强度低，冲击韧度差，切削刃不易刃磨得很锋利。

3. 常用铣刀及其用途

铣刀是一种多刃刀具，其几何形状较复杂，种类较多。铣刀切削部分的材料一般由高速钢或硬质合金制成。

（1）面铣刀（见图 1–18）。主要用于铣平面，应用较多的为硬质合金面铣刀。

（2）立铣刀（见图 1–19）。主要用于铣台阶面、小平面和相互垂直的平面。它的圆柱刀刃主要起切削作用，端面刀刃起修光作用，故不能作轴向进给。刀齿分为细齿与粗齿两种。用于安装的柄部有圆柱柄与莫氏锥柄两种，通常小直径为圆柱柄，大直径为锥柄。

（3）球头铣刀（见图 1–20）。用于铣削曲面。

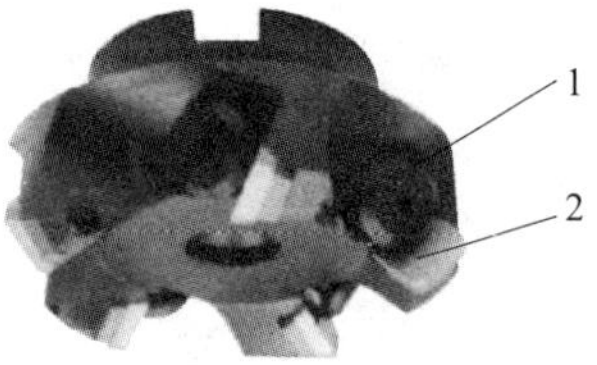

图 1–18　硬质合金可转位面铣刀

1—刀盘；2—刀片

图 1–19　立铣刀

图 1–20　球头铣刀

（4）键槽铣刀（见图 1–21）。用于铣键槽，其外形与立铣刀相似，与立铣刀的主要区别在于其只有两个螺旋刀齿，且端面刀刃延伸至中心，故可作轴向进给，直接切入工件。

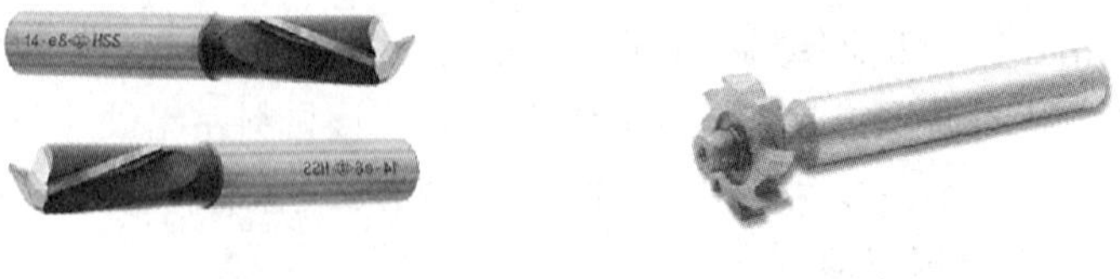

(a)　　(b)

图 1–21　键槽铣刀

（a）直柄键槽铣刀；（b）半圆键槽铣刀

4. 铣刀的规格

为便于识别与使用各种类别的铣刀，铣刀刀体上均刻有标记，包括铣刀的规格、材料、制造厂等。铣刀的规格与尺寸已标准化，使用时可查阅有关手册。其规格与尺寸的分类为：

圆柱铣刀、三面刃铣刀、锯片铣刀等，用外圆直径×宽度（厚度）（*d*×*L*）表示；立铣刀、端铣刀和键槽铣刀，只标注外圆直径（*d*）。

二、选择数控铣床/加工中心刀具

应根据数控铣床/加工中心的加工能力、工件材料的性能、加工工序、切削用量以及其他相关因素进行综合考虑来选用刀具及刀柄。

1. 铣刀刀柄的选择

铣刀刀具是通过刀柄与数控铣床或加工中心主轴连接，数控铣床或加工中心刀柄一般采用 7:24 锥面与主轴锥孔配合定位，通过拉钉使刀柄与其尾部的拉刀机构固定连接，常用的刀柄规格有 BT30、BT40、BT50 等，在高速加工中心则使用 HSK 刀柄。目前，常用的刀柄按其夹持形式及用途可分为钻夹头刀柄、侧固式刀柄、面铣刀刀柄、莫氏锥度刀柄、弹簧夹刀柄、强力夹刀柄、特殊刀柄等，各种刀柄的形状如图 1–22 所示。

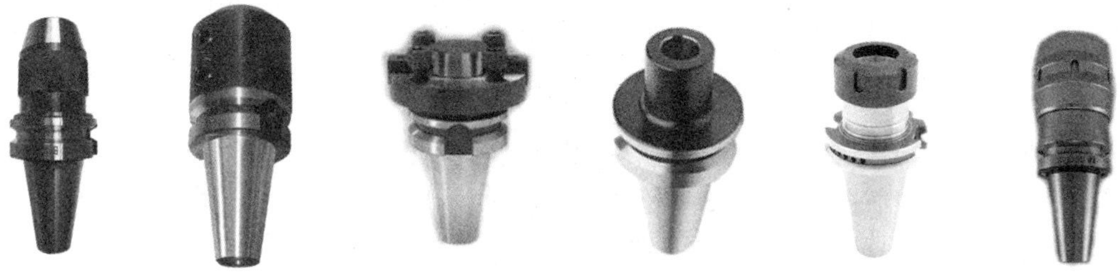

(a) (b) (c) (d) (e) (f)

图 1–22 常用数控铣刀刀柄

（a）钻夹头刀柄；（b）侧固式刀柄；（c）面铣刀刀柄；（d）莫氏锥度刀柄；（e）弹簧夹刀柄；（f）强力夹刀柄

2. 铣刀刀具的选择

由于加工性质不同，刀具的选择重点也不一样。粗加工时，要求刀具有足够的切削能力快速去除材料；而在精加工时，由于加工余量较小，主要是要保证加工精度和形状，要使用较小的刀具，保证加工到每个角落。当工件的硬度较低时，可以使用高速钢刀具，而切削高硬度材料的时候，就必须要用硬质合金刀具。在加工中要保证刀具及刀柄不会与工件相碰撞或者挤擦，避免造成刀具或工件的损坏。

生产中，平面铣削应选用不重磨硬质合金端铣刀、立铣刀或可转位面铣刀；平面零件周边轮廓的加工，常选用立铣刀；加工凸台、凹槽时，选用平底立铣刀；加工毛坯表面或粗加工时，可选用镶硬质合金波纹立铣刀；对一些立体型面和变斜角轮廓外形的加工，常选用球头铣刀、环形铣刀、锥形铣刀和盘形铣刀；当曲面形状复杂时，为了避免干涉，建议使用球头刀，调整好加工参数也可以达到较好的加工效果；钻孔时，要先用中心钻或球头刀打中心孔，以引导钻头。可分两次钻削，先用小一点型号的钻头钻孔至所需深度，再用所需的钻头进行加工，以保证孔的精度。

在进行较深的孔加工时，特别要注意钻头的冷却和排屑问题，一般利用深孔钻削循环指令进行编程，可以工进一段后，钻头快速退出工件进行排屑和冷却再工进，再进行冷却和排屑，直至孔深钻削完成。

三、数控铣床/加工中心刀具的装夹

数控铣床/加工中心刀柄及配件如图 1–23 所示，组装数控铣床工具系统时要将拉钉旋入刀柄上端螺纹孔中，将刀具装入对应规格的夹头中，然后再装入刀柄中。拉钉有几种规格，所选拉钉的规格要和加工中心配套。

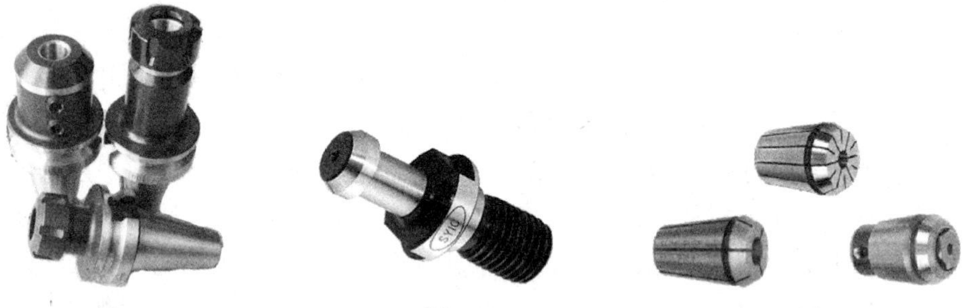

(a) (b) (c)

图 1–23　数控铣床刀柄及配件

（a）刀柄；（b）拉钉；（c）夹头

装刀时，需把刀柄放在如图 1–24 所示的锁刀座上，锁刀座上的键对准刀柄上的键槽，使刀柄无法转动，然后用如图 1–25 所示的扳手锁紧螺母。

安装好刀具和拉钉后的刀柄如图 1–26 所示。

图 1–24　锁刀座

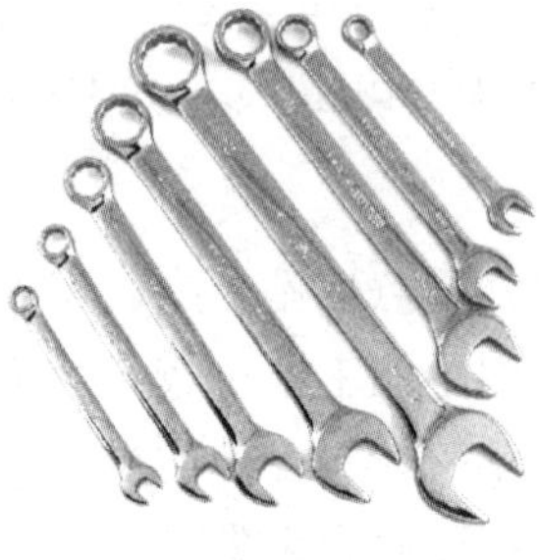

图 1–25　扳手

图 1–26　安装好刀具和拉钉后的刀柄

四、影响刀具寿命的因素及提高刀具寿命的方法

1. 有关概念

（1）刀具总寿命。一把新磨好的刀具从开始切削，经过多次刃磨、使用，直至完全失去切削能力而报废的实际总切削时间称为刀具的总寿命。

（2）刀具寿命。一把新刃磨的刀具，从开始切削至磨损量达到磨钝标准为止所使用的切削时间，称为刀具寿命，用符号 t 表示，单位为 min。

在生产现场，利用刀具寿命 t 控制磨损量 VB 的大小，比用测量 VB 的高度来判别是否达到磨损限度要简便。因而在生产实际中广泛地采用刀具寿命 t。

刀具寿命是刀具磨损的另一种表示方法，刀具寿命 t 大，表示刀具磨损得慢。

2. 影响刀具寿命的因素

凡是影响刀具磨损的因素也就是影响刀具寿命的因素。

（1）工件材料。工件材料的强度、硬度越高，材料的热导率越小，产生的切削温度就越高，因而刀具磨损快，使刀具寿命降低。

（2）刀具材料。它的高温硬度越高，耐磨性越好，刀具寿命越长。切削部分的材料，是影响刀具寿命的主要因素。

（3）刀具几何参数。刀具前角γ_o增大，切削力将减小，切削温度降低，刀具寿命长。但是，前角太大，切削刃强度将下降，散热条件变差，刀具寿命反而下降。所以，前角的选择应合理。

减小主偏角或副偏角，加大刀尖圆弧半径，能增加刀具强度，改善散热条件，使刀具寿命提高。但是，要在加工中不产生振动和工件形状允许的条件下采用。

（4）切削用量。切削速度（v_c）对刀具寿命影响最大，其次是进给量（f），背吃力量（a_p）的影响最小。生产中要提高切削效率，并保持刀具的寿命，应首先考虑增大 a_p，其次增大 f，然后确定合理的 v_c。

任务五　认识数控铣床/加工中心坐标系

一、坐标系命名规则

数控机床的加工是由程序控制完成的，所以坐标系的确定与使用非常重要。根据ISO841 标准的规定，数控机床坐标系用右手笛卡儿直角坐标系（见图 1–27），如图 1–28 所示为立式数控铣床的机床坐标系。

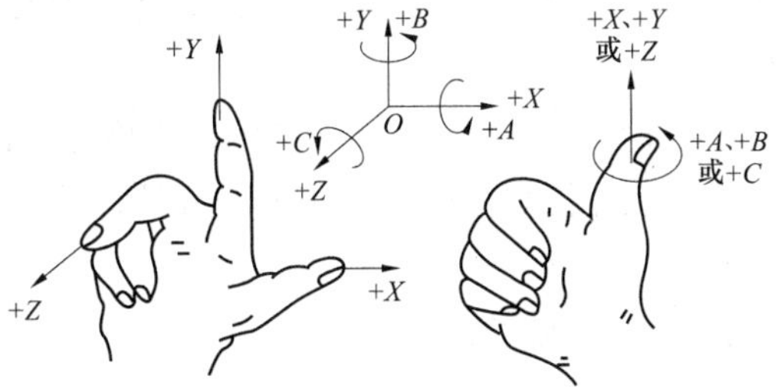

图 1–27　右手笛卡儿直角坐标系

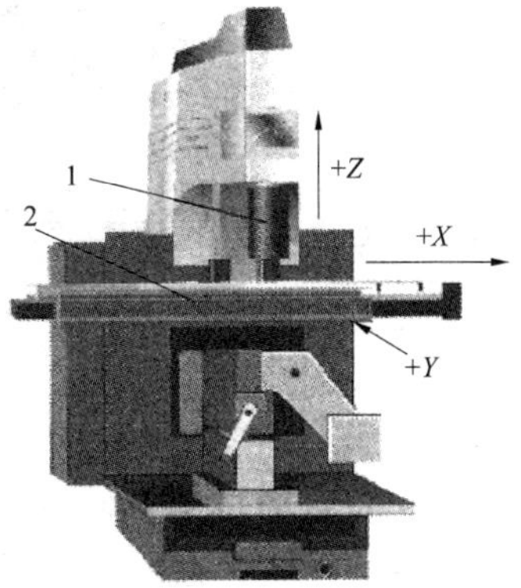

图 1–28　立式数控铣床的机床坐标系

1—主轴；2—工作台

（1）Z 坐标。一般取产生切削力的主轴轴线为 Z 坐标，刀具远离工件的方向为正方向，刀具靠近工件的方向为负方向。

（2）X 坐标。对于刀具做旋转切削运动的机床（如铣床等），当 Z 坐标竖直时，对于单立柱机床，从主要刀具主轴向立柱看时，+X 运动的方向指向右方。

（3）Y 坐标。根据 X 和 Z 坐标的运动方向，按照右手笛卡儿坐标系来确定+ y 的运动方向。

二、机床回零的作用

在机床的机械坐标系中设有一个固定的参考点［假设为（X，y，Z)］。这个参考点的作用主要是用来给机床本身一个定位。因为每次开机后无论刀具停留在哪个位置，系统都把当前位置设定为（0，0，0），这样势必造成基准的不统一，所以，每次开机的第一步操作为参考点回归（有的称为回零点），也就是通过确定（X，y，Z）来确定机床原点（0，0，0）。

机床回零可以提高定位精度，消除丝杠间隙。

三、机床限位和行程

限位：由于机床的加工范围有限，为了防止主轴、工作台脱离导轨导致超程，所以在机床的 X 轴、Y 轴和 Z 轴的正、负方向安装有限位开关，机床只能在限位以内工作。

行程：机床的行程就是它的最大工作区域。

四、数控铣床坐标系

（1）机床坐标系。

1）永远假定工件静止，刀具相对于工件移动。

2）机床坐标系是以机床参考点为零点建立起来的坐标系。

（2）工件坐标系。

1）用数控铣床进行加工时，工件可以通过虎钳夹持于机床坐标系下的任意位置，这样一来在机床坐标系下编程就很不方便。所以，编程人员在编写零件加工程序时通常要选择一个工件坐标系，也称编程坐标系，程序中的坐标值均以工件坐标系为依据。

2）工件坐标系原点一般称为加工原点，在加工时该原点往往与编程原点一致，如图 1–29 所示。

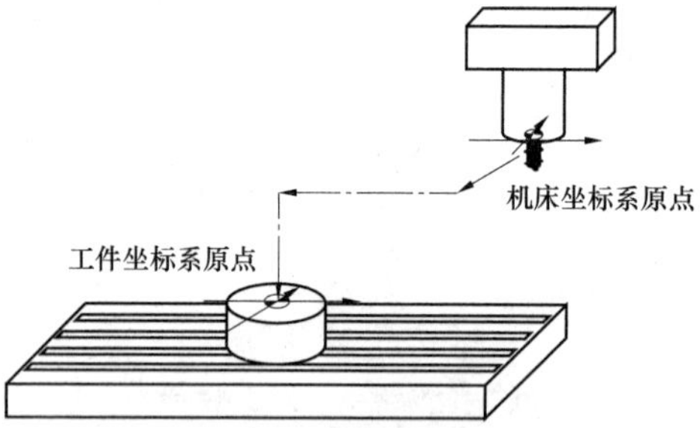

图 1–29　机床坐标系和工件坐标系

任务六　认识铣削三要素

一、铣削三要素的定义

数控加工中心的切削用量三要素包括背吃刀量 a_p、主轴转速 n 或切削速度 v_c（用于恒线速切削）、进给速度 v_f 或进给量 f。

粗加工时，应尽量保证较高的金属切除率和必要的刀具耐用度。选择三要素时应首先选取尽可能大的背吃刀量 a_p；其次根据机床动力和刚度的限制条件，选取尽可能大的进给量 f；最后根据刀具耐用度要求，确定合适的切削速度 v_c。增大背吃刀量 a_p 可使进给次数减少，增大进给量 f 有利于断屑。

精加工时，对加工精度和表面质量要求较高，加工余量不大且较均匀，故一般选用较小的进给量 f 和背吃刀量 a_p，而尽可能选用较高的切削速度 v_c。

二、铣削三要素的选取方法

（1）背吃刀量的确定。背吃刀量是指在通过切削刃基点并垂直于工作平面（通过切削刃选定点并同时包含主运动方向和进给运动方向的平面）的方向上测量的吃刀量。

背吃刀量应根据工件的加工余量来确定。粗加工时，除留下精加工余量外，一次进给应尽可能切除全部余量。当加工余量过大，工艺系统刚度较低，机床功率不足，刀具强度不够或断续切削的冲击振动较大时，可分多次进给。切削表面层有硬皮的铸、锻件时，应尽量使 a_p 大于硬皮层的厚度，以保护刀尖。半精加工和精加工的加工余量一般较小，可一次切除，但有时为了保证工件的加工精度和表面质量，也可采用两次进给。

多次进给时，应尽量将第一次进给的背吃刀量取大些，一般为总加工余量的 2/3～3/4。在中等功率的机床上，粗加工时的背吃刀量可达 8～10mm；半精加工（表面粗糙度 Ra=6.3～3.2μm）时，背吃刀量取为 0.5～2mm；精加工（表面粗糙度 Ra=1.6～0.8μm）时，背吃刀量取为 0.1～0.4mm。

背吃刀量根据机床、工件和刀具的刚度来确定，在刚度允许的条件下，应尽可能使背吃刀量等于工件的加工余量，这样可以减少进给次数，提高生产效率。为了保证工件的表面质量，可留少量的精加工余量，一般为 0.2～0.5mm。

当侧吃刀量 $a_e < d/2$（d 为铣刀直径）时，取 $a_p = (1/3 \sim 1/2)d$。

当侧吃刀量 $d/2 \leqslant a_e < d$ 时，取 $a_p = (1/4 \sim 1/3)d$。

当侧吃刀量 $a_e = d$ 时，取 $a_p = (1/5 \sim 1/4)d$。

一般切削宽度 L 与刀具直径 d 成正比，与背吃刀量成反比。经济型数控加工中，一般 L 的取值为 $L = (0.6 \sim 0.9)d$。

（2）进给量的确定。进给量是指刀具在进给运动方向上相对于工件的位移量，用刀具或工件每转或每行程的位移量来表述和度量，单位为 mm/r 或 mm/min。进给速度是指切削刃上选定点相对于工件的进给运动的瞬时速度，主要根据零件的加工精度和表面粗糙度要求以及刀具、工件的材料性质选取。最大进给速度受机床刚度和进给系统的性能限制。背吃刀量选定后，接着就应尽可能选用较大的进给量 f。

1）当工件的质量要求能够得到保证时，为提高生产效率，可选择较高的进给速度。

2）在加工深孔或用高速钢刀具加工时，宜选择较低的进给速度。

3）当加工精度、表面质量要求高时，进给速度应选小些。

4）刀具空行程时，可以选择该机床数控系统设定的最高进给速度。

对于铣床，每分钟进给量=每齿进给量×铣刀齿数×主轴转速，即

$$F=f_zZn$$

式中　F——每分钟进给量，mm/min；

f_z——每齿进给量，mm/齿；

z——铣刀齿数；

n——主轴转速，r/min。

（3）切削速度 v_c 的确定。切削速度 v_c 是指切削刃上选定点相对于工件的主运动的瞬时速度。提高 v_c 也是提高生产效率的一个措施，但 v_c 与刀具耐用度的关系比较密切。随着 v_c 的增大，刀具耐用度急剧下降，故 v_c 的选择主要取决于刀具耐用度。另外，切削速度与加工材料也有很大关系，例如，用立铣刀铣削合金钢 30CrNi2MoVA 时，v_c 可采用 8m/min 左右；而用同样的立铣刀铣削铝合金时，v_c 可选 200m/min 以上。

在 a_p 和 f 选定以后，可在保证刀具合理耐用度的条件下，用计算的方法或查表法确定切削速度 v_c 的值。在具体确定 v_c 值时，一般应遵循下述原则。

1）粗加工时，背吃刀量和进给量均较大，故选择较低的切削速度；精加工时，背吃刀量和进给量均较小，则选择较高的切削速度。

2）硬度和强度较高的工件材料，切削性能较差时，应选较低的切削速度。故加工灰铸铁的切削速度应比加工中碳钢低，而加工铝合金和铜合金的切削速度比加工钢高得多。工件材料的切削性能较好时，宜选用较高的切削速度。

3）刀具材料的切削性能越好时，切削速度也可选得越高。因此，硬质合金刀具采用较高的切削速度；高速钢刀具采用较低的切削速度；而涂层硬质合金、陶瓷、金刚石和立方氮化硼刀具的切削速度又可选得比硬质合金刀具高许多。

此外，在确定精加工、半精加工的切削速度时，应注意避开积屑瘤和鳞刺产生的区域；在易产生振动的情况下，切削速度应避开自激振动的临界速度；在加工带硬皮的铸、锻件，加工大件、细长件和薄壁件以及断续切削时，应选用较低的切削速度。

（4）主轴转速的确定。主轴转速应根据允许的切削速度和工件（或刀具）直径来选择，其计算公式为

$$n=1000v_c/\pi D$$

式中　v_c——切削速度，由刀具的耐用度决定，m/min；

n——主轴转速，r/min；

D——铣刀的直径，mm。

计算出的主轴转速 n 最后要根据机床说明书选取机床有的或较接近的转速。硬质合金刀具切削用量推荐表见表 1–2，常用切削用量推荐表见表 1–3。

表 1–2　　硬质合金刀具切削用量推荐表

刀具材料	工件材料	粗加工			精加工		
		切削速度（m/min）	进给量（mm/r）	背吃刀量（mm）	切削速度（m/min）	进给量（mm/r）	背吃刀量（mm）
硬质合金或涂层硬质合金	碳钢	220	0.2	3	260	0.1	0.4
	低合金钢	180	0.2	3	220	0.1	0.4

续表

刀具材料	工件材料	粗加工			精加工		
		切削速度（m/min）	进给量（mm/r）	背吃刀量（mm）	切削速度（m/min）	进给量（mm/r）	背吃刀量（mm）
硬质合金或涂层硬质合金	高合金钢	120	0.2	3	160	0.1	0.4
	铸铁	80	0.2	3	120	0.1	0.4
	不锈钢	80	0.2	2	60	0.1	0.4
	钛合金	40	0.2	1.5	150	0.1	0.4
	灰铸铁	120	0.2	2	120	0.15	0.5
	球墨铸铁	100	0.2 0.3	2	120	0.15	0.5
	铝合金	1600	0.2	1.5	1600	0.1	0.5

表 1–3　　常用切削用量推荐表

刀具材料	工件材料	加工内容	背吃刀量（mm）	切削速度（m/min）	进给量（mm/r）
P类（YT）硬质合金	碳素钢抗拉强度大于600MPa	粗加工	5～7	60～80	0.2～0.4
		粗加工	2～3	80～120	0.2～0.4
		精加工	2～6	120～150	0.1～0.2
高速钢 W18Cr4V		钻中心孔	—	500～800	钻中心孔
		钻孔	—	25～30	钻孔
P类（YT）硬质合金		切断（宽度小于5mm）	70～110	0.1～0.2	切断（宽度小于5mm）
K类（YG）硬质合金	铸铁硬度低于200HBW	粗加工	—	50～70	0.2～0.4
		精加工	—	70～100	0.1～0.2

任务七　制定数控铣削加工工艺

在进行数控铣削编程之前，必须认真制定数控铣削加工工艺。制定数控铣削加工工艺的主要工作内容有：确定加工顺序和走刀路线，选择夹具，刀具及切削用量等。下面分别讨论这些问题。

一、确定加工顺序

加工顺序（又称工序）通常包括切削加工工序、热处理工序和辅助工序等，工序安排得科学与否将直接影响到零件的加工质量、生产效率和加工成本。切削加工工序通常按以下原则安排。

1. 先粗后精

当加工零件精度要求较高时都要经过粗加工、半精加工、精加工阶段，如果精度要求更高，还包括光整加工的几个阶段。

2. 基准面先行原则

用作精基准的表面应先加工。任何零件的加工过程总是先对定位基准进行粗加工和精加工，例如，轴类零件总是先加工中心孔，再以中心孔为精基准加工外圆和端面；箱体类零件总是先加工定位用的平面及两个定位孔，再以平面和定位孔为精基准加工孔系和其他平面。

3. 先面后孔

对于箱体、支架等零件，平面尺寸轮廓较大，用平面定位比较稳定，而且孔的深度尺寸又是以平面为基准的，故应先加工平面，然后加工孔。

4. 先主后次

即先加工主要表面，然后加工次要表面。

二、确定加工路线

加工路线是数控机床在加工过程中，刀具中心的运动轨迹和方向。编写加工程序，主要编写刀具的运动轨迹和方向。确定加工路线时，应注意以下几点。

1. 顺铣和逆铣的选择

铣削有顺铣和逆铣两种方式。当工件表面无硬皮，机床进给机构无间隙时，应选用顺铣，按照顺铣安排进给路线。因为采用顺铣加工后，零件已加工质量好，刀齿磨损小。精铣时，尤其是零件材料为铝镁合金、钛合金或耐热合金时，应尽量采用顺铣。当工件表面有硬皮，机床的进给机构有间隙时，应选用逆铣，按照逆铣安排进给路线。因为逆铣时，刀齿是从已加工表面切入，不会崩刃；机床进给机构的间隙不会引起振动和爬行。

2. 缩短加工路线

在保证加工精度的前提下，应尽量缩短加工路线。例如，对于平行坐标轴的矩阵孔，可采用单坐标轴方向的加工路线，如图 1–30 所示。

3. 编写子程序

对多次重复的加工动作，可编写成子程序，由主程序调用。如图 1–31 所示是加工一系列孔径、孔深和孔距都相同的孔，每一个孔的加工循环动作都一样：快速趋近，工进钻孔，快速退回，然后移到另一待加工孔的位置后，重复同样的动作。这时，就可以把加工循环动作编写成子程序，不仅简化了编程，而且程序长度缩短。

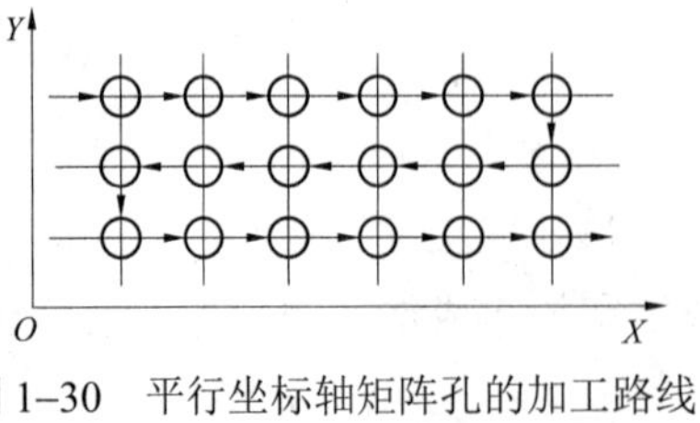

图 1–30　平行坐标轴矩阵孔的加工路线

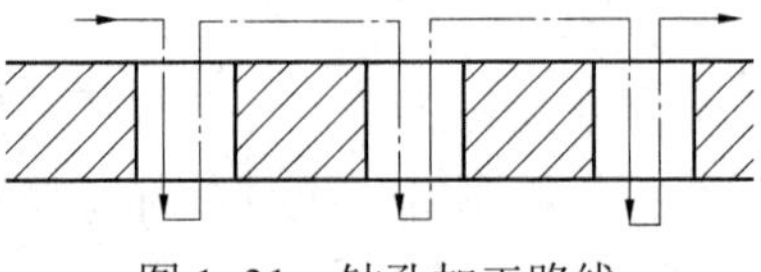

图 1–31　钻孔加工路线

4. 合理安排镗孔加工路线

加工位置精度要求较高的孔时，镗孔路线安排不当就有可能把某坐标轴上的传动反向间隙带入，直接影响孔的位置精度。如图 1–32 所示是在一个零件上精镗 4 个孔的两种加工路线示意图。从图 1–32（a）中不难看出，刀具从孔Ⅲ向孔Ⅳ运动的方向与从孔Ⅰ向孔Ⅱ运动的方向相反，*X* 向的反向间隙会使孔Ⅳ与孔Ⅲ间的定位误差增加，从影响位置精度。图 1–32（b）是在加工完孔Ⅲ后不直接在孔Ⅳ处定位，而是多运动了一段距离，然后折回来在孔Ⅳ处进行定位，这样孔Ⅰ、Ⅱ、Ⅲ和孔Ⅳ的定位方向是一致的，就可以避免反向间隙误差的引入，从而提高了孔Ⅲ与孔Ⅳ的孔距精度。

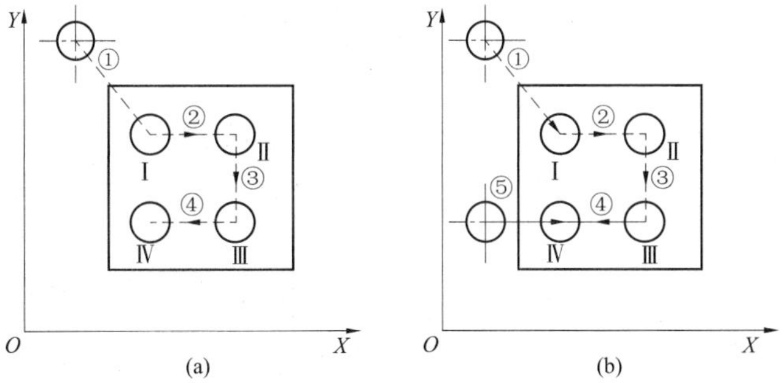

图 1–32 镗孔加工路线示意图

（a）不合理的加工路线；（b）合理的加工路线

5. 内槽加工工艺路线

加工平底内槽时，一般使用平底铣刀，刀具半径和端部边缘部分的圆角半径应符合内槽的图纸要求。内槽的切削分两步，第一步切出空腔，第二步切轮廓。切轮廓通常又分粗加工和精加工。从内槽轮廓线向里平移铣刀半径 *R* 并且留出了精加工余量，由此得出的多边形是计算粗加工走刀路线的依据，如图 1–33 所示。切削内腔时，环切和行切在生产中都有应用。两种走刀路线都要保证切净内腔中的全部面积，不留死角，不伤轮廓，同时尽量减少重复走刀的搭接量。从走刀路线的长短比较，行切法要略优于环切法。但在加工小面积内槽时，环切的程序量要比行切小。

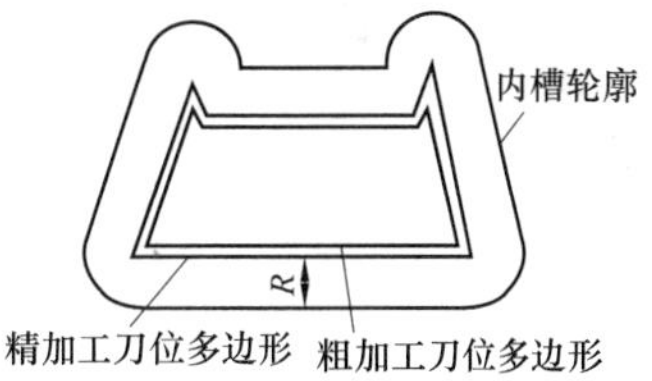

图 1–33 内槽加工工艺路线安排

6. 铣削曲面的进给路线

对于边界敞开的曲面加工，可采用如图 1–34 所示的两种进给路线。对于发动机大叶片，当采用图 1–34（a）所示的加工方案时，每次沿直线加工，刀位点计算简单，程序少，加工过程符合直纹面的形成，可以准确保证母线的直线度。当采用图 1–34（b）所示的加工方案时，符合这类零件数据给出情况，便于加工后检验，叶形的准确度高，但程序较多。由于曲面零件的边界是敞开的，没有其他表面限制，所以曲面边界可以延伸，球头刀应由边界外开始加工。当边界不敞开时，确定进给路线要另行处理。

7. *Z* 向快速移动进给路线的确定

Z 向快速移动进给常采用下列进给路线。

（1）铣削开口不通槽时，铣刀在 *Z* 向可直接快速移动到位，不需工作进给，如图 1–35（a）所示。

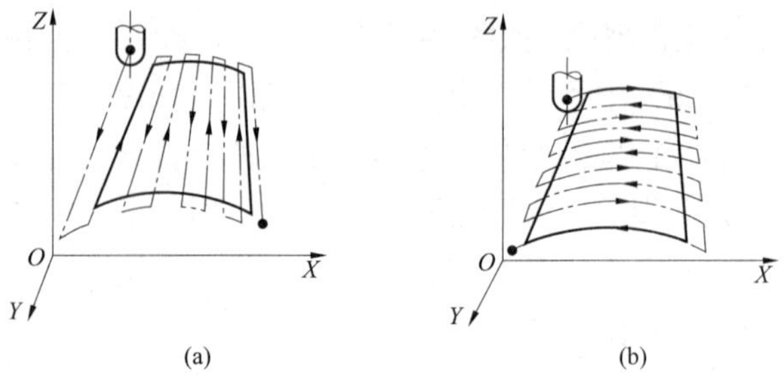

图 1–34 铣曲面的两种进给路线

（a）沿直线加工；（b）沿曲线加工

（2）铣削封闭槽（如键槽）时，铣刀需要有一切入距离 Z，先快速移动到距工件加工表面一切入距离 Z_a 的位置上（R 平面），然后以工作进给速度进给至铣削深度 H，如图 1–35（b）所示。

（3）铣削轮廓及通槽时，铣刀应有一段切出距离 Z_0，可直接快速移动到距工件表面 Z_0 处，如图 1–35（c）所示。

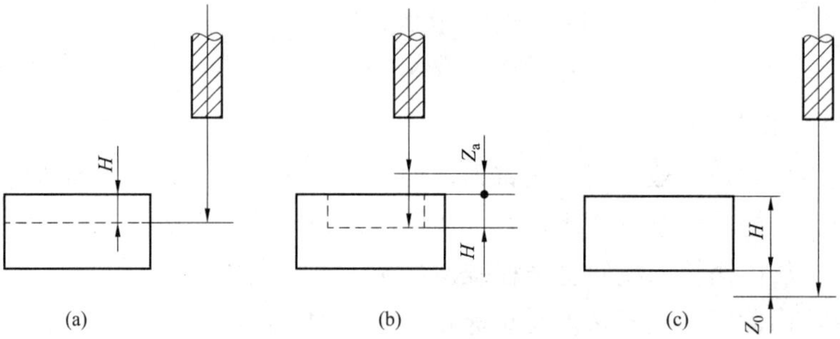

图 1–35 铣削加工时刀具 Z 向进给路线

（a）铣削开口不通槽；（b）铣削封闭槽；（c）铣削轮廓及通槽

8. 进刀与退刀

（1）进刀与退刀的走刀路线。铣削平面零件的轮廓时，是用铣刀的侧刃进行切削的，如果在进刀切入工件时是沿非切线方向或沿–Z 下刀的，那么就会产生整个轮廓切削不平滑的状况。如图 1–36 所示，切入处没有产生让刀，而其他位置都产生了让刀现象。为保证切削轮廓的完整平滑，应采用进刀切向切入、退刀切向切出的走刀路径，也就是通常所说的走“8”字形轨迹，如图 1–37 所示。

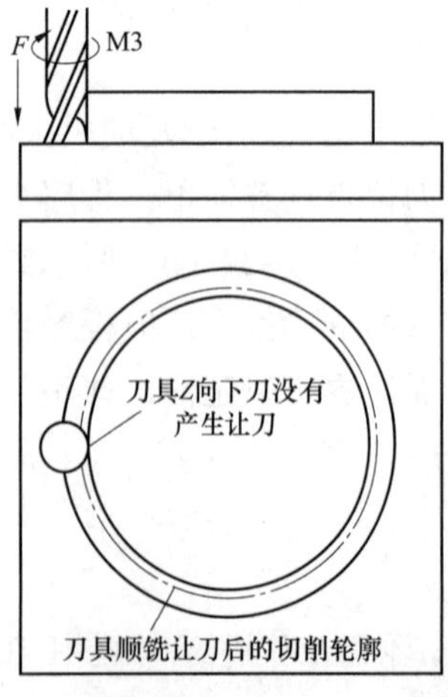

图 1–36 非切线方向或–Z 进刀时的轨迹

（2）–Z 方向的进刀。在–Z 方向进刀一般采用直接进刀或斜向进刀的方法。直接进刀主要适用于键槽铣刀的加工；而在不用键槽铣刀，直接用立铣刀的场合（如要加工某一个型腔，没有键槽铣刀，只有立铣刀时），就要用斜向进刀的方法。斜向进刀又分直线式与螺旋式两种，具体如图 1–38 所示。

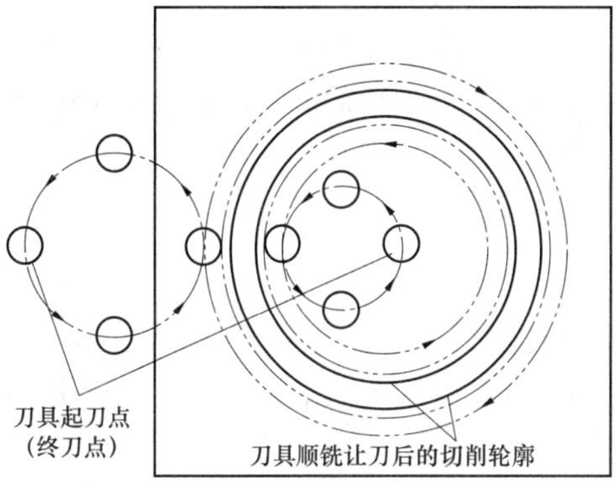

图 1–37　刀具切向切入、切向切出

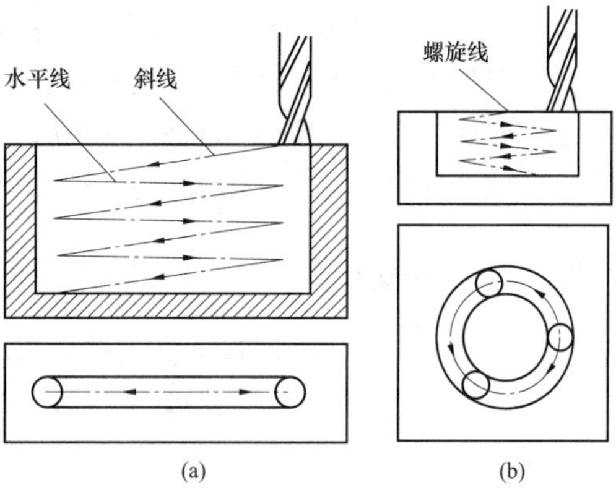

图 1–38　斜向进刀方法
（a）直线式斜向进刀；（b）螺旋式斜向进刀

三、选择夹具

1. 定位基准的选择

选择定位基准时，应注意减少装夹次数，尽量做到在一次安装中能把零件上所有要加工表面都加工出来。多选择工件上不需数控铣削的平面和孔作定位基准。对薄板件，选择的定位基准应有利于提高工件的刚性，以减小切削变形。定位基准应尽量与设计基准重合，以减少定位误差对尺寸精度的影响。

2. 确定零件的装夹方法

数控铣床加工零件时的装夹方法要考虑以下几点。

（1）零件定位、夹紧的部位应不妨碍各部位的加工、刀具更换以及重要部位的测量。尤其要避免刀具与工件、夹具及机床部件相撞。

（2）夹紧力尽量通过或靠近主要支承点或在支承点所组成的三角形内。尽量靠近切削部位并在工件刚性较好的地方，不要作用在被加工的孔径上，以减少零件变形。

（3）零件的重复装夹、定位一致性要好，以减少对刀时间，提高零件加工的一致性。

四、选择刀具

数控铣床主轴转速较普通机床的主轴转速高 1～2 倍，某些特殊用途的数控铣床主轴转速高达每分钟数万转，因此数控铣床刀具的强度与耐用度至关重要。一般说来，数控铣床用刀具应具有较高的耐用度和刚度，有良好的断屑性能和可调节、易更换等特点，刀具材料应有足够的韧性。

数控铣床铣削加工平面时，应选用不重磨硬质合金端铣刀或立铣刀。铣削较大平面时，一般用端铣刀。粗铣时选用较大的刀盘直径和走刀宽度可以提高加工效率，但铣削变形和接刀刀痕等应不影响精铣精度。加工余量大且不均匀时，刀盘直径要选小些；精加工时直径要选大些，使刀头的旋转切削直径最好能包容加工面的整个宽度。

加工凸台、凹槽和箱口面主要用立铣刀和镶硬质合金刀片的端铣刀。铣削时先铣槽中间部分，然后用刀具半径补偿功能铣槽的两边。

铣削平面零件的内外轮廓一般采用立铣刀。刀具的结构参数可以参考如下。

（1）刀具半径 R 应小于零件内轮廓的最小曲率半径 ρ。一般取 $R=(0.8\sim0.9)\rho$。

（2）零件的加工高度 $H=(1/6\sim1/4)R$，以保证刀具有足够的刚度。铣削型面和变斜角轮廓外形时常用球头刀、环形刀、鼓形刀和锥形刀。

五、确定切削用量

数控铣削加工的切削用量包括：铣削速度、进给速度、背吃刀量和侧吃刀量。

从刀具耐用度出发，切削用量的选择方法是：先选取背吃刀量或侧吃刀量，其次确定进给速度，最后确定切削速度。

1. 背吃刀量（端铣）或侧吃刀量（圆周铣）

背吃刀量 a_p 为平行于铣刀轴线测量的切削层尺寸，单位为 mm。端铣时，a_p 为切削层深度；而圆周铣削时，a_p 为被加工表面的宽度。

侧吃刀量 a_e 垂直于铣刀轴线测量的切削层尺寸，单位为 mm。端铣时，a_e 为被加工表面宽度；而圆周铣削时，a_e 为切削层深度。

背吃刀量或侧吃刀量的选取主要由加工余量和对表面质量的要求决定。

（1）在工件表面粗糙度值 *Ra* 要求为 12.5～25μm 时，如果圆周铣削的加工余量小于 5mm，端铣的加工余量小于 6mm，粗铣一次进给就可以达到要求。但在余量较大，工艺系统刚性较差或机床动力不足时，可分两次进给完成。

（2）在工件表面粗糙度值 *Ra* 要求为 3.2～12.5μm 时，可分粗铣和半精铣两步进行。粗铣时背吃刀量或侧吃刀量选取同前。粗铣后留 0.5～1.0mm 余量，在半精铣时切除。

（3）在工件表面粗糙度值 *Ra* 要求为 0.8～3.2μm 时，可分粗铣、半精铣、精铣 3 步进行。半精铣时背吃刀量或侧吃刀量取 1.5～2mm；精铣时圆周铣侧吃刀量取 0.3～0.5mm，面铣刀背吃刀量取 0.5～1mm。

2. 进给速度

进给速度 v_f 是单位时间内工件与铣刀沿进给方向的相对位移，单位为 mm/min。它与铣刀转速 n、铣刀齿数 z 及每齿进给量 f_z（单位为 mm/z）的关系为

$$v_f=f_z zn$$

每齿进给量 f_z 的选取主要取决于工件材料的力学性能、刀具材料、工件表面粗糙度等因素。工件材料的强度和硬度越高，f_z 越小；反之则越大。硬质合金铣刀的每齿进给量高于同类高速钢铣刀。工件表面粗糙度要求越高，f_z 就越小。每齿进给量的确定见表 1–4。工件刚性差或刀具强度低时，应取小值。

表 1–4　　铣刀每齿进给量 f_z

工件材料	每齿进给量（mm/z）			
	粗　铣		精　铣	
	高速钢铣刀	硬质合金铣刀	高速钢铣刀	硬质合金铣刀
钢	0.1～0.15	0.10～0.25	0.02～0.05	0.10～0.15
铸　铁	0.12～0.20	0.15～0.30		

3. 铣削速度

确定铣削速度之前，首先应确定铣刀的寿命。但是影响寿命的因素太多，诸如铣刀的类型、结构、几何参数、工件材料的性能、毛坯状态、加工要求、铣削方式甚至机床状态等，参考数据见表 1–5。

表 1–5 常见工件材料铣削速度参考值

工件材料	硬度（HBS）	铣削速度 v_c（m/min）		工件材料	硬度（HBS）	铣削速度 v_c（m/min）	
		硬质合金铣刀	高速钢铣刀			硬质合金铣刀	高速钢铣刀
低、中碳钢	<220	80~150	21~40	工具钢	200~250	45~83	12~23
	225~290	60~115	15~36	灰铸铁	100~140	110~115	24~36
	300~425	40~75	9~20		150~225	60~110	15~21
高碳钢	<220	60~130	18~36		230~290	45~90	9~18
	225~325	53~105	14~24		300~320	21~30	5~10
	325~375	36~48	9~12	可锻铸铁	110~160	100~200	42~50
	375~425	35~45	6~10		160~200	83~120	24~36
合金钢	<220	55~120	15~35		200~240	72~110	15~24
	225~325	40~80	10~24		240~280	40~60	9~21
	325~425	30~60	5~9	铝镁合金	95~100	360~600	180~300

注 1. 粗铣时切削负荷大，v_c 应取小值；精铣时，为减小表面粗糙度值，v_c 取大值。

2. 采用可转位硬质合金铣刀时，v_c 可取较大值。

3. 铣刀结构及几何参数等改进后，v_c 可超过表列之值。

4. 实际铣削后，如发现铣刀寿命太低，应适当降低 v_c。

5. v_c 的单位如为 m/s，表列值除以 60 即可。

当吃刀深度 a_p 和进给量确定后，应根据铣刀寿命和机床刚度，选取尽可能大的切削速度，参考数据见表 1–6。但是如前所述，由于影响因素太多，所确定的切削速度 v_c，只能作为实用中的初值。操作者应在具体生产条件下，细心体察、分析、试验，找到切削用量的最佳组合数值。

六、制定数控铣削加工工艺实例

如图 1–39 所示为槽形凸轮零件，在铣削加工前，该零件是一个经过加工的圆盘，圆盘为ϕ280，带有两个基准孔ϕ35 及ϕ12。ϕ35 及ϕ12 两个定位孔，*X* 面已在前面加工完毕，本工序是在铣床上加工槽。该零件的材料为 HT'200，试分析其数控铣削加工工艺。

1. 零件图工艺分析

该零件凸轮轮廓由 *HA*、*BC*、*DE*、*FG* 和直线 *AB*、*HG* 以及过渡圆弧 *CD*、*EF* 所组成。组成轮廓的各几何元素关系清楚，条件充分，所需要基点坐标容易求得。凸轮内外轮廓面对 *X* 面有垂直度要求。材料为铸铁，切削工艺性较好。

根据分析，采取以下工艺措施。

凸轮内外轮廓面对 X 面有垂直度要求，只要提高装夹精度，使 X 面与铣刀轴线垂直，即可保证。

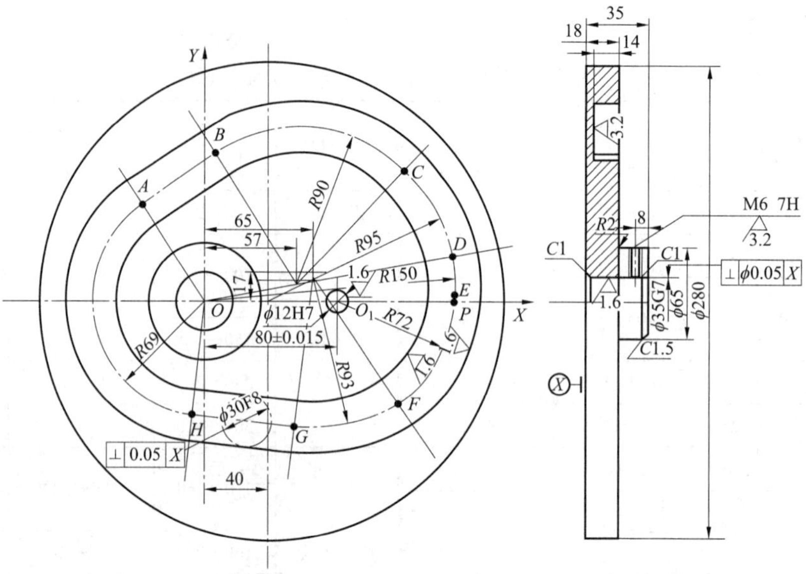

图 1–39 槽形凸轮零件

2. 选择设备

加工平面凸轮的数控铣削，一般采用两轴以上联动的数控铣床，因此首先要考虑的是零件的外形尺寸和重量，使其在机床的允许范围内。其次考虑数控机床的精度是否能满足凸轮的设计要求。第三，凸轮的最大圆弧半径应在数控系统允许的范围内。根据以上 3 条即可确定所要使用的数控机床为两轴以上联动的数控铣床。

3. 确定零件的定位基准和装夹方式

1）定位基准。采用“一面两孔”定位，即用圆盘 X 面和两个基准孔作为定位基准。

2）根据工件特点，用一块 320mm×320mm×40mm 的垫块，在垫块上分别精镗ϕ35 及ϕ12 两个定位孔（要配定位销），孔距离 80mm±0.015mm，垫块平面度为 0.05mm，该零件在加工前，先固定夹具的平面，使两定位销孔的中心连线与机床 X 轴平行，夹具平面要保证与工作台面平行，并用百分表检查，如图 1–40 所示。

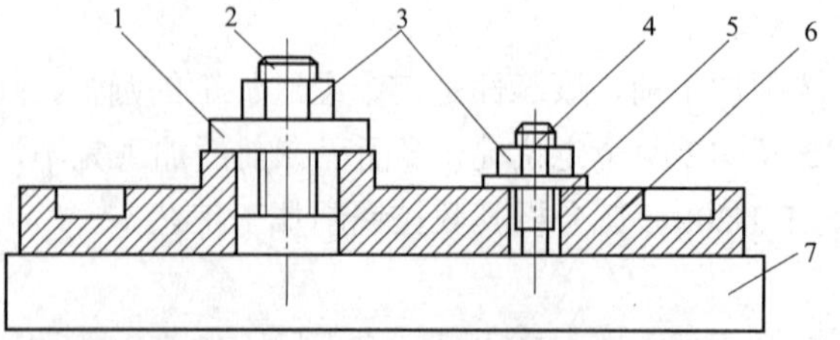

图 1–40 凸轮加工装夹示意图

1—开口垫圈；2—带螺纹圆柱销；3—压紧螺母；4—带螺纹削边销；5—垫圈；6—工件；7—垫块

4. 确定加工顺序及进给路线

整个零件的加工顺序的拟订按照基面先行、先粗后精的原则确定。因此，应先加工用作定位基准的ϕ35 及ϕ12 两个定位孔、X 面，然后再加工凸轮槽内外轮廓表面。由于该零件的ϕ35 及ϕ12 两个定位孔、X 面已在前面工序加工完毕，在这里只分析加工槽的进给路线，进给路线包括平面内进给和深度进给。平面内的进给，对外轮廓是从切线方向切入；对内轮廓是从过渡圆弧切入。在数控铣床上加工时，对铣削平面槽形凸轮，深度进给有两种方法：一种是在平面 *XZ*（或 *YZ*）内来回铣削逐渐进刀到既定深度；另一种是先打一个工艺孔，然后从工艺孔进刀至既定深度。

进刀点选在 *P*（150，0）点，刀具往返铣削，逐渐加深铣削深度，当达到要求深度后，刀具在 *XY* 平面内运动，铣削凸轮轮廓。为了保证凸轮的轮廓表面有较高的表面质量，采用顺铣方式，即从 *P* 点开始，对外轮廓按顺时针方向铣削，对内轮廓按逆时针方向铣削。

5. 刀具的选择

根据零件结构特点，铣削凸轮槽内、外轮廓（即凸轮槽两侧面）时，铣刀直径受槽宽限制，同时考虑铸铁属于一般材料，加工性能较好，选用ϕ18 硬质合金立铣刀，见表 1–6。

表 1–6　　数控加工刀具卡片

<table>
<tr><td colspan="2">产品名称或代号</td><td colspan="2">×××</td><td>零件名称</td><td colspan="2">槽形凸轮</td><td colspan="2">零件图号</td><td>×××</td></tr>
<tr><td>序号</td><td>刀具号</td><td colspan="2">刀具规格名称（mm）</td><td>数量</td><td colspan="4">加工表面</td><td>备注</td></tr>
<tr><td>1</td><td>T01</td><td colspan="2">ϕ18 硬质合金立铣刀</td><td>1</td><td colspan="4">粗铣凸轮槽内外轮廓</td><td></td></tr>
<tr><td>2</td><td>T02</td><td colspan="2">ϕ18 硬质合金立铣刀</td><td>2</td><td colspan="4">精铣凸轮槽内外轮廓</td><td></td></tr>
<tr><td colspan="2">编制</td><td>×××</td><td>审核</td><td>×××</td><td>批准</td><td colspan="2">×××</td><td>共　页</td><td>第　页</td></tr>
</table>

6. 切削用量的选择

凸轮槽内、外轮廓精加工时留 0.2mm 铣削量，确定主轴转速与进给速度时，先查阅切削用量手册，确定切削速度与每齿进给量，然后利用公式 $v_c = \pi dn/1000$ 计算主轴转速 n，利用 $v_f = nZf_z$ 计算进给速度。

7. 填写数控加工工序卡片

数控加工工序卡片见表 1–7。

表 1–7　　槽形凸轮的数控加工工艺卡片

<table>
<tr><td colspan="2" rowspan="2">单位名称</td><td colspan="2" rowspan="2">×××</td><td colspan="2">产品名称或代号</td><td colspan="2">零件名称</td><td colspan="2">零件图号</td></tr>
<tr><td colspan="2">×××</td><td colspan="2">槽形凸轮</td><td colspan="2">×××</td></tr>
<tr><td colspan="2">工序号</td><td colspan="2">程序编号</td><td colspan="2">夹具名称</td><td colspan="2">使用设备</td><td colspan="2">车间</td></tr>
<tr><td colspan="2">×××</td><td colspan="2">×××</td><td colspan="2">螺旋压板</td><td colspan="2">XK5025</td><td colspan="2">数控中心</td></tr>
<tr><td>工步号</td><td colspan="3">工步内容</td><td>刀具号</td><td>刀具规格（mm）</td><td>主轴转速（r/min）</td><td>进给速度（mm/min）</td><td>背吃刀量（mm）</td><td>备注</td></tr>
<tr><td>1</td><td colspan="3">来回铣削，逐渐加深铣削深度</td><td>T01</td><td>ϕ18</td><td>800</td><td>60</td><td></td><td>分两层铣削</td></tr>
<tr><td>2</td><td colspan="3">粗铣凸轮槽内轮廓</td><td>T01</td><td>ϕ18</td><td>700</td><td>60</td><td></td><td></td></tr>
<tr><td>3</td><td colspan="3">粗铣凸轮槽外轮廓</td><td>T01</td><td>ϕ18</td><td>700</td><td>60</td><td></td><td></td></tr>
<tr><td>4</td><td colspan="3">精铣凸轮槽内轮廓</td><td>T02</td><td>ϕ18</td><td>1000</td><td>100</td><td></td><td></td></tr>
<tr><td>5</td><td colspan="3">精铣凸轮槽外轮廓</td><td>T02</td><td>ϕ18</td><td>1000</td><td>100</td><td></td><td></td></tr>
<tr><td>编制</td><td>×××</td><td>审核</td><td>×××</td><td>批准</td><td>×××</td><td colspan="2">×年×月×日</td><td>共　页</td><td>第　页</td></tr>
</table>

项目二

学会操作 FANUC 系统数控铣床/加工中心

任务一　操作 FANUC 系统数控铣床/加工中心

一、认识机床面板

1. FANUC 0*i* 系统数控铣床机床/加工中心面板总览

FANUC 数控系统有多种系列型号，如 F3、F6、F17、F0 等，系列型号不同，数控系统操作面板有一些差异，目前在我国应用相对新的型号是 FANUC 0*i* 系列。FANUC 0*i* M 是可用于数控铣床和加工中心的数控系统。

FANUC 0*i* 系统数控铣床/加工中心的机床面板如图 2–1 所示。该面板由两大部分组成：LCD/MDI 单元和机床操作面板。LCD/MDI 单元也称作数控系统操作面板。LCD 是“液晶显示”的英文缩写，MDI 是“手动数据输入”的英文缩写。LCD/MDI 单元的作用是：手动输入程序、手动输入数控系统控制指令、显示数控系统的输出结果。机床操作面板的作用是通过输入指令控制机床动作。

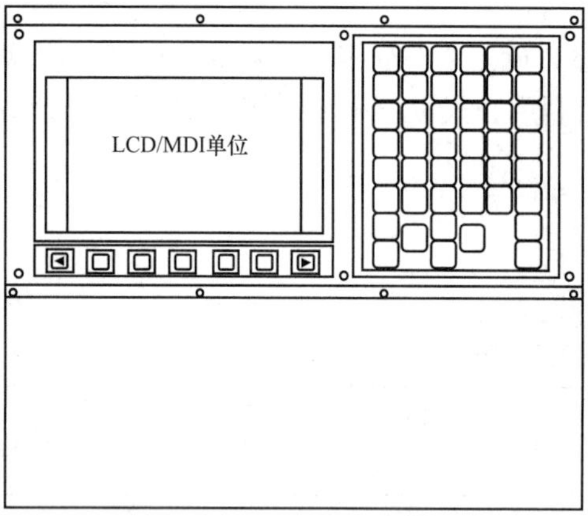

图 2–1　数控铣床/加工中心的 LCD/MDI 单元及机床操作面板总览

2. 数控系统操作面板（LCD/MDI 单元）的组成及操作

FAUNC 0*i* 系统的数控系统操作面板由屏幕和键盘组成，也称为 LCD/MDI 单元，如图 2–1 所示。操作面板的右侧是 MDI 键盘，MDI 键盘上的键按其用途不同可分为功能键、数据输入键和程序编辑键等，MDI 键盘上各种键的位置如图 2–2 所示。操作面板左侧是显示器，设在显示器下面的一行键，称为软键。软件的用途是可以变化的，在不同的界面下随屏幕最下一行的软件功能提示，而有不同的用途。

（1）MDI 操作面板上各种键的分类、用途和英文标识。操作面板上各键的用途见表 2–1，说明如下。

表 2–1　　数控系统操作面板（LCD/MDI）上键的用途

键的标识字符	键名称	键用途
RESET	复位键	用于使 CNC 复位或取消报警等
HELP	帮助键	当对 MDI 键的操作不明白时按下这个键可以获得帮助（帮助功能）
SHIFT	换挡键	在键盘上有些键具有两个功能，按下换挡键可以在这两个功能之间进行切换
INPUT	输入键	当按下一个字母键或者数字键时，再按该键，数据被输入到缓存区，并且显示在屏幕上。要将输入缓存区的数据复制到偏置寄存器中，必须按下 INPUT 键。这个键与软键上的［INPUT］键是等效的
← → ↓ ↑	光标移动键	有 4 个光标移动键。按下此键时，光标按所示方向移动
↑PAGE PAGE↓	页面变换键	按下此键时，可在屏幕上选择不同的页面（依据箭头方向，前一页、后一页）
功能键，切换不同功能的显示界面：POS	位置显示键	按下此键显示刀具位置界面。可以用机床坐标系、工件坐标系、增量坐标及刀具运动中距指定位置剩下的移动量 4 种不同的方式显示刀具当前位置
PROG	程序键	按下此键在编辑方式下，显示在内存中的程序，可进行程序的编辑、检索和通信；在 MDI 方式，可显示 MDI 数据，执行 MDI 输入的程序；在自动方式可显示运行的程序和指令值进行监控
OFFSET SETTING	偏置键	按下此键显示偏置/设置 SETTING 界面，如刀具偏置量设置和宏程序变量的设置界面，工件坐标系设定界面和刀具磨损补偿值设定界面等
SYSTEM	系统键	按下此键设定和显示运行参数表，这些参数供维修使用，一般禁止改动；显示自诊断数据
MESSAGE	信息键	按此键显示各种信息（报警号页面等）
CUSTOM GRAPH	图形显示键	按下此键以显示宏程序屏幕和图形显示屏幕（刀具路径图形的显示）
程序编辑键：DELETE	删除键	编辑时用于删除在程序中光标指示位置字符或程序
ALTER	替换键	编辑时在程序中光标指示位置替换字符
INSERT	插入键	编辑时在程序中光标指示位置插入字符
EOB E	段结束符	按此键则一个程序段结束
CAN	取消键	按下此键删除最后一个进入输入缓存区的字符或符号。例如，当键输入缓存区字符显示为＞N001X100Z_，当按 CAN 键时，Z 被取消并且屏幕上显示＞N001X100_
N Q　4 ← [（总计 24 个）	地址和数字键	输入数字和字母，或其他字符
〔　　〕	软键	软键功能是可变的，根据不同的界面，软键有不同的功能，软键功能的提示显示在屏幕的底端

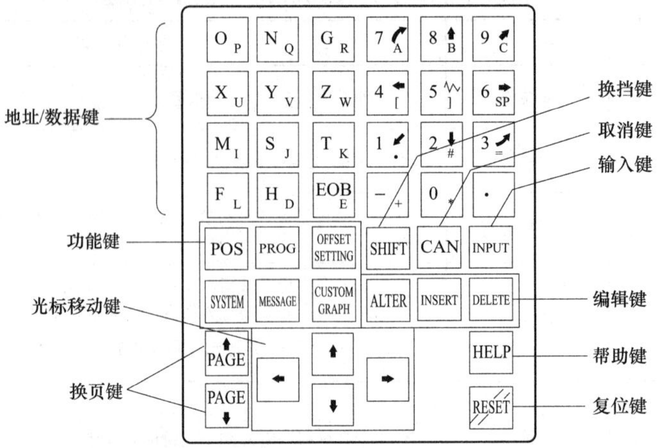

图 2–2　MDI 操作面板上键的位置分布

1）功能键。把数控系统具有的操作功能分为 6 大类，它们是：刀具位置显示操作；数控程序编辑、运行控制；各种偏置量的设置；系统参数设定；报警等信息和各种图形显示。使系统执行某一类功能，需要在相应的显示屏幕中操作，功能键是用来选择 6 类不同功能的屏幕界面。使用功能键可以打开所需要的某功能界面。

2）软键。分布在显示屏下方有 7 个按键，称为软键。软键用于在一个功能键所能显示的诸多界面中，切换界面，或选择操作。根据软键的用途，把中间 5 个软键分为两类，用于切换界面的称为“章节选择软键”，用于选择操作的称为“操作选择软键”，如图 2–3 所示。

这 5 个软键用途是可变的，在按下不同的功能键后，它们各有不同的当前用途，依据 CRT 显示界面最下方显示的 5 个软键菜单提示，可以分别确定其当前用途。

处于 7 个软键两端的两个键是用于扩展软键菜单的，分别称为“菜单返回键”和“菜单继续键”，如图 2–4 所示。虽然屏幕上只有 5 个软键菜单位置，按菜单返回键和菜单继续键，可以依次显示更多的软键菜单。

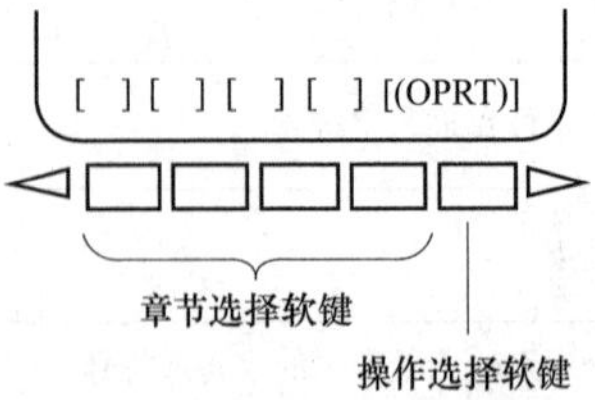

图 2–3　章节选择软键及操作选择软键

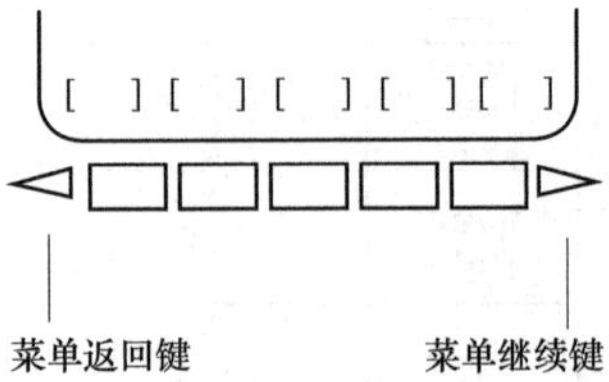

图 2–4　菜单返回键和菜单继续键

（2）功能键及软键的操作。数控系统的显示界面非常多，为方便检索界面，把显示界面按功能分类，用功能键切换不同功能的显示界面，在同一种功能界面下，用软键选择并切换到所需要的屏幕界面。

屏幕上界面切换操作步骤如下。

1）按下 MDI 面板上的某功能键，属于该功能涵盖的软键提示在屏幕最下一行显示出来。

2）按下其中一个“章节选择软键”（见图 2–3），则该软键所规定的界面显示在屏幕上，如果有某个章节选择软键提示没有显示出来，按下菜单继续键（见图 2–4），可以扩展显示菜单，显出下一个软键菜单。

3）当所选界面在屏幕上显示后，按下“操作选择软键”（见图 2–3），以显示要进行操作的数据。

4）为了重新显示屏幕上的软键提示行，按菜单返回键（见图 2–4）。

3. 机床操作面板的组成及操作

机床操作面板上配置了操作机床所用的各种开关，开关的形式可分为按键、旋转开关等，包括机床操作方式选择按键、进给轴及运动方向按键、程序检查用按键、进给倍率选择旋转开关和主轴倍率选择旋转开关等。为方便使用，面板上的按键依据其用途，涂有标识符号，可以采用标准符号标识、英文字符标识或中文标识。

生产厂家不同，机床的类型不同，其机床面板上开关的配置不相同，开关的功能及排列顺序有所差异。某数控铣床操作面板配置如图 2–5 所示。该面板上按键采用了标准符号标识和中文标识。面板上按键的标识符号及其英文标识字符见表 2–2、表 2–3 和表 2–4。说明了每个按键的用途。

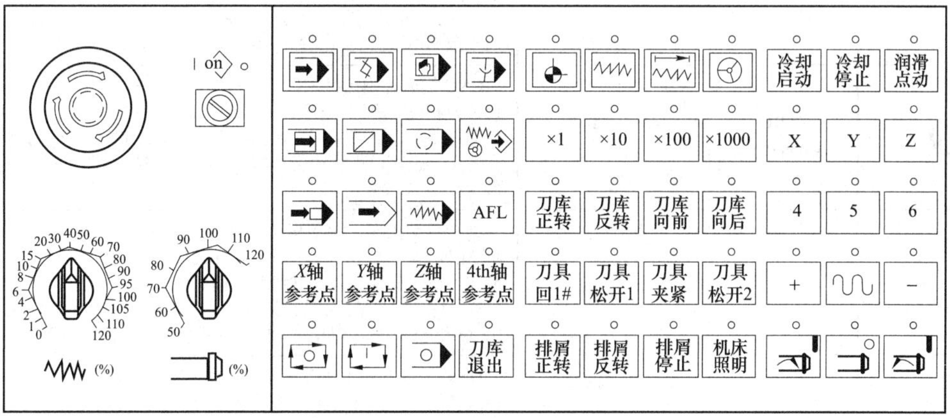

图 2–5　机床操作面板

（1）操作方式选择键（MODE SELECT）。操作者对机床操作时，一般应该先选择操作机床的操作方式。FANUC 系统把机床的操作分为 9 种方式：编辑（EDIT）、自动（AUTO）、手动数据输入（MD1）、手轮（HANDLE）、手动连续进给（JOG）、增量进给方式、回参考点（ZERO）和手动示教（TEACH），此外还有直接数控工作方式（DNC）。表 2–2 中所示的键用于选择操作方式。

（2）用于程序检查的键。数控程序编辑完成后，进行加工之前应该进行程序运行检查，检查、验证程序中的刀具轨迹是否正确。程序检查是防止刀具碰撞、避免事故的有效措施。为了提高效率，检查程序可以通过在机床上快速运行刀具轨迹（即空运行、进给速度倍率等），或者在屏幕界面上图形模拟运行刀具轨迹（即图形模拟、机床锁住等），观察屏幕显示的刀具位置坐标的变化来实现。表 2–3 中所示的键适用于在实际加工之前检查程序，检查机床运行加工程序的效果。

用于程序检查的功能有：机床锁住、辅助功能锁住、进给速度倍率、快速移动倍率、空运行和单段运行等。表 2–4 为机床操作面板上其他键的标识及用途说明。

表 2–2　　操作方式选择键用途

键的标准符号	英文标识字符	键名称	用　途
	EDIT	编辑方式	用于检索、检查、编辑加工程序
	AUTO	自动运行方式	程序存到 CNC 存储器后，机床可以按程序指令运行，该运行操作称为自动运行（或存储器运行）方式。 程序选择：通常一个程序用于一种工件，如果存储器中有几个程序，则通过程序号选择所用的加工程序
	MDI	手动数据输入方式	从 MDI 键盘上输入一组程序指令，机床根据输入的程序指令运行，这种操作称为 MDI 运行方式。一般在手动输入原点偏置、刀具偏置等机床数据时也采用 MDI 方式
	HANDLE	手动进给方式	手轮进给：摇转手轮，刀具按手轮转过的角度移动相应的距离
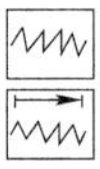	JOG	手动连续进给方式	用机床操作面板上的按键使刀具沿任何一轴移动。刀具可按以下方法移动。 （1）手动连续进给。当一个按钮被按下时刀具连续运动，抬起按键进给运动停止。 （2）手动增量进给。每按一次按键，刀具移动一个固定距离（其固定距离由进给当量选择键确定，见表 2–4）
	ZERO RETURN	手动返回参考点（回零方式）	CNC 机床上确定机床位置的基准点叫作参考点，在这一点上进行换刀和设定机床坐标系。通常机床上电后要返回机床参考点，手动返回参考点就是用操作面板上的开关或者按钮将刀具移动到参考点。也可以用程序指令将刀具移动到参考点，称为自动返回参考点
	TEACH	示教方式	结合手动操作，编制程序。TEACH IN JOG 手动进给示教和 TEACH IN HANDLE 手轮示教方式是通过手动操作获得的刀具沿 *X*、*Y*、*Z* 轴的位置，并将其存储到内存中作为创建程序的位置坐标。除了 X、Y、Z 外，地址 O、N、G、R、F、C、M、S、T、P、Q 和 EOB 也可以用与 EDIT 方式同样的方法存储到内存
	DNC	计算机直接运行方式	DNC 运行方式是加工程序不存到 CNC 的存储器中，而是从数控装置的外部输入，数控系统从外部设备直接读取程序并运行。当程序太大不需存到 CNC 的存储器中时这种方式很适用

表 2–3　　用于程序检查的键的用途

按键符号	英文标识字符	键名称	用　途
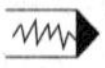	DRY RUN	空运行	将工件卸下，只检查刀具的运动轨迹。在自动运行期间按下空运行开关，刀具按参数中指定的快速速度进给运动，也可以通过操作面板上的快速速率调整开关选择刀具快速运动的速度
	SINGLE BLOCK	单段运行	按下单程序段开关进入单程序段工作方式，在单程序段方式中按下循环启动按钮，刀具在执行完程序中的一段程序后停止，通过单段方式一段一段地执行程序，仔细检查程序
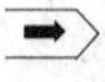	MC LOCK	机床锁住	在自动方式下，按下的机末锁住开关刀具不再移动，但是显示界面上可以显示刀具的运动位置，沿每一轴运动的位移在变化，就像刀具在运动一样

续表

按键符号	英文标识字符	键名称	用　　途
	OPT STOP	选择停止	按下选择停止开关，程序中的 M01 指令使程序暂停，否则 M01 不起作用
	BLOCK SKIP	可选程序段跳过	按下跳过程序段开关，程序运行中跳过开头标有“/”，结束标有“；”的程序段
	STOP	程序停止	程序停止（只用于输出）。按于此开关，在运行程序过程中，程序中的 M00 指令停止程序运行时，该按键显示灯亮
		程序重启动	由于刀具破损等原因程序自动运行停止后，按此键程序可以从指定的程序段重新开始运行

表 2-4　　其他键的标识及用途

按键符号	英文标识字符	键名称	用　　途
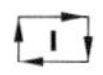	CYCLE START	循环启动	按下循环启动按键，程序开始自动运行。当一个加工过程完成后自动运行停止
	FEED HOLD	进给暂停	在程序运行中按下进给暂停按键，自动运行暂停，可在程序中指定程序停止或者中止程序命令。程序暂停后，按下循环启动按钮，程序可以从停止处继续运行
×1　×10 ×100　×1000		进给当量选择	在手轮方式时，选择手轮进给当量，即手轮每转一格，直线进给运动的距离可以选择：1μm、10μm、100μm 或 1000μm。 在手动增量进给方式时，选择手动增量进给当量，即手每按一次键，进给运动的距离可以选择：1μm、10μm、100μm 或 1000μm
X　Y　Z 4　5　6		手动进给轴	手动进给轴选择，在手动进给方式或手动增量进给方式下，该键用于选择进给运动轴，即 *X*、*Y*、*Z* 轴以及第 4、5、6 轴等
+　−		进给运动方向	手动进给方式或增量进给方式时，在选定了手动进给轴后，该键用于选择进给运动方向
	RAPID	快速进给	在手动进给方式下按下此开关，执行手动快速进给
	SPINDLE CW	手动主轴正转	按键使主轴顺时针方向旋转
	SPINDLE CCW	手动主轴反转	按键使主轴逆时针方向旋转
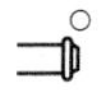	SPINDLE STOP	手动主轴停	按键使主轴停止旋转
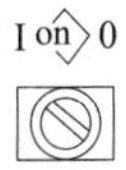	ON OFF	数据保护键	数据保护键用于保护零件程序、刀具补偿量、设置数据和用户宏程序等。 “1”：ON 接通，保护数据。 “0”：OFF 断开，可以写入数据
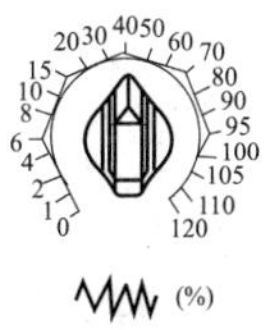		进给速度倍率调整	进给倍率用于在操作面板上调整程序中指定的进给速度，例如，程序中指定的进给速度是 100mm/min，当进给陪率选定为 20%时，刀具实际的进给速度为 20mm/min。此键用于改变程序中指定的进给速度，进行试切削，以便检查程序

续表

按键符号	英文标识字符	键名称	用　　途
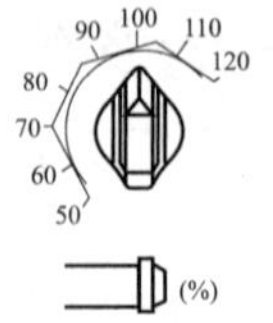		主轴转速调整	进给倍率用于在操作面板上调整程序中指定的主轴转速。例如，程序中指定的主轴转速是 1000r/min，当进给倍率选定为 50%时，主轴实际的转速为 500r/min。此键用于调整主轴转速，进行试切削，以便检查程序
	E–STOP	紧急停止	进给停，断电。用于发生意外紧急情况时的处理

二、数控铣床/加工中心的手动操作

1. 手动返回参考点

参考点又称为机械零点，是机床上的一个固定点，数控系统根据这个点的位置建立机床坐标系。装备了绝对编码器的机床能够记忆这个位置，而装备相对编码器的机床，不具备记忆零点位置的能力，需要通过执行返回参考点操作建立机床坐标系，即机床通电后刀具的位置是随机的，LCD 显示的坐标值也是随机的，必须进行手动返回参考点操作，系统才能捕捉到刀具的位置，建立机床坐标系。

通常数控铣床的参考点设在各坐标轴正向运动的极限位置；加工中心参考点设在自动换到点位置。手动返回参考点是利用操作面板上的开关和按键，将刀具移动到机床参考点。操作步骤见表 2–5。

表 2–5　　手动回参考点的操作步骤

顺序	按键操作	说　　明
1		在机床操作面板上（见图 2–5）按下参考点返回键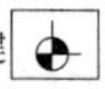，进入返回参考点方式，然后分别按下各轴进给方向键，可使各轴分别移动到参考点位置。为防止碰撞，应先操作 *Z* 轴回参考点，然后操作其他轴回参考点
2	RAPID TRAVERSE OVERRIDE (%) F0 25 50 100	为降低移动速度按下快速移动倍率选择开关，选择快速移动速度，当刀具已经回到参考点，参考点返回完毕指示灯亮
3	Z	按 Z 键
4	+	按键 + ，则 *Z* 轴向正方向移动，同时 *Z* 轴回零指示灯闪烁
5	*Z*轴参考点	*Z* 轴移动到参考点时指示灯停止闪烁，同时 *Z* 轴回零指示灯 *Z*轴参考点 亮，表明 *Z* 轴回到参数点，这时 *Z* 轴机械坐标值为 0
6	*X*轴参考点　*Y*轴参考点　4th轴参考点	同上述 3～5 步骤，分别操作 *X* 轴、*Y* 轴、第 4 轴，使 *X* 轴、*Y* 轴、第 4 轴回到参数点，回零指示灯 *X*轴参考点、*Y*轴参考点、4th轴参考点 亮，这时 *X*、*Y*、第 4 轴机械坐标值为 0

注　各机床操作面板有不同，以上只是一种示例，实际操作请见机床操作说明书。

提示

数控铣床和加工中心在开机后必须首先进行“返回参考点”操作，否则机床不能正常运行程序。

2. 手动连续进给操作

本操作是用手动按键的方法使 *X*、*Y*、*Z* 之中任一坐标轴按调定速度进给或快速进给。在 JOG 方式中持续按下操作面板上的进给轴及其方向选择开关，会使刀具沿着所选轴的所选方向连续移动。JOG 进给速度可以通过倍率旋钮进行调整。

如果同时按下快速移动开关会使刀具以快速移动速度移动。此时 JOG 进给倍率旋钮无效，该功能叫作手动快速移动。

手动操作一次只能移动一个轴。操作步骤见表 2–6。

表 2–6　　手动连续进给（JOG）步骤

顺序	按键操作	说　明
1	[JOG]	在机床操作面板上（见图 2–5）选择操作方式，按下手动连续 JOG 键[JOG]，选择手动连续方式
2	X　Y　Z 4　5　6	通过进给轴选择开关选择使刀具移动的轴，可以是 *X*、*Y*、*Z* 和第 4 等轴。按下该开关时刀具以参数第 1423 号指定的速度移动，释放开关移动停止
	+　−	通过进给方向选择按键 + 、 − ，选择使刀具移动的运动方向
3	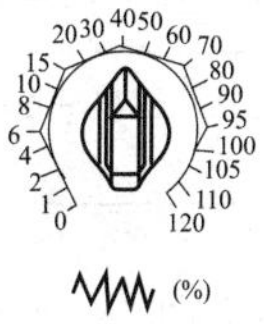	可以通过手动操作进给速度的倍率旋钮，调整进给速度
4	[快速移动键]	按下进给轴和方向选择开关的同时按下快速移动键[快速移动键]，刀具以快移速度移动，在快速移动过程中快速移动倍率开关有效

3. 手动增量进给（INS）

增量进给运动是指每按一次按钮，刀具移动一段预定的距离（即一步）。

增量进给操作步骤见表 2–7。

表 2–7　　手动增量进给（INS）步骤

顺序	按键操作	说　明
1	[INS]	在机床操作面板上选择操作方式，按下手动连续 INS 键[INS]，选择手动增量进给方式
2	×1　×10 ×100　×1000	用设定倍率开关，选择每步移动的距离（可以是 1、10、100 或 1000 倍），也称选择手动增量进给当量。每按一次键，进给运动的距离可以选择：1μm、10μm、100μm 或 1000μm

续表

顺序	按键操作	说　　明
3	X　Y　Z 4　5　6	按进给轴和方向选择开关，机床沿选择的轴和方向移动，每按一次开关，就移动一步，其进给速度与手动连续进给速度一样
	+　−	通过进给方向选择按键+ −，选择使刀具移动的运动方向
4	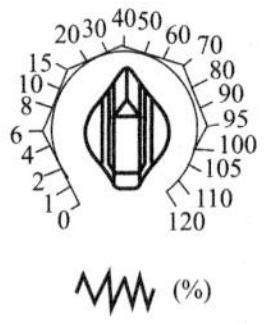	可以通过手动操作进给速度的倍率旋钮，调整进给速度

4. 手摇脉冲发生器（HANDLE）进给操作

手摇脉冲发生器又称为手轮。摇动手轮，使 *X*、*Y*、*Z* 等任一坐标轴移动。操作步骤见表 2–8。

表 2–8　　　　手轮进给操作步骤

顺序	按键	说　　明
1		在机床操作面板上按手轮方式选择开关（HANDLE），选择手轮方式
2	软键〔轴选择开关〕	用软键〔轴选择开关〕选择移动轴。使用手摇轮时每次只能单轴运动，此〔轴选择开关〕用来选择用手轮运动的轴，即 *X*、*Y*、*Z* 轴
3	×1　×10 ×100　×1000	选择移动增量。通过倍率选择，手摇轮旋转一格，轴向移动位移可为 0.001mm、0.01mm、0.1mm 或 1mm
4	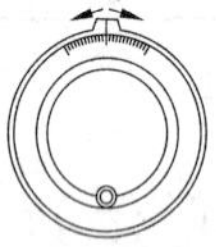 手摇脉冲发生器	旋转手轮，以手轮转向对应的方向移动刀具，手轮旋转 360°刀具移动的距离相当于 100 个刻度的对应值。手轮顺时针（CW）旋转，所移动轴向该轴的正半轴方向移动，手摇轮逆时针（CCW）旋转，则移动轴向负半轴方向移动

注　1. 在较大的倍率比，如100下旋转手轮可能会使刀具移动太快，进给速度被限制在快速移动速度值。请按5r/s 以下的速度旋转手轮，如果手轮旋转的速度超过了5r/s，刀具有可能在手轮停止旋转后还不能停止下来或者刀具移动的距离与手轮旋转的刻度不符。

2. 各机床操作面板有所不同，以上只是一种示例，实际操作请见机床操作说明书。

5. 主轴手动操作

（1）将方式选择置于手动操作模式（含 HANDLE、JOG、ZERO）。

（2）可由下列 3 个按键控制主轴运转。

主轴正转按键：主轴正转，同时按键内的灯会亮。

主轴反转按键：主轴反转，同时按键内的灯会亮。

主轴停止按键：手动模式时按此键，主轴停止转动，任何时候只要主轴没有转动，这个按键内的灯就会亮，表示主轴在停止状态。

6. 安全操作

安全操作包括急停、超程等各类报警处理。

（1）报警。数控系统对其软、硬件及故障具有自诊断能力，该功能用于监视整个加工过程是否正常，如果工作不正常，系统及时报警。报警形式常见有机床自锁（驱动电源切断）、屏幕显示出错信息、报警灯亮和蜂鸣器响。

（2）急停处理。当加工过程出现异常情况时，按机床操作面板上的“急停”钮，机床的各运动部件在移动中紧急停止，数控系统复位。急停按钮按下后会被锁住，不能弹起，通常旋转该按钮，即可解锁。急停操作切断了电机的电流，在急停按钮解锁之前必须排除故障的原因。

排除故障后要恢复机床工作，由于数控系统已经复位，所以必须首先进行手动返回参考点操作，重新建立坐标系。如果在换刀动作中按了急停钮，还必须用 MDI 方式把换刀机构调整好。急停处理过程见表 2–9。

表 2–9　　操作中的“急停”

顺序	按键	说　明
1		出现异常情况时，按机床操作面板上的“急停”钮。各运动部件在移动中紧急停止，数控系统复位
2		排除引起急停的故障
3		手动返回参考点操作，重新建立坐标系。如果在换刀动作中按了急停钮，还必须用 MDI 方式把换刀机构调整好

机床在运行时按下“进给保持”钮，也可以使机床停止，此时数控系统自动保存各种现场信息，因此再按“循环启动”键，系统将从断点处继续执行程序，无需进行返回参考点操作。

（3）超程处理。在手动、自动加工过程中，若机床移动部件（如刀具主轴、工作台）试图移动到由机床限位开关设定的行程终点以外时，刀具会由于限位开关的动作而减速，并最后停止，界面显示出信息“OVER TRAVEL”（超程）。超程时系统报警、机床锁住和超程报警灯亮，屏幕上方报警行出现超程报警内容（如：X 向超过行程极限）。限位超程处理操作步骤见表 2–10。

表 2–10　　超程处理操作步骤

顺序	按键	说　明
1	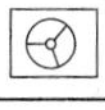	将操作模式置于手轮进给方式（HANDLE）
2		用手摇轮使超程轴反向移动适当距离（大于 10mm）

续表

顺序	按键	说　明
3	RESET	按“RESET”键，使数控系统复位
4		超程轴原点复位，恢复坐标系统

三、用 MDI 键盘创建数控加工程序

在数控机床/加工中心上创建程序方法有：用 MDI 键盘，在示教方式中编程，通过图形会话功能编程和用自动编程。

下面讲述使用 MDI 面板创建程序，以及自动插入程序段顺序号的操作。

1. 用 MDI 键盘创建程序的步骤

可以通过前面讲过的程序编辑功能，在 EDIT 方式中创建程序。

通过键盘，手动创建程序步骤见表 2–11。

表 2–11　　用 MDI 键盘创建程序

步骤	按键操作	说　明
1	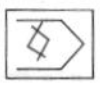	进入编辑（EDIT）方式
2	PROG	进入编辑状态
3	O	输入程序号（程序号在缓冲区，显示在缓冲区一栏中）
4	INSERT	插入程序号
5	按图 2–2 中的程序编辑功能	使用数控系统的程序编辑功能，编辑、创建程序

2. 加入自动插入程序段顺序号

在 EDIT 方式中，通过 MDI 面板创建的程序，可以自动插入程序段顺序号，在参数 No.3216 中设置顺序号的增量，每当一段程序输入完成，按下“EOB”键，会自动地按增量值产生新的程序段号。加入自动插入顺序号功能的步骤如下。

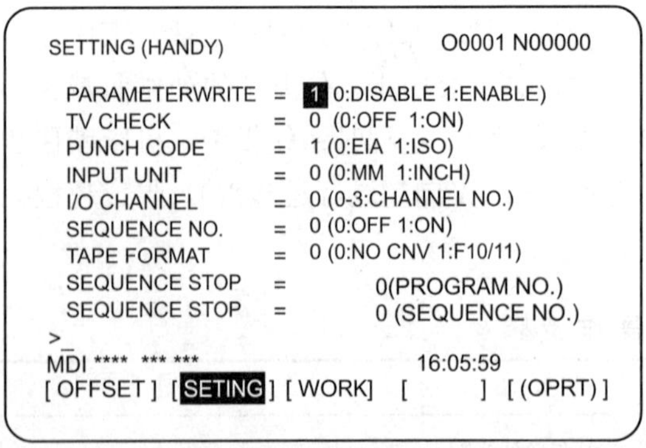

SETTING (HANDY)
O0001 N00000
PARAMETERWRITE = 1 0:DISABLE 1:ENABLE)
TV CHECK = 0 (0:OFF 1:ON)
PUNCH CODE = 1 (0:EIA 1:ISO)
INPUT UNIT = 0 (0:MM 1:INCH)
I/O CHANNEL = 0 (0-3:CHANNEL NO.)
SEQUENCE NO. = 0 (0:OFF 1:ON)
TAPE FORMAT = 0 (0:NO CNV 1:F10/11)
SEQUENCE STOP = 0(PROGRAM NO.)
SEQUENCE STOP = 0 (SEQUENCE NO.)
>_
MDI **** *** ***
16:05:59
[OFFSET] [SETING] [WORK] [ ] [(OPRT)]

图 2–6　设置数据界面

（1）在设置（SETTING）数据屏幕界面上（见图 2–6）设定在程序编辑中能自动插入顺序号的功能，即设置插入顺序号功能 SEQUENCE NO.为“1”。SEQUENCE NO.表示在 EDIT 方式中编辑程序时是否自动插入顺序号，其中：“0”表示不自动插入顺序号；“1”则表示自动插入顺序号。

（2）进入 EDIT 方式。

（3）按下“PROG”键，显示程序屏幕。

（4）搜索将要编辑的程序号，并且将光标移动到要插入顺序号段程序的结束处“；”，当程序号被注册后，并通过键输入了 EOB“；”，顺序号就会从 0 开始自动加入。如果要修改初始值，则根据下面的第（10）步操作，然后跳到第（7）步。

（5）按下地址键同，并输入 N 的初始值。

（6）按下“INSERT”。

（7）输入程序段的每一个字。

（8）按下“EOB”键。

（9）按下“INSERT”键，段结束符号“；”被注册到内存中，并自动插入顺序号。例如，如果 N 的初始值为 10，并且顺序号增量为 2，则插入 N12，并且光标在字符输入处显示，如图 2–7 所示。

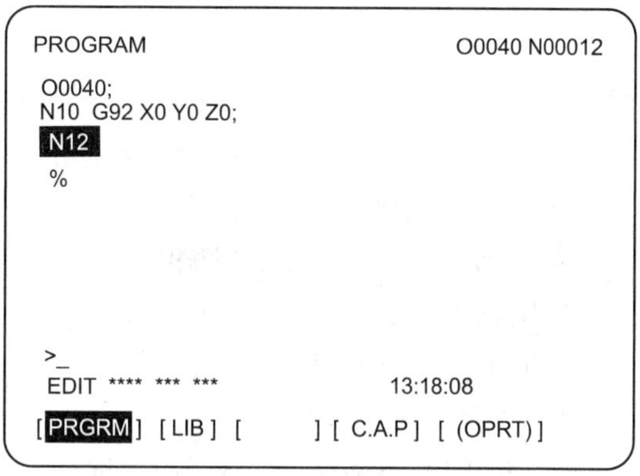

图 2–7　自动插入顺序号功能

（10）在上面的例子中，如果在另一个程序段中不需要 N12，则在 N12 显示后，按下“DELETE”键可删除 N12。要在下一个程序段中插入 N100 而不是 N12，在显示 N12 后输入 N100，再按“ALTER”键，则 N100 被注册，并将初始值改为 100。

四、编辑程序

1. 程序号检索

当内存中存有多个程序时可以检索出其中的一个程序，有以下两种方式。

方法 1。

（1）选择 EDIT 或 MEMORY 方式。

（2）按下键“PROG”，显示程序屏幕。

（3）输入地址“O”。

（4）输入要检索的程序号。

（5）按下软键［O SRH］。

（6）检索结束后检索到的程序号，显示在屏幕的右上角。如果没有找到该程序，就会出现 P/S 报警 No.71。

方法 2。

（1）选择 EDIT 或 MEMORY 方式。

（2）按下键“PROG”，显示程序屏幕。

（3）按下［O SRH］键，此时检索程序目录中的下个程序。

2. 顺序号检索

顺序号检索通常用于在一个程序中检索某个程序段，以便从该段开始执行程序。例如，

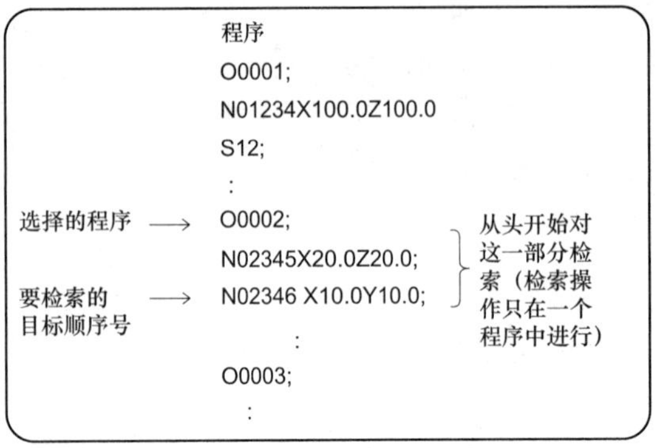
程序
O0001;
N01234X100.0Z100.0
S12;
:
选择的程序
O0002;
N02345X20.0Z20.0;
要检索的目标顺序号
N02346 X10.0Y10.0;
从头开始对这一部分检索（检索操作只在一个程序中进行）
:
O0003;
:

图 2–8　检索顺序号

检索程序 O0002 中的顺序号 02346，如图 2–8 所示。顺序号检索的步骤如下。

（1）选择 MEMORY 方式。

（2）按下键“PROG”。

（3）如果程序包含有要检索的顺序号，执行下面（4）～（7）的操作。

（4）输入地址“N”。

（5）输入要检索的顺序号 02346。

（6）按下软键［N SRH］。

（7）检索完成后找到的顺序号显示在屏幕的右上角。

如果在当前程序中没有找到指定的顺序号，则出现 P/S No.060 报警。

3. 程序的删除

存储到内存中的程序可以删除一个，或者所有的程序一次删除，同时也可以通过指定一个范围删除多个程序。

（1）删除一个程序。

1）选择 EDIT 方式。

2）按下键“PROG”，显示程序屏幕。

3）键入地址“O”，程序号显示在缓冲区一栏中。

4）键入要删除的程序号。程序号显示在缓冲区一栏中。

5）按下键“DELETE”，输入程序号的程序被删除。

（2）删除所有程序。

1）选择 EDIT 方式。

2）按下键“PROG”，显示程序屏幕。

3）键入地址 O。

4）键入–9999。

5）按下键“DELETE”，所有的程序都被删除。

五、对刀操作

将工件装夹到数控铣床/加工中心工作台上之后，首先必须对刀，才能开始加工。对刀操作就是设定刀具上某一点在工件坐标系中坐标值的过程，对于圆柱形铣刀，一般是指刀刃底平面的中心，对于球头铣刀，也可以指球头的球心。实际上，对刀的过程就是在机床坐标系中建立工件坐标系的过程。

对刀之前，应先将工件毛坯准确定位装夹在工作台上。对于较小的零件，一般安装在平口钳或专用夹具上，对于较大的零件，一般直接安装在工作台上。安装时要使零件的基准方向和 X、Y、Z 轴的方向相一致，并且切削时刀具不会碰到夹具或工作台，然后将零件夹紧。

常用的对刀方法是手工对刀法，一般使用刀具、标准芯棒或百分表（千分表）等工具，更方便的方法是使用光电对刀仪。

提示

立铣刀对刀时以前端面的中心作为刀位点。

1. 用 G92 建立工件坐标系的对刀方法

G92 指令的功能是设定工件坐标系，执行 G92 指令时，系统将指令后的 *X*、*Y*、*Z* 的值设定为刀具当前位置在工件坐标系中的坐标，即通过设定刀具相对于工件坐标系原点的值来确定工件坐标系的原点。

（1）方形工件的对刀步骤。如图 2–9 所示，通过对刀将图中所示方形工件的 *X*、*Y*、*Z* 的零点设定成工件坐标系的原点。

操作步骤如下。

1）安装工件，将工件毛坯装夹在工作台上，用手动方式分别回 *X* 轴、*Y* 轴和 *Z* 轴到机床参考点。

采用点动进给方式、手轮进给方式或快速进给方式，分别移动 *X* 轴、 *Y*轴和 *Z* 轴，将主轴刀具先移到靠近工件的 *X* 方向的对刀基准面——工件毛坯的右侧面。

2）启动主轴，在手轮进给方式转动手摇脉冲发生器慢慢移动机床 *X* 轴，使刀具侧面接触工件 *X* 方向的基准面，使工件上出现一极微小的切痕，即刀具正好碰到工件侧面，如图 2–10 所示。

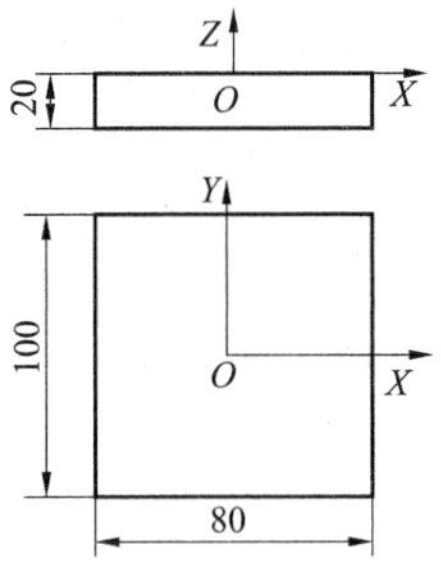

图 2–9　方形工件图

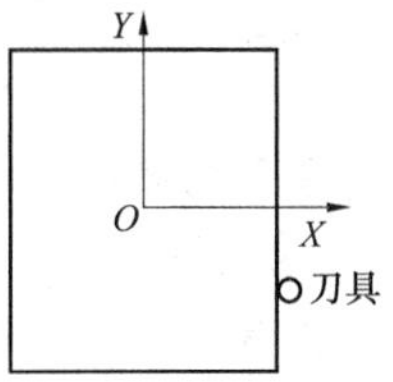

图 2–10　*X* 方向对刀时的刀具位置

设工件长宽的实际尺寸为 80mm×100mm，使用的刀具直径为 8mm，这时刀具中心坐标相对于工件 *X* 轴零点的位置可以计算得到 80/2+8/2=44（mm）。

3）停止主轴，将机床工作方式转换成手动数据输入方式，按“程序”键，进入手动数据输入方式下的程序输入状态，输入 G92，按“INPUT”键，再输入此时刀具中心的 *X* 坐标值 X44，按“INPUT”键。此时已将刀具中心相对于工件坐标系原点的 *X* 坐标值输入。

按“循环启动”按钮执行 G92　X44 这一程序，这时 *X* 坐标已设定好，如果按“位置”键，屏幕上显示的 *X* 坐标值为输入的坐标值，即当前刀具中心在工件坐标系内的坐标值。

4）按照上述步骤同样再对 *Y* 轴进行操作，使刀具侧面和工件的前侧面（即靠近操作者的工件侧面）正好相接触，这时刀具中心相对于工件 *Y* 轴零点的坐标为：–100/2+(–8/2)= –54mm。在手动数据输入方式下输入 G92 和 Y–54，并按“输入”键，这时刀具的 *Y* 坐标已设定好。

5）然后对 Z 轴同样操作，此时刀具中心相对于工件坐标系原点的 Z 坐标值为 Z=0，输入 G92 和 Z0，按“输入”键，这时 Z 坐标也已设定好。实际上工件坐标系的零点已设定到如图 2–9 所示的位置上。

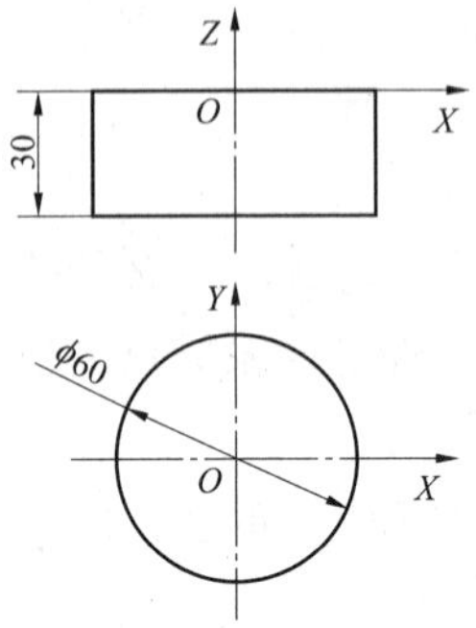

图 2–11　圆形工件

（2）圆形工件的对刀操作。如果工件为圆形，以圆周作为对刀基准，用上述对刀的方法找基准面比较困难，一般使用百分表来进行对刀。如图 2–11 所示，通过对刀设定图中所示的工件坐标系原点。

操作步骤如下。

1）安装工件，将工件毛坯装夹在工件台夹具上。用手动方式分别回 X 轴、Y 轴和 Z 轴到机床参考点。

2）对 X 轴和 Y 轴的原点。将百分表的安装杆装在刀柄上，或卸下刀柄，将百分表的磁性座吸在主轴套筒上，移动工作台使主轴中心轴线（即刀具中心）大约移到工件的中心，调节磁性座上伸缩杆的长度和角度，使百分表的触头接触工件的外圆周，用手慢慢转动主轴，使百分表的触头沿着工件的外圆周面移动，观察百分表指针的偏移情况，慢慢移动工作台的 X 轴和 Y 轴，反复多次后，待转动主轴时百分表的指针基本指在同一个位置，这时主轴的中心就是 X 轴和 Y 轴的原点。

3）将机床工作方式转换成手动数据输入方式，输入并执行程序 G92 X0 Y0，这时刀具中心（主轴中心）X 轴坐标和 Y 轴坐标已设定好，此时都为零。

4）卸下百分表座，装上铣刀，用上述方法设定 Z 轴的坐标值。

注意：由于刀具的实际直径可能要比其标称直径小，对刀时要按刀具的实际直径来计算。工件上的对刀基准面要选择工件上的重要基准面。如果欲选择的基准面不允许产生切痕、可在刀具和基准面之间加上一块厚度准确的薄垫片。

提示

用 G92 的方式建立工件坐标系后，如果关机，建立的工件坐标系将丢失，重新开机后必须再对刀建立工件坐标系。

2. 自动设置工件坐标系操作

执行手动参考点返回时，系统会自动设定坐标系。操作方法是：事先在参数 1250 号中存储参考点在工件坐标系中的坐标值 α、β 和 γ，当执行参考点返回时，刀具到达参考点后，刀具位置（刀具夹头的基准点或者刀具上的刀尖）的坐标为 $X=\alpha$；$Y=\beta$；$Z=\gamma$。所以在手动返回参考点后就确定了工件的坐标系，这相当于参考点返回后，同时执行了指令：G92 Xα Y β Zγ。

3. 用指令 G54～G59 设置工件坐标系操作

在工件坐标系设定界面下将工件零点相对于机床零点的偏移量存入到 G54～G59 的数据区。当数控程序运行时，可以用编程的指令（G54～G59）选择工件零点偏移量，从而用指令 G54～G59 设置了工件坐标系。使用 LCD/MDI 面板可以打开工件坐标系设定界面，按下“OFFSET”功能键后，切换屏幕界面可以显示每一个工件坐标系的工件零点偏移值（6 个标准工件坐标系 G54～G59 和 48 个附加工件坐标系 G54.1P1～G54.1P48），并且可以在这个界面上设定、更改工件原点偏移值。

（1）显示和设定工件原点偏移值的步骤如下。

1）按下“OFFSET”功能键。

2）按下章节选择软键［WORK］，显示工件坐标系设定屏幕界面，如图 2–12 所示。

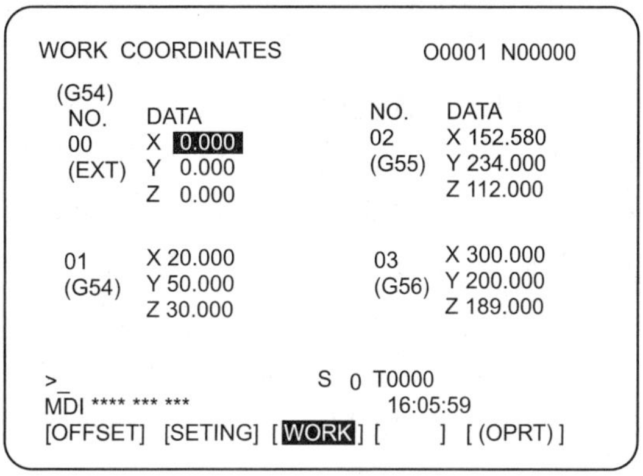

图 2–12 工件坐标系设定屏幕界面

3）显示工件原点偏移值的屏幕，包括两页或者更多页，通过以下两种方式之一，显示想要的屏幕界面。

方式 1：按下“PAGE”换页键，切换界面，找出所要界面。

方式 2：输入工件坐标系号（0：外部工件原点偏移；1～6：工件坐标系 G54～G59；P1～P48：工件坐标系 G54.1 Pl～G54.1 P48），或按下操作选择软键［NO.SRH］，可以找到所要的界面。

4）关掉数据保护键，使得数据可以写入。

5）将光标移动到想要改变的工件原点偏移指令上。

6）通过数字键输入工件原点偏移数值，然后按下软键［INPUT］，输入的数据就被指定为工件原点偏移值。或者通过输入一个数值并按下软键［INPUT］，输入的数值可以累加到以前的数值上。

7）重复第 5）步和第 6）步，改变其他的偏移值。

8）打开数据保护键禁止写入。

（2）直接输入工件原点偏移测量值。如果实际加工时的工件坐标系与编程的工件坐标系有差值，则应该测量出这个差值，并进行补偿，这就是工件原点偏移测量值的直接输入。首先测量出工件坐标系原点的偏移值，然后在屏幕上输入这个偏移值。以使指令值与实际尺寸相符。最后选择新的坐标系使编程的坐标系与实际坐标系一致。例如，工件形状如图 2–13 所示，原编程原点位于 O 点，实际加工时工件原点位于 O'，将工件原点偏移测量值的直接输入的操作步骤如下。

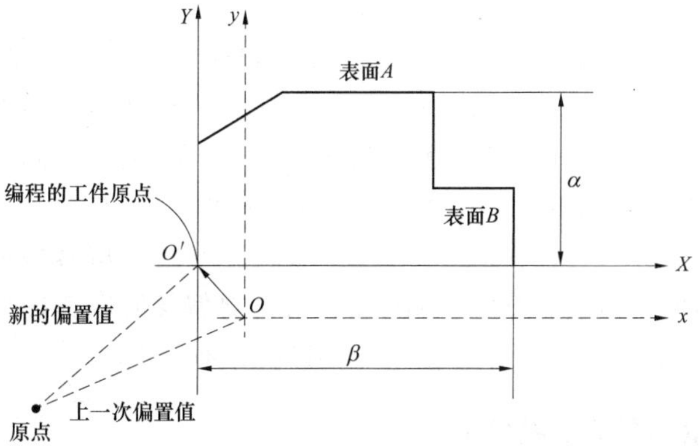

图 2–13 工件原点偏移测量值的直接输入

1）手动移动基准刀具，使其与工件表面 A 接触。

操作方法：将装夹在主轴（Z 轴）上的基准刀具移动到工件的一侧并相距一定距离，此时基准刀具端面高度保持在工件上表面以下 5～10mm。手轮进给慢速移动 Y 轴，使基准刀具靠近工件，同时凭手感用塞尺确认基准刀具与工件表面接触，采用塞尺的目的是避免基准刀具与工件碰撞，影响测量的准确性，记下塞尺厚度。如果采用寻边器，使寻边器与工件表面接触，操作简单，容易保证精度。

2）使 Y 轴坐标值保持不变，同时将刀具退回。

3）测量表面 A 与编程的工件原点之间的距离 α（含塞尺厚度）。

4）按“OFFSET”功能键，打开偏移界面。

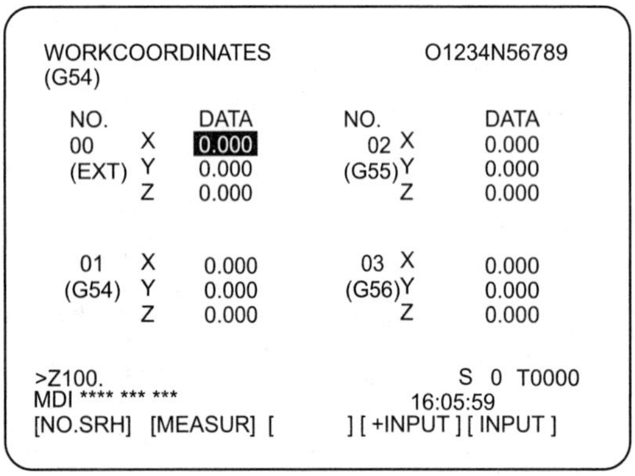

图 2–14　工件原点偏移量的设定界面

5）按下软键［WORK］，切换界面，以显示工件原点偏移量的设定界面，如图 2–14 所示。

6）将光标移到设置的工件原点偏移量上。

7）按下欲设定偏移道轴的地址键（例如按下 Y 键）。

8）键入值 α，然后按软键［MEASUR］，则工件 Y 轴原点偏移值被直接输入。

9）手动移动刀具使其与工件的 B 面接触。

10）使 X 坐标值不变，将刀具退回。

同理，可以测量 X 轴零点偏移值，即用上述 1）～3）的方法测量 X 轴方向的 β 值，然后在屏幕上输入 X 轴的距离 β，方法同第 7）和第 8）步，则工件 X 轴原点偏移值被直接输入。

注意：上述操作时不能同时输入两个或更多轴的偏移量。并且在程序执行时，此功能不能使用。

（3）注意事项。

1）这种设定偏移值的方法设定工件坐标系后，其坐标系偏移值不会因机床断电而消失。

2）如果要使用这个坐标系进行加工，只要使用 G54 指令选择这个坐标系即可。使用 G55、G56、G57、G58 和 G59 指令可以分别选择第 2、第 3、第 4、第 5 和第 6 工件坐标系。

3）可以在 NO.00 处设定 6 个坐标系的外部总偏移值。

4）当第 1 工件坐标系有偏移值时，如果回机床参考点，屏幕显示机床参考点在第 1 工件坐标系内的坐标值。如果有外部总偏移值，外部总偏移值也包含在显示的坐标值内。

5）偏移值设定后，如果再用 G92 指令，偏移值即被忽略。

六、设定和显示刀具偏置补偿值

刀具偏置量包括刀具长度偏置值和刀具半径补偿值，在程序中由 D 或者 H 代码指定，

D 或者 H 代码的值可以显示在刀具补偿界面上，并在该界面上设定刀补值。设定和显示刀具偏置值的步骤如下。

（1）按下“OFFSET”功能键。

（2）按下章节选择键［OFFSET］，或者多次按下“OFFSET”功能键，直到显示刀具补偿屏幕，如图 2–15 所示。

（3）通过页面键和光标键将光标移到要设定和改变补偿值的位置，或者输入补偿号码，在这个号码中设定或者改变补偿值，并按下软键［NO.SRH］。

（4）如果是设定补偿值，输入一个值并按下软键［INPUT］；如果是修改补偿值，输入一个将要加到当前补偿值的值（负值将减小当前的值），并按下软键［+INPUT］，或者输入一个新值并按下软键［INPUT］。

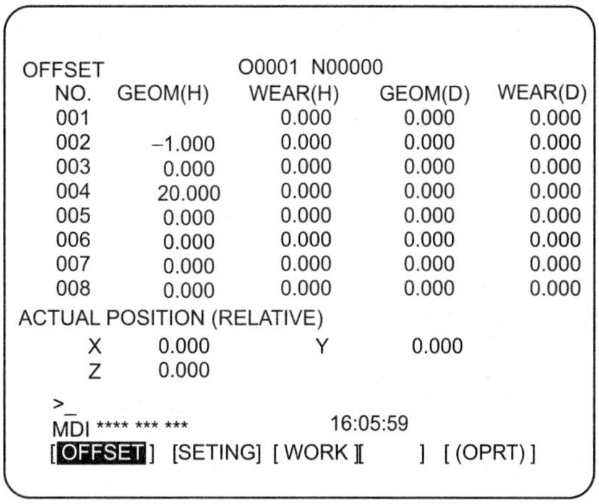

图 2–15 设定和显示刀具补偿界面

七、检查数控程序

在实际加工之前需要检查加工程序，以确认加工程序中：走刀路线是否合理，加工中是否有干涉、过切；切削用量选择是否恰当；程序编写是否正确；刀具的选用是否合适；对刀及刀补、坐标原点的设置是否正确等。可以用机床的下厂述功能检查加工程序，即机床锁住和辅助功能锁住、进给速度倍率、快速移动倍率、空运行、单程序段运行。

1. 机床锁住和辅助功能锁住

机床的锁住功能是刀具不动，而在界面上显示程序中刀具位置的运行状态，其操作方法是：按下机床操作面板上的机床锁住开关，此时按下循环启动开关，刀具不再移动，但是界面上仍像刀具在运动一样地显示程序运行状态。

有两种类型的机床锁住：所有轴的锁住（停止沿所有轴的运动）和指定轴的机床锁住（这种锁住仅停止沿指定轴的运动）。此外辅助功能的锁住是禁止执行 M、S 和 T 指令，它和机床锁住功能一起使用，用于检查程序是否编制正确。

提示

使用“机床锁住”功能检验程序时，刀具不动而工件坐标发生变化。检验结束后要重新对刀。

2. 空运行

空运行是刀具按参数指定的速度移动而与程序中指令的进给速度无关。该功能用来在机床不装工件时检查程序中的刀具运动轨迹。操作步骤是：在自动运行期间按下机床操作面板上的空运行开关，刀具按参数中指定的速度移动，快速移动开关也可以用来更改机床的移动速度。

3. 单程序段运行

单程序段运行工作方式是按下循环启动按钮后刀具在执行完程序中的一段即停止。通过单段方式一段一段地执行程序，可用于检查程序。执行单段方式操作步骤如下。

（1）按下机床操作面板上的“单段程序执行”开关，程序在执行完当前段后停止。

（2）按下“循环启动”按钮，执行下一段程序，刀具在该段程序执行完毕后停止。

提示

在程序试运行时，常使用“单程序段”功能，以防止程序出错时打刀甚至撞坏机床。

八、试切削

检查完程序，正式加工前，应进行首件试切，只有试切合格，才能说明程序正确，对刀无误。首件试切时，如程序用 G92 设置坐标系，需将刀具位置移动到相应的起刀点位置；如用 G54～G59 指令设定坐标系，需要将刀具移到不会发生碰撞的位置。

一般用单程序段运行工作方式进行试切。将工作方式选择“单段”方式，同时将进给倍率调低，然后按“循环启动”键，系统执行单程序段运行工作方式。加工时，每加工一个程序段，机床停止进给后，都要看下一段要执行的程序，确认无误后再按“循环启动”键，执行下一程序段。要时刻注意刀具的加工状况，观察刀具、工件有无松动，是否有异常的噪声、振动、发热等，观察是否会发生碰撞。加工时，一只手要放在急停按钮附近，一旦出现紧急情况，随时按下按钮。

整个工件加工完毕后，检查工件尺寸，如有错误或超差，应分析检查编程、补偿值设定、对刀等工作环节，有针对性地调整。例如，加工完某零件槽后，发现槽深均浅 0.1mm，应是对刀、设置刀补或设定工件坐标系的偏差，此时可将刀补 *Z* 轴值减少 0.1mm 或将工件坐标系原点位置向 *Z* 轴的负向移动 0.1mm 即可，而不需重新对刀。通常在重新调整后，再加工一遍即可合格。首件加工完毕后，即可进行正式加工。

九、运行数控程序

对工件的加工需要采用自动运行。用程序使数控机床运行称为自动运行。有以下 3 种自动运行方式。

（1）MDI 运行。执行由 MDI 面板输入的程序，并运行。

（2）存储器运行。执行存储在 CNC 存储器中的程序的运行。

（3）DNC 运行。从输入/输出设备读入程序使系统运行。

1. MDI（手动数据输入）运行

在屏幕上，用 MDI 键盘输入一组程序指令，机床可以根据输入的程序运行，这种操作称为 MDI 运行方式。MDI（Manual Data Input）即手动数据输入。该功能是在 MDI 屏幕界面上（此界面为程序暂存区）手动输入一个指令或几个程序段，然后按循环启动按钮，则立刻运行所输入的程序。

2. 存储器运行（也称自动运行）

程序存到 CNC 存储器中，机床可以按程序指令运行，该操作称为存储器运行方式，打开程序界面选择了其中的一个程序，按下机床操作面板上的循环启动按钮，启动运行程序，并且循环启动 LED 点亮。在自动运行中按下机床操作面板上的进给暂停按钮，自动运行被暂时中止，当再次按下循环启动按钮后自动运行又重新进行。当按下“RESET”键后，自动运行被终止，并且进入复位状态。存储器运行操作步骤见表 2–12。

表 2–12　　存储器运行（自动运行）操作步骤

顺序	按键	说　明
1	➡	在机床操作面板上选择操作方式，按自动运行选择键➡
2		从存储的程序中选择一个程序，其步骤如下
	POS	（1）按此键以显示程序屏幕界面
	0	（2）按下地址键，键入程序号地址
	数字键	（3）使用数字键输入程序号
	软键［O SRH］	（4）按下软键［O SRH］，检索出所需程序
3	I	按下操作面板上的循环启动按键 I，启动自动运行，同时循环启动 LED 闪亮，当自动运行结束时指示灯熄火
4	O	（1）中途停止存储器运行。按下机床操作面板上的进给暂停按钮 O，进给暂停 LED 指示灯亮，并且循环启动指示灯熄灭机床响应如下：当机床移动时进给减速直到停止；当程序在换刀状态时，停刀；当执行 M.S 或 T 时执行完毕后运行停止。当进给暂停指示灯亮时，按下机床操作面板上的循环启动按钮 I，重新启动机床的自动运行
	RESET	（2）终止取消存储器运行。按下 MDI 面板上的“RESET”键，自动运行被终止并进入复位状态，当在机床移动过程中执行复位操作时，机床会减速直到停止

3. 联机自动加工（DNC 运行）

数控系统经阅读机接口或 RS–232 接口读入外设上的数控程序，同时进行数控加工，称为 DNC 运行程序。根据数控系统硬件配置，可以选择不同的外部输入/输出设备存储文件程序，如便携式磁盘机、磁带机或者 FA 卡等，还可经计算机通信传输程序，进行数控加工。在加工中可以指定自动运行程序的顺序及重复运行程序的次数。

DNC 运行方式中程序并不存到 CNC 的存储器中，而是从外部的输入/输出设备读取程序，并运行机床，这种操作被称为 DNC 运行方式。当程序太大，不需存到 CNC 的存储器中时，这种方式很有用。操作步骤见表 2–13。

表 2–13　　联机自动加工（DNC 运行）操作步骤

顺序	按键	说　明
1		选用一台计算机，安装专用程序传输软件，根据数控系统对数控程序传输的具体要求，设置传输参数
2		通过 RS–232 串行端口将计算机和数控系统连接起来
3	DNC	将操作方式置于 DNC 操作方式。方式选择置于 DNC 方式，即按键 DNC，选择 DNC 运行方式
4		在计算机上选择要传输的加工程序
5	I	按下操作面板上的循环启动按键 I，启动自动运行，同时循环启动 LED 闪亮，当自动运行结束时指示灯熄灭

在 DNC 运行时，当前正在执行的程序显示在程序检查屏幕界面和程序屏幕界面上，被显示的程序段的数量取决于正在执行的程序，程序段中的注释也一起显示。

任务二　使用对刀工具对刀

前面介绍了试切法对刀，下面将介绍使用对刀工具对刀。

一、常用对刀工具

1. 寻边器

寻边器主要用于确定工件坐标系原点在机床坐标系中的 X、Y 值，也可以测量工件的简单尺寸。

寻边器有偏心式和光电式等类型（见图 2–16），其中以光电式较为常用。光电式寻边器的测头一般为 10mm 的钢球，用弹簧拉紧在光电式寻边器的测杆上，碰到工件时可以退让，并将电路导通，发出光信号，通过光电式寻边器的指示和机床坐标位置即可得到被测表面的坐标位置，具体使用方法见对刀实例。

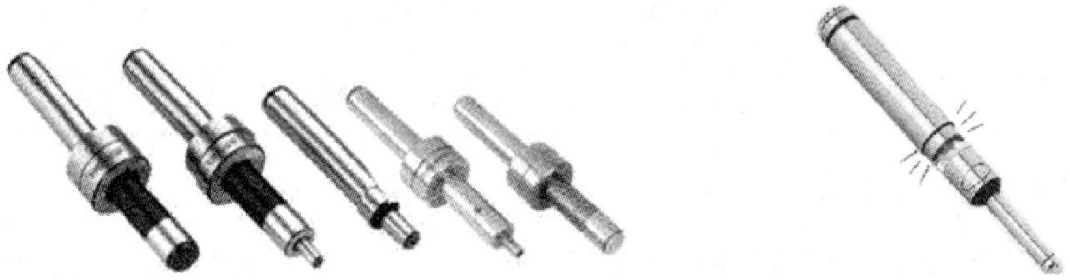

(a)　　　　(b)

图 2–16　寻边器

（a）偏心式寻边器；（b）光电式寻边器

2. Z 轴设定器

Z 轴设定器主要用于确定工件坐标系原点在机床坐标系的 Z 轴坐标，或者说是确定刀具在机床坐标系中的高度（见图 2–17）。

(a)　　　　(b)

图 2–17　Z 轴设定器

（a）光电式；（b）指针式

Z 轴设定器有光电式和指针式等类型，通过光电指示或指针判断刀具与对刀器是否接触，对刀精度一般可达 0.005mm。Z 轴设定器带有磁性表座，可以牢固地附着在工件或夹具上，其高度一般为 50mm 或 100mm，如图 2–18 所示。

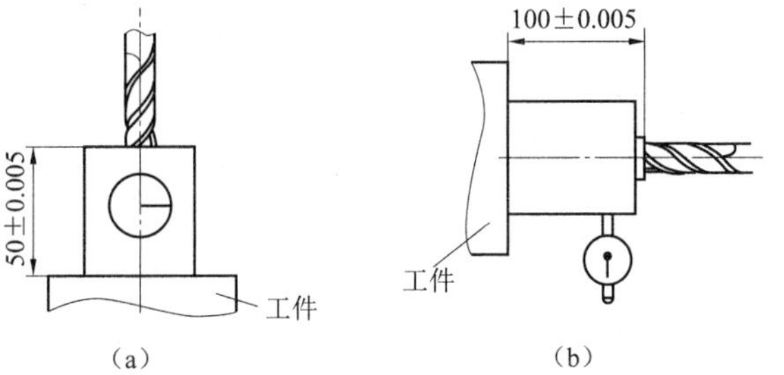

图 2–18　Z 轴设定器的使用

（a）立式对刀；（b）卧式对刀

二、各种对刀方法的使用

数控铣床的对刀内容包括基准刀具的对刀和各个刀具相对偏差的测定两部分。对刀时，先从某零件加工所用到的众多刀具中选取一把作为基准刀具，进行对刀操作，再分别测出其他各个刀具与基准刀具刀位点的位置偏差值，如长度、直径等。这样就不必对每把刀具都去进行对刀操作。如果某零件的加工，仅需一把刀具就可以的话，则只对该刀具进行对刀操作即可。如果所要换的刀具是加工暂停时临时手工换上的，则该刀具的对刀也只需要测定出它与基准刀具刀位点的相对偏差，再将偏差值存入刀具数据库即可。有关多把刀具的偏差设定及意义，将在刀具补偿内容中说明，下面仅对基准刀具的对刀操作进行说明。

当工件以及基准刀具（或对刀工具）都安装好后，可按下述步骤进行对刀操作。

先将方式开关置于“回参考点”位置，分别按+X、+Y、+Z 方向键令机床进行回参考点操作，此时屏幕将显示对刀参照点在机床坐标系中的坐标，若机床原点与参考点重合，则坐标显示为（0，0，0）。

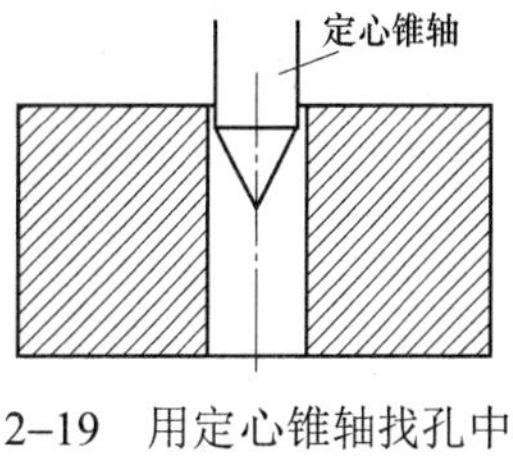

图 2–19　用定心锥轴找孔中心

1. 以毛坯孔或外形的对称中心为对刀位置点

（1）以定心锥轴找小孔中心。如图 2–19 所示，根据孔径大小选用相应的定心锥轴，手动操作使锥轴逐渐靠近基准孔的中心，手压移动 Z 轴，使其能在孔中上下轻松移动，记下此时机床坐标系中的 X、Y 坐标值，即为所找孔中心的位置。

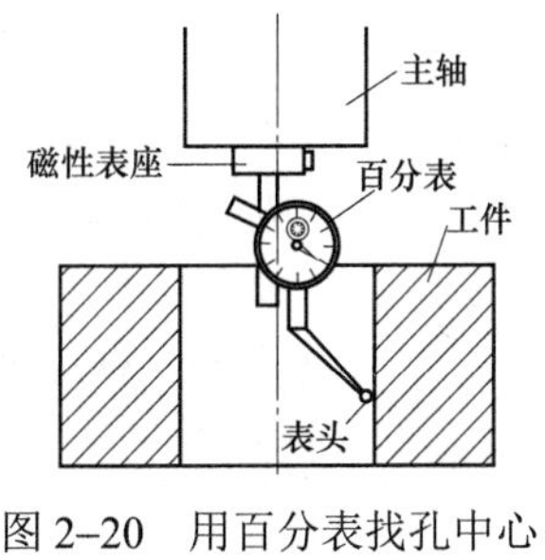

图 2–20　用百分表找孔中心

（2）用百分表找孔中心。如图 2–20 所示，用磁性表座将百分表固定在机床主轴端面上，手动或低速旋转主轴。然后手动操作使旋转的表头依 X、Y、Z 轴的顺序逐渐靠近被测表面，用步进移动方式，逐步降低步进增量倍率，调整移动 X、Y 的位置，使得表头旋转一周时，其指针的跳动量在允许的对刀误差内（如 0.02mm），记下此时机床坐标系中的 X、Y 坐标值，即为所找孔中心的位置。

（3）用寻边器找毛坯对称中心。将寻边器和普通刀具一样装夹在主轴上，其柄部和触头之间有一个固定的电位差，当触头与金属工件接触时，即通过床身形成回路电流，寻边器上的指示灯就被点亮。逐步降低步进增量，使触头与工件表面处于极限接触（进一步即点亮，退一步则熄灭），即认为定位到工件表面的位置处。

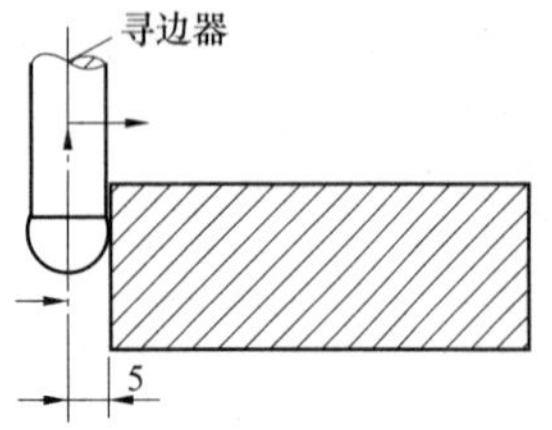

图 2–21　寻边器找对称中心

如图 2–21 所示，将寻边器先后定位到工件正对的两侧表面，记下对应的 X_1、X_2、Y_1、Y_2 坐标值，则对称中心在机床坐标系中的坐标应是［$(X_1+X_2)/2$，$(Y_1+Y_2)/2$］。

2. 以毛坯相互垂直的基准边线的交点为对刀位置点

如图 2–22 所示，使用寻边器或直接用刀具对刀。

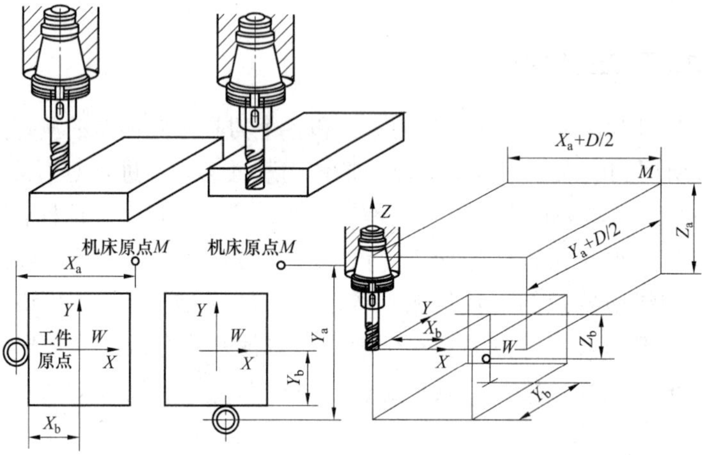

图 2–22　对刀操作时的坐标位置关系

（1）按 X、Y 轴移动方向键，令刀具或寻边器移到工件左（或右）侧空位的上方。再让刀具下行，最后调整移动 X 轴，使刀具圆周刃口接触工件的左（或右）侧面，记下此时刀具在机床坐标系中的 X 坐标 X_a。然后按 X 轴移动方向键使刀具离开工件左（或右）侧面。

（2）用同样的方法调整移动到刀具圆周刃口接触工件的前（或后）侧面，记下此时的 Y 坐标 Y_a。最后让刀具离开工件的前（或后）侧面，并将刀具回升到远离工件的位置。

（3）如果已知刀具或寻边器的直径为 D，则基准边线交点处的坐标计算如下：如以工件左侧对刀，应为（$X_a+D/2$，$Y_a+D/2$）；如以工件右侧对刀，应为（$X_a+D/2$，$Y_a+D/2$）。注意，图 2–22 示中的 X_a、Y_a 均为负值。

3. 刀具 Z 向对刀

当对刀工具中心（即主轴中心）在 X、Y 方向上的对刀完成后，可取下对刀工具，换上基准刀具，进行 Z 向对刀操作。Z 向对刀点通常都是以工件的上下表面为基准的，这可利用 Z 轴设定器进行精确对刀，其原理与寻边器相同。如图 2–23 所示，若以工件上表面 $Z=0$ 为工件零点，则当刀具下表面与 Z 轴设定器接触致指示灯亮时，刀具在工件坐标系中的坐标应为 $Z=100$，即可使用 G92 Z100 来建立以工件上表面为 $Z=0$ 的工件坐标系。

如图 2–22 所示，假定编程原点（或工件原点）预设定在距对刀用的基准表面距离分别为 X_b、Y_b、Z_b 的位置处，若将刀具刀位点置于对刀基准面的交汇处，则此时刀具刀位点在工件坐标系中的坐标为（X_b，Y_b，Z_b），如前所述，其在机床坐标系中的坐标应为（X_a+D/2，Y_a +D/2，Z_a）。此时若用 MDI 执行 G92 Xx_b Yy_b Zz_b，即可建立起所需的工件坐标系。

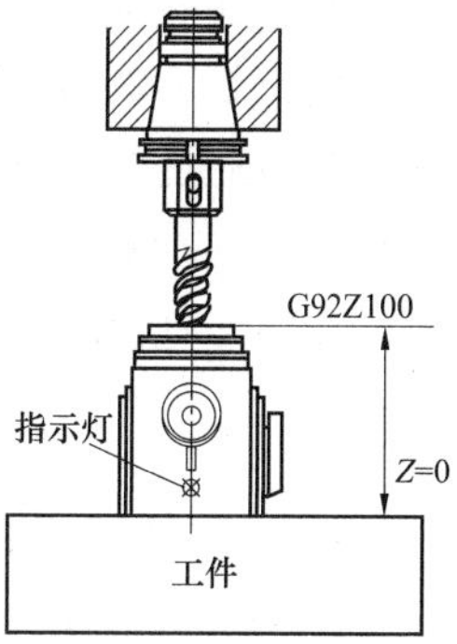

图 2–23　Z 向对刀设定

另外，也可先将刀具移到某一位置处，记下此时屏幕上显示的该位置在机床坐标系中的坐标值，然后换算出此位置处刀具刀位点在工件坐标系中的坐标，再将所算出的 X、Y、Z 坐标值填入程序中 G92 指令内，在保持当前刀具位置不移动的情况下去运行程序，同样可达到对刀的目的。

实际操作中，当需要用多把刀具加工同一工件时，常常是在不装刀具的情况下进行对刀。这时常以刀座底面中心为基准刀具的刀位点先进行对刀，然后分别测出各刀具实际刀位点相对于刀座底面中心的位置偏差，填入刀具数据库即可，执行程序时由刀具补偿指令功能来实现各刀具位置的自动调整。

4. 注意事项

在对刀操作过程中需注意以下问题。

（1）根据加工要求采用正确的对刀工具，控制对刀误差。

（2）在对刀过程中，可通过改变微调进给量来提高对刀精度。

（3）对刀时需小心谨慎操作，尤其要注意移动方向，避免发生碰撞危险。

（4）对刀数据一定要存入与程序对应的存储地址，防止因调用错误而产生严重后果。

任务三　学习设定加工中心刀具长度补偿的方法

设定加工中心刀具长度补偿的常用方法有如下 3 种。

（1）预先设定刀具长度。基于外部加工刀具的测量装置（对刀仪）。

（2）接触式测量。基于机上的测量。

（3）基准刀。基于基准刀具的长度。

每种方法都有它的优点，这些方法的应用和操作并不直接与编程相关，CNC 程序员要仔细斟酌选择其中一种方法。

一、预先设定刀具长度

在离机的地方而不是在机床调试中预先设置切削刀具长度，这是设置刀具长度的最原始的方法。这一方法的好处是减少了设置中的非生产时间。同样它也有缺点，离开机床预先设置刀具长度，需要一个叫作刀具预调装置的对刀仪。

1. 机外对刀仪

机外对刀仪可用来测量刀具的长度、直径和刀具形状、角度。刀库中存放的刀具其主要参数都要有准确的值，这些参数值在编制加工程序时都要加以考虑。使用中因刀具损坏需要更换新刀具时，用机外对刀仪可以测出新刀具的主要参数值，以便掌握与原刀具的偏差，然后通过修改补偿量确保其正常加工。此外，用机外对刀仪还可测量刀具切削刃的角度和形状等参数，有利于提高加工质量。

如图 2–24 所示为一种光学对刀仪的外观及测量刀具的情况。

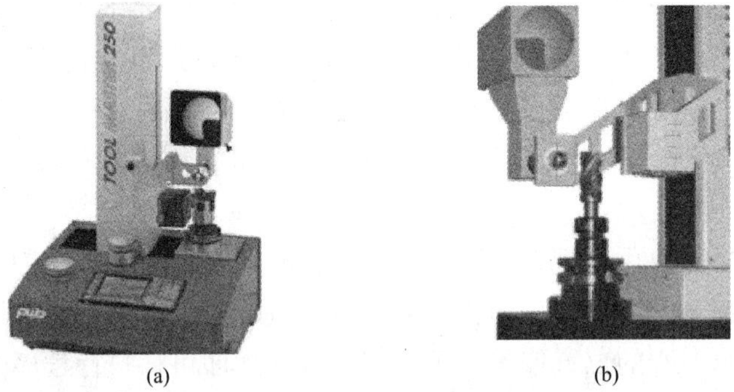

图 2–24　光学对刀仪

（a）光学对刀仪外观；（b）用光学对刀仪测量刀具

（1）对刀仪的组成。

1）刀柄定位机构。对刀仪的刀柄定位机构与标准刀柄相对应，它是测量的基准，所以要有很高的精度，并与加工中心的定位基准要求接近，以保证测量与使用的一致性。

2）测头与测量机构。测头有接触式和非接触式两种。接触式用测头直接接触刀刃的主要测量点（最高点和最大外径点）。非接触式（见图 2–25）主要用光学的方法，把刀尖投影到光屏上进行测量。测量机构提供刀刃的切削点处的 Z 轴和 X 轴（半径）尺寸值，即刀具的轴向尺寸和径向尺寸。测量的读数有机械式、数显等。

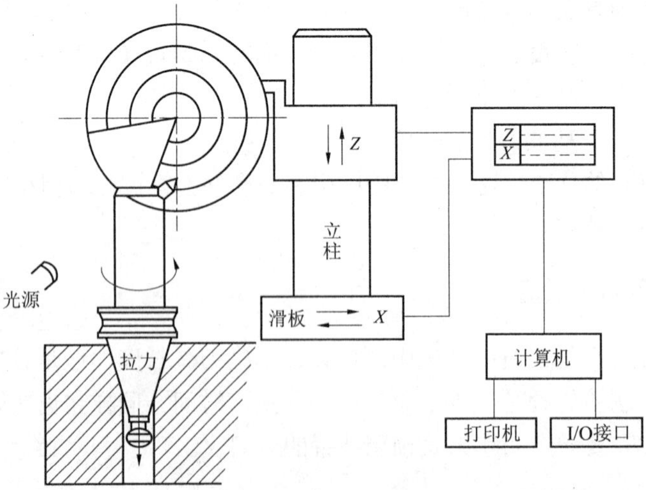

图 2–25　机外对刀仪示意图

3）测量数据处理装置。

（2）使用对刀仪应注意的问题。

1）使用前要用标准对刀心轴进行校准。每台对刀仪都随机带有一件标准的对刀心轴。要妥善保护使其不锈蚀和受外力变形。每次使用前要对 *Z* 轴和 *X* 轴尺寸进行校准和标定。

2）静态测量的刀具尺寸与实际加工出的尺寸之间有一差值。影响这一差值的因素很多，因此对刀时要考虑一个修正量，这要由操作者的经验来预选，一般要偏大 0.01～0.05mm。

2. 预先设定刀具长度的方法

使用刀具预调装置，操作人员将测量值输入偏置寄存器中，当加工工件时，不需要在机床上进行刀具长度检测。

在刀具长度测量中，刀具切削刃距测量基准线的距离可以精确确定。如图 2–26 所示。每一尺寸都以 H 偏置的形式输入到刀具长度偏置显示屏上。例如，设置刀具长度的偏置值为 20，该刀具的偏置号为 H02，操作人员在偏置显示屏上的 02 号里输入测量长度 20，如图 2–26 所示。

01…

02　20

03…

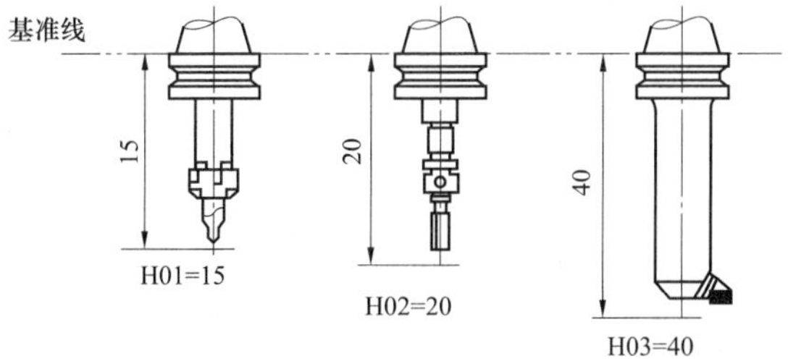

图 2–26　预先设置刀具长度

二、用接触法测量刀具长度

使用接触测量法的测量刀具长度是一种常见方法。如图 2–27 所示，为方便起见，每一刀具指定的刀具长度偏置号通常对应于刀具编号。

设置过程就使测量刀具从机床原点位置（原点）运动到程序原点位置（Z0）的距离。这一距离通常为负，并被输入到控制系统的刀具长度偏置菜单下相应的 H 偏置号里。

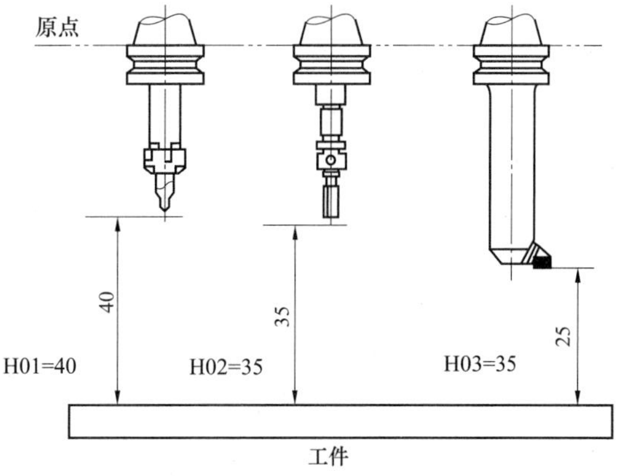

图 2–27　接触测量法

三、基准刀方法

使用特殊的基准刀方法（通常是最长的刀）可以显著加快使用接触测量法时的刀具测量速度。基准刀，可以是长期安装在刀库中的实际刀具，也可以是长杆。在 *Z* 轴行程范围内，这一“基准刀”的伸长量通常比任何可能使用的期望刀具都长。

基准刀并不一定是最长的刀。严格来说，最长刀具的概念只是为了安全。它意味着其他所有刀具都比它短。

选择任何其他刀具作为基准刀，逻辑上程序仍然一样。任何比基准刀长的刀具的 H 偏置输入将为正值；任何比它短的刀具的输入则为负值；与基准刀完全一样长短的刀具的偏置输入为 0。基准刀设置如图 2–28 所示。

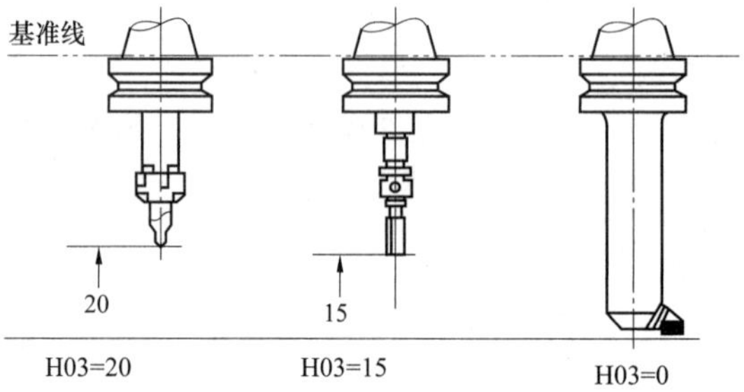

图 2–28　基准刀方法

任务四　设定加工中心刀具长度补偿训练

本任务要求按照下面操作方法在 FANUC 系统加工中心上设定刀具长度补偿。

一、刀具长度补偿的测量方法

测量步骤如下。

（1）“方式选择”旋至“手摇”或“JOG”方式。

（2）安装基准刀具。

（3）*Z* 向对刀。用手动操作移动基准刀具使其与工件上的一个指定点接触。

（4）按“POS”键若干次，直到显示具有相对坐标的位置画面，如图 2–29 所示。

现在位置　(相对坐标)　　O0020　N0020
X　278.312
Y　–220.610
Z　–290.911
JOG　F　600　　加工部件数 16
运转时间 80H21M　　切削时间 0H15M35S
ACT:F　0MM/分　　S　0L　0%
MDI　STOP　***　***　　10:25:29
[预定]　[起源]　[坐标系]　[元件:0]　[运转:0]

图 2–29　位置画面

（5）按地址键 Z，按软键［起源］，将相对坐标系中闪亮的 *Z* 轴的相对位置坐标值复位为“0”。

（6）按“OFFSET SETTING”键若干次，出现如图 2–30（a）所示刀具补偿画面。

（7）按屏幕下方右侧扩展软键“▶”，出现如图 2–30（b）所示画面。

刀具补正			O0020	N0020
番号	形状(H)	磨损(H)	形状(D)	磨损(D)
001	0.000	0.000	0.000	0.000
002	0.000	0.000	0.000	0.000
003	0.000	0.000	0.000	0.000
004	0.000	0.000	0.000	0.000
005	0.000	0.000	0.000	0.000
006	0.000	0.000	0.000	0.000
007	0.000	0.000	0.000	0.000
008	0.000	0.000	0.000	0.000
现在位置	(相对坐标)			
X	−402.944		Y	−5.909
Z	61.113			
) _			S	0L　0%
MDI STOP	*** ***		10:22:29	
[捕正]	[SETING]	[坐标系]	[　　]	[(操作)]

(a)

刀具补正			O0020	N0020
番号	形状(H)	磨损(H)	形状(D)	磨损(D)
001	0.000	0.000	0.000	0.000
002	0.000	0.000	0.000	0.000
003	0.000	0.000	0.000	0.000
004	0.000	0.000	0.000	0.000
005	0.000	0.000	0.000	0.000
006	0.000	0.000	0.000	0.000
007	0.000	0.000	0.000	0.000
008	0.000	0.000	0.000	0.000
现在位置	(相对坐标)			
X	−402.944		Y	−5.909
Z	61.113			
) _			S	0L　0%
MDI STOP	*** ***		10:22:29	
[NO检索]	[SETING]	[C输入]	[+输入]	[−输入]

(b)

图 2–30　刀具补偿画面

（a）刀具补偿画面一；（b）刀具补偿画面二

（8）安装要测量的刀具，手动操作移动对刀，使其与基准刀同一对刀点位置接触。两刀的长度差显示在屏幕画面的相对坐标系中。

（9）按光标移动键，将光标移至需要设定刀补的相应位置。

（10）按地址键［Z］。

（11）按软键［C・输入］，*Z* 轴的相对坐标被输入，并被显示为刀具长度偏置补偿。

二、设定加工中心刀具长度补偿

如图 2–31 所示，工件原点在工件中心上表面，加工用的 3 把刀具分别为ϕ10、ϕ16、ϕ20 立铣刀，长度分别为 L_1、L_2、L_3，现选择批：ϕ10 刀具为基准刀，则$\Delta L_1=L_2-L_1$、$\Delta L_2=L_3-L_1$分别为ϕ16 和ϕ20 立铣刀的长度补偿值，对刀并设定刀补。

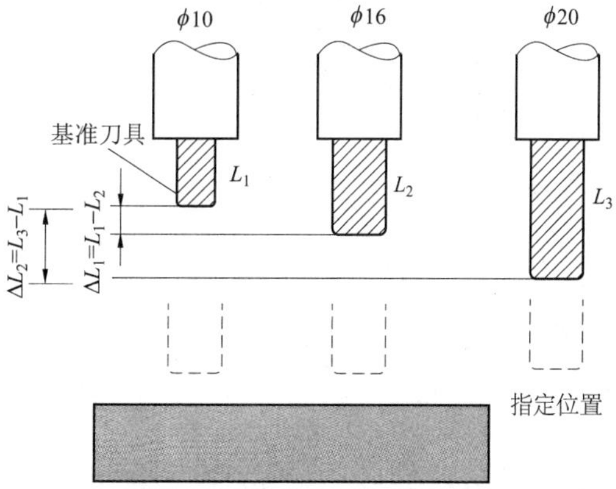

图 2–31　设定刀具长度补偿示意图

具体操作步骤如下。

（1）安装ϕ10 立铣刀（基准刀）。

（2）刀具接触工件一侧。

（3）按“POS”键若干次，直至画面显示“现在位置（相对坐标）”。

（4）输入“X”，按［起源］，*X* 坐标显示为“0”。

（5）*Z* 向移动刀具至安全高度。

（6）刀具接触工件另一侧。

（7）*Z* 向移动刀至安全高度，记下 *X* 坐标值，移动工作台至 *X*/2 坐标值处。

（8）输入该点机械坐标值为 G54 原点 *X* 值。

（9）同样方式在 *Y* 轴方向对刀，输入 *Y* 轴 G54 原点值。

（10）*Z* 向移动刀具至安全高度。

（11）使刀具接触工件上表面。

（12）按“POS”键，直至画面显示“现在位置（相对坐标）”。

（13）输入“Z”，按［起源］，*Z* 坐标显示为“0”。

（14）输入该点机械坐标值为 G54 原点 *Z* 值。

（15）*Z* 向移动刀具至安全高度。

（16）安装ϕ16 立铣刀。

（17）使刀具接触工件上表面。

（18）按“POS”键，直至画面显示“现在位置（相对坐标）”。

（19）按屏幕下方右侧扩展软键“▶”，出现“刀具补正”画面。

（20）按光标移动键，将光标移至需要设定刀补的相应位置。

（21）按地址键［Z］。

（22）按［C・输入］对应的软键，*Z* 轴的相对坐标被输入，并被显示为ϕ16 立铣刀长度偏置补偿。

（23）*Z* 向移动刀具至安全高度。

（24）安装ϕ20 立铣刀。

（25）重复第（16）～（22）步骤。

（26）在 MDI 方式下，采用刀具长度补偿 G43 指令编程，验证对刀准确性。

注意：*Z* 向对刀时，3 把刀在工件上表面的接触点应一致。

项目三 直槽零件编程与加工

项目导入

要求加工如图 3–1 所示直槽零件，材料为 45 钢，数量为 50 件。

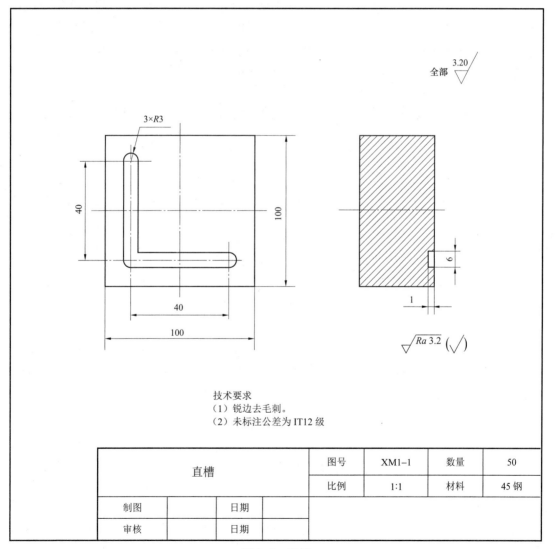

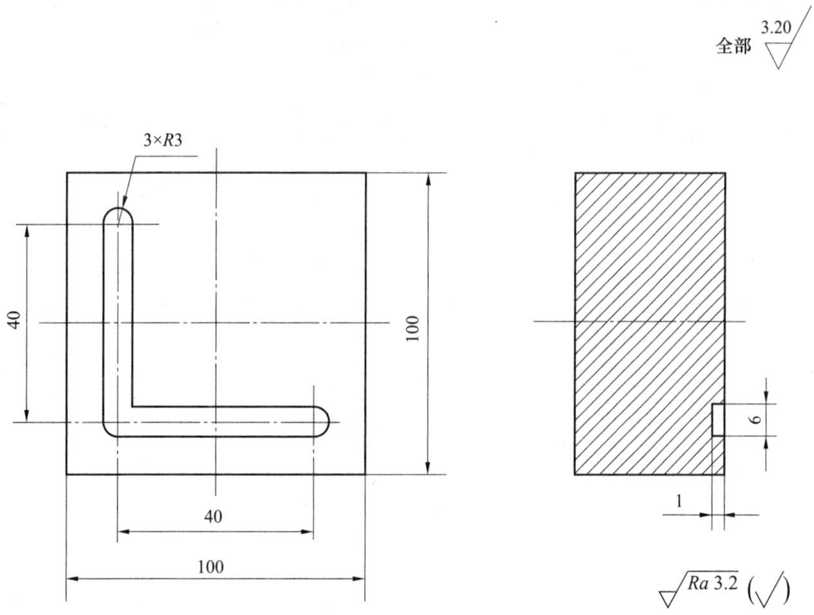

技术要求
（1）锐边去毛刺。
（2）未标注公差为 IT12 级

直槽		图号	XM1–1	数量	50
		比例	1:1	材料	45 钢
制图		日期			
审核		日期			

图 3–1　直槽

任务一　学习数控铣床编程基础知识

一、数控铣床坐标系统

数控机床的加工是由数控程序控制的，在数控程序中，记录数控加工中刀具的运动要借助于坐标系。为统一数控程序中对刀具运动的描述，最终实现对记录程序数据的互换，使数控系统开放化，数控机床的坐标轴和运动方向的规定均已标准化，我国已有相应的 JB/T 3051—1999 标准，与 ISO 国际标准等效，其基本规定如下。

1. 刀具相对工件运动的原则

机床上实际的进给运动部件相对于地面来说，可以是刀具运动，也可以是工件运动。为统一对刀具运动的描述，标准规定数控机床的坐标系是刀具运动，工件静止（固定）。即刀具相对工件的运动，由于工件是静止的，数控程序中，记录的走刀路线是刀具运动的路线，只要依据零件图样就可以进行编制记录刀具运动的数控程序。

2. 标准坐标系的规定

数控机床坐标系采用右手笛卡儿直角坐标系，其直线运动坐标轴用 X、Y、Z 表示，三轴间的位置关系如图 3–2 所示，伸出右手，大拇指所指为 X 轴，食指所指为 Y 轴，中指所指为 Z 轴。绕其每个坐标轴的旋转运动的坐标轴用 A、B、C 表示，其旋转的正向为右手螺旋方向，即大拇指指向直线运动坐标轴的正向，握住坐标轴，则其余四指指向旋转运动正向。这个坐标系的各个坐标轴与机床导轨相平行，工件装夹在机床上，应按机床主要直线运动轨道找正工件。

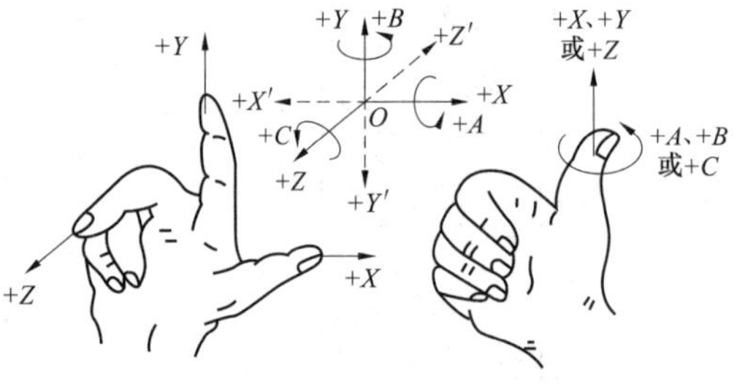

图 3–2　数控机床的坐标系统

3. 刀具运动方向的规定

刀具运动的正方向是使刀具远离工件的方向，各轴的具体规定如下。

数控机床的 Z 轴为机床的主轴方向，刀具远离工件的方向为 Z 轴正向；X 轴是水平的、平行于工件装夹面，对于立式数控镗铣床，从工件向立柱的方向看，右侧为 X 轴正向；Y 轴及其方向是根据 X 轴和 Z 轴，按右手法则确定。A、B、C 轴的旋转运动的正向，按右手螺旋法则确定。如图 3–3 所示。

二、机床坐标系、机床零点和机床参考点

1. 机床坐标系与机床零点

机床坐标系是用来确定工件坐标系的基本坐标系，机床坐标系的原点称为机床零点或机床原点。机床零点的位置一般由机床参数指定，但指定后，这个零点便被确定下来，维持不变。

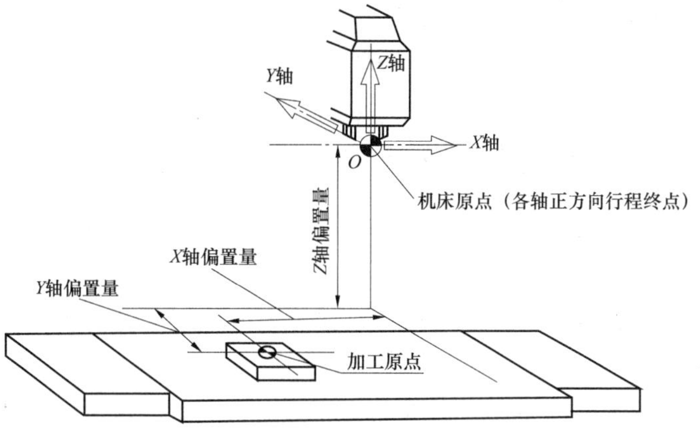

图 3–3 数控铣床的坐标轴

机床坐标系一般不作为编程坐标系，仅作为编程坐标系——工件坐标系的参考坐标系。

2. 机床参考点与机床行程开关

数控系统上电时并不知道机床零点。为了正确地在机床工作时建立机床坐标系，通常在每个坐标轴的行程范围内设置一个机床参考点（测量起点）。

机床零点可以与机床参考点重合，也可以不重合。不重合时可通过机床参数指定机床参考点到机床零点的距离。

机床坐标轴的机械行程范围是由最大和最小限位开关来限定的，机床坐标轴的有效行程范围是由机床参数（软件限位）来界定的。

在机床经过设计、制造和调整后，机床参考点和机床最大、最小行程限位开关便被确定下来，它们是机床上的固定点；而机床零点和有效行程范围是机床上不可见的点，其值由制造商通过参数来定义。

机床零点（O_M）、机床参考点（O_m）、机床坐标轴的机械行程及有效行程的关系如图 3–4 所示。

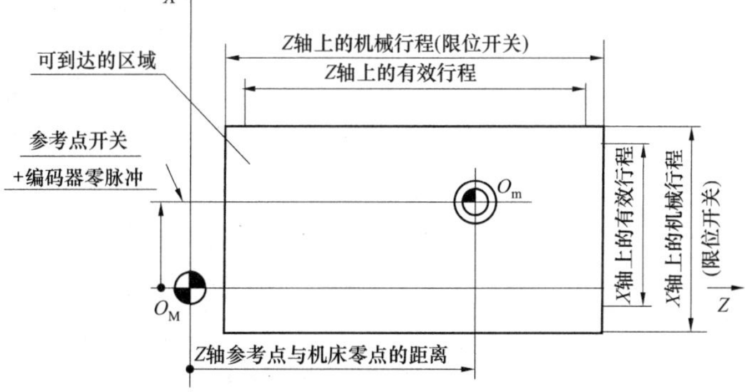

图 3–4 机床零点 O_M 和机床参考点 O_m 之间的关系

提示

数控机床的参考点是生产厂家在制造时设定的，使用者不能随意改变。

3. 机床回参考点与机床坐标系的建立

当机床坐标轴回到了参考点位置时，就知道了该坐标轴的零点位置，机床所有坐标轴都回到了参考点，此时数控机床就建立起了机床坐标系，即机床回参考点的过程实质上是机床坐标系的建立过程。因此，在数控机床启动时，一般要进行自动或手动回参考点操作，以建立机床坐标系。

提示

采用绝对式测量装置的数控机床，由于机床断电后实际位置不丢失，不必在每次启动机床时，都进行回参考点操作。

由于回参考点操作能确定机床零点位置，所以习惯上人们也称回参考点为回零（回机床零点）。

机床参考点的设置一般采用常开微动开关配合反馈元件的基准（标记）脉冲的方法确定。通常，光栅尺每 50mm 产生一个基准脉冲，或在光栅尺的两端各有一个基准脉冲，而旋转编码器每转产生一个基准脉冲。

数控机床回参考点的过程一般如下。

快速移向机床坐标轴的参考点开关（常开微动开关）。

压下开关后，以慢速运动直到接收到第一个基准脉冲。

停止坐标轴移动，回参考点完毕。

这时的机床位置（或者加上机床参数设置的偏置值）就是机床参考点的准确位置。

数控机床回参考点操作除了用于建立机床坐标系外，还可用于消除由于漂移、变形等造成的误差。机床使用一段时间后，各种原因使工作台存在着一些漂移，使加工有误差，回一次机床参考点，就可以使机床的工作台回到准确位置，消除误差。所以在机床加工前，也常进行回机床参考点的操作。

三、工件坐标系、程序原点

工件坐标系是编程人员为编程方便，在工件、工装夹具上或其他地方选定某一已知点为原点，建立的一个编程坐标系。

工件坐标系的原点称为程序原点。当采用绝对坐标编程时，工件所有点的编程坐标值都是基于程序原点计量的（CNC 系统在处理零件程序时，自动将相对于程序原点的任意点的坐标统一转换为相对于机床零点的坐标）。

程序原点的选择要尽量满足编程简单，尺寸换算少，引起的加工误差小等条件。在一般情况下，对以坐标式尺寸标注的零件，程序原点应选在尺寸标注的基准点；对称零件或以同心圆为主的零件，程序原点应选在对称中心线或圆心上；Z 轴的程序原点通常选在工件的上表面。

在数控机床加工前，必须首先设置工件坐标系，编程时可以用 G 指令（一般为 G92）建立工件坐标系；也可用 G 指令（一般为 G54～G59）选择预先设置好的工件坐标系。

在加工过程中也可以根据需要，用 G 指令进行工件坐标系的切换，即工件坐标系是动态的，但工件坐标系一旦建立或选定便一直有效，直到被新的工件坐标系所取代。

四、FANUC 数控铣削系统的功能

1. 准备功能

准备功能指令由字母“G”和其后的 2 位数字组成，G00～G99 可有 100 种。该指令的作用，主要是指定数控机床运动方式，为数控系统的插补运算做好准备，所以在程序段中 G 指令一般位于坐标字指令的前面。

G 指令有非模态代码和模态代码之分。非模态代码只在所规定的程序段中有效，模态代码一旦被执行，则一直有效，直到同一组的 G 代码出现或被取消为止。不同组的 G 代码可以放在同一程序段中，而且与顺序无关。不同数控系统 G 代码种类会有差别，FAUNC 0*i*–MC 系统 G 指令的具体含义见表 3–1。

表 3–1　　FAUNC 0*i*–MC 系统准备功能 G 指令

G 码	组别	功　能	G 码	组别	功　能
G 00*	01	快速定位（快速进给）	G 45	00	工具位置补正伸长
G 01*		直线切削（切削进给）	G 46		工具位置补正缩短
G 02		圆弧切削 CW	G 47		工具位置补正 2 倍伸长
G 03		圆弧切削 CCW	G 48		工具位置补正 2 倍缩短
G 04	00	暂停、正确停止	G 49*	08	刀具长度补正取消
G 09		正确停止	G 50	11	缩放比例取消
G 10		资料设定	G 51		缩放比例
G 11		资料设定模式取消	G 52	14	特定坐标系设定
G 15	17	极坐标指令取消	G 53		机械坐标系设定
G 16		极坐标指令	G 54*		工件坐标系 1 选择
G 17*	02	*XY* 平面选择	G 55		工件坐标系 2 选择
G 18		*ZX* 平面选择	G 56		工件坐标系 3 选择
G 19		*YZ* 平面选择	G 57		工件坐标系 4 选择
G 20	06	英制输入	G 58		工件坐标系 5 选择
G 21		米制输入	G 59		工件坐标系 6 选择
G 22*	00	内藏行程检查功能 ON	G 60	00	单方向定位
G 23		内藏行程检查功能 OFF	G 61	15	确定停止模式
G 27		原点复位检查	G 62		自动转角进给率调整模式
G 28		原点复位	G 63		攻牙模式
G 29		从参考原点复位	G 64		切削模式
G 30		第二原点复位	G 65	12	自设程式群呼出
G 31		跳跃功能	G 66		自设程式群状态呼出
G 33	01	螺纹切削	G 67*		自设程式群呼出取消
G 39	00	转角补正圆弧插补	G 68*	16	坐标系旋转
G 40*	07	刀具半径补正取消	G 69		坐标系旋转取消
G 41		刀具半径补正—左侧	G 73	09	啄式钻孔循环
G 42		刀具半径补正—右侧	G 74		反攻牙循环
G 43		刀具长度补正—+方向	G 76		精镗孔循环
G 44		刀具长度补正—–方向	G 80*		固定循环取消

续表

G 码	组别	功　能	G 码	组别	功　能
G 81	09	钻孔循环，钻镗孔	G 90*	03	绝对指令
G 82		钻孔循环，反镗孔	G 91*		增量指令
G 83		啄式钻孔循环	G 92	00	坐标系设定
G 84		攻牙循环	G 94	05	每分钟进给
G 85		镗孔循环	G 95*		未使用
G 86		镗孔循环	G 96*	13	周速一定控制
G 87		反镗孔循环	G 97*		周速一定控制取消
G 88		镗孔循环	G 98	04	固定循环中起始点复位
G 89		镗孔循环	G 99		固定循环中 R 点复位

注　1. 组 00 的 G 码不是状态 G 码。它们仅在所指定的单步有效。

2. 如果输入的 G 码一览表中未列入的 G 码，或指令系统中无特殊功能 G 码时会显示警示（No.010）。

3. 在同一单步中可指定几个 G 码。同一单步中指定同一组 G 码一个以上时，最后指定的 G 码有效。

4. 如果在固定循环模式中指定组 01 的任何 G 码，固定循环会自动取消，成为 G80 状态。但是 01 组的 G 码不受任何固定循环的 G 码影响。

* 在电源开时是这个 G 码状态。对 G20 及 G21，保持电源关以前的 G 码。G00、G01、G90、G91 可用参数设定选择。

2. 辅助功能

辅助功能也称 M 功能，它是用来指令机床辅助动作及状态的功能。M 功能代码常因机床生产厂家以及机床的结构的差异和规格的不同而有所差别。FAUNC 0*i*–MC 系统常用的 M 指令见表 3–2。

表 3–2　　常用辅助功能代码表

序号	代码	功　能	序号	代码	功　能
1	M00	程序停止	7	M08	切削液开
2	M01	选择停止	8	M09	切削液关
3	M02	程序结束	9	M30	程序结束
4	M03	主轴正转	10	M98	调用子程序
5	M04	主轴反转	11	M99	子程序结束并返回主程序
6	M05	主轴停止			

五、绝对坐标值方式与增量坐标值方式

数控程序中刀具运动位置的坐标值有给定两种方式。

（1）绝对坐标值。刀具一段运动终点位置由所设定的工件坐标系原点确定。用 G90 指令规定采用绝对坐标方式编程。

（2）增量坐标值。刀具一段运动终点位置是相对于这段运动起点的增量，即终点坐标是相对于这段运动的起点的相对坐标。

用 G91 指令规定采用增量坐标方式编程。

如图 3–5 所示刀具由点 *O* 起运动，走刀路线为 *O*→*A*→*B*→*C*→*O*，图中给出两种不同坐标方式的区别。

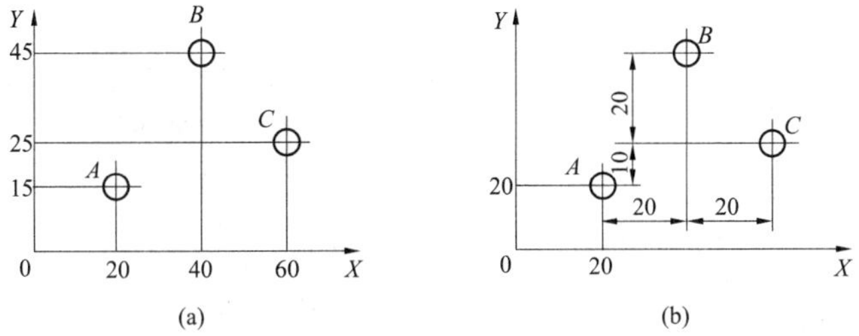

图 3–5 两种坐标方式

（a）绝对坐标方式；（b）增量坐标方式

六、数控程序的结构与格式

数控加工程序是由程序号和若干个程序段组成。如图 3–5 所示，刀具由点 *O* 开始运动，以 100mm/min 的进给速度，走过三孔的位置，然后快速回到原点。刀具走刀过程，按绝对方式编程的程序如下所示。

```
O0100;
N10  G90  G92  X0  Y0;
N20  G01  X20  Y15  F100;
N30  X40  Y45.;
N40  X60  Y25.;
N50  G00  X0  Y0;
N60  M02;
```

数控程序是由程序号和程序段组成的。

1. 程序号

用英文字母 O 加 4 位以内数值表示，加在每个程序之首。每个程序都需要有程序号，以区别其他程序，用于查询程序。如上例程序中的“O0100”。

2. 程序段

程序是由程序段组成，上例程序中每一行，为一个程序段。程序段是由各类指令（代码）组成的，常见程序段格式如下。

N__ G__X__Y__Z__F__S__T__M__;

其中各类指令的含义如下。

（1）N××××是程序段号，用字母 N 加数字构成。位于一个程序段始端，用来区别各程序段。在多数数控系统中规定，程序段号不是必需的，可以每段都加，也可以只加在需要的地方。

（2）G××是准备功能指令，简称 G 代码，用 G 加两位数构成。用以指定刀具进给运动方式。G 指令有模态码与非模态码之分，模态码一旦被执行，在系统内存中被保存，该码一直有效，在以后的程序段中使用该码可以不重写，直到被程序指令取消或被同组码取代。所以同组模态 G 代码在一个程序段只能出现一个（两个以上时最后一个有效），不同组的 G 代码可以放在同一个程序段中，其各自的功能互不影响，且与代码在段中的顺序无关。

非模态码只在被指定的程序段内有效。例如，“G04 P1.0”，表示延时 1s，它只在有 G04 指令这一段内有效，不影响下一程序段。

（3）X、Y、Z 等是坐标尺寸指令。例如，X25.102。其中字母表示坐标轴，字母后面的数值表示刀具在该坐标轴上移动（或转动）后的坐标值，可以是绝对坐标，也可以是增量坐标。

（4）F×× 是进给速度功能，用以指定切削时的进给速度，其单位是 mm/min。例如，F150 表示进给速度为 150mm/min。

（5）S××× 是主轴转速功能，用以指定主轴转速，其单位是 r/min。例如，S900 表示主轴转速为 900r/min。

（6）T×× 是刀具功能，用以选择刀具，其中数字“××”表示刀具号。例如，T03 表示选用 3 号刀。

（7）H××（或 D××）是刀具补偿号地址，用于存放刀具长度和半径补偿值。

（8）M×× 是辅助功能指令，简称 M 代码，用 M 加两位数表示，它是控制机床开关状态动作的指令。

（9）；是程序段结束符号，表示一个程序段的结束，位于一个程序段末尾。在用键盘输入程序时，按操作面板上的 EOB（End of Block）键。

任务二　学习数控铣床编程指令

一、工件坐标系选择指令：G54～G59

格式：G54

　　　G55

　　　G56

　　　G57

　　　G58

　　　G59

说明：G54～G59 用来指定数控系统预定的 6 个工件坐标系（见图 3–6），任选其一。

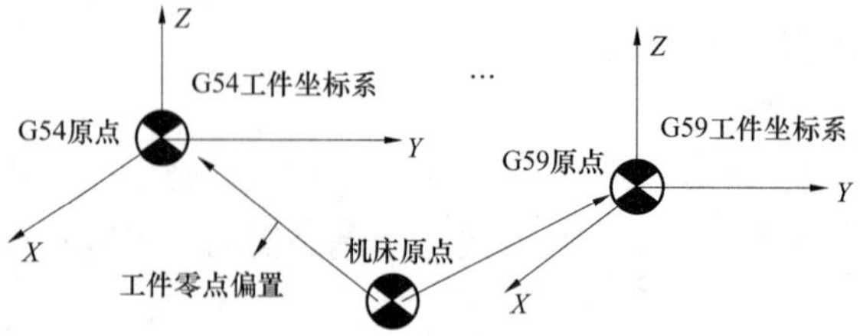

图 3–6　工件坐标系选择（G54～G59）

这 6 个预定工件坐标的原点在机床坐标系中的值（工件零点偏置值）可用 MDI 方式输入，数控系统自动记忆。这样建立的工件坐标系在系统断电后并不破坏，再次开机后仍有效，并与刀具的当前位置无关。G54～G59 为模态指令，可相互注销，G54 为缺省值。

提示

使用该组指令前，要先用 MDI 方式输入各坐标系的坐标原点在机床坐标系中的坐标值，设定方法见本书项目二的任务一。

二、点定位指令：G00

格式：G00　X____Y____Z____;

点定位 G00 指令为刀具相对于工件分别以各轴快速移动速度由始点（当前点）快速移动到终点定位。当是绝对值 G90 指令时，刀具分别以各轴快速移动速度移至工件坐标系中坐标值为 *X*、*Y*、*Z* 的点上；当是增量值 G91 指令时，刀具则移至距始点（当前点）为 *X*、*Y*、*Z* 值的点上。各轴快速移动速度可分别用参数设定。在加工执行时，还可以在操作面板上用快速进给速率修调旋钮来调整控制。

例如，若 *X* 轴和 *Y* 轴的快速移动速度均为 4000mm/min，刀具的始点位于工件坐标系的 *A* 点（如图 3–7 所示），当程序为 G90　G00　X60.0　Y30.0　或　G91　G00　X40.0　Y20.0，则刀具的进给路线为一折线，即刀具从始点 *A* 先沿 *X* 轴、*Y* 轴同时移动至点 *B*，然后再沿 *X* 轴移至终点 *C*。

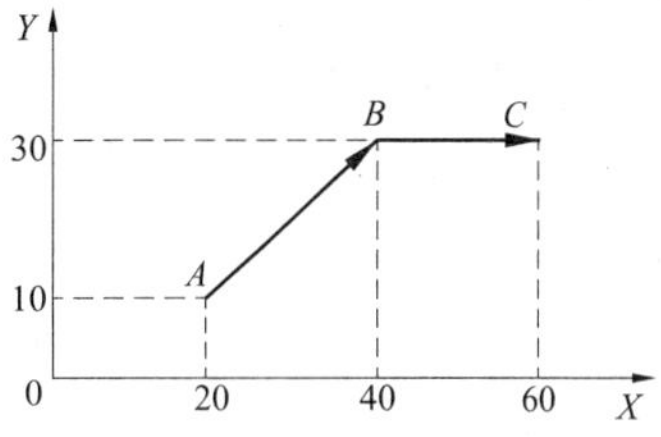

图 3–7　点定位

提示

G00 指令的运动轨迹是一条折线，在使用时要防止撞刀。

三、直线插补指令：G01

格式：G01　X____Y____Z____F____;

直线插补 G01 指令为刀具相对于工件以 F 指令的进给速度从当前点（始点）向终点进行直线插补。F 代码是进给速度指令代码，在没有新的 F 指令以前一直有效，不必在每个程序段中都写入 F 指令。

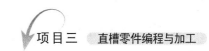

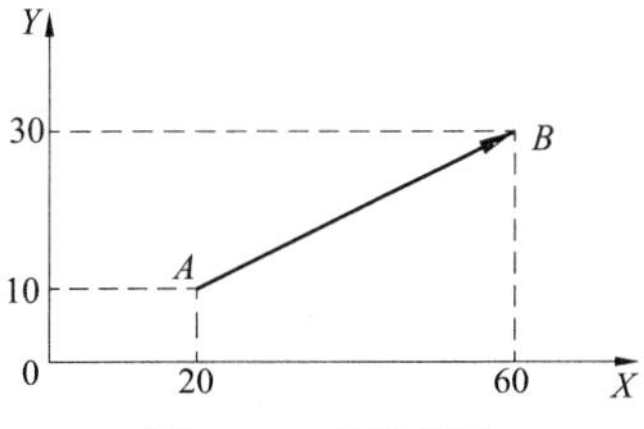

图 3–8　直线插补

例如（见图 3–8）：

G90　G01　X60.0　Y30.0　F200；始点 *A*→终点 *B*

或　G91　G01　X40.0　Y20.0　F200;

F200 是指从始点 *A* 向终点 *B* 进行直线插补的进给速度 200mm/min，刀具的进给路线如图 3–8 所示。

任务三　学习铣削加工工艺知识

一、平面铣削的分类及走刀路线

1. 平面铣削分类

在数控铣床上进行平面加工工是指被加工工件的加工表面平行于数控坐标轴，若被加工工件的加工表面与数控坐标轴夹有角度，这样的平面在数控加工中被定义为空间平面，属于三维加工。这里讲的平面铣削是二维平面加工。

被加工平面的类型一般可分为凸出平面、开放台阶平面和封闭内凹平面，如图 3-9 所示。从平面的尺寸上可分为大平面和小平面。

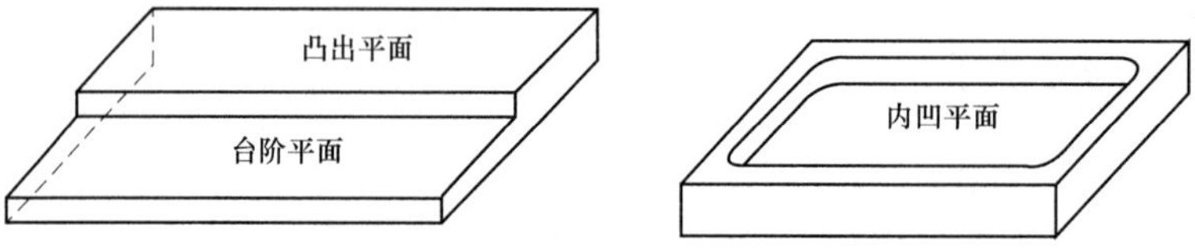

图 3-9 平面铣削的分类

2. 平面铣削的走刀路线

铣削平面的宽度大于盘铣刀直径时，一次走刀不能完成全部平面铣削加工，要进行多次走刀，这就涉及走刀路线。平面铣削走刀路线的安排比较简单，一般有单向走刀和往复走刀两种方式。

单向走刀如图 3-10（a）所示，走刀方向不变，始终朝着一个方向，这样安排走刀路线的优点是能够保证铣刀刀刃在切削过程中始终是顺铣或逆铣，有利于铣削，但需要增加快速退刀路线，使得走刀路线变得较长。

往复走刀如图 3-10（b）所示，无须快速退刀路线，但由于相邻走刀路线的铣削方向是相反的，所以在铣削过程中顺、逆铣交替出现，不利于铣削。

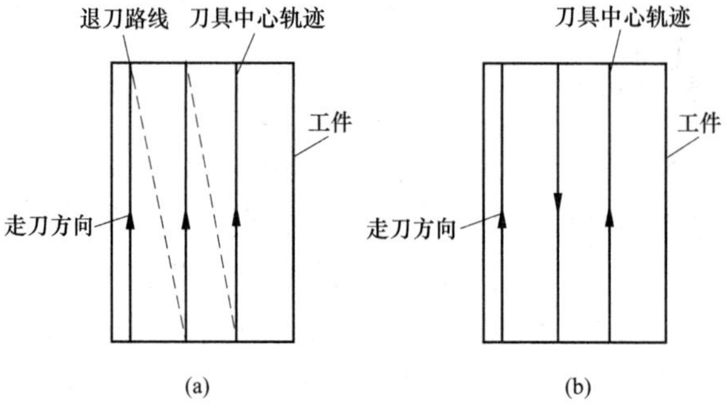

图 3-10 平面铣削的走刀路线

（a）单向走刀；（b）往复走刀

二、平面铣削的方法

1. 周铣与端铣

在各个方向上都成直线的面称为平面。平面是组成机械零件的基本表面之一，其品质是用平面度和表面粗糙度来衡量的。平面大部分是在数控铣床/加工中心上加工的，在数控铣床/加工中心上获得平面的方法有两种，即用立铣刀周铣和面铣刀端铣。以立式数控铣床（加工中心）为例，用分布于铣刀圆柱面上的刀齿进行的铣削称为周铣（即铣削垂直面），如图 3-11（a）所示；用分布于铣刀端面上的刀齿进行的铣削称为端铣，如图 3-11（b）所示。

立铣刀周铣和面铣刀端铣特点如下。

（1）用端铣的方法铣出的平面，其平面度的好坏主要取决于铣床主轴轴线与进给方向的垂直度。面铣刀加工时，它的轴线垂直于工件的加工表面。

（2）端铣用的面铣刀其装夹刚性较好，铣削时振动较小。

（3）端铣时，同时工作的刀齿数比周铣时多，工作较平稳。这是因为端铣时刀齿在铣削层宽度的范围内工作。

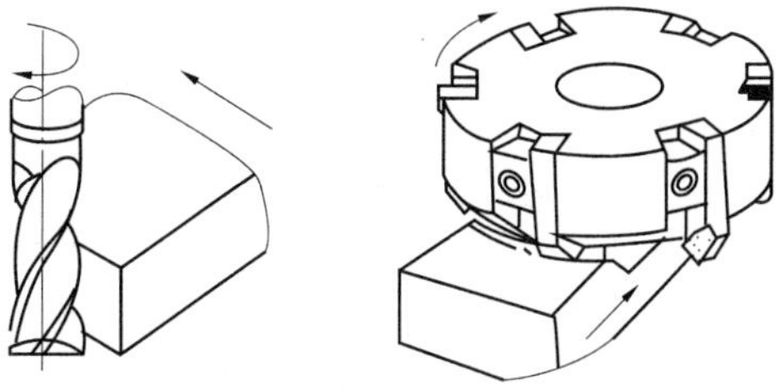

（a）　　（b）

图 3–11　平面铣削方法

（a）周铣；（b）端铣

（4）端铣用面铣刀切削，其刀齿的主、副切削刃同时工作，由主切削刃切去大部分余量，副切削刃则可起到修光作用，铣刀齿刃负荷分配也较合理，铣刀使用寿命较长，且加工表面的表面粗糙度也比较小。

（5）端铣的面铣刀，便于镶装硬质合金刀片进行高速铣削和阶梯铣削，生产效率高，铣削表面质量也比较好。

由立铣刀周铣和面铣刀端铣的特点比较可见，一般情况下，铣平面时，端铣的生产效率和铣削质量都比周铣高，所以平面铣削应尽量采用端铣方法。一般大面积的平面铣削使用面铣刀，在小面积平面铣削也可使用立铣刀端铣。

2. 顺铣与逆铣

铣削有顺铣和逆铣两种方式，选择的铣削方式不同，进给路线的安排也不同。当工件表面无硬皮，机床进给机构无间隙时，应选用顺铣，按照顺铣安排进给路线。因为采用顺铣加工后零件已加工表面品质高，刀齿磨损小。顺铣常用在精铣，尤其是零件材料为铝镁合金、铁合金或耐热合金时。当工件表面有硬皮，机床的进给机构有间隙时，应选用逆铣，按照逆铣安排进给路线。因为逆铣时，刀齿是从已加工表面切入，不会崩刃，机床进给机构的间隙也不会引起振动和爬行。

如图 3–12 所示为使用立铣刀进行切削时的顺铣与逆铣俯视图。为便于记忆，把顺铣与逆铣归纳为（在俯视图中看，铣刀顺时针旋转）：切削工件外轮廓时，绕工件外轮廓/顺时针走刀即为顺铣，如图 3–13（a）所示，绕工件外轮廓逆时针走刀即为逆铣，如图 3–13（b）所示，切削工件内轮廓时，绕工件内轮廓逆时针走刀即为顺铣，如图 3–14（a）所示，绕工件内轮廓顺时针走刀即为逆铣，如图 3–14（b）所示。

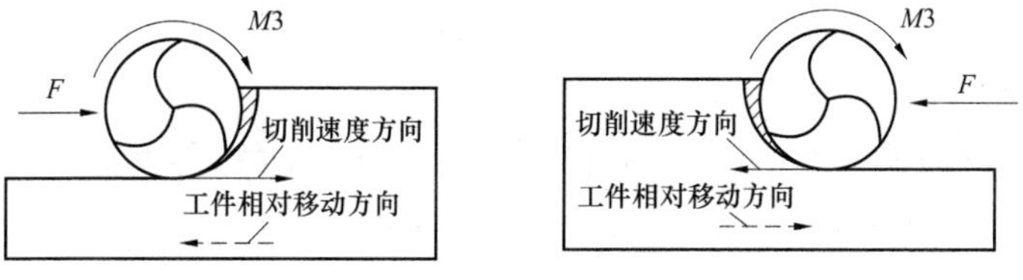

(a)　　(b)

图 3–12　顺铣与逆铣

（a）顺铣；（b）逆铣

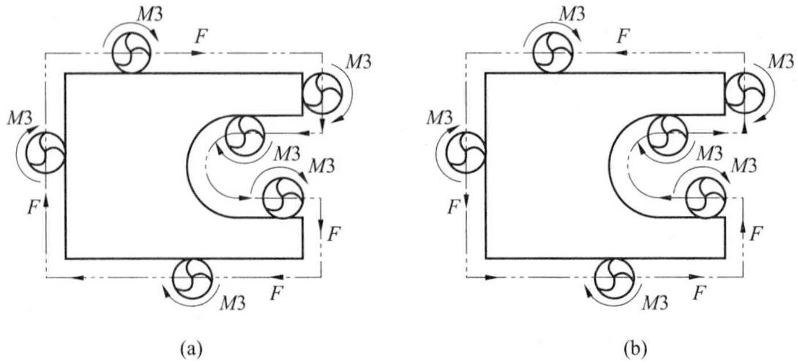

图 3–13　顺铣、逆铣与走刀关系（一）

（a）顺铣；（b）逆铣

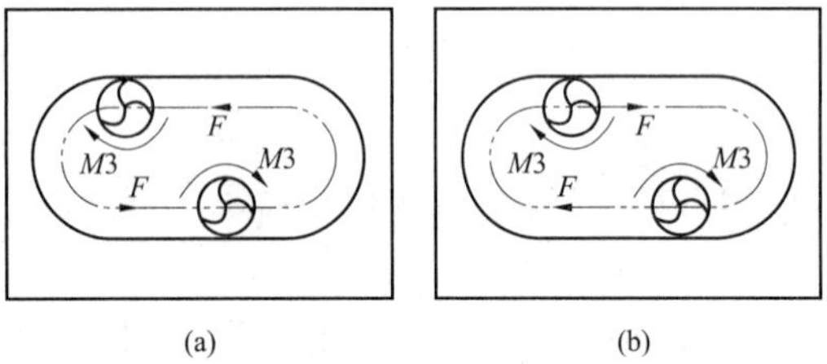

图 3–14　顺铣、逆铣与走刀关系（二）

（a）顺铣；（b）逆铣

对于立式数控铣床/加工中心所采用的立铣刀，装在主轴上时，相当刁：悬臂梁结构，在切削加工时刀具会产生弹性弯曲变形，如图 3–15 所示。

从图 3–15（a）可以看出，当用立铣刀顺铣时，刀具在切削时会产生让刀现象，即切削时出现“欠切”；而用立铣刀逆铣时，如图 3–15（b）所示，刀具在切削时会产生啃刀现象，即切削时出现“过切”。这种现象在刀具直径越小、刀杆伸出越长时越明显，所以在选择刀具时，从提高生产效率、减小刀具弹性弯曲变形的影响考虑，应选直径大的，在装刀时刀杆尽量伸出短些。

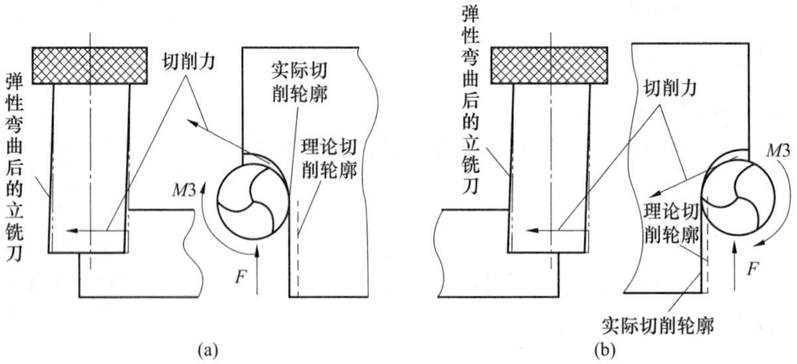

图 3–15　顺铣、逆铣对切削的影响

（a）顺铣；（b）逆铣

在编程时，如果粗加工采用顺铣，则可以不留精加工余量（余量在切削时由让刀让出）；而粗加工采用逆铣，则必须留精加工余量，预防由于“过切”引起加工工件的报废。

提示

精加工时多使用顺铣，可以提高工件表面的品质。

三、平面铣削的刀具

1. 平面铣削刀具的种类

平面铣削常用的刀具类型有面铣刀和立铣刀。

在铣削大尺寸的凸出平面和台阶平面时通常使用面铣刀。面铣刀的直径较大，特别是可 转位机械夹固式不重磨刀片面铣刀的切削性能好，并可方便地更换各种不同切削性能的刀片，切削效率高，加工表面质量好。封闭的内凹平面又称型腔底面，受型腔尺寸和型腔内圆角尺寸的限制，内凹平面通常使用立铣刀加工，而且加工型腔底面与加工型腔侧壁一般都使用同一把刀具。

面铣刀有两种形式，如图 3–16 所示。普通面铣刀可用于铣削凸出平面，方肩立铣刀用于铣削 90° 的台阶平面。

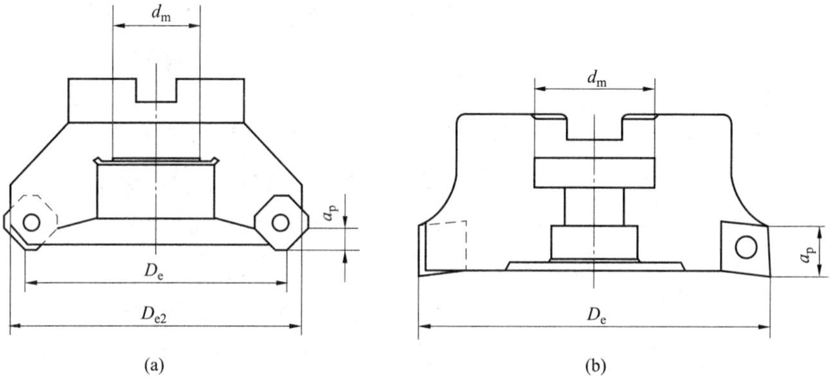

图 3–16　可转位机械夹固式不重磨刀片面铣刀

（a）普通面铣刀；（b）方肩立铣刀

d_m—心轴直径；D_e—面铣刀刀尖直径；D_{e2}—面铣刀刀体直径；a_p—次最大允许背吃刀量

可转位机械夹固式不重磨刀片的材质是硬质合金，需要根据不同的加工要求选择不同牌号的刀片。

硬质合金刀片根据加工材质的不同被分为 4 组，分别用于加工钢（P 组）、不锈钢（M 组）、铸铁（K 组）、铝及有色金属（N 组）；在同一组中又分为轻度铣削、中度铣削和重度铣削 3 种。

面铣刀的刀体根据所装刀片数量的不同分为疏齿刀体、密齿刀体和特密齿刀体。理论上讲，密齿刀具比疏齿刀具有更高的加工效率和更持久的耐用度。

另外，可转位机械夹固式不重磨硬质合金刀片在面铣刀刀体上的安装形式有平装和立装两种，刀片在刀体上的夹紧形式有螺钉夹紧和楔块夹紧等。

根据被加工对象选择适合的刀具，对提高加工效率，保证加工质量是至关重要的。

2. 面铣刀切入位置的选择

当铣削平面的宽度小于面铣刀直径时，采用面铣刀侧置，如图 3–17（a）所示。这样能保证面铣刀始终处于顺铣或逆铣，可延长面铣刀刀齿在切削过程中与工件的接触长度，接触长度延长可增加面铣刀同时参与切削的刀齿数，同时参与切削的刀齿数越多，切削过程越稳定。

当面铣刀切入位置中置时，形成对称铣削，顺铣、逆铣各占一半，且参与切削的刀齿数相对较少，切削时容易引起振动，如图 3–17（b）所示。但面铣刀切削位置中置时，切削路线最短，面铣刀切削位置偏置时，切削路线变长。

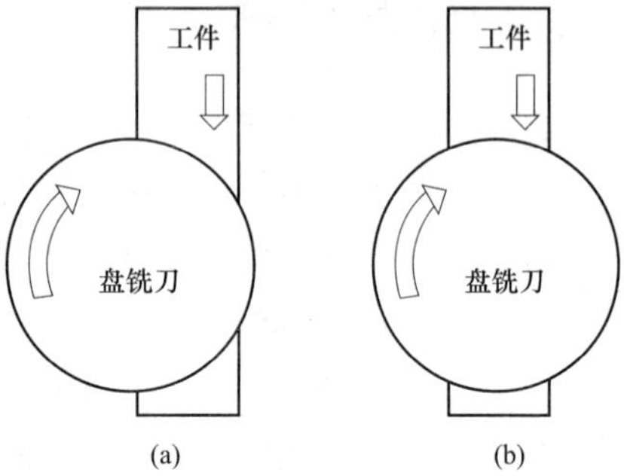

图 3–17　面铣刀切入位置的选择

（a）正确；（b）错误

四、平面铣削用量

铣削用量选择的是否合理，将直接影响到铣削加工的质量。

平面铣削分粗铣、半精铣、精铣 3 种情况。粗铣时，铣削用量选择侧重考虑刀具性能、工艺系统刚性、机床功率、加工效率等因素，精铣时侧重考虑表面加工精度的要求。

1. 面铣刀侧吃刀量 a_e 的选择

面铣刀的侧吃刀量指面铣刀的铣削宽度。一般来说，面铣刀的直径应比侧吃刀量 a_e 大 20%～50%，换句话说，侧吃刀量 a_e 应是面铣刀直径的 50%～80%，如图 3–18 所示。侧吃刀量过大会引起面铣刀在铣削过程中排屑不畅，而且刀刃在切入工件过程中始终处于逆铣状态，会降低刀具的耐用度。

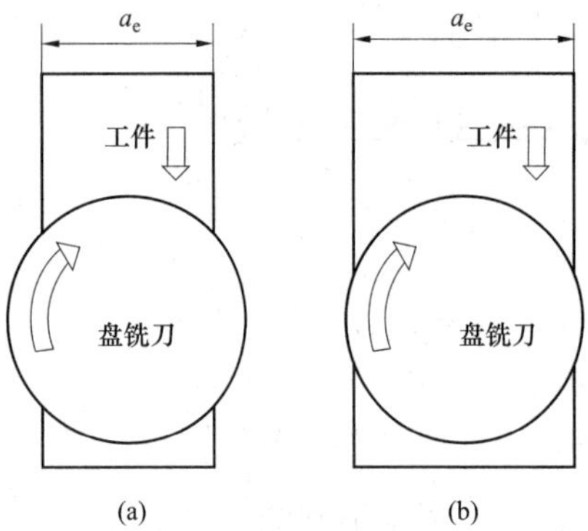

图 3–18　面铣刀侧吃刀量的选择

（a）正确（约 70%）；（b）错误（约 90%）

2. 平面粗铣用量

粗铣加工时，余量多、要求低，选择铣削用量时主要考虑工艺系统刚性、刀具使用寿命、机床功率、工件余量大小等因素。

首先决定较大的 Z 向切深和切削宽度。铣削无硬皮的钢料，Z 向切深一般选择 3～5mm，铣削铸钢或铸铁时，Z 向切深一般选择 5～7mm。切削宽度可根据工件加工面的宽度尽量一次铣出，当切削宽度较小时，Z 向切深可相应增大。

选择较大的每齿进给量有利于提高粗铣效率，但应考虑到：当选择了较大的 Z 向切深和切削宽度后，工艺系统刚性是否足够。

当 Z 向切深、切削宽度、每齿进给量较大时，受机床功率和刀具耐用度的限制，一般选择较低的铣削速度。

3. 平面精铣用量

当表面粗糙度要求在 Ra1.6～3.2μm 时，平面一般采用粗、精铣两次加工。经过粗铣加工，精铣加工的余量为 0.5～2mm，考虑到表面质量要求，选择较小的每齿进给量。此时加工余量比较少，因此可尽量选较大铣削速度。

表面质量要求较高（Ra0.4～0.8μm），表面精铣时的深度的选择为 0.5mm 左右。每齿进给量一般选较小值，高速钢铣刀为 0.02～0.05mm，硬质合金铣刀为 0.10～0.15mm。铣削速度在推荐范围内选最大值。如当采用高速钢铣刀铣削一般中碳钢或灰口铸铁时，铣削速度在 20～60m/min 选大值，当采用硬质合金铣刀铣削上述材料时，铣削速度在 90～200m/min 选大值。

五、直角槽铣削

窄槽是具有一定宽度、深度和截面形状的槽，槽底面与侧面成直角形的称为直角槽。直角槽，如图 3–19 所示，可分为敞开式、封闭式和半封闭式 3 种。

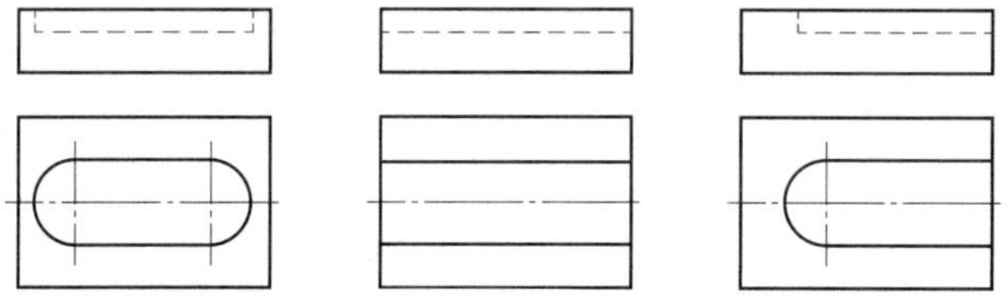

图 3–19 典型窄槽图样

（a）封闭式窄槽；（b）敞开式窄槽；（c）半封闭式窄槽

直角槽结构的主要尺寸有槽长、槽宽、槽深。加工要求主要有尺寸精度、形状、位置精度和表面粗糙度等。尺寸精度主要是槽的位置尺寸精度，槽的宽度、长度和深度的尺寸精度，尤其是与其他零件相配合的槽，其槽的宽度尺寸精度一般要求较高；槽的形位精度主要是槽两侧面的平行度以及对称度，槽底的平面度等；一般对侧面和底面有表面品质要求。

1. 直角槽铣削方法

铣削半封闭式或封闭式直角槽时，常用的铣刀有立铣刀与键槽铣刀。

一般加工要求的窄槽，可选择直径等于或略小于直角槽的宽度立铣刀与键槽铣刀，由刀具直径保证槽宽。铣刀安装时，铣刀的伸出长度要尽可能小。

当槽宽尺寸与标准铣刀直径相同，且槽宽精度要求不高时，可直接根据槽的中心轨迹编程加工，但由于槽的两壁一侧是顺铣，一侧是逆铣，会使两侧槽壁的加工品质不同。

具有较高加工精度要求的窄槽，应分粗加工和精加工。粗、精加工刀具的直径应小于槽宽，精加工时，为保证槽宽尺寸公差，用半径补偿铣削内轮廓的加工方法。

开放窄槽加工时，刀具可从工件侧面外水平切入工件。

封闭窄槽加工时，刀具无从侧面水平切入工件的位置，刀具必须沿 Z 向切入材料。如果没有预钻孔，可用键槽铣刀沿 Z 轴方向切入材料。键槽铣刀具有直接垂直向下进刀的能力，它的端面中心处有切削刃，而立铣刀端面中心处无切削刃，立铣刀只能做很小的深度切削。

在铣削较深封闭式直角槽时，可先钻落刀孔，立铣刀从落刀孔引入切削。

铣削较深沟槽时，切削条件较差，铣刀切削时排屑不畅，散热面小，不利于切削，应分层铣削到要求的深度。

2. 键槽铣刀及选用

典型键槽铣刀如图 3–20 所示，它的外形与立铣刀相似，不同的是它在圆周上只有两个螺旋刀齿，其端面刀齿的刀刃延伸至中心，既像立铣刀，又像钻头。螺旋齿结构，切削平稳，适用于铣削对槽宽有相应要求的槽类加工。封闭槽铣削加工时，可以作适量的轴向进给，键槽铣刀可先轴向进给达到槽深，然后沿键槽方向铣出键槽全长，较深的槽要做多次垂直进给和纵向进给才能完成加工。另外，键槽铣刀可用于插入式铣削、钻削、锪孔。

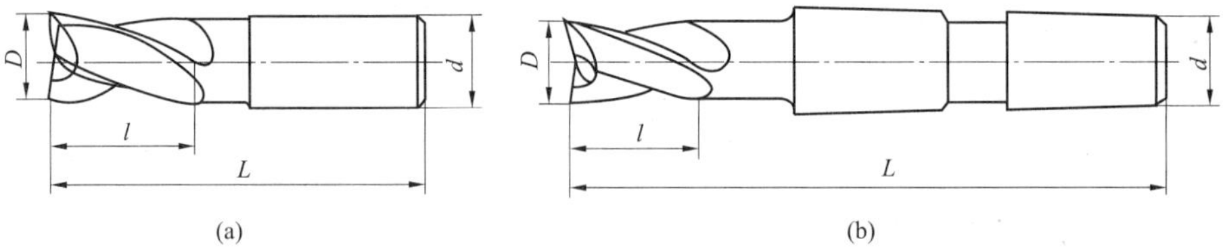

图 3–20　典型键槽铣刀

（a）直柄键槽铣刀；（b）锥柄键槽铣刀

按国家标准规定，直柄键槽铣刀直径 d=2～22mm，锥柄键槽铣刀直径 d=14～50mm。键槽铣刀直径的偏差有 e8 和 d8 两种，e8 用于加工槽宽精度为 H9 的键槽，d8 用于加工槽宽精度为 N9 的键槽。键槽铣刀的圆周切削刃仅在靠近端面的一小段长度内发生磨损，重磨时，只需刃磨端面切削刃，因此重磨后铣刀直径不变。

3. 精确沟槽铣削刀具路线设计

有较高加工精度要求的窄槽，为了提高槽宽的加工精度，应分粗加工和精加工。

粗加工时采用直径比槽宽小的铣刀，铣槽的中间部分在两侧及槽子底留下一定余量；精加工时，为保证槽宽尺寸公差，用半径补偿的加工方法铣削内轮廓。

（1）封闭窄槽加工刀具路线设计。如图 3–21 所示是封闭窄槽的粗、精加工路线设计。

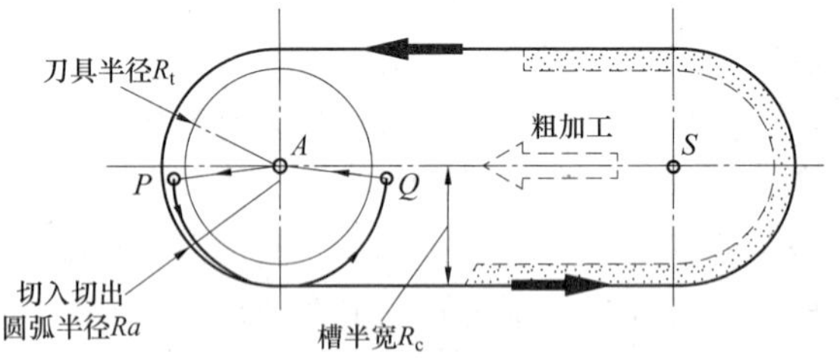

图 3–21　封闭槽半径补偿路线设计

粗加工时，选择直径比槽宽略小的刀具，保证粗加工后留有一定的精加工余量。刀具的。X、Y 起点选择工件槽的某端圆弧轮廓的圆心位置，如图中选择右侧圆弧的中心点 S 为起始位置点，Z 向起点选择在距上表面有足够安全间隙的高度位置。然后，以较小的进给率切入所需的深度（在底部留出精加工余量），再以直线插补 SA 运动在两个圆弧中心点之间进行粗加工。

若槽的粗、精加工选用同把刀，粗加工后并不需要退刀，可以在同一个位置进给到最终深度。选择顺铣模式，主轴正转，刀具必须左补偿，应先精加工下侧轮廓。

精加工时，刀具法向趋近轮廓建立半径补偿并不合适，因为这样会让刀具在加工轮廓上有停留并产生接刀痕迹。

设计趋近轮廓的路线为与轮廓相切的一个辅助切入圆弧，其目的是引导刀具平滑地过渡到轮廓上，避免接刀痕迹。但刀具半径补偿不能在圆弧插补模式中启动，因此用直线 AP

G01 运动建立半径补偿，然后用圆弧运动自然切入到工件下侧轮廓。这样轮廓精加工前增加了两个辅助运动：① 进行直线运动并启动刀具半径补偿；② 切线趋近圆弧运动。

这里值得注意的是趋近圆弧半径大小的选择（位置选择很简单——圆弧必须与轮廓相切），趋近圆弧半径必须符合一定的要求，那就是该圆弧的半径必须大于刀具半径，又小于刀具引入起点到轮廓的距离（这里是窄槽轮廓的半宽），3 种半径的关系为

$$R_t < R_a < R_c$$

式中 R_t——刀具半径，mm；

R_a——趋近圆弧（导入圆弧）的半径，mm；

R_c——轮廓（窄槽）半径，mm。

（2）开放窄槽的加工路线设计。如图 3–22 所示是对开放窄槽的粗、精加工路线设计。对开放窄槽加工，刀具的起点可选择工件侧面外，图中刀具的起点选在槽中线上并在工件之外具有一定安全间隙的适当位置（点 *S*）。

粗加工时，选择直径比槽宽略小的刀具，如图 3–22 所示，刀具经过直线进给切削后，侧面留下适当的精加工余量，槽的底面亦宜留有适当的精加工余量。

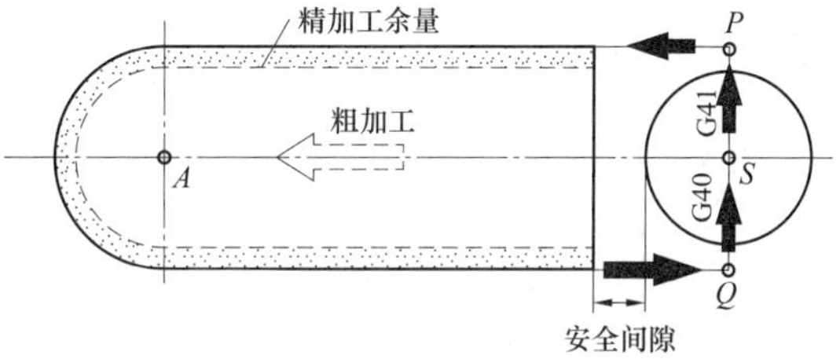

图 3–22 开放槽半径补偿路线设计

精加工时，刀具沿 *Z* 向进给运动至窄槽底部深度，通过垂直于窄槽轮廓的线段 *SP* 进给建立半径补偿，刀具在顺铣模式下对窄槽沿轮廓进行精加工到轮廓延长线的点 *Q*，并通过线段 *QS* 的进给取消半径补偿。

4. 铣削用量选用

铣削加工直角沟槽工件时，加工余量一般都比较大，工艺要求也比较高，不应一次加工完成，而应尽量分粗铣和精铣数次进行加工完成。

在深度上，常有一次铣削完成和多次分层铣削完成两种加工方法，这两种加工方法的工艺利弊分析不容忽视。

（1）设计将键槽深度一次铣削完成时，能够提高加工效率，但对铣刀的使用较为不利，因为铣刀在用钝时，其切削刃上的磨损长度等于键槽的深度。若刃磨圆柱面切削刃，则因铣刀直径会磨小，而不能再作精加工，若把端面一段磨去，又不经济。

（2）设计深度方向多次分层铣削键槽时，每次铣削层深度只有 0.5～1mm，以较大的进给量往返进行铣削。在键槽铣床上加工时，每次的铣削层深度和往复进给都是自动进行的，一直切到预定键槽深度为止。这种加工方法的优点是铣刀用钝后，只需刃磨铣刀的端面（磨短不到 1mm），铣刀直径不受影响，铣削加工时也不会产生让刀现象。但在通用铣床上进行这种加工，操作不方便，生产效率也较低。

铣削加工沟槽时，排屑不畅，铣刀周围的散热面小，不利于切削。铣削用量选用时，应充分考虑这些因素，不宜选择较大的铣削用量，而采用较小的铣削用量。铣削窄而深的沟槽时，切削条件更差。

任务四 项 目 实 施

一、工艺分析与工艺设计

1. 图样分析

如图 3–1 所示零件由一个 L 形直槽槽组成，零件的表面粗糙度为 3.2μm，槽的宽度尺寸未注公差，按 GB/T1804—2000 确定公差值，查表，得出其公差值为±0.1mm。

从上面分析可知，该零件的槽可以用ϕ6 的键槽铣刀直接铣出。该零件的上表面需要加工，可以用ϕ16 的立铣刀铣削。

知识链接：未注公差线性尺寸的极限偏差数值

未注公差查《中华人民共和国国家标准 GB/T 1804—2000》，未注公差线性尺寸的极限偏差数值见表 3–3。

表 3–3　　未注公差线性尺寸的极限偏差数值　　单位：mm

公差等级	基本尺寸分段							
	0.5～3	>3～6	>6～30	>30～120	>120～400	>400～1000	>1000～3000	>2000～4000
精密 f	±0.05	±0.05	±0.1	±0.15	±0.2	±0.3	±0.5	—
中等 m	±0.1	±0.1	±0.2	±0.3	±0.5	±0.8	±1.2	±2
粗糙 c	±0.2	±0.3	±0.5	±0.8	±1.2	±2	±3	±4
最粗 v	—	±0.5	±1	±1.5	±2.5	±4	±6	±8

注　上表摘自《中华人民共和国国家标准 GB/T 1804—2000》。

2. 加工工艺路线设计

工艺路线见表 3–4。

表 3–4　　数控铣削加工工序卡片

产品名称	零件名称	工序名称	工序号	程序编号	毛坯材料	使用设备	夹具名称
	直槽	数控铣			45 钢	数控铣床	平口钳

工步号	工步内容	刀具			主轴转速 (r/min)	进给速度 (mm/min)	切削深度 (mm)
		类型	材料	规格			
1	铣上表面	圆柱立铣刀	高速钢	ϕ16	400	200	0.5
2	铣 L 形槽	键槽铣刀（或立铣刀）	高速钢	ϕ6	600	80	2

3. 刀具选择

（1）ϕ16mm 立铣刀。

（2）ϕ6mm 键槽铣刀或立铣刀。

二、程序编制

1. 编制铣削上表面的程序

采用 $\phi16$ 的圆柱立铣刀，主轴选择 400r/min，进给速度为 200mm/min，切削深度 0.5mm。

加工路线如图 3–23 所示。

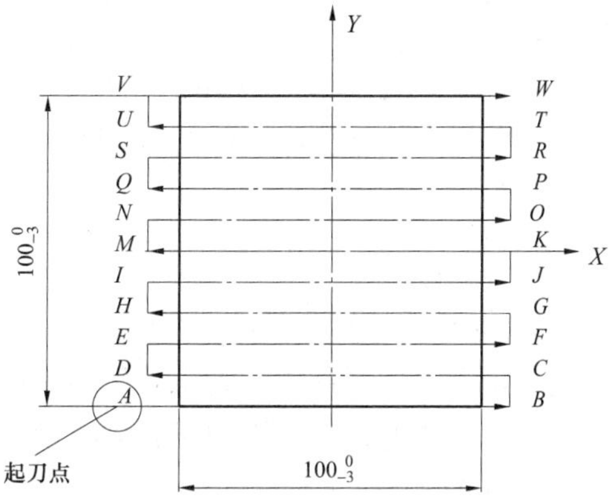

图 3–23 加工路线

（1）计算关键点坐标。计算关键点坐标，首先确定如图 3–23 所示的坐标系。在此坐标系下计算各个关键点的坐标。

起刀点 *A*(–70, –50)；*B*(60, –50)；*C*(60, –40)；*D*(–60, –40)；*E*(–60, –30)；*F*(60, –30)；*G*(60, –20)；*H*(–60, –20)；*I*(–60, –10)；*J*(60, –10)；*K*(60, 0)；*M*(–60, 0)；*N*(–60, 10)；*O*(60, 10)；*P*(60, 20)；*Q*(–60, 20)；*R*(60, 30)；*S*(–60, 30)；*T*(60, 40)；*U*(–60, 40)；*V*(–60, 50)；*W*(60, 50)。

（2）编制加工程序。

程序	说明
O0001;	程序名（程序号）
N10 G54;	定义坐标系
N20 G00 X0. Y0. Z100.;	定位在（0，0，100）点
N30 S400 M03;	启动主轴正转 400r/min
N40 G00 X-70. Y-50. Z100.;	定位在（-70，-50，100）点
N50 G00 Z10.;	定位在（-70，-50，10）点
N60 G01 Z-0.5 F200;	Z 向下刀 0.5，进给速度 200
N70 G01 X60. Y-50. F200;	切削进给到 B 点
N80 G01 X60. Y-40. F200;	切削进给到 C 点
N90 G01 X-60. Y-40. F200;	切削进给到 D 点
N100 G01 X-60. Y-30. F200;	切削进给到 E 点
N110 G01 X60. Y-30. F200;	切削进给到 F 点
N120 G01 X60. Y-20. F200;	切削进给到 G 点
N130 G01 X-60. Y-20. F200;	切削进给到 H 点
N140 G01 X-60. Y-10. F200;	切削进给到 I 点
N150 G01 X60. Y-10. F200;	切削进给到 J 点
N160 G01 X60. Y0. F200;	切削进给到 K 点
N170 G01 X-60. Y0. F200;	切削进给到 M 点
N180 G01 X-60. Y10. F200;	切削进给到 N 点
N190 G01 X60. Y10. F200;	切削进给到 O 点
N200 G01 X60. Y20. F200;	切削进给到 P 点
N210 G01 X-60. Y20. F200;	切削进给到 Q 点
N220 G01 X-60. Y30. F200;	切削进给到 R 点
N230 G01 X60. Y30. F200;	切削进给到 S 点

```
N240  G01  X60.  Y40.  F200;          切削进给到 T 点
N250  G01  X-60.  Y40.  F200;         切削进给到 U 点
N260  G01  X-60.  Y50.  F200;         切削进给到 V 点
N270  G01  X60.  Y50.  F200;          切削进给到 W 点
N280  G00  Z100.;                     抬刀到（60，50，100）点
N290  M05;                            关闭主轴
N300  M30;                            程序结束
```

2. 编制铣削 L 形槽的程序

选取毛坯上表面中心为工件坐标原点，加工此工件不需用刀补，只需$\phi 6$用键槽铣刀（或立铣刀）沿中心线走一次即可完成。设定工件的上表面中心为工件坐标原点，程序如下。

```
O1000;
N10  G90  G54;
N20  M03  S800;
N30  G00  X0  Y0;
N40  Z50;
N50  X-20  Y20;
N60  Z10;
N70  G01  Z-1  F50;
N80  Y-20  F100;
N90  X20;
N100  Z10;
N110  G00  Z50;
N120  M05;
N130  M30;
```

三、装夹刀具

四、装夹工件

使用平口钳装夹工件，注意要将工件装平、夹紧。

五、输入程序

六、对刀

七、启动自动运行，加工零件，机内检测工件

程序执行后，不要立即拆下工件，应该在机床上对工件进行检测。如果尺寸不符合图纸要求，应进行修正加工，直到尺寸满足要求为止。对于不能修正的加工误差，应对出现的问题进行分析，找出问题的原因，确定在下次加工时避免出现同样问题的方法。

八、测量零件

任务五 完成本项目的实训

一、实训目的

（1）能够对平面铣削和槽加工零件进行数控铣削工艺分析。

（2）掌握 G54、G00、G01、M03、M05、M30 指令的用法。

（3）学会编程和加工平面和槽。

二、实训内容

零件如图 3–24 所示，毛坯尺寸为 60mm×60mm×30mm，材料为工程塑料，试编程并加工零件的四方槽。

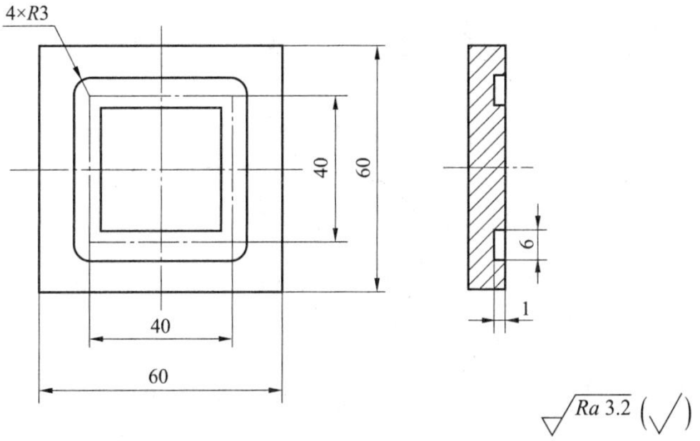

图 3–24 实训零件图

三、实训要求

（1）分析工件图样，选择定位基准和加工方法，确定走刀路线，选择刀具和装夹方法，确定各切削用量参数，填写数控加工工序卡片，见表 3–4。

（2）根据工件的加工工艺分析和所使用数控铣床的编程指令说明，编写加工程序。

（3）使用数控铣床加工工件。

（4）测量工件。根据零件图要求，选择合适的量具对工件进行检测，并对工件进行质量分析。

（5）撰写实训报告。

项目四

蝶形零件编程与加工

项目导入

要求加工如图 4–1 所示蝶形零件，材料为 45 钢，数量为 50 件。

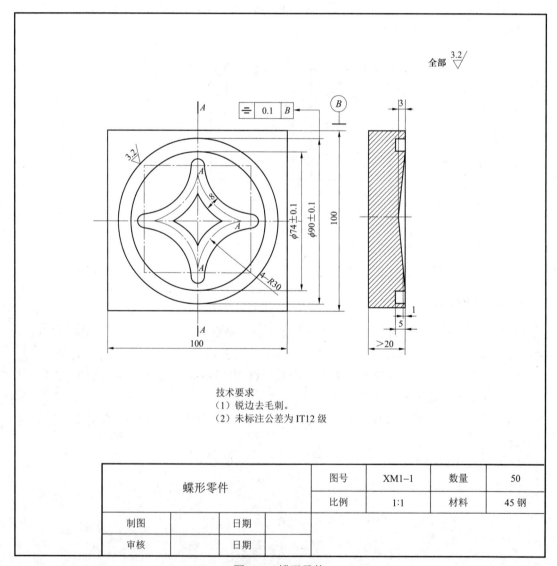

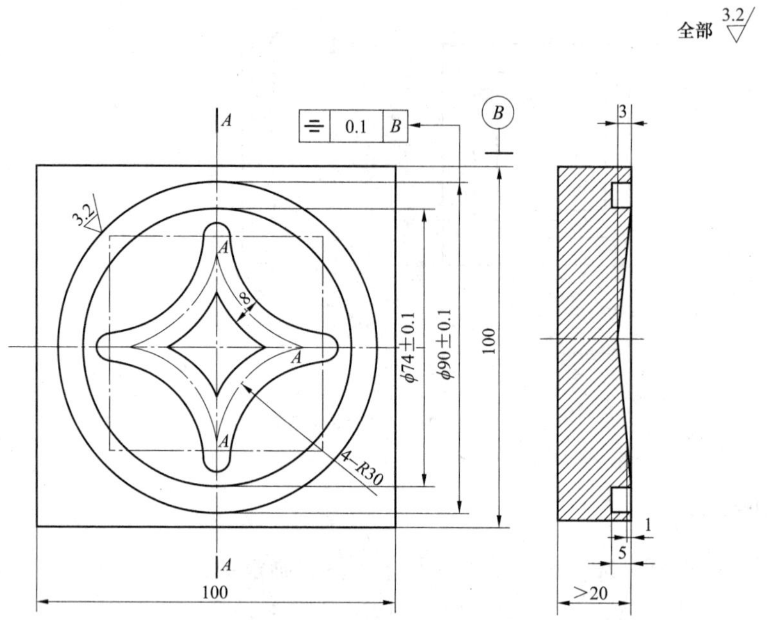

技术要求
（1）锐边去毛刺。
（2）未标注公差为 IT12 级

蝶形零件			图号	XM1–1	数量	50
			比例	1:1	材料	45 钢
制图		日期				
审核		日期				

图 4–1　蝶形零件

任务一　学习数控铣床编程指令

一、插补平面选择指令 G17、G18、G19

功能：该组指令用于选择直线、圆弧插补的平面。G17 选择平面 *XY*，G18 选择平面 *XZ*，G19 选择平面 *YZ*，如图 4–2 所示。

该组指令为模态指令，由于一般系统初始状态为 G17 状态，故编程时 G17 可省略。

二、圆弧插补指令 G02、G03

功能：使刀具从圆弧起点，沿圆弧移动到圆弧终点。G02 为顺时针圆弧（CW）插补，G03 为逆时针圆弧（CCW）插补。

圆弧方向的判断方法：以平面 *XY* 为例，从 *Z* 轴的正方向往负方向看平面 *XY*，顺时针圆弧用 G02 指令编程，逆时针圆弧用 G03 指令编程。其余平面的判断方法相同，如图 4–3 所示。

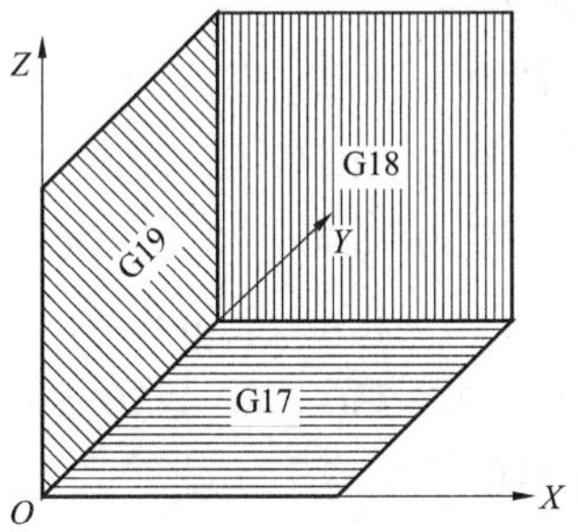

图 4–2　插补平面选择

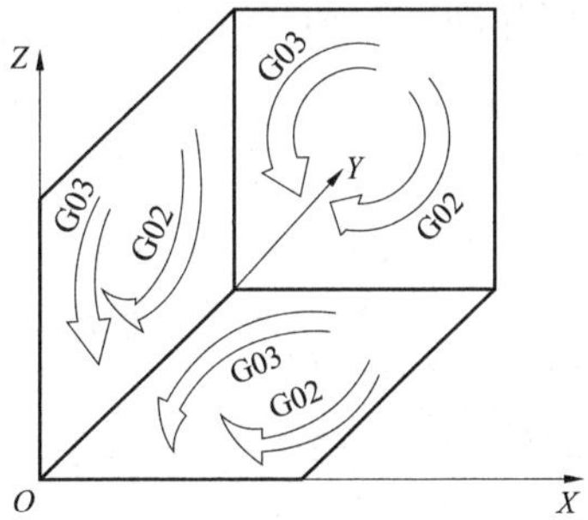

图 4–3　圆弧方向的判断

如图 4–4 所示，圆弧插补指令格式如下。

平面 *XY* 圆弧：

$$\mathrm{G17}\left\{\begin{array}{c}\mathrm{G02}\\ \\ \mathrm{G03}\end{array}\right\}\ \mathrm{X}\_\ \ \mathrm{Y}\_\ \left\{\begin{array}{c}\mathrm{R}\_\\ \\ \mathrm{I}\_\mathrm{J}\_\end{array}\right\}\ \mathrm{F}\_;$$

平面 *XZ* 圆弧：

$$\mathrm{G18}\left\{\begin{array}{c}\mathrm{G02}\\ \\ \mathrm{G03}\end{array}\right\}\ \mathrm{X}\_\ \ \mathrm{Z}\_\ \left\{\begin{array}{c}\mathrm{R}\_\\ \\ \mathrm{I}\_\mathrm{K}\_\end{array}\right\}\ \mathrm{F}\_;$$

平面 *YZ* 圆弧：

$$\mathrm{G19}\left\{\begin{array}{c}\mathrm{G02}\\ \\ \mathrm{G03}\end{array}\right\}\ \mathrm{Y}\_\ \ \mathrm{Z}\_\ \left\{\begin{array}{c}\mathrm{R}\_\\ \\ \mathrm{J}\_\mathrm{K}\_\end{array}\right\}\ \mathrm{F}\_;$$

说明：

（1）*X*、*Y*、*Z* 为圆弧终点坐标。

（2）*I*、*J*、*K* 分别为圆弧圆心相对圆弧起点在 *X*、*Y*、*Z* 轴方向的坐标增量。

（3）圆弧的圆心角小于或等于 180° 时用“+R”编程，圆弧的圆心角大于 180° 时用“−R”编程，若用半径 *R*，则圆心坐标不用。

（4）整圆编程时不可以使用 *R*。

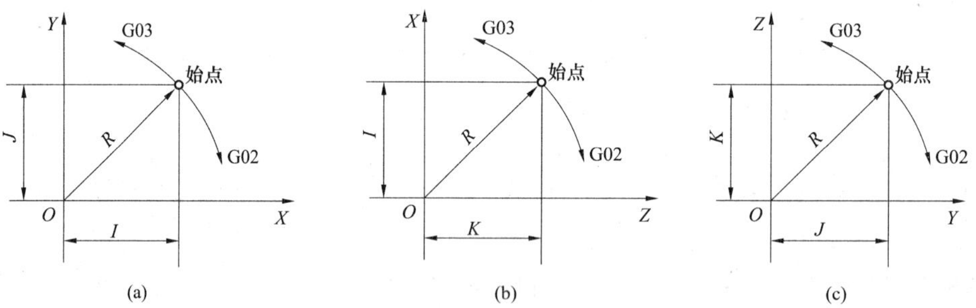

图 4–4　圆弧插补

（a）平面 *XY* 的圆弧；（b）平面 *XZ* 的圆弧；（c）平面 *YZ* 的圆弧

例 4–1　使用 G02 对图 4–5 所示的劣弧 *a* 和优弧 *b* 编程。

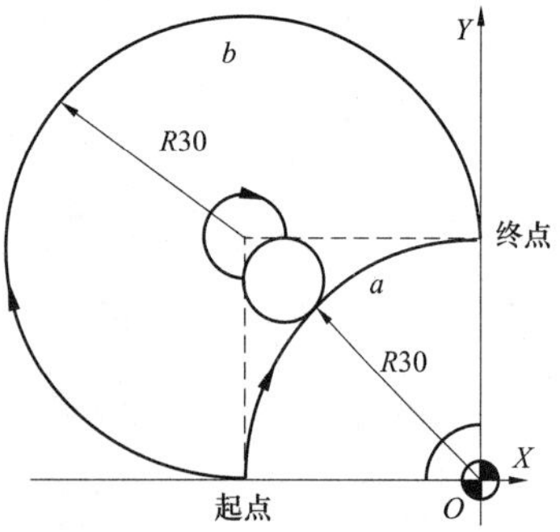

图 4–5　圆弧编程

（1）圆弧 *a* 的 4 种编程方法。

G91　G02　X30　Y30　R30　F300；

G91　G02　X30　Y30　I30　J0　F300；

G90　G02　X0　Y30　R30　F300；

G90　G02　X0　Y30　I30　J0　F300；

（2）圆弧 *b* 的 4 种编程方法。

G91　G02　X30　Y30　R−30　F300；

G91　G02　X30　Y30　I0　J30　F300；

G90　G02　X0　Y30　R−30　F300；

G90　G02　X0　Y30　I0　J30　F300；

提示

（1）顺时针或逆时针是指从垂直于圆弧所在平面的坐标轴的正方向看到的回转方向。

（2）整圆编程时不可以使用 R，只能用 I、J、K。

（3）当同时编入 R 和 I、J、K 时，R 有效。

三、螺旋线插补指令 G02、G03

功能：在圆弧插补时，垂直于插补平面的直线轴同步运动，构成螺旋线插补运动，如图 4–6 所示。G02、G03 分别表示顺时针、逆时针螺旋线插补，判断方向的方法与圆弧插补相同。

格式：

平面 *XY* 螺旋线：

G17　G02（G03）X___Y___I___J___Z___K___F___；

平面 *ZX* 圆弧螺旋线：

G18　G02（G03）X___Z___I___K___Y___J___F___；

平面 *YZ* 圆弧螺旋线：

G19　G02（G03）Y___Z___J___K___X___I___F___；

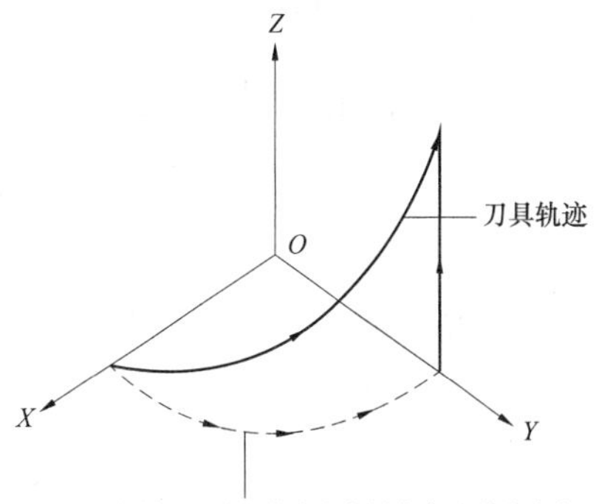

沿着两个圆弧插补轴圆周的进给速度是指定的进给速度

图 4–6　螺旋线切削

说明：以平面 *XY* 螺旋线插补为例。

（1）X、Y、Z 是螺旋线的终点坐标。

（2）I、J 是圆心在平面 *XY* 上，相对螺旋线起点在 *X*、*Y* 向的增量坐标。

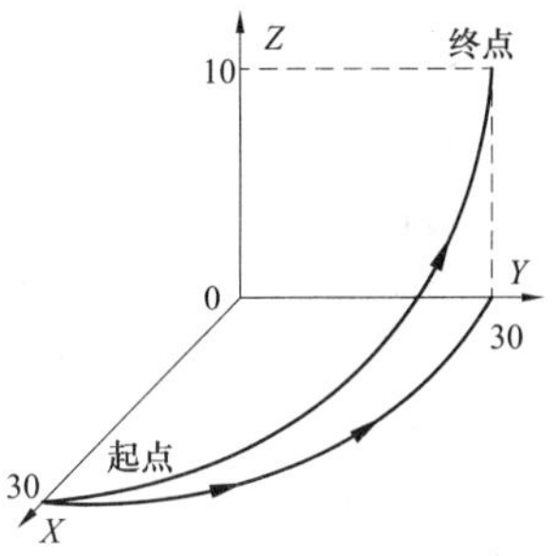

图 4–7　螺旋线编程

（3）K 是螺旋线的导程，为正值。

例 4–2　使用 G03 对如图 4–7 所示的螺旋线编程。

G91 编程时：

G91　G17　F300；

G03　X–30　Y30　I–30　J0　Z10　K40；

G90 编程时：

G90　G17　F300；

G03　X0　Y30　R30　Z10　K40；

任务二　掌握立铣刀知识及使用方法

立铣刀是数控机床上用得最多的一种铣刀，主要用于加工凸轮、台阶面、凹槽和箱口面。

一、普通高速钢立铣刀

如图 4–8 所示为普通高速钢立铣刀，其圆柱面上的切削刃是主切削刃，端面上分布着副切削刃。主切削刃一般为螺旋齿，这样可以增加切削平稳性，提高加工精度。标准立铣刀的螺旋角β为 40°～45°（粗齿）和 30°～35°（细齿），套式结构立铣刀的β为 15°～25°。

由于普通立铣刀端面中心处无切削刃，所以立铣刀工作时不能作轴向进给，端面刃主要用来加工与侧面相垂直的底平面。

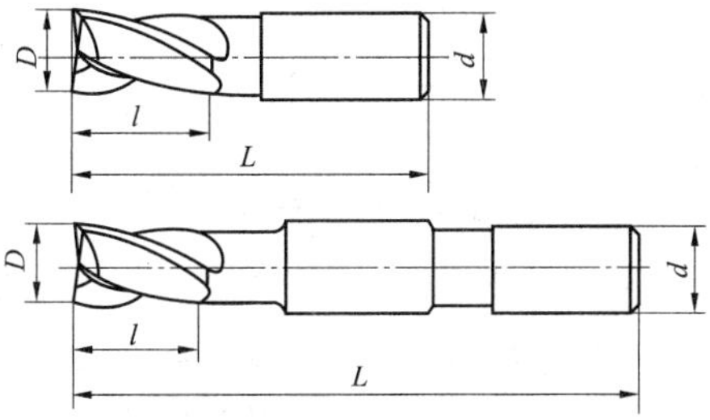

图 4–8　普通高速钢立铣刀

直径较小的立铣刀，一般制成带柄形式。ϕ2～71 的立铣刀为直柄；ϕ6～63 的立铣刀为莫氏锥柄；ϕ25～80 的立铣刀为带有螺孔的 7:24 锥柄，螺孔用来拉紧刀具。直径为ϕ40～160 的立铣刀可做成套式结构。

二、硬质合金螺旋齿立铣刀

为提高生产效率，除采用普通高速钢立铣刀外，数控铣床或加工中心普遍采用硬质合金螺旋齿立铣刀，如图 4–9 所示。这种刀具用焊接、机夹或可转位形式将硬质合金刀刃装在具有螺旋槽的刀体上，具有良好的刚性及排屑性能，可适合粗、精铣削加工，生产效率比同类型高速钢铣刀提高 2～5 倍。

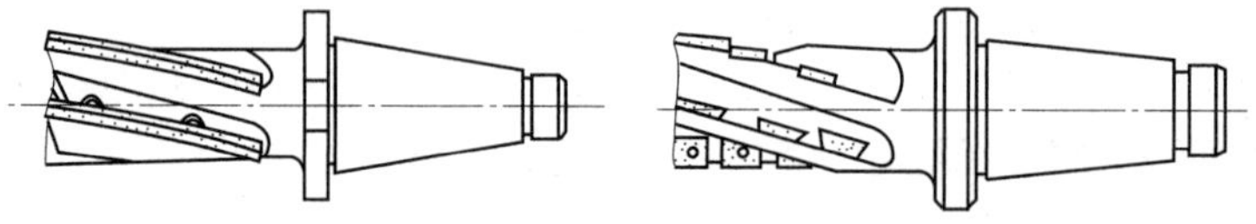

(a)　　(b)

图 4–9　硬质合金螺旋齿立铣刀

（a）每个齿槽上装单条刀片；（b）每个齿槽上装多条刀片

图 4–8（a）所示为在每个齿槽上装单条刀片的硬质合金立铣刀。

图 4–8（b）所示硬质合金立铣刀常称为“玉米立铣刀”，在一个刀槽中装上两个或更多的硬质合金刀片，并使相邻刀齿间的接缝相互错开，利用同一刀槽中刀片之间的接缝作为分屑槽，通常在粗加工时选用。

三、波形刃立铣刀

数控铣床或加工中心常选用波形刃立铣刀进行切削余量大的粗加工，能显著地提高铣削效率。

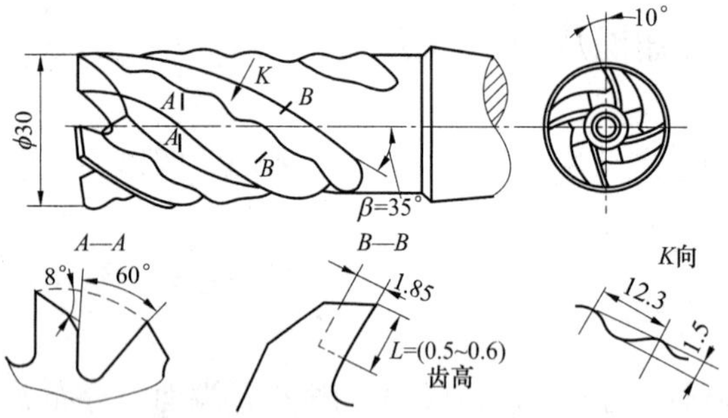

图 4–10　波形刃立铣刀

波形刃立铣刀与普通立铣刀的最大区别是其刀刃为波形，如图 4–10 所示。波形刃能将狭长的薄切屑变为厚而短的碎块切屑，使排屑顺畅，有利于自动加工的连续进行。由于刀刃是波形，使它与被加工工件接触的切削刃长度较短，刀具不易产生振动。刀刃的波形特征还使刀刃的长度增大，有利于散热，并有利于切削液渗入切削区，能充分发挥切削液的效果。

四、立铣刀的选用

1. 立铣刀尺寸选择

CNC 加工中，必须考虑的立铣刀尺寸因素包括立铣刀直径、立铣刀长度、螺旋槽长度。

CNC 加工中，立铣刀的直径必须非常精确，立铣刀的直径包括名义直径和实测的直径。名义直径为刀具厂商给出的值；实测的直径是精加工用作半径补偿的半径补偿值。重新刃磨过的刀具，即使用实测的直径作为刀具半径偏置，也不宜将它用在精度要求较高的精加工中，这是因为重新刃磨过的刀具存在较大的圆跳动误差，影响加工轮廓的精度。

直径大的刀具比直径小的刀具抗弯强度大，加工中不容易引起受力弯曲和振动。立铣刀铣外凸轮廓时，可按加工情况选用较大的直径，以提高刀的刚性；立铣刀铣削凹形轮廓时，铣刀的最大半径选择受凹形轮廓的最小曲率半径限制，铣刀的最大半径应小于零件内轮廓的最小曲率半径，一般取最小曲率半径的 0.8～0.9 倍。

2. 立铣刀刀齿选用

立铣刀根据其刀齿数目，可分为粗齿（z 为 3、4、6、8）、中齿（z 为 4、6、8、10）和细齿（z 为 5、6、8、10、12）。粗齿铣刀刀齿数目少、强度高、容屑空间大，适用于粗加工；细齿铣刀齿数多、工作平稳，适用于精加工；中齿铣刀介于粗齿铣刀和细齿铣刀之间。

被加工工件材料类型和加工的性质往往影响刀齿数量选择。在加工塑性大的工件材料，如铝、镁等，为避免产生积屑瘤，常用刀齿少的立铣刀，立铣刀刀齿越少，螺旋槽之间的容屑空间越大，可避免在切削量较大时产生积屑瘤。加工较硬的脆性材料，需要重点考虑的是避免刀具振颤，应选择多刀齿立铣刀，刀齿越多切削越平稳，从而减小刀具的振颤。

五、立铣刀切削参数的选择

1. 立铣刀主轴转速

硬质合金可转位立铣刀相对标准的 HSS 刀具加工钢材时，主轴转速应相对高一些。硬质合金刀具在加工中，随着主轴转速的提高，与刀具切削刃接触的钢材的温度也升高，从而降低材料的硬度，这时加工条件较好。硬质合金刀具使用的主轴转速通常为标准 HSS 刀具的 3～5 倍，硬质合金可转位立铣刀加工时若使用较低主轴转速容易使硬质合金刀具崩裂甚至损坏。但对于高速钢刀具，使用较高主轴转速会加速刀具的磨损。

2. 立铣刀应用中的切削深度

螺旋槽长度决定切削的最大深度，实际应用中，Z 方向的吃刀深度不宜超过刀具的半径。直径较小的立铣刀，一般可选择刀具直径的 1/6～1/3 作为切削深度，保证刃具有足够的刚性。

3. 立铣刀应用中的进给速度

立铣刀加工应考虑在不同情形下选择不同的进给速度。如在初始切削进刀时，刀具受力较大，所以应以相对较慢的速度进给。立铣刀在铣槽加工中，若从平面侧进刀，可能产生全刀齿切削时，刀具底面和周边都要参与切削，切削条件相对较恶劣，可以设置较低的进给速度。在加工过程中，进给速度也可通过机床控制面板上的修调开关进行人工调整，但是最大进给速度要受到设备刚度和进给系统性能等限制。

4. 立铣刀加工振动与切削用量

立铣刀在加工过程中刀具有可能出现振动现象。振动会使立铣刀圆周刃的吃刀量不均匀，且切削量比原定值增大，影响加工精度和刀具使用寿命。当出现刀具振动时，应考虑降低切削速度和进给速度，如两者都已降低 40%后仍存在较大振动，则应考虑减小吃刀量。

任务三　项　目　实　施

一、工艺分析与工艺设计

1. 图样分析

如图 4–1 所示零件由圆形槽和蝶形槽组成，零件的表面粗糙度为 6.3μm，槽的宽度尺寸未注公差，按 GB/T1804–m 确定公差，查表，得出其公差为±0.1mm。

零件的形位公差：该零件只有位置公差要求，即 1 处对称度要求，为 0.1mm，

从上面分析可知，该零件的槽可以用$\phi8$ 的立铣刀直接铣出。该零件的上表面需要加工，可以用$\phi16$ 的立铣刀铣削。

2. 加工工艺路线设计

工艺路线见表 4–1。

表 4–1　　数控铣削加工工序卡片

产品名称	零件名称	工序名称	工序号	程序编号	毛坯材料	使用设备	夹具名称
	蝶形槽	数控铣			45 号钢	数控铣床	平口钳

工步号	工步内容	刀　具			主轴转速（r/min）	进给速度（mm/min）	切削深度（mm）
		类型	材料	规格			
1	铣上表面	圆柱立铣刀	高速钢	$\phi16$	400	200	0.5
2	铣圆形槽	圆柱立铣刀	高速钢	$\phi8$	600	80	2mm/刀
3	铣蝶形槽	圆柱立铣刀	高速钢	$\phi8$	600	80	1～3

3. 刀具选择

（1）$\phi16$ 立铣刀。

（2）端刃过中心的$\phi8$ 立铣刀，便于垂直下刀。

二、程序编制

1. 编制铣削上表面的程序

略。

2. 编制铣削圆形槽和蝶形槽的程序

选取工件上表面中心为工件坐标原点。程序如下。

程序	程序说明
O1000;	程序名
N10　G54;	设定工件坐标系
N20　M03　S600;	启动主轴
N30　M08;	打开切削液
N40　G00　X0　Y-41.0;	快速定位

```
N50  G01  Z5.0  F400;                          下刀到距上表面 5mm 处
N60  G01  Z-2.0  F15;                          下刀到 Z-2mm 处
N70  G02  X0  Y-41.0  I0  J41.0  F80;          铣削圆形槽
N80  G01  Z-5.0  F15;                          下刀到 Z-5mm 处
N90  G02  X0  Y-41.0  I0  J41.0  F80;          铣削圆形槽
N100  G01  Z5.0;                               抬刀
N110  G00  X0  Y-30.0;                         将铣刀定位到（X0，Y-30.0）处
N120  G01  Z-1.0  F15;                         下刀到 Z-1.0 处
N130  G02  X30.0  Y0  Z-3  R30  F80;           N130～N160 铣蝶形槽
N140  G02  X0  Y30.0  Z-1.0  R30;
N150  G02  X-30  Y0  Z-3.0  R30;
N160  G02  X0  Y-30  Z-1.0  R30;
N170  G01  Z100  F400;                         抬刀
N180  M05  M09;
N190  M30;                                     程序结束
```

三、装夹刀具

四、装夹工件

五、输入程序

六、对刀

七、启动自动运行，加工零件，机内检测工件

八、测量零件

任务四 完成本项目的实训任务

一、实训目的

（1）能够对平面铣削和槽加工零件进行数控铣削工艺分析。
（2）掌握 G54、G02、G03 指令的用法。
（3）学会编程和加工平面和耳形槽。

二、实训内容

零件如图 4–11 所示，毛坯尺寸为 100mm×100mm×25mm，材料为 45 号钢，试编程并加工零件的上表面和 3 个槽。

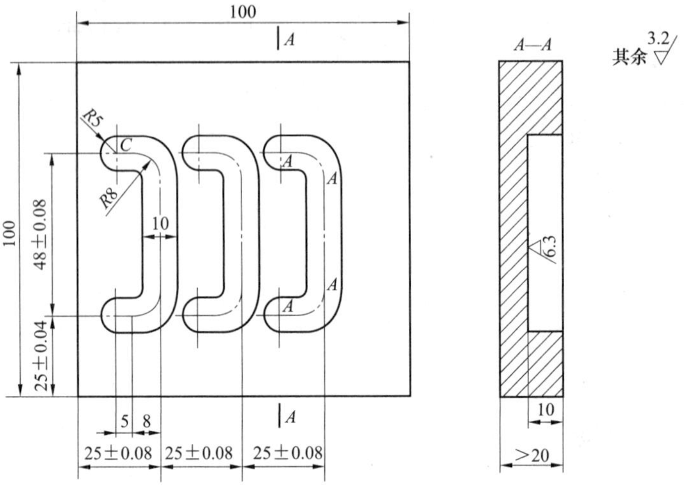

图 4–11　耳形槽零件

三、实训要求

（1）分析工件图样，选择定位基准和加工方法，确定走刀路线，选择刀具和装夹方法，确定各切削用量参数，填写数控加工工序卡片，见表 4–1。

（2）根据工件的加工工艺分析和所使用数控铣床的编程指令说明，编写加工程序。

（3）使用数控铣床加工工件。

（4）测量工件。根据零件图要求，选择合适的量具对工件进行检测，并对工件进行质量分析。

（5）撰写实训报告。

任务五　知识拓展：铣削方法

一、铣削加工的特点

（1）断续切削，冲击、振动大。

（2）多刀多刃切削，生产率高。

（3）半封闭式切削，要有容屑和排屑空间。

（4）切削负荷呈周期变化。

二、顺铣与逆铣

1. 顺铣

切削处刀具的旋向与工件的送进方向一致。打个比方，你用锄头挖地，而地面同时往你脚后移动，顺铣就是这样的状况。通俗地说，是刀齿追着材料“咬”，刀齿刚切入材料时切得深，而脱离工件时则切得浅。顺铣时，作用在工件上的垂直铣削力始终是向下的，能起到压住工件的作用，对铣削加工有利；而且垂直铣削力的变化较小，故产生的振动也小，机床受冲击小；同时顺铣也有利于排屑。数控铣削加工一般尽量采用顺铣法加工［见图 4–12（a）］。

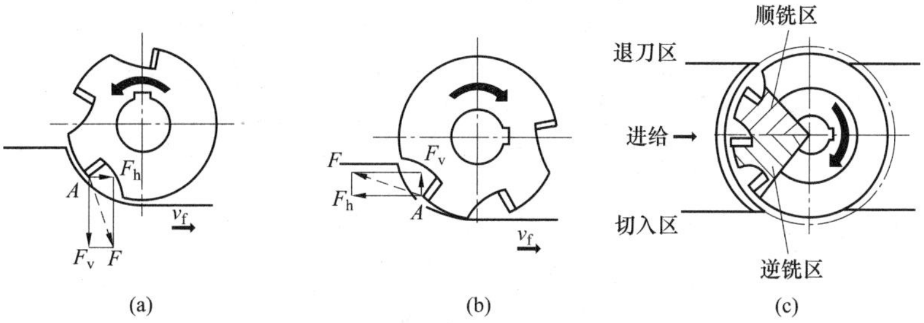

图 4–12 顺铣、逆铣

（a）顺铣；（b）逆铣；（c）切入和退刀区

2. 逆铣

切削处刀具的旋向与工件的送进方向相反。打个比方，用铲子铲地上的土，而地面同时迎着铲土的方向移动，逆铣就是这样的状况。通俗地说，是刀齿迎着材料“咬”，刀齿刚切入材料时切得薄，而脱离工件时则切得厚。这种方式机床受冲击较大，加工后的表面不如顺铣光洁，消耗在工件进给运动上的动力较大。由于铣刀切削刃在加工表面上要滑动一小段距离，切削刃容易磨损。具体情况见表 4–2。

表 4–2　　顺铣、逆铣比较

项目	逆　铣	顺　铣	结　论
切入切出情况	切入时，刀齿在已加工表面上滑擦，刀齿磨损快，刀具寿命短，已加工表面产生冷硬，表面质量较差，但无冲击	切入时，没有逆铣时的滑行，冷硬程度大为减轻，已加工表面质量较高，刀具寿命也比逆铣长。但刀齿切入时冲击大	顺铣时铣刀寿命比逆铣高 2～3 倍，加工表面也比较好
工件装夹可靠性	垂直进给力的大小和方向一直在变化，切入时向下、切离时向上，工件在该方向易产生振动，对工件夹紧不利	刀齿对工件的垂直进给力一直向下，将工件压紧在工作台上，避免了工件的振动	顺铣时工件夹紧比逆铣可靠
工作台丝杠螺母间的接触情况	在任一瞬时，纵向进给力 F_f 的方向都相同，并且与进给运动 v_f 的方向相反，与 $F_阻$ 的方向相同，故丝杠与螺母始终保持左侧接触，进给平稳	F_f 在不同瞬时大小不等，且方向与 v_f 的方向相同，与工作台和导轨之间的摩擦阻力方向相反。当 $F_f > F_阻$ 时，丝杠螺母间左侧接触；$F_f < F_阻$ 时，丝杠螺母间右侧接触	顺铣时，若丝杠螺母之间有间隙，则会使工作台窜动，进给不均匀，易打刀

对于表面有硬皮的毛坯工件，顺铣时铣刀刀齿一开始就切削到硬皮，切削刃容易损坏，而逆铣时则无此问题［见图 4–12（b）］。

三、周铣与端铣

（1）周铣是指利用分布在铣刀圆柱面上的切削刃来形成平面（或表面）的铣削方法［见

图 4–13（a）]。

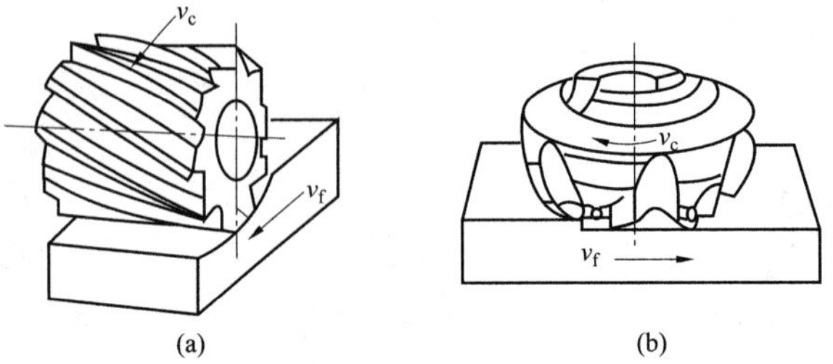

图 4–13 周铣和端铣

（a）周铣；（b）端铣

（2）端铣是指利用分布在铣刀端面上的端面切削刃来形成平面的铣削方法[见图4–13（b）]。

（3）端铣与周铣相比，其优点是：刀轴比较短，铣刀直径比较大，工作时同时参加切削的刀齿较多，铣削时较平稳，铣削用量可适当增大，切削刃磨损较慢，能一次铣出较宽的平面。缺点是：一次的铣削深度一般不及周铣。在相同的铣削用量条件下，一般端铣比周铣获得的表面粗糙度值要大。

项目五 槽轮编程与加工

项目导入

要求加工如图 5-1 所示槽轮零件，材料为铸铝，数量为 50 件。

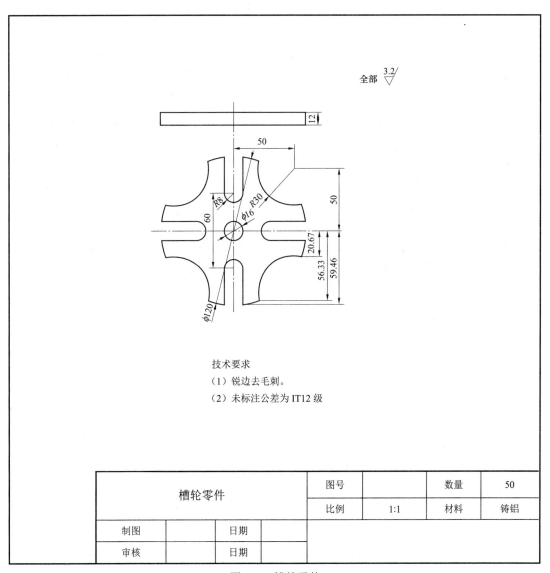

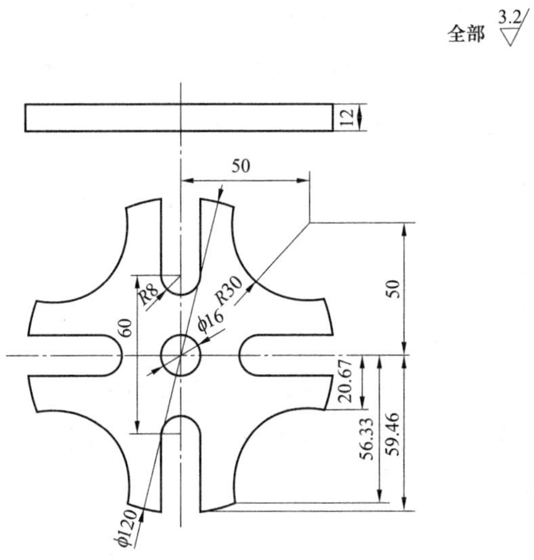

技术要求

（1）锐边去毛刺。

（2）未标注公差为 IT12 级

<table>
<tr><td colspan="4" rowspan="2">槽轮零件</td><td>图号</td><td></td><td>数量</td><td>50</td></tr>
<tr><td>比例</td><td>1:1</td><td>材料</td><td>铸铝</td></tr>
<tr><td>制图</td><td></td><td>日期</td><td></td><td colspan="4" rowspan="2"></td></tr>
<tr><td>审核</td><td></td><td>日期</td><td></td></tr>
</table>

图 5-1　槽轮零件

任务一　学习相关编程指令

要加工本项目的槽轮零件，必须用到刀具半径补偿指令，下面将介绍这方面指令的用法。

一、刀具半径补偿的作用

1. 使编程简单

在数控铣床上进行轮廓的铣削加工时，由于刀具半径的存在，刀具中心（刀心）轨迹与工件轮廓不重合。如果数控系统不具备刀具半径自动补偿功能，则只能按刀心轨迹进行编程，即在编程时给出刀具的中心轨迹，如图 5–2 所示的虚线轨迹，其计算相当复杂。尤其当刀具磨损、重磨或换新刀而使刀具半径变化时，必须重新计算刀心轨迹，修改程序，这样既烦琐，又不易保证加工精度。

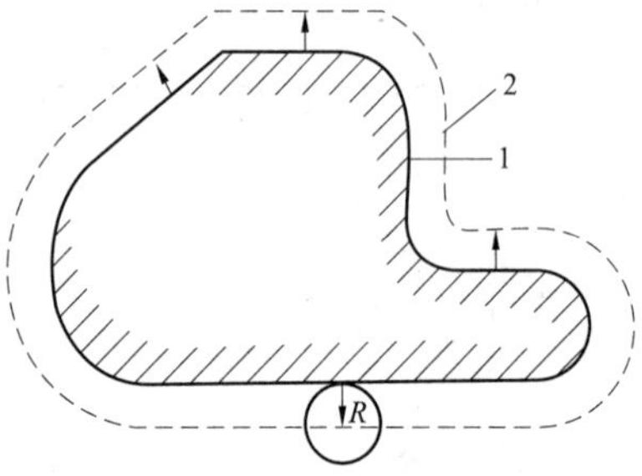

图 5–2　刀具半径补偿示意图

1—工件轮廓；2—刀具中心轨迹

当数控系统具备刀具半径补偿功能时，数控编程只需按工件轮廓编程即可，如图 5–2 中的实线轨迹。此时，数控系统会自动计算刀心轨迹，使刀具偏离工件轮廓一个半径值（补偿量，也称偏置量），即进行刀具半径补偿。

2. 刀具因磨损、重磨、换新刀而引起刀具直径改变后，不必修改程序

刀具因磨损、重磨、换新刀而引起刀具直径改变后，不必修改程序，只需在刀具参数设置中输入变化后的刀具直径。如图 5–3 所示，1 为未磨损刀具，2 为磨损后刀具，两者直径不同，只需将刀具参数表中的刀具半径 r_1 改为 r_2，即可适用同一程序。

3. 利用刀具半径补偿实现粗、精加工

通过有意识地改变刀具半径补偿量，便可用同一刀具、同一程序和不同的切削余量完成粗、半精、精加工，如图 5–4 所示。从图中可以看出，当设定补偿量为 AC 时，刀具中心按 CC' 运动，当设定补偿量为 AB 时，刀具中心按 BB' 运动完成切削。

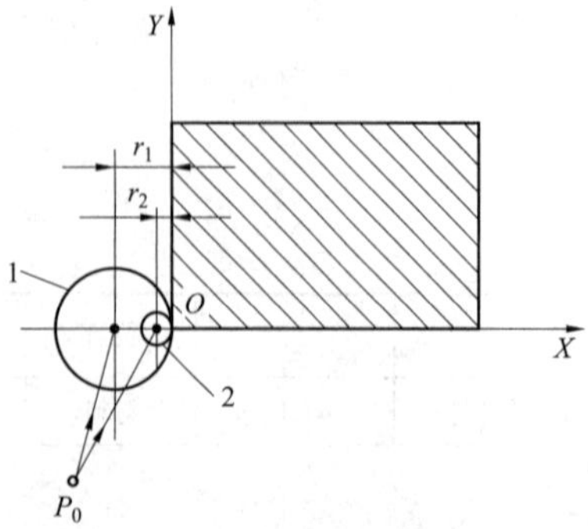

图 5–3　刀具直径变化

1—未磨损刀具；2—磨损后刀具

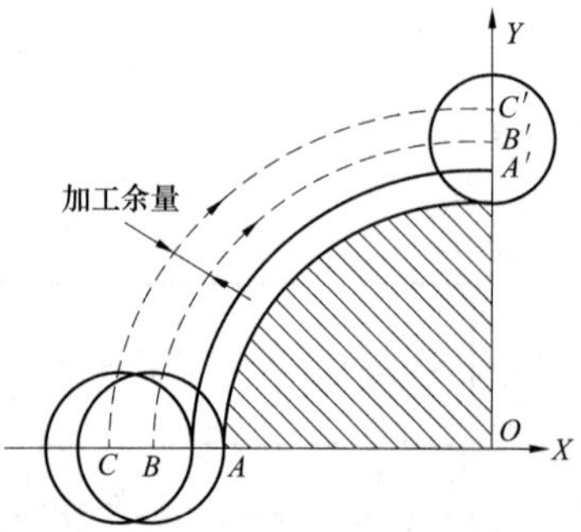

图 5–4　利用刀具半径补偿进行粗、精加工

二、刀具半径补偿的执行过程

数控系统的刀具半径补偿就是将计算刀具中心轨迹的过程交由 CNC 系统执行。编程人员假设刀具的半径为零，直接根据零件的轮廓形状进行编程，因此，这种编程方法也称为对零件的编程。实际的刀具半径存放在一个可编程刀具半径偏置寄存器中，在加工过程中，CNC 系统根据零件程序和刀具半径，自动计算刀具中心轨迹，完成对零件的加工。当刀具半径发生变化时，不需要修改零件程序，只需修改存放在刀具半径偏置寄存器中的刀具半径值或者选用存放在另一个刀具半径偏置寄存器中的刀具半径所对应的刀具即可。

现代 CNC 系统一般都设置有若干个可编程刀具半径偏置寄存器，并对其进行编号，专供刀具补偿之用。可将刀具补偿参数（刀具长度、刀具半径等）存入这些寄存器中，在进行数控编程时，只需调用所需刀具半径补偿参数所对应的寄存器编号即可。

铣削加工刀具半径补偿分为刀具半径左补偿（用 G41 定义）和刀具半径右补偿（用 G42 定义），使用非零的 D##代码选择正确的刀具半径偏置寄存器号。根据 ISO 标准，当刀具中心轨迹沿前进方向位于零件轮廓右边时称为刀具半径右补偿；反之称为刀具半径左补偿。如图 5–5 所示。当不需要进行刀具半径补偿时，则用 G40 取消刀具半径补偿。

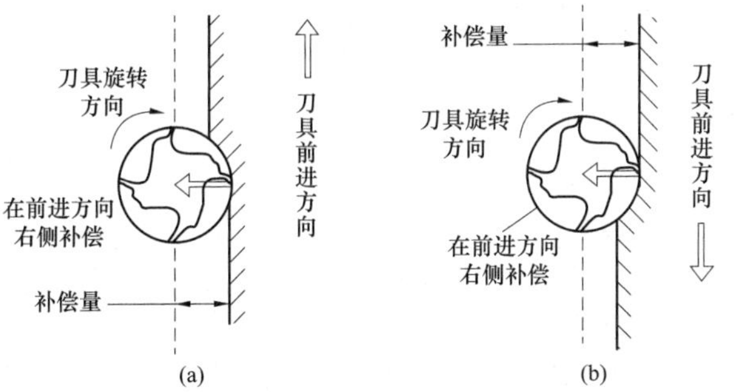

图 5–5　刀具补偿方向

（a）左刀补；（b）右刀补

刀具半径补偿的执行过程一般可分为以下 3 步。

1. 刀具半径补偿建立

刀具由起刀点（位于零件轮廓及零件毛坯之外，距离加工零件轮廓切入点较近）接近工件，刀具半径补偿偏置方向由 G41/G42 确定，如图 5–6 所示。

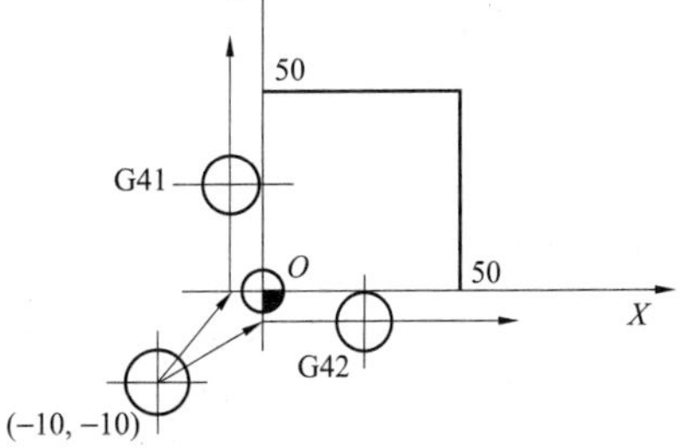

图 5–6　刀具半径补偿建立

在刀补建立程序段中，动作指令只能用 G00 或 G01，不能用 G02 或 G03。刀补建立过程中不能进行零件加工。

2. 刀具半径补偿进行

在刀具半径补偿进行状态下，G01、G00、G02、G03 都可使用。它根据读入的相邻两段编程轨迹，判断转接处工件内侧所形成的角度，自动计算刀具中心的轨迹。

在刀补进行状态下，刀具中心轨迹与编程轨迹始终偏离一个刀具半径的距离。

3. 刀具半径补偿撤销

当刀具撤离工件，回到退刀点后，要取消刀具半径补偿。与建立刀具半径补偿过程类似，退刀点也应位于零件轮廓之外。退刀点距离加工零件轮廓较近，可与起刀点相同，也可以不相同。

刀补撤销也只能用 G01 或 G00，而不能用 G02 或 G03。同样，在该过程中不能进行零件加工。

提示

判断左右刀具半径补偿要沿刀具前进的方向去观察。

三、刀具半径补偿指令 G40、G41、G42

格式：

$$\begin{Bmatrix} G17 \\ G18 \\ G19 \end{Bmatrix} \begin{Bmatrix} G40 \\ G41 \\ G42 \end{Bmatrix} \quad \text{G00（G01）X\_\_ Y\_\_ Z\_\_ D\_\_;}$$

说明：该组指令用于建立/取消刀具半径补偿。

G40 为取消刀具半径补偿。

C41 为建立左刀补，如图 5–5（a）所示。

G42 为建立右刀补，如图 5–5（b）所示。

G17 为在 *XY* 平面建立刀具半径补偿平面。

G18 为在 *ZX* 平面建立刀具半径补偿平面。

G19 为在 *YZ* 平面建立刀具半径补偿平面。

X、Y、Z 为 G00/G01 的参数，即刀补建立或取消的终点（投影到补偿平面上的刀具轨迹受到的补偿）。

D 为 G41/G42 的参数，即刀补号码（D00～D99），它代表了刀补表中对应的半径补偿值。

G40、G41、G42 都是模态代码，可相互注销。

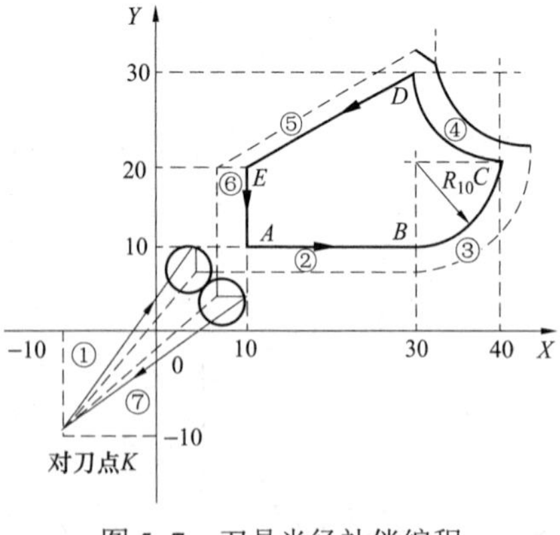

图 5–7　刀具半径补偿编程

提示

（1）刀具半径补偿平面的切换 G17/G18/ G19 必须在补偿取消方式下进行。

（2）刀具半径补偿的建立与取消只能用 G00 或 G01 指令，不能用 G02 或 G03。

例 5–1　考虑刀具半径补偿，编制如图 5–7 所示零件的加工程序。要求建立如图所示的工件坐标系，按箭头所指示的路径进行加工。设加工开始时刀具距离工件上表面 50mm，切削深度为 8mm。

```
O1008;
G92  X-10  Y-10  Z50;          建立工件坐标系，对刀点坐标（-10，-10，50）
```

```
G90  G17;                      绝对坐标编程，刀具半径补偿平面为XY平面
C42  G00  X4  Y10  D01;        建立右刀补，刀补号码01，快移到工件切入点
Z2  M03  S900;                 Z向快移接近工件上表面，主轴正转
G01  Z-8  F800;                Z向切入工件，切深8mm，进给速度800mm/min
X30;                           加工AB段直线
G03  X40  Y20  I0  J10;        加工BC段圆弧
G02  X30  Y30  I0  J10;        加工CD段圆弧
G01  X10  Y20;                 加工DE段直线
Y5;                            加工EF段直线
G00  Z50  M05;                 Z向快移离开工件上表面，主轴停转
G40  X-10  Y-10;               取消刀补，快移到对刀点
M02;                           程序结束
```

提示

（1）加工前应先用手动方式对刀，将刀具移动到相对于编程原点（–10，–10，50）的对刀点处。

（2）图中带箭头的实线为编程轮廓，不带箭头的虚线为刀具中心的实际路线。

任务二 项 目 实 施

一、工艺分析与工艺设计

1. 图样分析

图 5–1 所示零件由槽和圆外轮廓组成，零件的表面粗糙度为 3.2μm。

该零件毛坯为铸铝件，如图 5–8 所示，加工过程中要考虑工艺变形，该零件高度尺寸 12mm，为保证加工完零件无飞边，高度方向下刀 12.5mm；对于零件 4 道 16mm 的宽槽，在这里也一次加工完成，即编程时完全按照零件轮廓尺寸进行程序编写。

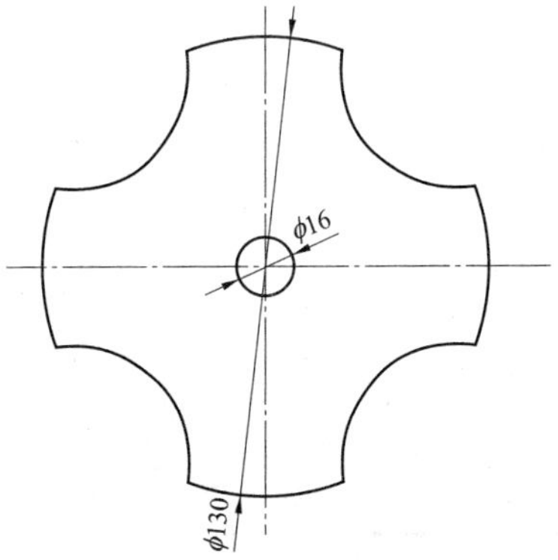

图 5–8 毛坯

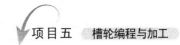

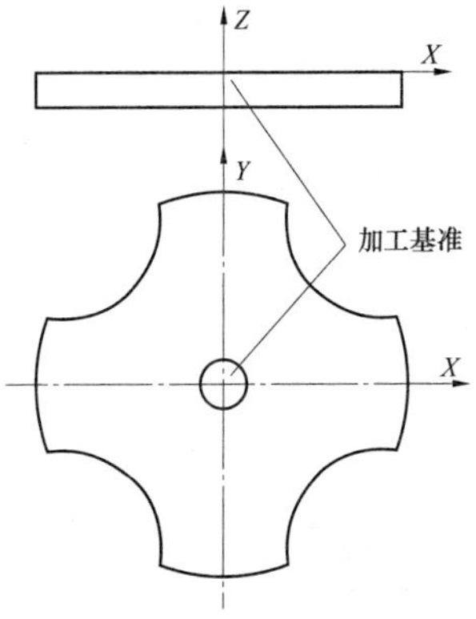

图 5–9 加工基准

2. 装夹方式的确定

由于加工时需要铣削外轮廓，所以此处不能用压板装夹。在这里选用一组螺栓穿过ϕ16

的孔加厚垫片然后拧紧螺帽完成该零件的装夹，同时下面垫一圆盘，如图 5–10 所示。

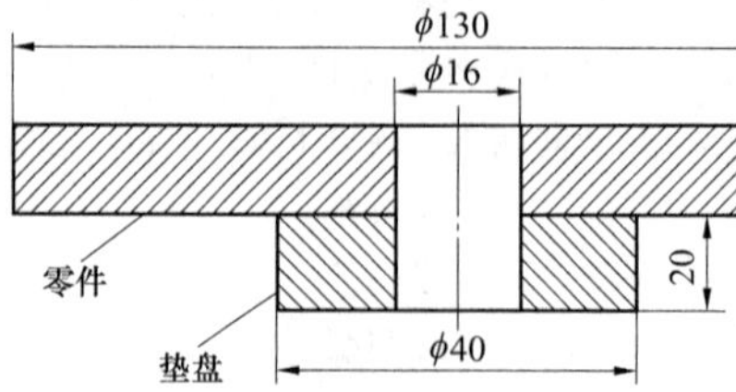

图 5–10 装夹零件

3. 设计进退刀路线

对于外轮廓铣削，为避免在轮廓上直接进刀留下进刀痕迹或接刀痕迹，可以选择零件 4 道通槽的任意一道的中心作为进刀点，兼顾编程与读图习惯，此处确定为右端通槽中心处，坐标为（100，0，–12.5），箭头为加工方向，如图 5–11 所示。

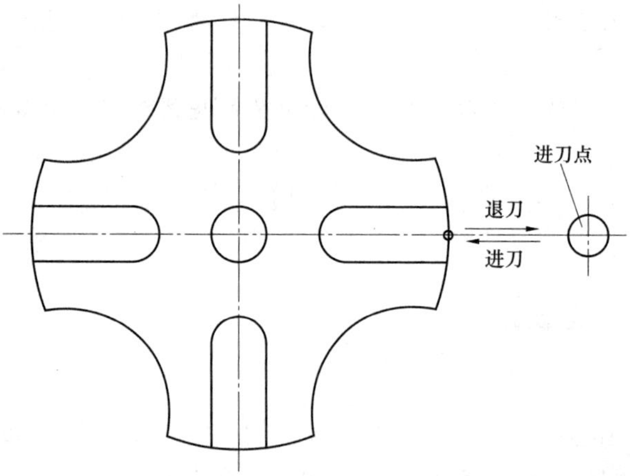

图 5–11 进退刀路线

4. 加工工艺路线设计

工艺路线见表 5–1。

表 5–1 数控铣削加工工序卡片

产品名称	零件名称	工序名称	工序号	程序编号	毛坯材料	使用设备	夹具名称
	槽轮	数控铣		O0010	铸铝	数控铣床	平口钳

工步号	工步内容	刀具			主轴转速（r/min）	进给速度 mm/min	切削深度（mm）
		类型	材料	规格			
1	粗铣外轮廓	圆柱立铣刀	高速钢	φ12	800	150	2（mm/刀）
2	精铣外轮廓	圆柱立铣刀	高速钢	φ12	1200	350	0.5

5. 选择合适的刀具

铣削加工中常用平底立铣刀和键槽铣刀，键槽铣刀多用于加工内轮廓，外轮廓铣削选择平底立铣刀。铣刀直径必须小于零件通槽的宽度 16mm，铣刀切削刃高度大于加工零件厚度，从刀具的通用程度上可以选择$\phi10$ 和$\phi12$ 等常用刀具，考虑到刀具的刚度，此处选择$\phi12$ 的直柄平底立铣刀。

6. 确定切削要素

毛坯为铸铝，周边留料 5mm，对切削影响不大；但当加工$\phi16$ 通槽时，会使刀具处于满载荷工作状态，如图 5–12 所示。

因为轮廓周边加工余量均匀，可以一刀铣过。对于$\phi12$ 的高速钢铣刀，粗加工时主轴转速可以取 800r/min，进给 150mm/min，冷却液打开；精加工时主轴转速可以取 1200r/min，进给 350mm/min。

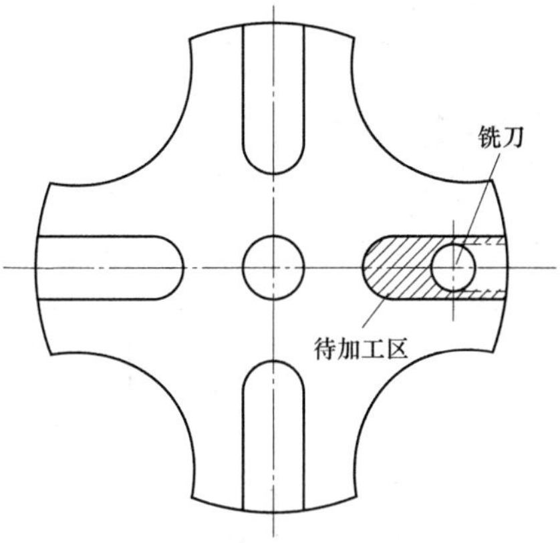

图 5–12 加工示意图

二、数据计算

前面已经给出了进刀、退刀点，下面就可以进行编程原点的确定以及基点尺寸的计算。

1. 确定编程基准

遵循基准统一原则，将编程原点取在工件孔中心位置，如图 5–13 所示。

2. 计算基点尺寸

因为该题目应用刀具半径补偿，所以此处基点完全按照零件轮廓尺寸进行计算，不需要考虑刀具半径。零件外轮廓上共有基点 24 处，再加上进刀点，共 25 处，如图 5–14 所示。

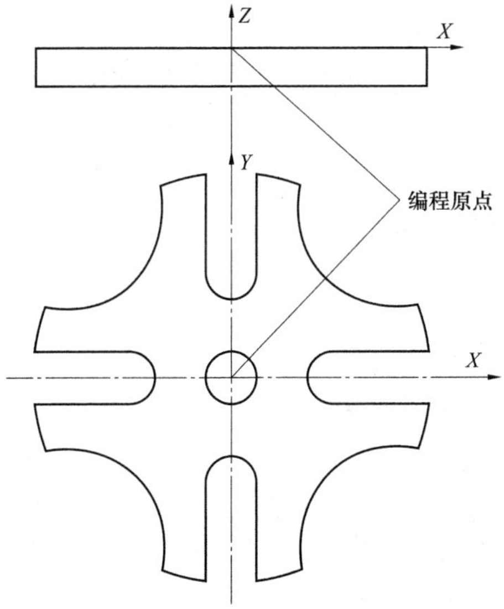

图 5–13 编程原点

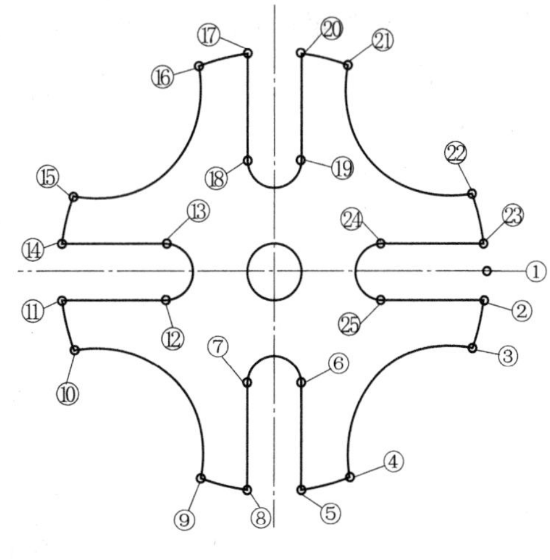

图 5–14 基点

各处基点坐标见表 5–2。

表 5–2　　外轮廓基点坐标表

基点＼坐标值＼坐标	X	Y	Z	基点＼坐标值＼坐标	X	Y	Z
①	65.0	0	−12.5	⑭	−59.46	8.0	−12.5
②	59.46	−8.0	−12.5	⑮	−56.33	20.67	−12
③	56.33	−20.674	−12.5	⑯	−20.67	56.33	−12.5
④	20.67	−56.33	−12.5	⑰	−8.0	59.46	−12.5
⑤	8.0	−59.46	−12.5	⑱	−8.0	30.0	−12.5
⑥	8.0	−30.0	−12.5	⑲	8.0	30.0	−12.5
⑦	−8.0	−30.0	−12	⑳	8.0	59.46	−12.5
⑧	−8.0	−59.46	−12.5	㉑	20.67	56.33	−12.5
⑨	−20.67	−56.33	−12.5	㉒	56.33	20.67	−12.5
⑩	−56.33	−20.67	−12.5	㉓	59.46	8.0	−12
⑪	−59.46	−8.0	−12.5	㉔	30.0	8.0	−12.5
⑫	−30.0	−8.0	−12.5	㉕	30.0	−8.0	−12.5
⑬	−30.0	8.0	−12.5				

三、程序编制

1. 基本编程思路

（1）刀具在安全高度上运动到下刀点位置。

（2）快速下刀至进刀高度，由进刀高度开始直线下刀。

（3）从下刀点位置走直线加工到①点，然后沿编程轮廓铣削加工经过①点再回到下刀点，如图 5–15 所示。

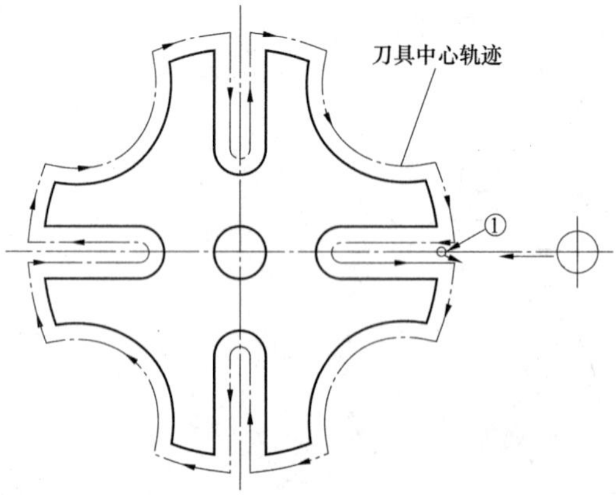

图 5–15　刀具加工轨迹

（4）刀具抬起到安全高度，程序结束。

2. 编写 FANUC 系统的加工程序

O0521;	程序名
%0521	程序格式
N10 G54 G90;	选择坐标系
N20 M03 S800;	主轴转速 800r/min，精加工改为 1200r/min
N30 G00 Z100.0;	刀具到达安全高度
N40 X100.0 Y-0.0;	刀具到达下刀点
N50 Z3.0;	刀具到达下刀高度
N60 G01 Z-12.5 F45;	高度方向下刀，进给 45mm/min
N70 G41 G01 X65.0 Y0.0 D01 F150;	建立刀具补偿，直线加工到①点位置，进给 150，精加工改为 F350
N80 G01 X59.46 Y-8.0;	直线加工到②点位置
N90 G02 X56.33 Y-20.67 R60.0;	顺时针圆弧加工到③点位置
N100 G03 X20.67 Y-56.33 R30.0;	逆时针圆弧加工到④点位置
N110 G02 X8.0 Y-59.46 R60.0;	顺时针圆弧加工到⑤点位置
N120 G01 X8.0 Y-30.0;	直线加工到⑥点位置
N130 G03 X-8.0 Y-30.0 R8.0;	逆时针圆弧加工到⑦点位置
N140 G01 X-8.0 Y-59.46;	直线加工到⑧点位置
N150 G02 X-20.67 Y-56.33 R60.0;	顺时针圆弧加工到⑨点位置
N160 G03 X-56.33 Y-20.67 R30.0;	逆时针圆弧加工到⑩点位置
N170 G02 X-59.46 Y-8.0 R60.0;	顺时针圆弧加工到⑪点位置
N180 G01 X-30.0 Y-8.0;	直线加工到⑫点位置
N190 G03 X-30.0 Y8.0 R8.0;	逆时针圆弧加上到⑬点位置
N200 G01 X-59.46 Y8.0;	直线加工到⑭点位置
N210 G02 X-56.33 Y20.67 R60.0;	顺时针圆弧加工到⑮点位置
N220 G03 X-20.67 Y56.33 R30.0;	逆时针圆弧加工到⑯点位置
N230 G02 X-8.0 Y59.46 R60.0;	顺时针圆弧加工到⑰点位置
N240 G01 X-8.0 Y30.0;	直线加工到⑱点位置
N250 G03 X8.0 Y30.0 R8.0;	逆时针圆弧加工到⑲点位置
N260 G01 X8.0 Y59.46;	直线加工到⑳点位置
N270 G02 X20.67 Y56.33 R60.0;	顺时针圆弧加工到㉑点位置
N280 G03 X56.33 Y20.67 R30.0;	逆时针圆弧加工到㉒点位置
N290 G02 X59.64 Y8.0 R60.0;	顺时针圆弧加工到㉓点位置
N300 G01 X30.0 Y8.0;	直线加工到㉔点位置
N310 G03 X30.0 Y-8.0 R8.0;	逆时针圆弧加工到㉕点位置
N320 G01 X60.0 Y-8.0;	直线加工到①点位置
N330 G40 G01 X100.0 Y0;	取消刀具补偿，退回到起刀点
N340 G00 Z100.0;	刀具抬高到安全位置
N350 X0 Y0;	刀具定位到坐标原点
N360 M05;	主轴停转
N370 M30;	程序结束

四、装夹刀具

五、装夹工件

六、输入程序

七、对刀

八、启动自动运行，加工零件，机内检测工件

九、测量零件

任务三　完成本项目的实训任务

一、实训目的

（1）能够对圆台和型腔铣削进行数控工艺分析。
（2）掌握 G41、G42、G40 指令的用法。
（3）学会编程和加工圆台和型腔。

二、实训内容

零件如图 5–16 所示，毛坯尺寸为 80mm×60mm×20mm，上表面已经加工并已达到图纸要求，材料为 45 号钢，试编程并加工该零件。

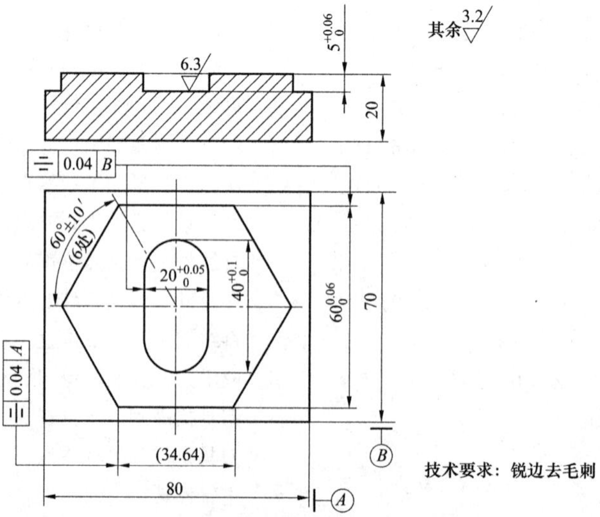

图 5–16　六边形凸台零件

三、实训要求

（1）分析工件图样，选择定位基准和加工方法，确定走刀路线，选择刀具和装夹方法，确定各切削用量参数，填写数控加工工序卡片，见表 5–1。

（2）根据工件的加工工艺分析和所使用数控铣床的编程指令说明，编写加工程序。

（3）使用数控铣床加工零件。

（4）测量工件。根据零件图要求，选择合适的量具对工件进行检测，并对工件进行质量分析。

（5）撰写实训报告。

任务四 知识拓展：刀具长度补偿的应用

一、刀具长度补偿的作用

根据加工情况，有时不仅需要对刀具半径进行补偿，而且需要对刀具长度进行补偿。

铣刀的长度补偿与控制点有关。假如以一把标准刀具的刀头作为控制点，则此刀被称为零长度刀具，无须长度补偿。如果加工时用到长度不一样的非标准刀具，则要进行刀具长度补偿。长度补偿值等于所用刀具与零长度刀具（标准刀具）的长度差。

另一种情况是把刀具长度的测量基准面作为控制点，则铣刀长度补偿始终存在。不论用哪把刀具，都要进行刀具的绝对长度补偿才能加工出正确的零件表面。

另外，铣刀用过一段时间后，由于磨损，长度会变短，这时也需要进行长度补偿。

在加工中心上加工零件时，要用到多把刀，这时必须要用刀具长度补偿解决各把刀长度不同的问题。

刀具长度补偿是对垂直于主平面的坐标轴实施的。例如，采用 G17 编程时，主平面为 *XY* 平面，则刀具长度补偿对 *Z* 轴实施。

刀具长度补偿用 G43、G44 指令指定偏置的方向，其中 G43 为正向偏置，G44 为负向偏置。G43、C44，后用 H##代码指示偏置号。在加工过程中，CNC 系统根据偏置号从偏置存储器中取出相应的长度补偿值，自动计算刀具中心轨迹，完成对零件的加工。要取消刀具长度补偿用指令 G49 或 H00。

二、刀具长度补偿指令 G43、G44、G49

格式：

$$\begin{Bmatrix} \text{G17} \\ \text{G18} \\ \text{G19} \end{Bmatrix} \begin{Bmatrix} \text{G43} \\ \text{G44} \\ \text{G49} \end{Bmatrix} \text{G00（G01）X\_\_Y\_\_Z\_\_H\_\_（F\_\_）;}$$

说明：该组指令用于建立/取消刀具长度补偿。

G49 为取消刀具长度补偿。

G43 为建立正向偏置（补偿轴终点加上偏置值）。

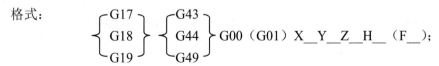

G44 为建立负向偏置（补偿轴终点减去偏置值）。

G17 为刀具长度补偿轴（*Z* 轴）。

G18 为刀具长度补偿轴（*Y* 轴）。

G19 为刀具长度补偿轴（*X* 轴）。

X、Y、Z 为 G00/G01 的参数，即刀补建立或取消的终点。

H 为 G43/G44 的参数，即刀具长度补偿偏置号（H00～H99），它代表了刀补表中对应的长度补偿值。

G43、G44、G49 都是模态代码，可相互注销。

如图 5–17 所示，执行 G43 时

$$Z_{实际值}=Z_{指令值}+(H\times\times)$$

执行 G44 时

$$Z_{实际值}=Z_{指令值}-(H\times\times)$$

式中，（H××）是指编号为××寄存器中的补偿量。

采用取消刀具长度补偿 G49 指令或用 G43 H00 和 G44 H00 可以撤消补偿指令。

例如，如图 5–18 所示的刀具长度补偿，H05=200mm，编程如下。

```
N1  G92  X0  Y0  Z0; 设定 O 点为程序零点
N2  G90  G00  G44  Z30.0  H05; 指令点 A，到达点 B
```

如（H05）= –200mm，则程序如下。

```
N1  G92  X0  Y0  Z0; 设定 O 点为程序零点
N2  G90  G43  Z30.0  H05; 指令点 A，到达点 B，其效果一样。
```

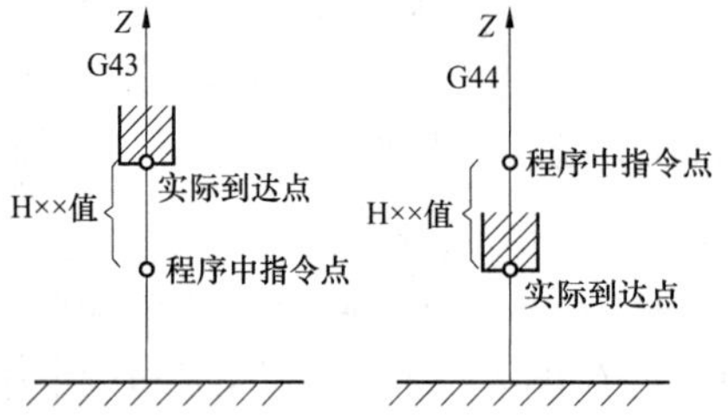

图 5–17　刀具长度补偿

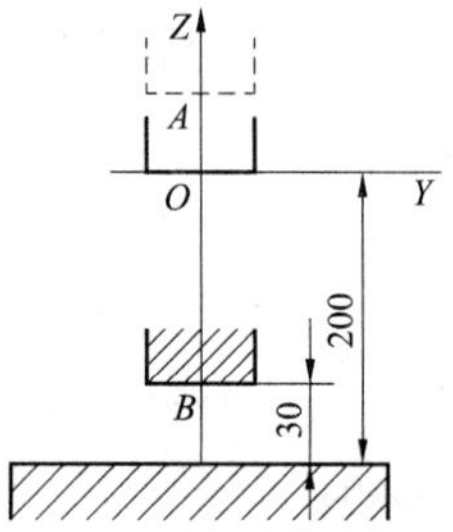

图 5–18　刀具长度补偿举例

三、刀具长度补偿应用实例

如图 5–19 所示，要加工 1 号、2 号、3 号孔，刀具实际位置与刀具编程位置相差 8mm，要使用刀具长度补偿来解决此问题，取长度补偿值 H01=–8mm，程序如下。

程序	程序说明
O0010;	
N1 G91 G54 G00 X120.0 Y80.0;	刀具到达 1 号孔上方，动作①
N2 G43 Z-32.0 H01 M03 S500;	刀具运动到距工件表面 3mm 处，动作②
N3 G01 Z-21.0 F120 M08;	钻 1 号孔，动作③

N4 G04 P1000;	暂停 1s
N5 G00 X21.0;	刀具抬起，到达距工件表面 3mm 处，动作⑤
N6 X30.0 Y-50.0;	动作⑥
N7 G01 Z-41.0 F120;	钻 2 号孔，动作⑦
N8 G00 Z41.0;	动作⑧
N9 X60.0 Y30.0;	动作⑨
N10 G01 Z-23.0 F120;	钻 3 号孔，动作⑩
N11 G04 P1000;	暂停 1s，动作⑪
N12 G49 G00 Z55.0;	消刀具长度补偿，刀具回到起始位置，动作⑫
N13 X-210.0 Y-60.0 M09 M05;	动作⑬
N14 M02;	

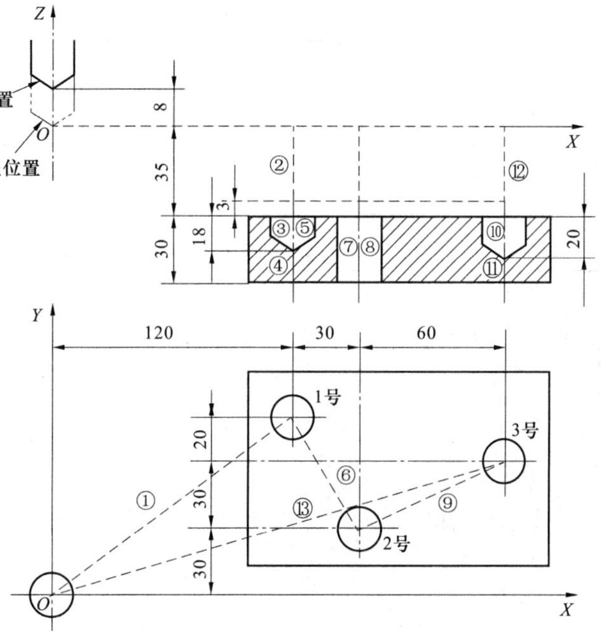

图 5-19 刀具长度补偿应用实例

①～⑬—刀具运动过程

项目六

沟槽零件编程与加工

项目导入

要求加工如图 6–1 所示沟槽零件，材料为 45 钢，数量为 50 件。

全部 3.2

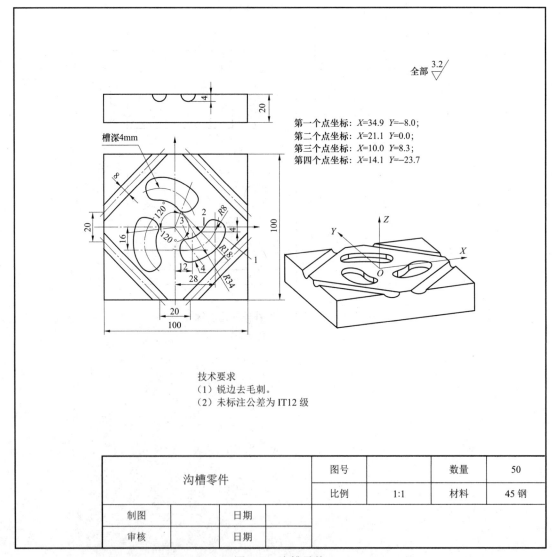

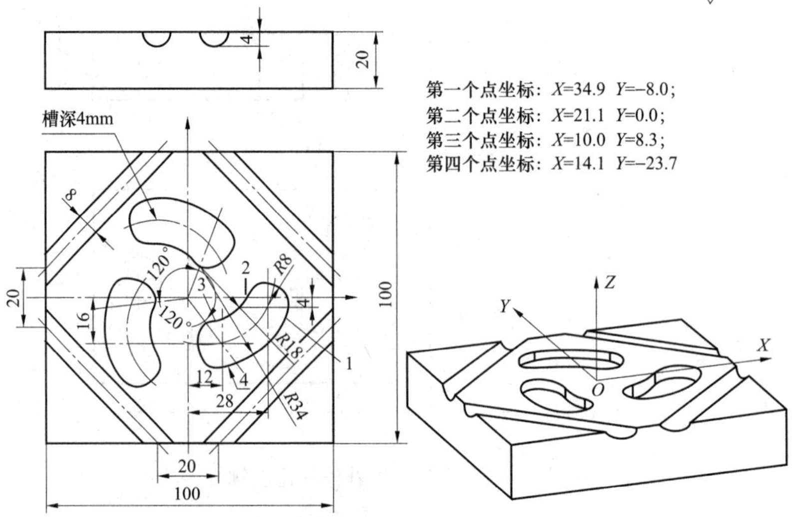

第一个点坐标：X=34.9 Y=–8.0；
第二个点坐标：X=21.1 Y=0.0；
第三个点坐标：X=10.0 Y=8.3；
第四个点坐标：X=14.1 Y=–23.7

技术要求
（1）锐边去毛刺。
（2）未标注公差为 IT12 级

沟槽零件	图号		数量	50
	比例	1:1	材料	45 钢
制图		日期		
审核		日期		

图 6–1　沟槽零件

任务一 学习槽加工工艺知识

一、槽的种类

槽可以分为封闭型槽和开放型槽，开放型槽有一端开放的，也有两端开放的，如图 6–2 所示。封闭型槽只能选择立铣刀在槽内某一点下刀，但槽内下刀会在槽的两侧壁和槽的底面留下刀痕，使表面质量降低，而且立铣刀底刃的切削能力较差，必要时可用钻头在下刀点预制一个孔。开放型槽最好在槽外下刀，槽外下刀可有效避免下刀痕迹。两端开放型的直线槽除可用立铣刀加工外，还可根据槽宽尺寸选用错齿三面刃圆盘铣刀加工，对较窄的两端开放型直线槽则可以选用锯片铣刀加工。

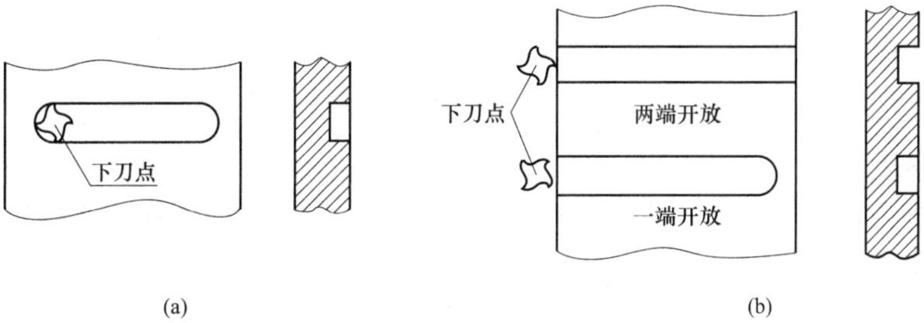

图 6–2 槽的类型
（a）封闭型槽；（b）开放型槽

槽的断面形状可有多种形式，常见有矩形、梯形、半圆形、T 形及燕尾形等，如图 6–3 所示，槽的断面形状决定于铣刀的外形，也就是说铣刀的刀形决定铣出的槽形。

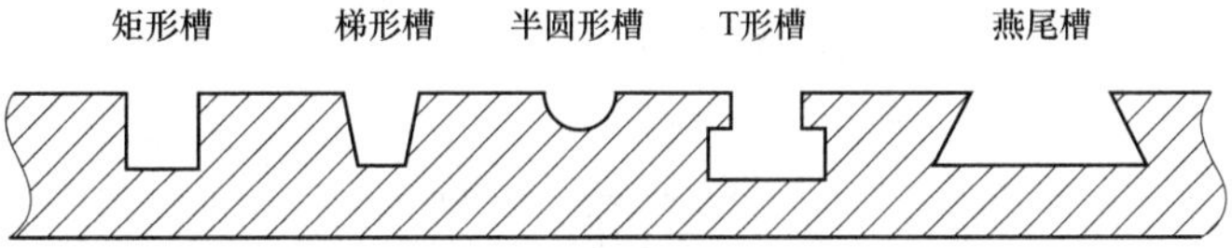

图 6–3 槽的断面形状

二、槽加工的走刀路线

铣削半封闭式或封闭式矩形槽时，常用的铣刀有立铣刀与键槽铣刀。

一般加工要求的窄槽，可选择直径等于或略小于矩形槽的宽度立铣刀与键槽铣刀，由刀具直径保证槽宽。铣刀安装时，铣刀的伸出长度要尽可能小。

（1）当槽宽尺寸与标准铣刀直径相同，且槽宽精度要求不高时，可直接根据槽的中心轨迹编程加工，但由于槽的两壁一侧是顺铣，一侧是逆铣，会使两侧槽壁的加工品质不同。

（2）当槽宽有一定尺寸精度和表面品质要求时，要粗、精分序加工才可达到图样要求的加工精度。粗、精加工需使用不同直径刀具，粗加工使用直径小于槽宽的铣刀，精加工时使用与槽宽等径的铣刀，精加工余量为粗、精加工所用刀具的半径差，如图 6–4 所示。

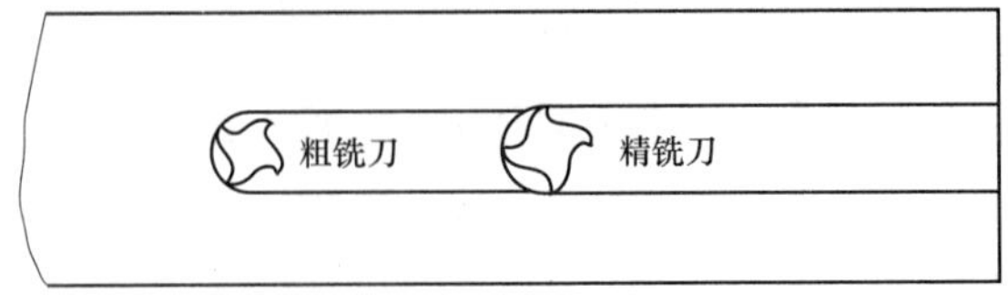

图 6–4　槽的粗、精加工

（3）具有较高加工精度要求的窄槽，应分粗加工和精加工。粗、精加工刀具的直径应小于槽宽，精加工时，为保证槽宽尺寸公差，用半径补偿铣削内轮廓的加工方法。

开放窄槽加工时，刀具可从工件侧面外水平切入工件。

封闭窄槽加工时，刀具无从侧面水平切入工件的位置，刀具必须沿 *Z* 向切入材料。如果没有预钻孔，可用键槽铣刀沿 *Z* 轴方向切入材料。键槽铣刀具有直接垂直向下进刀的能力，它的端面中心处有切削刃，而立铣刀端面中心处无切削刃，立铣刀只能做很小的深度切削。

在铣削较深封闭式矩形槽时，可先钻落刀孔，立铣刀从落刀孔引入切削。

铣削较深沟槽时，切削条件较差，铣刀切削时排屑不畅，散热面小，不利于切削，应分层铣削到要求的深度。

（4）精确沟槽铣削刀具路线设计。有较高加工精度要求的窄槽，为了提高槽宽的加工精度，应分粗加工和精加工。

粗加工时采用直径比槽宽小的铣刀，铣槽的中间部分在两侧及槽子底留下一定余量；精加工时，为保证槽宽尺寸公差，用半径补偿的加工方法铣削内轮廓。

1）封闭窄槽加工刀具路线设计。如图 6–5 所示是封闭窄槽的粗、精加工路线设计。

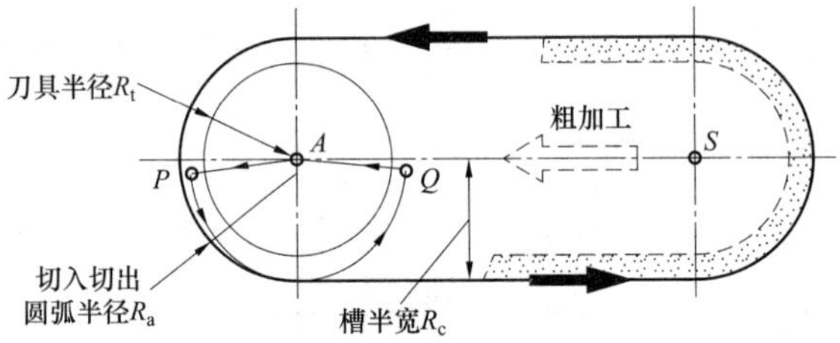

图 6–5　封闭槽半径补偿路线设计

粗加工时，选择直径比槽宽略小的刀具，保证粗加工后留有一定的精加工余量。刀具的。*X*、*Y* 起点选择工件槽的某端圆弧轮廓的圆心位置，如图中选择右侧圆弧的中心点 *S* 为起始位置点，*Z* 向起点选择在距上表面有足够安全间隙的高度位置。然后，以较小的进给率切入所需的深度（在底部留出精加工余量），再以直线插补 *SA* 运动在两个圆弧中心点之间进行粗加工。

若槽的粗、精加工选用同把刀，粗加工后并不需要退刀，可以在同一个位置进给到最终深度。选择顺铣模式，主轴正转，刀具必须左补偿，应先精加工下侧轮廓。

精加工时，刀具法向趋近轮廓建立半径补偿并不合适，因为这样会让刀具在加工轮廓上有停留并产生接刀痕迹。

设计趋近轮廓的路线为与轮廓相切的一个辅助切入圆弧，其目的是引导刀具平滑地过渡到轮廓上，避免接刀痕迹。但刀具半径补偿不能在圆弧插补模式中启动，因此用直线 *AP* G01 运动建立半径补偿，然后用圆弧运动自然切入到工件下侧轮廓。这样轮廓精加工前增加了两个辅助运动：① 进行直线运动并启动刀具半径补偿；② 切线趋近圆弧运动。

这里值得注意的是趋近圆弧半径大小的选择（位置选择很简单——圆弧必须与轮廓相切），趋近圆弧半径必须符合一定的要求，那就是该圆弧的半径必须大于刀具半径，又小于刀具引入起点到轮廓的距离（这里是窄槽轮廓的半宽），3 种半径的关系为

$$R_t < R_a < R_c$$

式中 R_t——刀具半径，mm；

R_a——趋近圆弧（导入圆弧）的半径，mm；

R_c——轮廓（窄槽）半径，mm。

2）开放窄槽的加工路线设计。如图 6–6 所示是对开放窄槽的粗、精加工路线设计。对开放窄槽加工，刀具的起点可选择工件侧面外，图中刀具的起点选在槽中线上并在工件之外具有一定安全间隙的适当位置（点 *S*）。

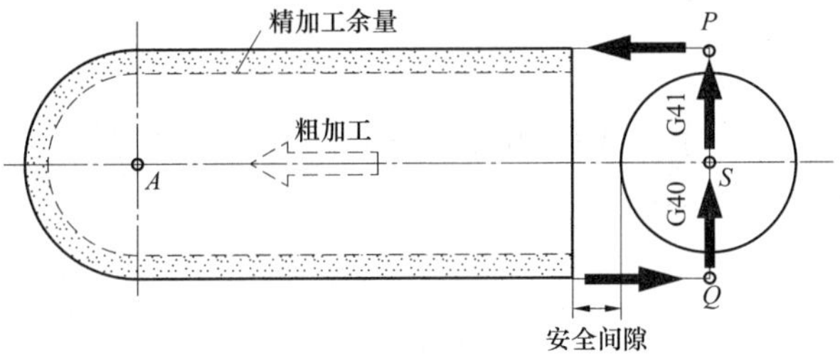

图 6–6 开放槽半径补偿路线设计

粗加工时，选择直径比槽宽略小的刀具，如图 3–21 所示，刀具经直线进给切削后，侧面留下适当的精加工余量，槽的底面亦宜留有适当的精加工余量。

精加工时，刀具沿 *Z* 向进给运动至窄槽底部深度，通过垂直于窄槽轮廓的线段 *SP* 进给建立半径补偿，刀具在顺铣模式下对窄槽沿轮廓进行精加工到轮廓延长线的点 *Q*，并通过线段 *QS* 的进给取消半径补偿。

三、加工槽时的常用下刀方式

加工槽时，常用的下刀方式有如下 3 种。

（1）在工件上预制孔，沿孔直线下刀。在工件上刀具轴向下刀点的位置，预制一个比刀具直径大的孔，立铣刀的轴向沿已加工的孔引入工件，然后从刀具径向切入工件。这也是常用的方法。

（2）按具有斜度的走刀路线切入工件——倾斜下刀。在工件的两个切削层之间，刀具从上一层的高度沿斜线切入工件到下一层位置。要控制节距，即每沿水平走一个刀径长，背吃刀量应小于 0.5mm。刀具轨迹如图 6–7（b）所示。

（3）按螺旋线的路线切入工件——螺旋下刀。刀具从工件的上一层的高度沿螺旋线切入到下一层位置，螺旋线半径尽量取大一些，这样切入的效果会更好。刀具轨迹

如图 6–7（a）所示。

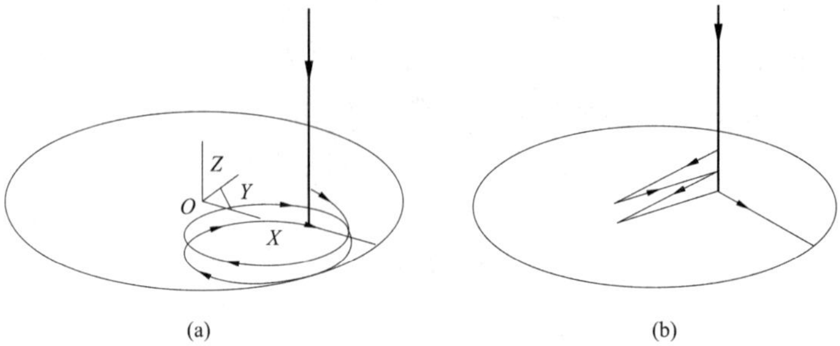

图 6–7　螺旋下刀与倾斜下刀

（a）螺旋下刀；（b）倾斜下刀

四、槽加工的刀具选择

加工矩形槽常用键槽铣刀和立铣刀。

五、铣削用量选用

铣削加工矩形沟槽工件时，加工余量一般都比较大，工艺要求也比较高，不应一次加工完成，而应尽量分粗铣和精铣数次进行加工完成。

在深度上，常有一次铣削完成和多次分层铣削完成两种加工方法，这两种加工方法的工艺利弊分析不容忽视。

（1）设计将键槽深度一次铣削完成时，能够提高加工效率，但对铣刀的使用较为不利，因为铣刀在用钝时，其切削刃上的磨损长度等于键槽的深度。若刃磨圆柱面切削刃，则因铣刀直径会磨小，而不能再作精加工，若把端面一段磨去，又不经济。

（2）设计深度方向多次分层铣削键槽时，每次铣削层深度只有 0.5～1mm，以较大的进给量往返进行铣削。在键槽铣床上加工时，每次的铣削层深度和往复进给都是自动进行的，一直切到预定键槽深度为止。这种加工方法的优点是铣刀用钝后，只需刃磨铣刀的端面（磨短不到 1mm），铣刀直径不受影响，铣削加工时也不会产生让刀现象。但在通用铣床上进行这种加工，操作不方便，生产效率也较低。

铣削加工沟槽时，排屑不畅，铣刀周围的散热面小，不利于切削。铣削用量选用时，应充分考虑这些因素，不宜选择较大的铣削用量，而采用较小的铣削用量。铣削窄而深的沟槽时，切削条件更差。

任务二　学习相关编程指令

一、子程序的概念

数控铣床的加工程序可以分为主程序和子程序两种。主程序是一个完整的零件加工程序，或是零件加工程序的主体部分。它与被加工零件或加工要求一一对应，不同的零件或不同的加工要求都有唯一的主程序。

在编制加工程序中，有时会遇到一组程序段在一个程序中多次出现，或者在几个程序中都要使用它。这个典型的加工程序可以做成固定程序，并单独加以命名，这组程序段就称为子程序。

子程序一般都不可以作为独立的加工程序使用，它只能通过主程序进行调用，实现加工中的局部动作。子程序执行结束后，能自动返回到调用它的主程序中。

二、子程序的格式

在大多数数控系统中，子程序和主程序并无本质区别。子程序和主程序在程序号及程序内容方面基本相同，仅结束标记不同。主程序用 M02 或 M30 表示结束，而子程序在 FANUC 系统中用 M99 表示子程序结束，并实现自动返回主程序功能，如下述子程序。

```
O0001;
G01  X-1.0  Y0  F150;
⋮
G28  X0  Y0;
M99;
```

对于子程序结束指令 M99，不一定要单独书写一行，如上面子程序中最后两段可写成“G28　X0　Y0　M99;”。

三、子程序的调用

子程序由主程序或子程序调用指令调出执行，调用子程序的指令格式如下。

```
M98  P___  L___;
```

其中，地址 P 设定调用的子程序号，地址 L 设定子程序调用重复执行的次数。地址 L 的取值为 1～999。如果忽略 L 地址，则默认为一次。当在程序中再次用 M98 指令调用同一个子程序时，L1 不能省略，否则 M98 程序段调用子程序无效。

例　M98　P1002　L5;

表示号码为 1002 的子程序连续调用 5 次，M98　P___也可以与移动指令同时存在于一个程序段中。

例　G01　X100.0　F100　M98　P1200;

此时，*X* 移动完成后，调用 1200 号子程序。

主程序调用子程序的形式如图 6–8 所示。

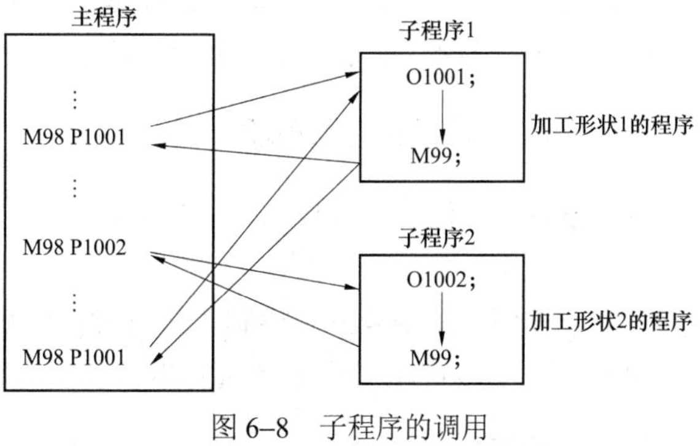

图 6–8　子程序的调用

四、子程序的嵌套

为了进一步简化加工程序，可以允许其子程序再调用另一个子程序，这一功能称为子程序的嵌套。

当主程序调用子程序时，该子程序被认为是一级子程序，FANUC 0 系统中的子程序允许四级嵌套（见图 6–9）。

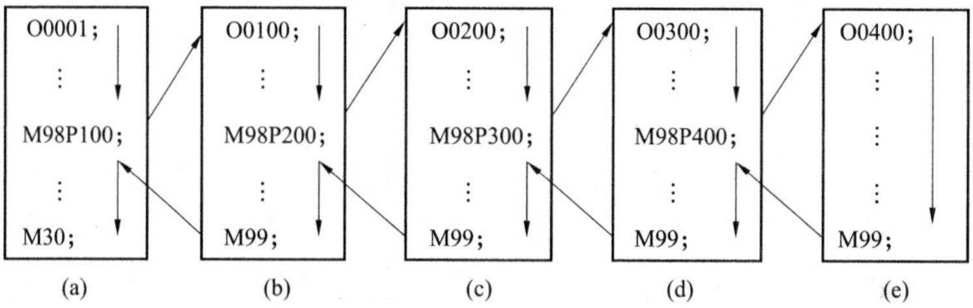

图 6–9　子程序的嵌套

（a）主程序；（b）一级嵌套；（c）二级嵌套；（d）三级嵌套；（e）四级嵌套

五、子程序调用的特殊用法

（1）子程序返回到主程序中的某一程序段。如果在子程序的返回指令中加上 Pn 指令，则子程序在返回主程序时，将返回到主程序中有程序段段号为 n 的程序段，而不直接返回主程序。其程序格式如下。

```
M99 Pn;
M99 P100;(返回到 N100 程序段)
```

（2）自动返回到程序开始段。如果在主程序中执行 M99，则程序将返回到主程序的开始程序段并继续执行主程序；也可以在主程序中插入 M99 Pn，用于返回到指定的程序段。为了能够执行后面的程序，通常在该指令前加“/”，以便在不需要返回执行时，跳过该程序段。

（3）强制改变子程序重复执行的次数。用 M99 L××指令可强制改变子程序重复执行的次数，其中 L××表示子程序调用的次数。例如，如果主程序用 M98 P××L99，而子程序采用 M99 L2 返回，则子程序重复执行的次数为两次。

六、使用子程序的注意事项

（1）编程时应注意子程序与主程序之间的衔接问题。

（2）在试切阶段，如果遇到应用子程序指令的加工程序，就应特别注意机床的安全问题。

（3）子程序多是增量方式编制，应注意程序是否闭合。

（4）使用 G90/G91（绝对/增量）坐标转换的数控系统，要注意确定编程方式。

七、坐标系旋转指令

对于某些围绕中心旋转得到的特殊的轮廓加工，如果根据旋转后的实际加工轨迹进行编程，就可能使坐标计算的工作量大大增加，而通过图形旋转功能，可以大大简化编程的工作量。

（1）指令格式。

G17　G68　X__Y__R__；

G69；

G68：坐标系旋转生效指令。

G69：坐标系旋转取消指令。

X__Y__用于指定坐标系旋转的中心。

R 用于指定坐标系旋转的角度，该角度一般取 0°～360° 的正值。旋转角度的零度方向为第一坐标轴的正方向，逆时针方向为角度方向的正方向。不足 1° 的角度以小数点表示，如 10° 54'用 10.9° 表示。

例　G68　X30.0　Y50.0　R45.0；

该指令表示坐标系以坐标点（30，50）作为旋转中心，逆时针旋转 45°。

（2）坐标系旋转编程实例。

例　使用旋转功能编制如图 6–10 所示轮廓的加工程序。设刀具起点距工件上表面 50mm，切削深度 5mm。

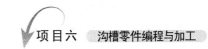

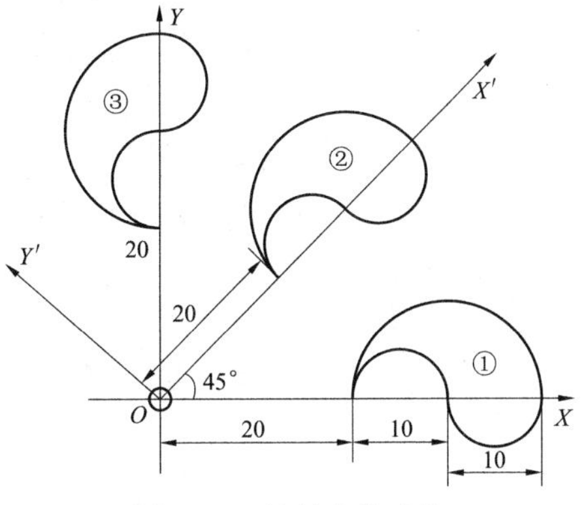

图 6–10　旋转变换功能

```
O0068;                                  主程序
N10  G92  X0  Y0  Z50;
N20  G90  G17  M03  S600;
N30  G43  Z-5  H02;
N40  M98  P200;                         调用子程序，加工①
N50  G68  X0  Y0  R45;                  旋转 45°
N60  M98  P200;                         调用子程序，加工②
N70  G68  X0  Y0  R90;                  旋转 90°
N80  M98  P200;                         调用子程序，加工③
N90  G49  Z50;
N100  G69;                              取消旋转
N110  M05  M30;
```

```
O200;                                    子程序（①的加工程序）
N10  G41  G01  X20  Y-5  D02  F300;
N20  Y0;
N30  G02  X40  I10;
N40  G02  X30  I-5;
N50  G03  X20  I-5;
N60  G00  Y-6;
N70  G40  X0  Y0;
N80  M99;
```

（3）坐标系旋转编程说明。

1）在坐标系旋转取消指令（G69）以后的第一个移动指令必须用绝对值指定。如果采用增量值指令，则不执行正确的移动。

2）CNC 数据处理的顺序是：① 程序镜像；② 比例缩放；③ 坐标系旋转；④ 刀具半径补偿方式。在指定这些指令时，应按顺序指定；取消时，应按相反顺序。在旋转方式或比例缩放方式中不能指定镜像指令，但在镜像指令中可以指定比例缩放指令或坐标系旋转指令。

3）当在指定平面内执行镜像指令时，如果在镜像指令中有坐标系旋转指令，则坐标系旋转方向相反，即顺时针变成逆时针，相应地，逆时针变成顺时针。

4）如果坐标系旋转指令前有比例缩放指令，则坐标系旋转中心也被缩放，但旋转角度不被比例缩放。

5）在坐标系旋转方式中，与返回参考点指令（G27、G28、G29、G30）和改变坐标系指令（G54～G59，G92）不能指定。如果要指定其中的某一个，则必须在取消坐标系旋转指令后指定。

任务三　项　目　实　施

一、工艺分析与工艺设计

（1）刀具选择。根据工件加工尺寸、结构及材料，考虑腰形槽轮廓加工中需垂直下刀切削，同时内圆弧最小半径为 8mm，故选择ϕ12 的普通高速钢键槽铣刀；4 条斜槽横截面为ϕ8 圆弧，故选用ϕ8 的普通高速钢球头铣刀；采用面铣刀铣削平面。

（2）加工工艺方案。操作步骤如下。

1）采用ϕ80 面铣刀铣平面。

2）采用ϕ12 键槽铣刀粗、精铣削腰形槽轮廓。

3）采用ϕ8 球头铣刀铣削斜槽。

（3）加工工艺路线。上表面采用ϕ80 面铣刀往复循环路径切削：腰形槽轮廓分粗、精加工，一次垂直下刀 2mm 切削深度；选择刀具沿轮廓以圆弧轨迹切向切入和切出，以顺铣加工路线对沟槽轮廓进行切削；调用子程序对相同沟槽结构进行加工；通过改变刀具半径补偿值大小来去除加工余量；球头刀加工采用球心轨迹编程。

加工路线上的基点如图 6–11 所示，腰形槽轮廓加工参考加工工艺路线为刀具从工件起刀点位置开始下刀，刀具以圆弧切向切入到点 P_1，依次经过 $P_1 \rightarrow P_2 \rightarrow P_3 \rightarrow P_4 \rightarrow P_1$，刀具再以圆弧切向切出到起刀点，快速抬刀到安全高度。起刀点位置可以设置在腰形槽圆弧轮廓圆心点上，然后以小于该圆弧半径的内切圆弧光滑过渡到切入点，切出时以相同圆弧从切出点光滑切出。斜槽加工时，以球心轨迹编程，球头刀从工件外切入，连续铣削出 4 条斜槽。

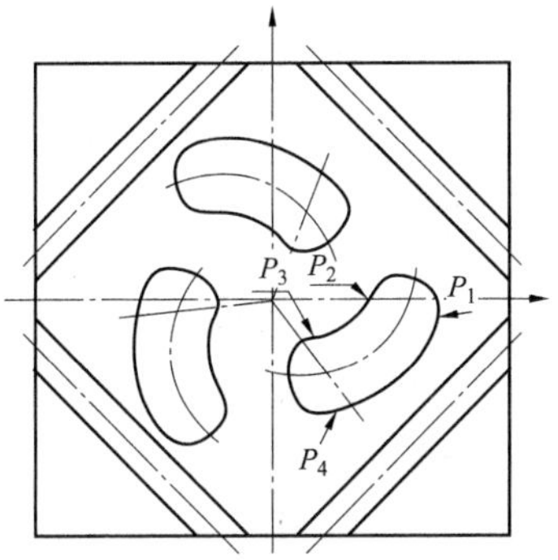

图 6–11 加工路线基点

（4）切削用量选择。工件材料为硬铝，硬度较低，切削力较小。主轴转速选择 600～800r/min，粗加工及去除余量时取较低值，精加工时选择较大值；刀具直径较小，进给速度应选较小值；轮廓深 2mm，一次下刀到深度。

数控铣削工步和切削用量见表 6–1。

表 6–1　　数控铣削加工工序卡片

产品名称	零件名称	工序名称	工序号	程序编号	毛坯材料	使用设备	夹具名称
	沟槽零件	数控铣			45 号钢	数控铣床	平口钳

工步号	工步内容	刀具			主轴转速（r/min）	进给速度（mm/min）	切削深度（mm）
		类型	材料	规格			
1	铣上表面	面铣刀	硬质合金	$\phi80$	700	100	1.0
2	粗铣腰形槽	键槽铣刀	高速钢	$\phi12$	600	150	2
3	精铣腰形槽	键槽铣刀	高速钢	$\phi12$	1000	100	0.5
4	铣斜槽	球头刀	高速钢	$\phi8$	1000	100	4.0

二、程序编制

1. 确定编程原点

该工件编程原点位置设置如图 6–1 所示轴测图中 O 点。

2. 基点坐标计算

以选择的编程原点为坐标系原点，计算出该工件基点坐标。

3. 编写程序

（1）腰形槽主程序如下。程序名为 O0001。粗、精加工共用一个程序，修改 S、F 和 D01，粗加工时 D01=6.5，精加工时 D01=6.0。

程序内容	程序含义
O0001;	
N10 G54 G90 G40 G17 G21 G94 G69;	建立工件坐标系，绝对坐标编程，取消刀具补偿，公制坐标，每分钟进给，选择 *XY* 平面，取消固定循环
N20 M03 S1000 T02;	主轴正转，1000r/min，T02 号ϕ12 键槽铣刀
N30 G00 Z50;	刀具从当前点快速移动到工件上方 50mm 处
N40 X0 Y0;	刀具快速定位到下刀点上方
N50 Z10;	快速定位到工件下方 10mm 处
N60 M98 P0010;	调用子程序加工
N70 G68 X0 Y0 R120;	坐标系绕当前原点逆时针旋转 120°
N80 M98 P0002;	调用子程序加工
N90 G69;	取消坐标系旋转
N100 G68 X0 Y0 R240;	坐标系绕当前原点逆时针旋转 240
N110 M98 P0010;	调用子程序加工
N120 G69;	取消坐标系旋转
N130 G00 Z50;	快速抬刀
N140 M30;	程序结束

（2）腰形槽于程序如下。程序名为 O0002。

程序内容	程序含义
O0002;	
N10 X28 Y-4;	刀具快速定位到下刀点上方
N20 G01 Z-4 F100;	下刀到切削深度，进给速度 100mm/min
N30 G41 X34.9 Y-8 D01;	建立刀具半径左补偿，粗加工：D01=6.5。精加工：D01=6.0
N40 G03 X21.1 Y0 R8;	圆弧逆时针插补加工
N50 G02 X10 Y-8.3 R18;	圆弧顺时针插补加工
N60 G03 X14.1 Y-23.7 R8;	圆弧逆时针插补加工
N70 G03 X34.9 Y-8 R34;	圆弧逆时针插补加工
N80 G03 X21.1 Y0 R8;	圆弧逆时针插补加工
N90 G40 G01 X28 Y-4;	取消刀具半径补偿，返回下刀点
N100 G00 Z20;	快速抬刀到工件上方 20mm 处
N110 M99;	子程序结束

（3）ϕ8 球头刀斜槽加工程序如下。程序名为 O0003。

程序内容	程序含义
O0003;	
N10　G54　G90　G40　G21　G94　G17;	建立工件坐标系，绝对坐标编程，取消刀具补偿，公制坐标，每分钟进给，选择 *XY* 平面
N20　M03　S1000　T03;	主轴正转，1000r/min，T03 号 ϕ8 球头铣刀
N30　G00　Z50;	刀具从当前点快速移动到工件上方 50mm 处
N40　X0　Y-60;	刀具快速定位到下刀点上方
N50　Z5;	快速定位到工件上方 5mm
N60　G01　Z-4　F100;	下刀到切削深度
N70　X60　Y0;	直线插补加工
N80　X0　Y60;	直线插补加工
N90　X-60　Y0;	直线插补加工
N100　X0　Y-60;	直线插补加工
N110　G00　Z50;	快速抬刀到工件上方 50mm 处
N120　M30;	程序结束

任务四　完成本项目的实训任务

一、实训目的

（1）能够应用子程序对凸模进行数控铣削数控工艺分析。

（2）明确 M98、M99 指令的含义，掌握子程序的用法。

（3）学会编程和加工凸模。

二、实训内容

凸模零件如图 6-12 所示，毛坯尺寸为 41mm×46mm×15mm，上表面已经加工并已达到图纸要求，材料为 45 号钢，试编程并加工该零件。

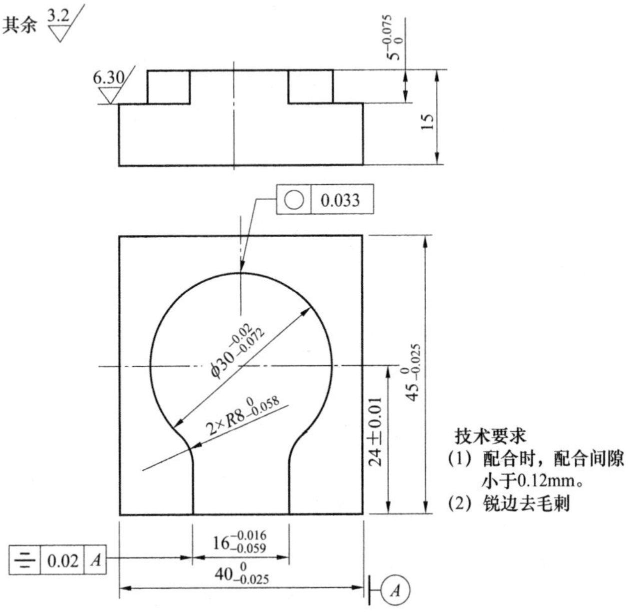

图 6-12　凸模

三、实训要求

（1）分析工件图样，选择定位基准和加工方法，确定走刀路线，选择刀具和装夹方法，确定各切削用量参数，填写数控加工工序卡片，见表 6-1。

（2）根据工件的加工工艺分析和所使用数控铣床的编程指令说

明，编写加工程序。

（3）使用数控铣床加工零件。

（4）测量工件。根据零件图要求，选择合适的量具对工件进行检测，并对工件进行质量分析。

（5）撰写实训报告。

任务五　技能拓展：用百分表对刀

当被加工工件为圆盘类零件时，常采用百分表或千分尺进行对刀，实现工件坐标系设定。其操作步骤如下。

（1）百分表的安装：直径小于 40mm 的孔或外圆，可用钻夹头刀柄直接夹持百分表，如图 6–13（a）所示；直径大于 40mm 的孔或外圆，可将磁性表座直接吸附在主轴上，如图 6–13（b）所示。

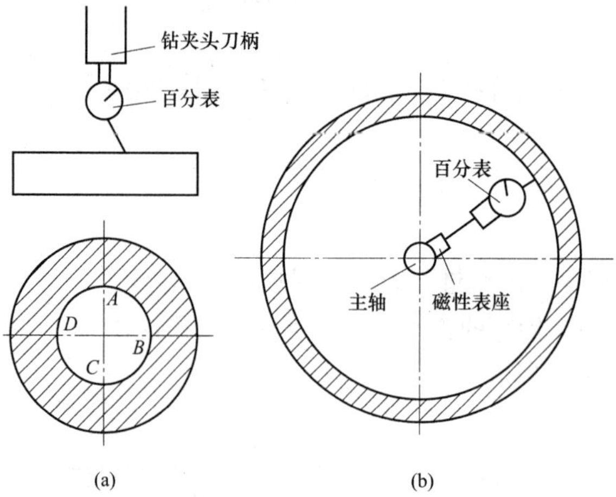

图 6–13　用百分表对刀

（a）孔径较小；（b）孔径较大

（2）调整百分表的触头，使其与 *Y* 方向的两个极限点 *A*、*C* 接触，用手拨动主轴，观察 *A*、*C* 两点在表盘上的偏移量 Δ，然后在手轮方式下只调整主轴 *Y* 方向的位置，使其向读数偏小的一方移动 $\Delta/2$。如此反复，再进行测量调整，直到 *A*、*C* 两点在表盘上的读数相同，此时主轴所在位置为孔的轴线在 *Y* 方向的位置。同理可测量 *X* 轴方向的两个极限点 *B*、*D*，调整主轴在 *X* 方向的位置，用手拨动主轴使主轴旋转，百分表指针在 *B*、*D* 两点位置相同，此时主轴所在位置为孔的轴线在 *X* 向的位置。通过对刀操作，将操作得到的数值输入到零点偏置代码（G54）中。

（3）由于百分表的量程较小，事先要进行粗找正，使轴线偏移精度在百分表的量程之内。若毛坯表面粗糙度较大，可用铁丝代替百分表进行粗找正。

项目七

孔类零件编程与加工

项目导入

要求加工如图 7–1 所示孔系零件，材料为 45 钢，数量为 50 件。

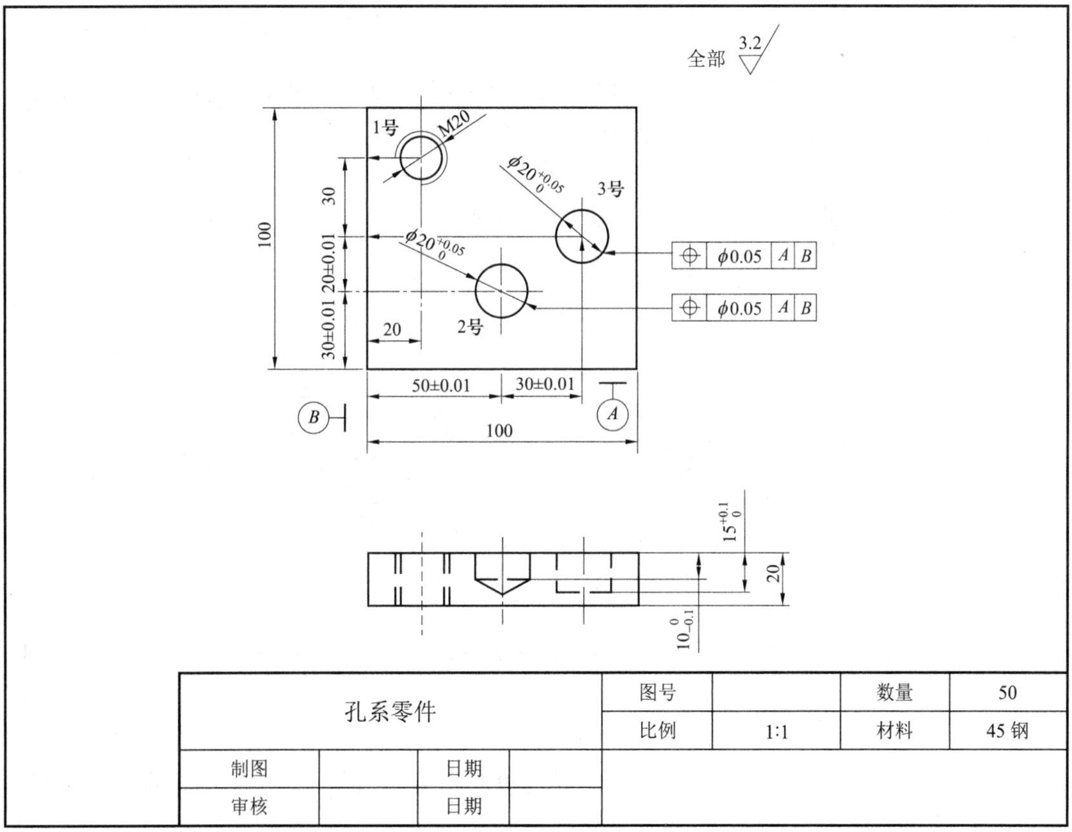

图 7–1　孔系零件

任务一　学习孔加工和螺纹加工编程指令

一、孔加工循环的动作

孔加工循环一般由以下 6 个动作组成，如图 7–2 所示。

动作①：刀具在 X 轴和 Y 轴定位。

动作②：刀具快速移动到 R 参考平面。

动作③：刀具进行孔加工。

动作④：刀具在孔底的动作。

动作⑤：刀具返回到 R 点。

动作⑥：刀具快速移动到初始平面。

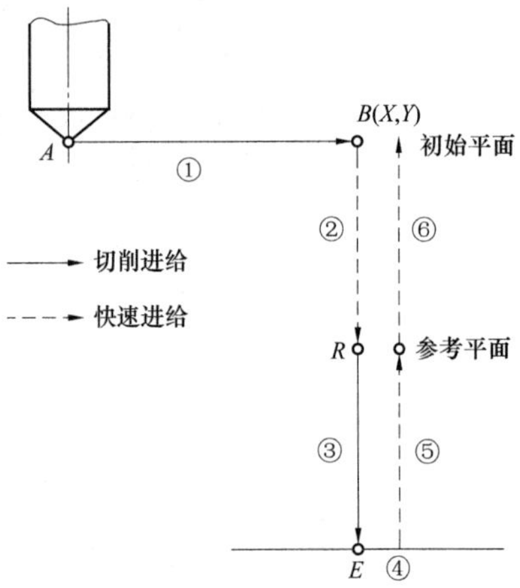

图 7–2　孔加工循环的 6 个动作

二、孔加工循环指令

孔加工循环指令为模态指令，一旦某个孔加工循环指令有效，在其后的所有（X，Y）位置均采用该孔加工循环指令进行加工，直到用 G80 取消孔加工循环指令为止。

G98 和 G99 两个模态指令控制孔加工循环结束后，刀具分别返回初始平面和参考平面，如图 7–3 所示，其中 G98 是默认方式。

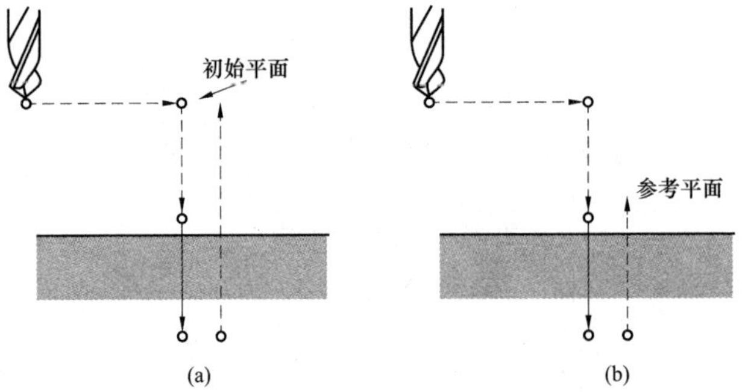

图 7–3　G81 钻孔加工循环

（a）用 G98 指令；（b）用 G99 指令

采用绝对坐标（G90）和相对坐标（G91）编程时，孔加工循环指令中的值有所不同，编程时建议尽量采用绝对坐标编程。

1. 钻孔循环指令 G81

如图 7–3 所示，主轴正转，刀具以进给速度向下运动钻孔，到达孔底位置后，快速退回（无孔底动作）。

格式：G81　X__Y__Z__F__R__K__；

说明：

（1）X、Y 为孔的位置。

（2）Z 为孔底位置。

（3）F 为进给速度（mm/min）。

（4）R 为参考平面位置。

（5）K 为重复次数（如果需要的话）。

2. 钻孔循环指令 G82

与 G81 格式类似，唯一的区别是 G82 在孔底加进给暂停动作，即当钻头加工到孔底位置时，刀具不作进给运动，并保持旋转状态，使孔的表面更光滑。该指令一般用于扩孔和沉头孔加工。

格式：G82 X__Y__Z__R__P__F__K__;

说明：P 为刀具在孔底位置的暂停时间，单位为 ms。

3. 钻深孔循环指令 G83

G83 与 G81 的主要区别是，由于是深孔加工，采用间歇进给（分多次进给），有利于排屑。每次进给深度为 Q，直到孔底位置为止，设置系统内部参数 d 控制退刀距离，如图 7–4 所示。

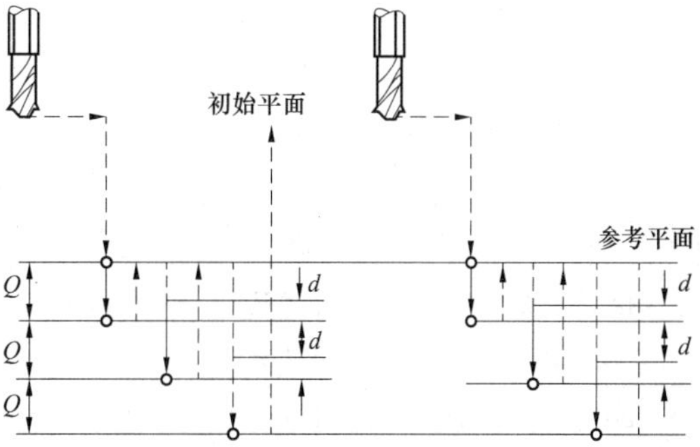

图 7–4 G83 深孔钻孔加工循环

格式：G83 X__Y__Z__R__Q__F__K__;

说明：Q 为每次进给的深度，它必须用增量值设置。

4. 攻螺纹循环指令 G84

攻螺纹进给时主轴正转，退出时主轴反转。

格式：G84 X__Y__Z__R__P__F__K__;

与钻孔加工不同的是，攻螺纹结束后的返回过程不是快速运动，而是以进给速度反转退出。

攻螺纹过程要求主轴转速与进给速度成严格的比例关系，因此，编程时要求根据主轴转速计算进给速度。该指令执行前，用辅助功能使主轴旋转。

攻螺纹时进给速度计算方法

$$F=S\times P$$

式中 F——进给速度，mm/min；

S——主轴转速，r/min；

P——螺纹导程，mm。

5. 左旋攻螺纹循环指令 G74

G74 与 G84 的区别是，进给时主轴反转，退出时主轴正转。

格式：G74 X__Y__Z__R__P__F__K__;

6. 高速钻深孔循环指令 G73

如图 7–5 所示，由于是深孔加工，采用间段进给（分多次进给），每次进给深度为 9，最后一次进给深度小于或等于 Q，退刀量为 d（由系统内部设定），直到孔底位置为止。该钻孔加工方法因为退刀距离短，比 G83 钻孔速度快。

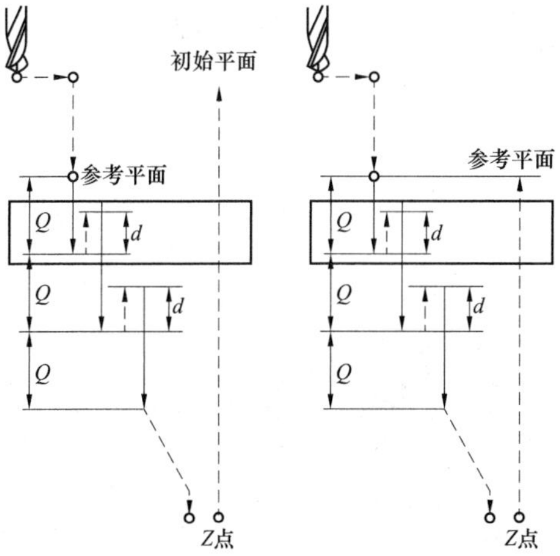

图 7–5 G73 高速深孔钻孔加工循环

格式：G73 X__Y__Z__R__Q__F__K__；

说明：*Q* 为每次进给的深度，为正值。

值得说明的是：不同的 CNC 系统，即使是同一功能的钻孔加工循环，其指令格式也有一定的差异，编程时应以编程手册的规定为准。

7. 镗孔循环指令 G85

主轴正转，刀具以进给速度向下运动镗孔，到达孔底位置后立即以进给速度退出（没有孔底动作）。

格式：G85 X__Y__Z__R__F__；

8. 镗孔循环寸指令 G86

与 G85 的区别是，G86 在到达孔底位置后，主轴停止，并快速退出。

格式：G86 X__Y__Z__R__F__；

9. 镗孔循环指令 G89

与 G85 的区别是，G89 在到达孔底位置后，加进给暂停。

格式：G89 X__Y__Z__R___F__P__；

10. 背镗循环指令 G87

如图 7–6 所示，刀具运动到起始点 *B*（*X*，*Y*）后，主轴准停，刀具沿刀尖的反方向偏移 *Q* 值，然后快速运动到孔底位置，接着沿刀尖正方向偏移回 *E* 点，主轴正转，刀具向上进给运动，到 *R* 点，再主轴准停，刀具沿刀尖的反方向偏移 *Q* 值，快退，接着沿刀尖正方向偏移到 *B* 点，主轴正转，本次加工循环结束，继续执行下一段程序。

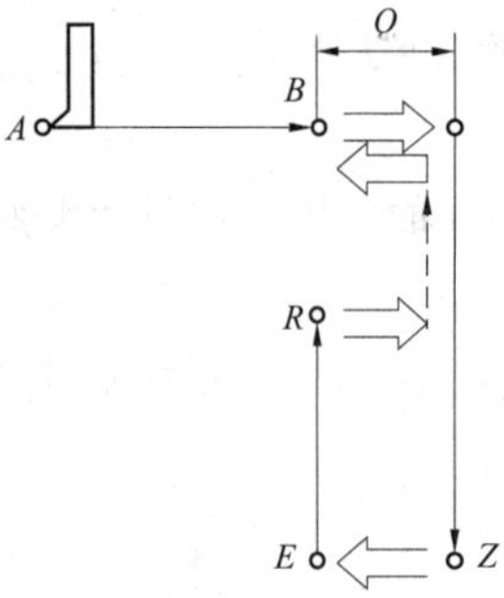

图 7–6　G87 背镗循环

格式：G87 X__Y__Z__R___Q__F__P__；

说明：Q 为偏移值。

11. 精镗循环指令 G76

如图 7–7 所示，与 G85 的区别是，G76 在孔底有 3 个动作：进给暂停、主轴准停（定向停止）刀具沿刀尖的反方向偏移 *Q* 值，然后快速退出。这样可以保证刀具不划伤孔的表面。

格式：G76 X__Y__Z__R__Q__F__P__；

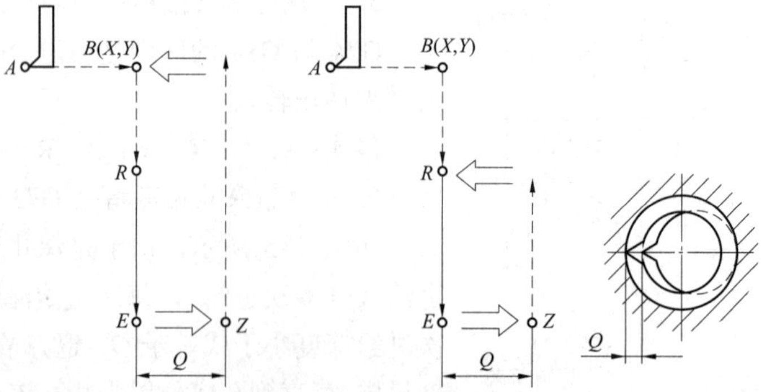

图 7–7　G76 精镗循环

任务二 掌握孔加工方法、刀具及切削用量选用

一、孔加工方法及技术要求

孔加工是最常见的零件结构加工之一，是制造工艺中的重要组成部分。孔加工工艺内容广泛，包括使用标准中心钻、点钻和标准钻钻削、扩孔、铰孔、攻丝、镗孔、成组刀具钻孔、锪孔等孔加工工艺方法。

在加工单件产品或模具上某些孔径不常出现的孔时，为节约定型刀具成本，利用铣刀进行铣削加工。铣孔也适合于加工尺寸较大的孔，对于高精度机床，铣孔可以代替铰削或镗削。

孔加工可在 CNC 铣床和加工中心上完成。在 CNC 铣床和加工中心上加工孔时，孔的形状和直径由刀具选择来控制，孔的位置和加工深度则由程序宋控制。

圆柱孔在整个机器零件中起着支撑、定位和保持装配精度的重要作用，因此，对圆柱孔有一定的技术要求。孔加工的主要技术要求有如下几方面。

（1）尺寸精度。配合孔的尺寸精度要求控制在 IT6～IT8，精度要求较低的孔一般控制在 IT11。

（2）形状精度。孔的形状精度主要是指圆度、圆柱度及孔轴心线的直线度，一般应控制在孔径公差以内，对于精度要求较高的孔，其形状精度应控制在孔径公差的 1/3～1/2。

（3）位置精度。一般有各孔距间误差，各孔的轴心线对端面的垂直度和平行度等要求。

（4）表面粗糙度。孔的表面粗糙度要求一般在 *Ra*12.5～0.4μm。

加工一个精度要求不高的孔很简单，往往只需一把刀具一次切削即可完成；对精度要求高的孔则需要几把刀具多次加工才能完成。

二、钻孔

1. 钻孔的特点

钻孔是用钻头在工件实体材料上加工孔的方法。麻花钻是钻孔最常用的刀具，一般用高速钢制造。钻孔精度一般可达到 IT10～IT11 级，表面粗糙度为 *Ra*50～12.5，钻孔直径为 0.1～100mm，钻孔深度变化范围也很大，广泛应用于孔的粗加工，也可作为不重要孔的最终加工。

2. 钻孔刀具及其选择

钻孔刀具较多，有普通麻花钻、可转位浅孔钻及扁钻等。应根据工件材料、加工尺寸及加工质量要求等合理选用。在数控铣床上钻孔，大多是采用普通麻花钻。麻花钻有高速钢和硬质合金两种。麻花钻的组成如图 7–8 所示，它主要由工作部分和柄部组成。

麻花钻工作部分包括切削部分和导向部分。麻花钻的切削部分有两个主切削刃、两个副切削刃和一个横刃。两个螺旋槽是切屑流经的表面，为前刀面；与工件过渡表面（即孔底）相对的端部两曲面为主后刀面；与工件已加工表面（即孔壁）相对的两条刃带为副后

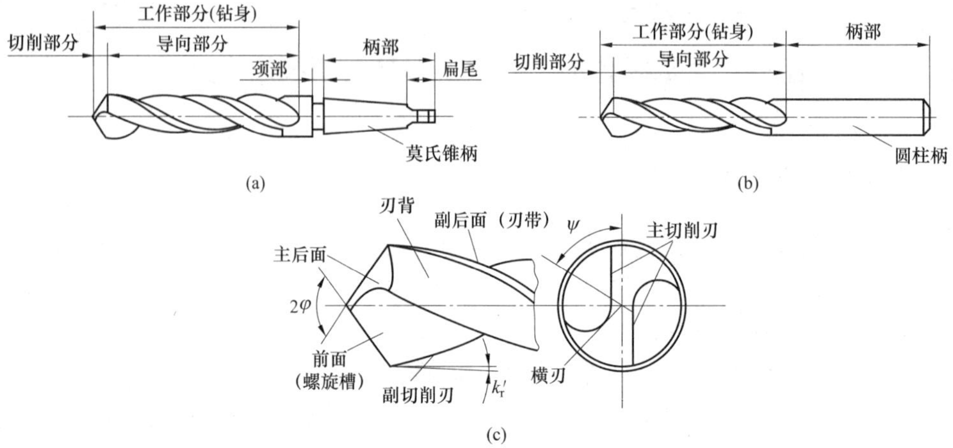

图 7–8　麻花钻的组成

（a）莫氏锥柄麻花钻；（b）圆柱柄麻花钻；（c）数控铣床用麻花钻

刀面。前刀面与主后刀面的交线为主切削刃，前刀面与副后刀面的交线为副切削刃，两个主后刀面的交线为横刃。横刃与主切削刃在端面上投影之间的夹角称为横刃斜角，横刃斜角φ=50°～55°；主切削刃上各点的前角、后角是变化的，外缘处前角约为 30°，钻心处前角接近 0°，甚至是负值；两条主切削刃在与其平行的平面内的投影之间的夹角为顶角，标准麻花钻的顶角 2φ=118°。麻花钻导向部分起导向、修光、排屑和输送切削液作用，也是切削部分的后备。

根据柄部不同，麻花钻有莫氏锥孔和圆柱柄两种。直径为 8～80mm 的麻花钻多为莫氏锥柄，可直接装在带有莫氏锥孔的刀柄内，刀具长度不能调节。直径为 0.1～20mm 的麻花钻多为圆柱柄，可装在钻夹头刀柄上。中等尺寸麻花钻两种形式均可选用。

麻花钻有标准型和加长型，为了提高钻头刚性，应尽量选用较短的钻头，但麻花钻的工作部分应大于孔深，以便排屑和输送切削液。

在数控铣床上钻孔，因无夹具钻模导向，受两切削刃上切削力不对称的影响，容易引起钻孔偏斜，故要求钻头的两切削刃必须有较高的刃磨精度（两刃长度一致，顶角 2φ 对称于钻头中心线）。

钻削直径在 20～60mm、孔的深径比小于等于 3 的中等浅孔时，可选用如图 7–9 所示的可转位浅孔钻，其结构是在带排屑槽及内冷却通道钻体的头部装有一组刀片（多为凸多边形、菱形和四边形），多采用深孔刀片，通过该中心压紧刀片。靠近钻心的刀片用韧性较好的材料，靠近钻头外径的刀片选用较为耐磨的材料，这种钻头具有切削效率高、加工质量好的特点，最适用于箱体零件的钻孔加工。为了提高刀具的使用寿命，可以在刀片上涂镀碳化钛涂层。使用这种钻头钻箱体孔，比普通麻花钻提高效率 4～6 倍。

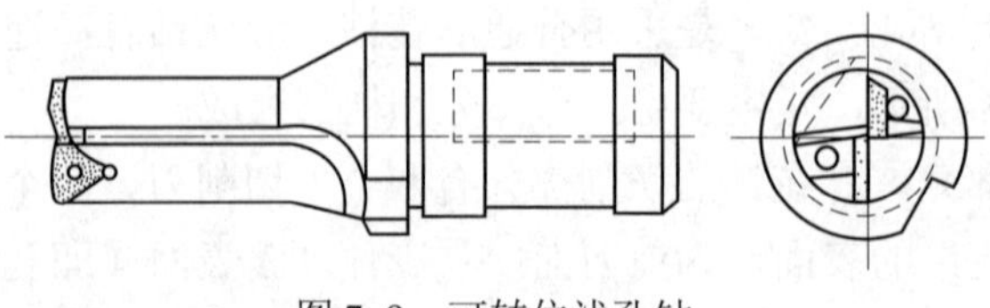

图 7–9　可转位浅孔钻

对深径比大于 5 而小于 100 的深孔，因其加工中散热差，排屑困难，钻杆刚性差，易使刀具损坏和引起孔的轴线偏斜，影响加工精度和生产率，故应选用深孔刀具加工。如图 7–10 所示为用于深孔加工的喷吸钻。工作时，带压力的切削液从进液口流入连接套，其中 1/3 从内管四周月牙形喷嘴喷入内管。由于月牙槽缝隙很窄，切削液喷入时产生喷射效应，能使内管里形成负压区。另外约 2/3 切削液流入内、外管壁间隙到切削区，汇同切屑被吸入内管，并迅速向后排出，压力切削液流速快，到达切削区时雾状喷出，有利于冷却，经喷口流入内管的切削液流速增大，加强“吸”的作用，提高排屑效果。喷吸钻一般用于加工直径在 65～180mm 的深孔，孔的精度可达 IT7～IT10 级，表面粗糙度为 Ra0.8～1.6μm。

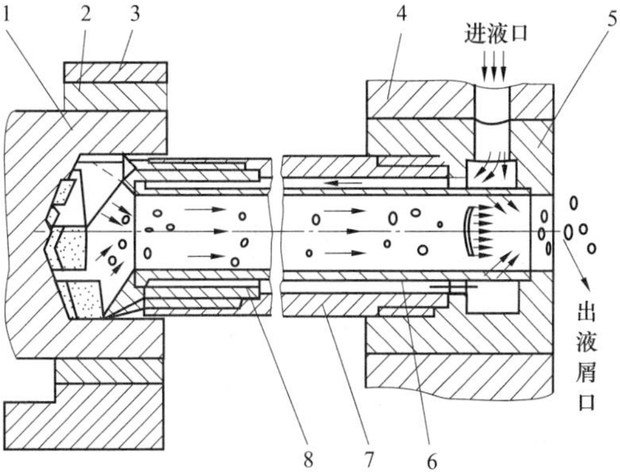

图 7–10　喷吸钻

1—工件；2—夹爪；3—中心架；4—支持座；5—连接套；6—内管；7—外管；8—钻头

钻削大直径孔时，可采用刚性较好的硬质合金扁钻。扁钻切削部分磨成一个扁平体，主切削刃磨出顶角、后角，并形成横刃，副切削刃磨出后角与副偏角并控制钻孔的直径。扁钻没有螺旋槽，制造简单，成本低，它的结构与参数如图 7–11 所示。

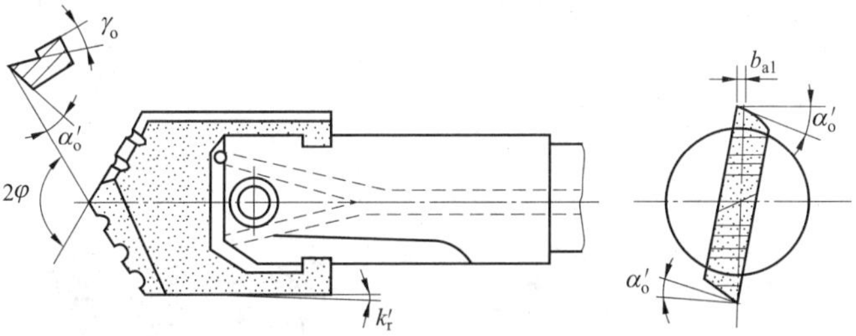

图 7–11　装配式扁钻

3. 选择钻削用量的原则

在实体上钻孔时，背吃刀量由钻头直径确定，所以只需选择切削速度和进给量。

对钻孔生产率的影响，切削速度和进给量是相同的；对钻头寿命的影响，切削速度比进给量大；对孔的粗糙度的影响，进给量比切削速度大。综合以上的影响因素，钻孔时选择切削用量的基本原则是：在保证表面粗糙度前提下，在工艺系统强度和刚度的承受范围内，尽量先选较大的进给量，然后考虑刀具耐用度、机床功率等因素选用较大的切削速度。

（1）切削深度的选择。直径小于 30mm 的孔一次钻出；直径为 30～80mm 的孔可分为两次钻削，先用（0.5～0.7）D 的钻头钻底孔（D 为要求的孔径），然后用直径为 D 的钻头将孔扩大，这样可减小切削深度，减小工艺系统轴向受力，并有利于提高钻孔加工质量。

（2）进给量的选择。孔的精度要求较高和粗糙度值要求较小时，应取较小的进给量；钻孔较深、钻头较长、刚度和强度较差时，也应取较小的进给量。

（3）钻削速度的选择。当钻头的直径和进给量确定后，钻削速度应按钻头的寿命选取合理的数值，孔深较大时，钻削条件差，应取较小的切削速度。

三、扩孔

1. 扩孔的特点

扩孔是用扩孔钻对工件上已有的孔进行扩大加工，扩孔钻有 3～4 个主切削刃，没有横刃，它的刚性及导向性好。扩孔加工精度一般可达到 IT9～IT10 级，表面粗糙度为 *Ra*6.3～3.2。扩孔常用于已铸出、锻出或钻出孔的扩大，可作为精度要求不高孔的最终加工或铰孔、磨孔前的预加工。常用于直径在 10～100mm 范围内的孔加工。一般工件的扩孔使用麻花钻，对于精度要求较高或生产批量较大时应用扩孔钻，扩孔加工余量为 0.4～0.5mm。

2. 扩孔刀具及其选择

扩孔多采用扩孔钻，也有采用镗刀扩孔的。

标准扩孔钻一般有 3～4 条主切削刃，切削部分的材料为高速钢或硬质合金，结构形式有直柄式、锥柄式和套式等。如图 7–12（a）～（c）所示分别为锥柄式高速钢扩孔钻、套式高速钢扩孔钻和套式硬质合金扩孔钻。在小批量生产时，常用麻花钻扩孔。

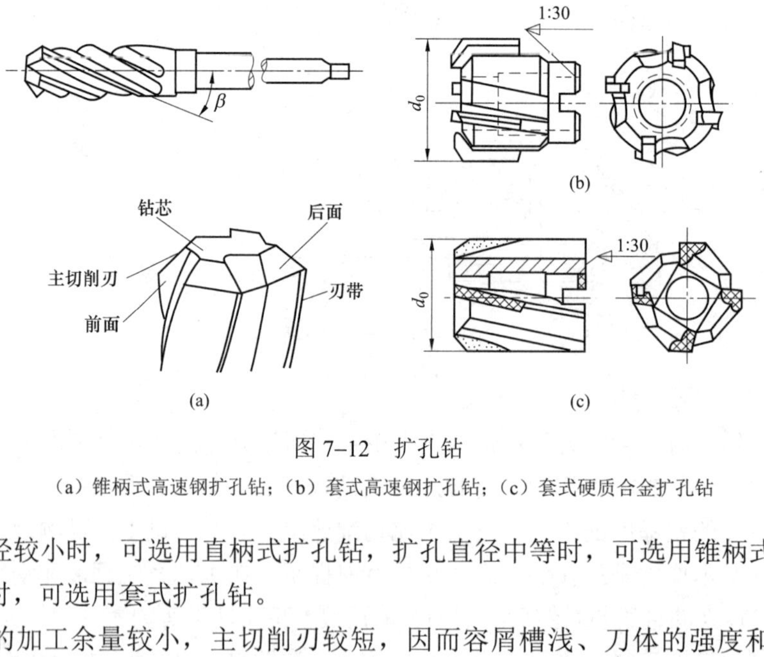

图 7–12　扩孔钻

（a）锥柄式高速钢扩孔钻；（b）套式高速钢扩孔钻；（c）套式硬质合金扩孔钻

扩孔直径较小时，可选用直柄式扩孔钻，扩孔直径中等时，可选用锥柄式扩孔钻，扩孔直径较大时，可选用套式扩孔钻。

扩孔钻的加工余量较小，主切削刃较短，因而容屑槽浅、刀体的强度和刚度较好。它无麻花钻的横刃，加之刀齿多，所以导向性好，切削平稳，加工质量和生产率都比麻花钻高。

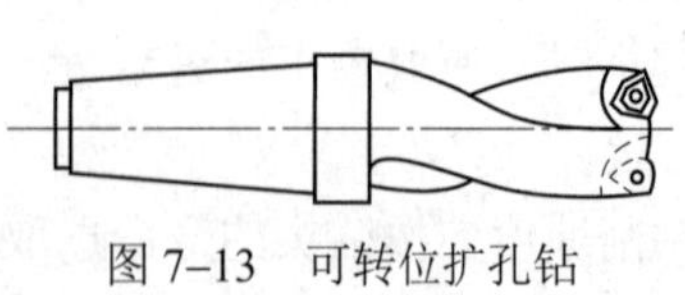

图 7–13　可转位扩孔钻

扩孔直径在 20～60mm 时，且机床刚性好、功率大，可选用如图 7–13 所示的可转位扩孔钻。这种扩孔钻的两个可转位刀片的外刃位于同一个外圆直径上，并且刀片径向可作微量（±0.1mm）调整，以控制扩孔直径。

3. 扩孔余量与切削用量

扩孔的余量一般为孔径的 1/8 左右，对于小于ϕ25 的孔，扩孔余量为 1～3mm，较大的孔为 3～9mm。扩孔时的进给量大小主要受表面质量要求限制，切削速度受刀具耐用度的限制。

四、锪孔

1. 锪孔的特点

锪孔是指用锪钻或锪刀刮平孔的端面或切出沉孔的加工方法，通常用于加工沉头螺钉的沉头孔、锥孔、小凸台面等。锪孔时切削速度不宜过高，以免产生径向振纹或出现多棱形等品质问题。

2. 锪孔刀具

锪钻一般分柱形锪钻、锥形锪钻和端面锪钻 3 种。

（1）柱形锪钻。锪圆柱形埋头孔的锪钻称为柱形锪钻，其结构如图 7–14（a）所示。柱形锪钻起主要切削作用的是端面刀刃，螺旋槽的斜角就是它的前角（$\gamma_0=\beta_0=15°$），后角$\alpha_0=8°$。锪钻前端有导柱，导柱直径与工件已有孔为紧密的间隙配合，以保证良好的定心和导向。一般导柱是可拆的，也可以把导柱和锪钻做成一体。

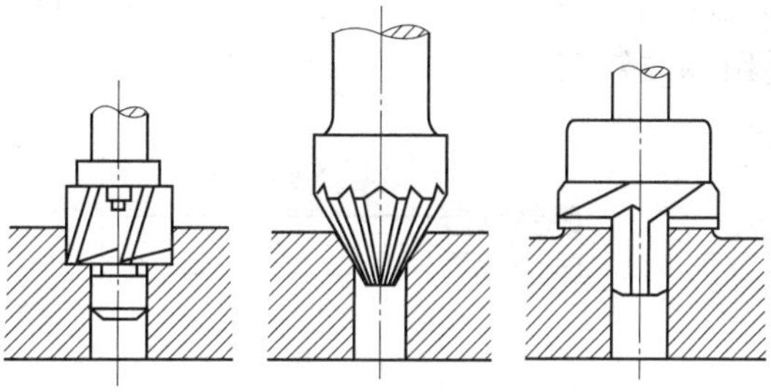

图 7–14 锪孔的加工

（a）柱形锪钻锪孔；（b）锥形锪钻锪锥孔；（c）端面锪钻锪孔端面

（2）锥形锪钻。锪锥形埋头孔的锪钻称为锥形锪钻，其结构如图 7–14（b）所示。锥形锪钻的锥角按工件锥形埋头孔的要求不同，有 60°、75°、90°、120° 4 种，其中 90° 用得最多。锥形锪钻直径为 12～60mm，齿数为 4～12 个，前角$\gamma_0=0$，后角$\alpha_0=6°\sim8°$。为了改善钻尖处的容屑条件，每隔一齿将刀刃切去一块。

（3）端面锪钻。专门用来锪平孔口端面的锪钻称为端面锪钻，如图 7–14（c）所示，其端面刀齿为切削刃，前端导柱用来导向定心，以保证孔端面与孔中心线的垂直度。

3. 锪孔工作要点

锪孔时存在的主要问题是所锪的端面或锥面出现振痕，使用麻花钻改制的锪钻，振痕尤其严重。为此在锪孔时应注意以下事项。

（1）锪孔时，进给量为钻孔的 2～3 倍，切削速度为钻孔的 1/3～1/2。精锪时，往往用更小的主轴转速来锪孔，以减少振动而获得光滑表面。

（2）尽量选用较短的钻头来改磨锪钻，并注意修磨前面，减小前角，以防止扎刀和振动。还应选用较小后角，防止多角形。

（3）锪钢件时，因切削热量大，应在导柱和切削表面加切削液。

五、铰孔

1. 铰孔的特点

铰孔是利用铰刀从工件孔壁上切除微量金属层，以提高其尺寸精度和表面粗糙度值的方法。铰孔精度等级可达到 IT7～IT8 级，表面粗糙度为 *Ra*1.6～0.8，适用于孔的半精加工及精加工。铰刀是定尺寸刀具，有 6～12 个切削刃，刚性和导向性比扩孔钻更好，适合加工中小直径孔。铰孔之前，工件应经过钻孔、扩孔等加工。

2. 铰孔刀具及其选择

加工中心上使用的铰刀多是通用标准铰刀。此外，还有机夹硬质合金刀片单刃铰刀和浮动铰刀等。

通用标准铰刀如图 7–15 所示，有直柄、锥柄和套式 3 种。锥柄铰刀直径为 10～32mm，直柄铰刀直径为 6～20mm，小孔直柄铰刀直径为 1～6mm，套式铰刀直径为 25～80mm。加工精度为 IT8～IT9 级、表面粗糙度 *Ra* 为 0.8～1.6μm 的孔时，多选用通用标准铰刀。

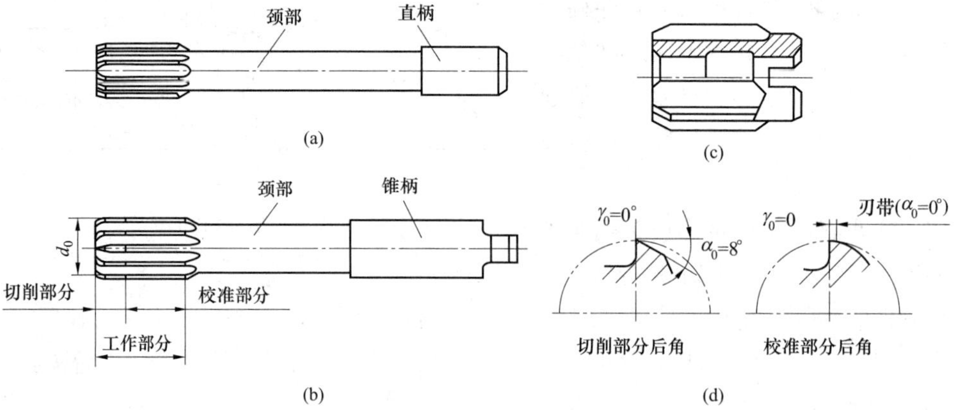

图 7–15　通用标准铰刀

（a）直柄机用铰刀；（b）锥柄机用铰刀；（c）套式机用铰刀；（d）切削校准部分角度

铰刀工作部分包括切削部分与校准部分。切削部分为锥形，担负主要切削工作。切削部分的主偏角为 5°～15°，前角一般为 0°，后角一般为 5°～8°。校准部分的作用是校正孔径、修光孔壁和导向。为此，这部分带有很窄的刃带（γ_0=0°，α_0=0°）。校准部分包括圆柱部分和倒锥部分。圆柱部分保证铰刀直径和便于测量，倒锥部分可减少铰刀与孔壁的摩擦和减小孔径扩大量。

标准铰刀有 4～12 齿。铰刀的齿数除了与铰刀直径有关外，主要根据加工精度的要求选择。齿数对加工表面粗糙度的影响并不大。齿数过多，刀具的制造重磨都比较麻烦，而且会因齿间容屑槽减小，而造成切屑堵塞和划伤孔壁以致使铰刀折断的后果。齿数过少，则铰削时的稳定性差，刀齿的切削负荷增大，且容易产生几何形状误差。铰刀齿数参照表 7–1。

表 7–1　　　　铰刀齿数的选择

铰刀直径（mm）		1.5～3	3～14	14～40	＞40
齿数	一般加工精度	4	4	6	8
	高加工精度	4	6	8	10～12

加工 IT5～IT7 级、表面粗糙度 *Ra* 为 0.7μm 的孔时，可采用机夹硬质合金刀片的单刃铰刀。这种铰刀的结构如图 7–16 所示，刀片 3 通过楔套 4 用螺钉 1 固定在刀体上，通过螺钉 7、销子 6 可调节铰刀尺寸。导向块 2 可采用黏结和铜焊固定。机夹单刃铰刀应有很高的刃磨质量。因为精密铰削时，半径上的铰削余量是在 10μm 以下，所以刀片的切削刃口要磨得异常锋利。

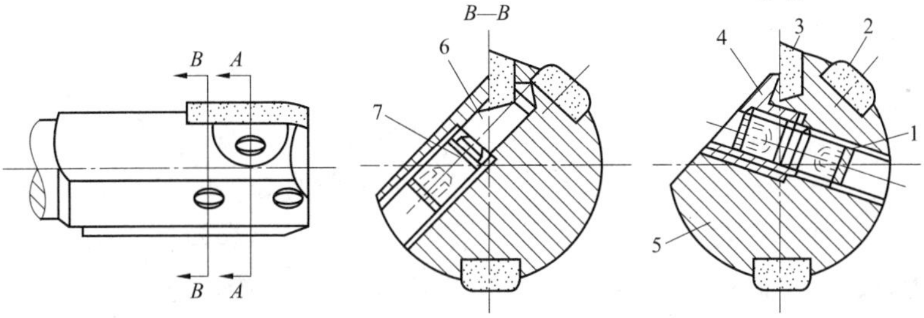

图 7–16　硬质合金单刃铰刀

1、7—螺钉；2—导向块；3—刀片；4—楔套；5—刀体；6—销子

3. 铰削用量的选择

（1）铰削余量。铰削余量是留作铰削加工的切深的大小。通常铰孔余量比扩孔或镗孔的余量要小，铰削余量太大会增大切削压力而损坏铰刀，导致加工表面粗糙度很大。余量过大时可采取粗铰和精铰分开，以保证技术要求。

另一方面，如果毛坯余量太小会使铰刀过早磨损，不能正常切削，也会使表面粗糙度差。

一般铰削余量为 0.1～0.25mm，对于较大直径的孔，余量不能大于 0.3mm。

有一种经验建议留出铰刀直径 1%～3%大小的厚度作为铰削余量（直径值），如ϕ20 的铰刀加ϕ9.6 左右的孔直径比较合适。

$$20-(20\times2/100)=19.6$$

对于硬材料和一些航空材料，铰孔余量通常取得更小。铰孔余量参考值见表 7–2。

表 7–2　　　　铰孔余量（直径值）　　　　单位：mm

孔的直径	＜ϕ8	ϕ8～ϕ20	ϕ21～ϕ32	ϕ33～ϕ50	ϕ51～ϕ70
铰孔余量	0.1～0.2	0.15～0.25	0.2～0.3	0.25～0.35	0.25～0.35

（2）铰孔的进给率。铰孔的进给率比钻孔要大，通常为钻孔的 2～3 倍。取较高进给率的目的是使铰刀切削材料而不是摩擦材料。但铰孔的粗糙度值随进给量的增加而增大。

进给量过小时，会导致刀具径向摩擦力的增大，铰刀会迅速磨损引起铰刀颤动，使孔的表面变粗糙。

标准高速钢铰刀加工钢件，要得到表面粗糙度 Ra0.63pm，则进给量不能超过 0.5mm/r，对于铸铁件，可增加至 0.85mm/r。

（3）铰孔操作的主轴转速。铰削用量各要素对铰孔的表面粗糙度均有影响，其中以铰削速度影响最大。如用高速钢铰刀铰孔，要获得较好的粗糙度 Ra0.63μm，对中碳钢工件来说，铰削速度不应超过 5m/min，因为此时不易产生积屑瘤，且速度也不高；而铰削铸铁时，因切屑断为粒状，不会形成积屑瘤，故速度可以提高到 8～10m/min。如果采用硬质合金铰刀，铰削速度可提高到 90～130m/min，但应修整铰刀的某些角度，以避免出现打刀现象。

通常铰孔的主轴转速可选为同材料上钻孔主轴转速的 2/3。例如，如果钻孔主轴转速为 500r/min，那么铰孔主轴转速定为它的 2/3 比较合理：500×0.67=335r/min。

六、镗孔

1. 镗孔的特点

镗孔是利用镗刀对工件上已有尺寸较大孔的加工，特别适合于加工分布在同一或不同表面上的孔距和位置精度要求较高的孔系。镗孔加工精度等级可达到 IT7 级，表面粗糙度为 Ra1.6～0.8，应用于高精度加工场合。镗孔时，要求镗刀和镗杆必须具有足够的刚性；镗刀夹紧牢固，装卸和调整方便；具有可靠的断屑和排屑措施，确保切屑顺利折断和排出，精镗孔的余量一般单边小于 0.4mm。

2. 镗孔刀具及其选择

镗孔所用刀具为镗刀。镗刀种类很多，按切削刃数量可分为单刃镗刀和双刃镗刀。

镗削通孔、阶梯孔和盲孔可分别选用如图 7–17（a）～（c）所示的单刃镗刀。单刃镗刀头结构类似车刀，用螺钉装夹在镗杆上。图 7–17 中，螺钉 1 用于调整尺寸，螺钉 2 起锁紧作用。单刃镗刀刚性差，切削时易引起振动，所以镗刀的主偏角选得较大，以减小径向力。镗铸铁孔或精镗时，一般取 K_r=90°；粗镗钢件孔时，取 K_r=60°～75°，以提高刀具的耐用度。所镗孔径的大小要靠调整刀具的悬伸长度来保证，调整麻烦，效率低，只能用于单件小批量生产。但单刃镗刀结构简单，适应性较广，粗、精加工都适用。

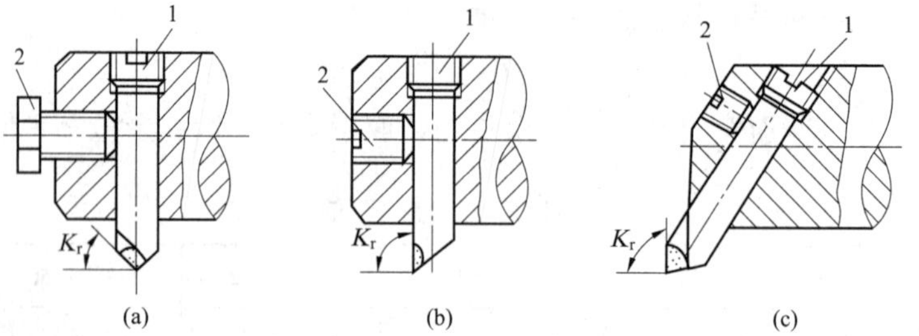

图 7–17　单刃镗刀

（a）镗削通孔；（b）镗削阶梯孔；（c）镗削盲孔

1—调节螺钉；2—紧固螺钉

在孔的精镗中，目前较多地选用精镗微调镗刀。这种镗刀的径向尺寸可以在一定范围内进行微调，调节方便，且精度高，其结构如图 7–18 所示。调整尺寸时，先松开拉紧螺钉

6，然后转动带刻度盘的调整螺母 3，待调至所需尺寸，再拧紧螺钉 6，使用时应保证锥面靠近大端接触（即镗杆 90° 锥孔的角度公差为负值），且与直孔部分同心。键与键槽配合间隙不能太大，否则微调时就不能达到较高的精度。

镗削大直径的孔可选用如图 7–19 所示的双刃镗刀。这种镗刀头部可以在较大范围内进行调整，且调整方便，最大镗孔直径可达 1000mm。双刃镗刀的两端有一对对称的切削刃同时参加切削，与单刃镗刀相比，每转进给量可提高一倍左右，生产效率高。同时可以消除切削力对镗杆的影响。

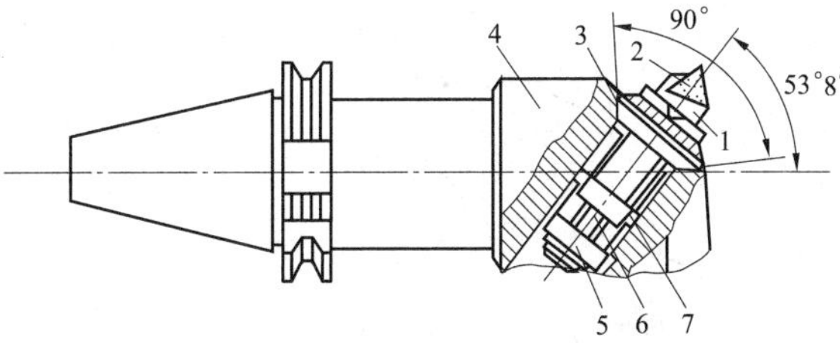

图 7–18 微调镗刀

1—刀体；2—刀片；3—调整螺母；4—刀杆；5—螺母；6—拉紧螺钉；7—导向键

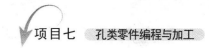

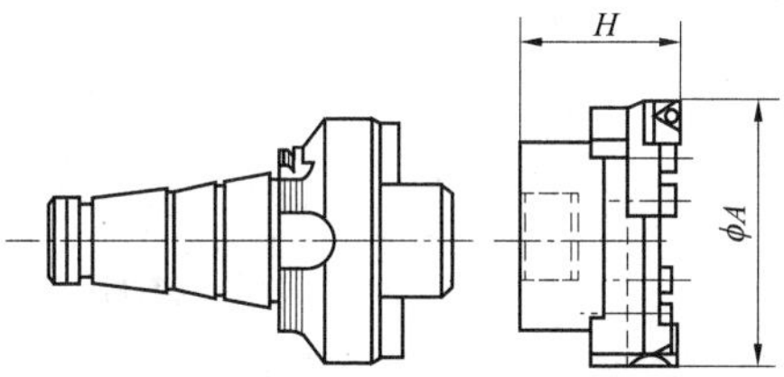

图 7–19 大直径不重磨可调镗刀系统

3. 镗削用量的选择

在数控铣床上加工时，总的加工余量要比普通机床上加工时的余量少 20%～40%。加工余量通常是根据实际经验分配到每一个工步中去。例如，在镗削加工中，粗镗加工余量占总余量的 70%，半精镗占 20%，最后精镗所剩部分。

进给量是根据刀尖半径和加工表面粗糙度确定的。刀片的选择与所加工零件的材料、硬度以及进给量有关。切削速度的确定与刀具的工作耐用度有关。对每种切削速度和刀具的工作耐用度来说有一个相应的加工费用，相对于费用最少的切削参数就是最优的。

最后，校验所选用的切削用量，如果检验结果满意，就可以认为得到的优化切削用量是可用的。

七、攻丝

1. 攻丝的特点

用丝锥在工件孔中切削出内螺纹的加工方法称为攻螺纹（俗称攻丝）。

攻丝加工的螺纹多为三角螺纹，为零件间连接结构。常用的攻丝加工的螺纹有；牙型角为 60° 的公制螺纹，也叫普通螺纹；牙型角为 55° 的英制螺纹；用于管道连接的英制管螺纹和圆锥管螺纹。

2. 丝锥及其选用

丝锥是攻丝并能直接获得螺纹尺寸的刀具，一般由合金工具钢或高速钢制成。丝锥的基本结构如图 7–20 所示，是一个轴向开槽的外螺纹。丝锥前端切削部分制成圆锥，有锋利的切削刃；中间为导向校正部分，起修光和引导丝锥轴向运动的作用；工具尾部通过夹头和标准锥柄与机床上轴锥孔连接。

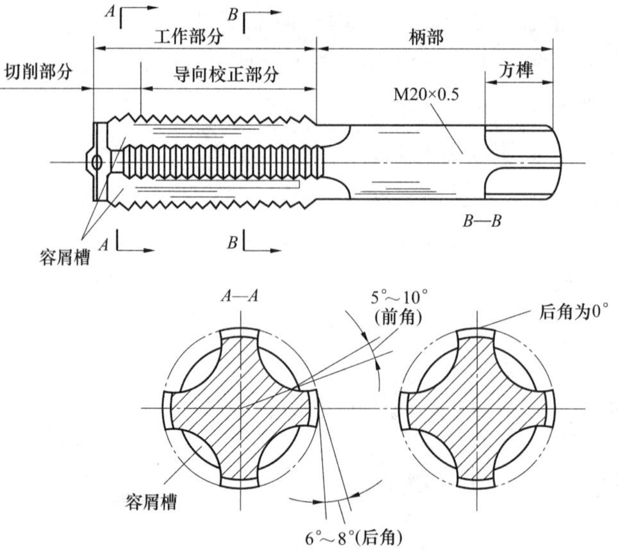

图 7–20　丝锥的基本结构

常用的丝锥分为机用丝锥和手用丝锥两种，手用丝锥由两支或 3 支（头锥、二锥和三锥）组成一种规格，机用丝锥每种规格只有一支。

攻丝加工的实质是用丝锥进行成型加工，丝锥的牙型、螺距、螺旋槽形状、倒角类型、丝锥的材料、切削的材料和刀套等因素影响内螺纹孔加工质量。

根据丝锥倒角长度的不同，丝锥分为平底丝锥、插丝丝锥、锥形丝锥。丝锥倒角长度影响 CNC 加工中的编程深度数据。

丝锥的倒角长度可以用螺纹线数表示，锥形丝锥的常见线数为 8～10，插丝丝锥为 3～5，平底丝锥为 1～1.5。各种丝锥的倒角角度也不一样，通常锥形丝锥为 4°～5°，插丝丝锥为 8°～13°，平底丝锥为 25°～35°。

盲孔加工通常需要使用平底丝锥，通孔加工大多数情况下选用插丝丝锥，极少数情况下也使用锥形丝锥。总体说来，倒角越大，钻孔留下的深度间隙就越大。

与不同的丝锥刀套连接，丝锥分两种类型，刚性丝锥如图 7–21 所示，浮动丝锥（张力补偿型丝锥）如图 7–22 所示。

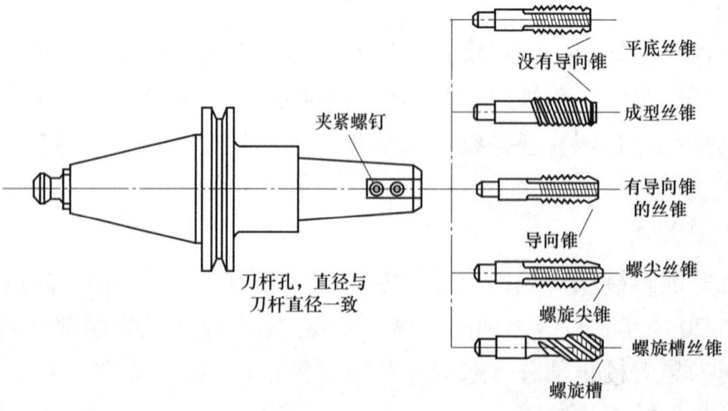

图 7–21　刚性丝锥

浮动型丝锥刀套的设计给丝锥一个和手动攻丝所需的类似的“感觉”，这种类型的刀套允许丝锥在一定的范围缩进或伸出，而且浮动刀套的可调扭矩用以改变丝锥张紧力。

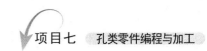

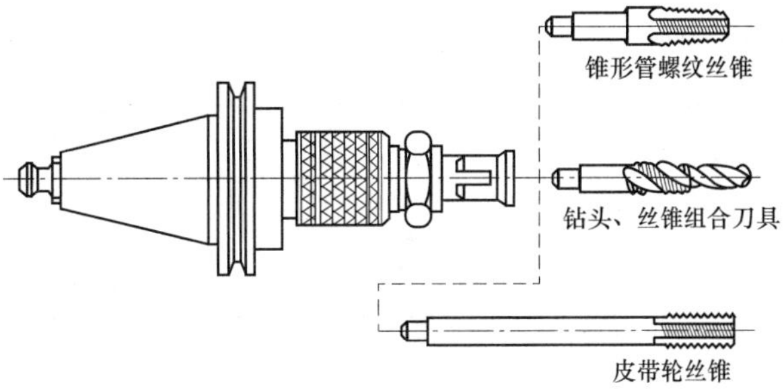

图 7–22　浮动丝锥

使用刚性丝锥则要求 CNC 机床控制器具有同步攻丝功能，攻丝时必须保持丝锥导程和主轴转速之间的同步关系：$F=P\times S$。

除非 CNC 机床具有同步运行功能，支持刚性攻丝，否则应选用浮动丝锥，但浮动丝锥较为昂贵。

浮动丝锥攻丝时，可将进给率适当下调 5%，将有更好的攻丝效果，当给定的 Z 向进给速度略小于螺旋运动的轴向速度时，锥丝切入孔中几牙后，丝锥将被螺旋运动向下引拉到攻丝深度，有利于保护浮动丝锥，一般攻丝刀套的拉伸要比刀套的压缩更为灵活。

八、孔加工的常用切削用量

在孔加工中，切削用量简易的选取法是采用估算法。如采用国产硬质合金刀具粗加工，切削速度一般选取 70mm/min，进给速度可根据主轴转速和被加工孔径的大小，取每转或每齿 0.1mm 进给量加以换算。采用国产硬质合金刀具精加工时，切削速度可取 80m/min，进给速度取每转或每齿 0.06～0.08mm，材质好的刀具切削用量还可加大。刀杆细长时，为防止切削中产生振动，切削速度要大大降低。使用高速钢刀具时，切削速度在 20～25m/min。

推荐的孔加工常用的切削用量见表 7–3～表 7–6，供参考。

表 7–3　　高速钢钻头钻孔的切削用量

工件材料	工件材料牌号或硬度	切削用量	钻头直径（mm）			
			1～6	6～12	12～22	22～50
铸铁	160～200HBS	v_c（mm/min）	16～24			
		f（mm/r）	0.07～0.12	0.12～0.2	0.2～0.4	0.4～0.8
	200～240HBS	v_c（mm/min）	10～18			
		f（mm/r）	0.05～0.1	0.1～0.18	0.18～0.25	0.25～0.4
	300～400HBS	v_c（mm/min）	5～12			
		f（mm/r）	0.03～0.08	0.08～0.15	0.15～0.2	0.2～0.3
钢	35、45 钢	v_c（mm/min）	8～25			
		f（mm/r）	0.05～0.1	0.1～0.2	0.2～0.3	0.3～0.45
	15Cr、20Cr	v_c（mm/min）	12～30			
		f（mm/r）	0.05～0.1	0.1～0.2	0.2～0.3	0.3～0.45

续表

工件材料	工件材料牌号或硬度	切削用量	钻头直径（mm）			
			1～6	6～12	12～22	22～50
钢	合金钢	v_c（mm/min）	8～15			
		f（mm/r）	0.03～0.08	0.08～0.15	0.15～0.25	0.25～0.35
铝	铝合金	v_c（mm/min）	20～50			
		f（mm/r）	0.02～0.2	0.1～0.3	0.2～0.35	0.3～1.0
铜	青铜、黄铜	v_c（mm/min）	60～90			
		f（mm/r）	0.05～0.1	0.1～0.2	0.2～0.35	0.35～0.75

表 7–4　高速钢铰刀铰孔的切削用量

工件材料	切削用量	钻头直径（mm）				
		6～10	10～15	15～25	25～40	40～60
铸铁	v_c（mm/min）	2～6				
	f（mm/r）	0.3～0.5	0.5～1	0.8～1.5		1.2～1.8
钢及合金钢	v_c（mm/min）	1.2～5				
	f（mm/r）	0.3～0.4	0.4～0.5	0.5～0.6		
铜、铝及其合金	v_c（mm/min）	8～12				
	f（mm/r）	0.3～0.5	0.5～1	0.8～1.5		1.5～2

表 7–5　攻螺纹的切削用量

工件材料	铸铁	钢及合金钢	铝及其合金
v_c（mm/min）	2.5～5	1.5～5	5～15

表 7–6　镗孔的切削用量

工序及刀具材料 \ 工件材料及切削用量		铸铁		钢及合金钢		铜、铝及其合金	
		v_c（mm/min）	f（mm/r）	v_c（mm/min）	f（mm/r）	v_c（mm/min）	f（mm/r）
粗镗	高速钢	20～25	0.4～1.5	15～30	0.35～0.7	100～150	0.5～1.5
	硬质合金	30～35		50～70		100～250	
半精镗	高速钢	20～25	0.15～0.45	15～50	0.15～0.45	100～200	0.2～0.5
	硬质合金	50～70		95～130			
精镗	高速钢	70～90	0.08～0.1	100～135	0.12～0.15	150～400	0.06～0.1
	硬质合金		0.12～0.15				

任务三 项 目 实 施

一、工艺分析与工艺设计

1. 图样分析

如图 7–1 所示零件由两个盲孔和一个螺纹孔组成，两个孔直径的尺寸公差为（0，+0.05），孔深尺寸公差分别为（0，+0.1）和（–0.1，0），孔的位置尺寸公差为±0.01，位置度公差为 0.05。在编写加工程序时，公差不对称的加工部位要采用中差编程。用钻头加工通孔时，要注意钻头导向部分的长度要完全伸出工件。用钻头加工盲孔时，*Z* 向尺寸要计算上刀尖的长度。

2. 加工工艺路线设计

工艺路线见表 7–7。

表 7–7　　数控铣削加工工序卡片

产品名称	零件名称	工序名称	工序号	程序编号	毛 坯 材 料		使用设备	夹具名称
	孔系零件	数控铣		O0010	45 号钢		数控铣床	平口钳
工步号	工步内容	刀 具			主轴转速（r/min）		进给速度（mm/min）	切削深度（mm）
		类型	材料	规格				
1	钻中心孔	中心钻	高速钢	A2	800		60	
2	钻 1 号和 3 号预制孔	麻花钻	高速钢	ϕ17.5	275		80	8.75
3	钻 2 号预制孔	麻花钻	高速钢	ϕ19.6	220		80	9.8
4	加工 M20 螺纹	丝锥	高速钢	M20	200		500	
5	铣 2 号和 3 号孔	键槽铣刀	高速钢	ϕ20	1500		540	1.25

3. 刀具选择

刀具见表 7–8。

表 7–8　　刀 具 表

刀具号	刀 具 规 格	刀具长度补偿号	刀具号	刀 具 规 格	刀具长度补偿号
T01	A2 中心钻	H01	T04	M20 丝锥	H04
T02	ϕ17.5 麻花钻	H02	T05	ϕ20 键槽铣刀	H05
T03	ϕ19.6 麻花钻	H03			

二、程序编制

选择工件上表面的左下角点为工件坐标系原点。

```
O4005;                                    主轴上安装 T01 刀具，A2 中心钻钻中心孔
N010  G54  G17  G21  G40  G49  G90 G80;
N020  M03  S800;
N030  G00  X0  Y0;                        刀具快速定位到工件坐标系原点上方
N040  G43  G00  H1  Z100.0  M08;          建立 1 号刀具长度补偿，冷却液开
N060  G99  G81  X50.0  Y30.0  Z-2.0  R3.0  F60;
                                          钻 2 号孔的中心孔
N070  X80.0  Y50.0                        钻 3 号孔的中心孔
N080  G98  X20.0  Y80.0                   钻 1 号孔的中心孔
N090  G80  M09;                           取消孔加工固定循环，冷却液关
N100  G49  G28  G91  Z0;                  取消 1 号刀具长度补偿，回参考点
N110  M05;                                主轴停转
N120  M00;                                程序暂停，手动换上 T02 刀具，使用φ17.5 钻头钻工
                                          号和 3 号孔
N130  G54  G17  G21  G40  G49  G90  G80;
N140  M03  S625;
N150  G43  G00  H02  Z100.0  M08;         建立 2 号刀具长度补偿，冷却液开
N160  G00  X50.0  Y30.0;
N170  G99  G81  X80.0  Y50.0  Z-14.5  R3.0  F150;
                                          钻 3 号孔的预制孔
N180  G98  X20.0  Y80.0  Z-28.0;          钻 M20 螺纹的底孔
N190  G80  M09;
N200  G49  G28  G91  Z0;                  取消 2 号刀具长度补偿
N210  M05;
N220  M00;                                程序暂停，手动换上 T04 刀具，使用 M20 丝锥加工螺纹
N230  G54  G17  G21  G40  G49  G90  G80;
N240  M03  S200;
N250  G00  X0  Y60.0;
N260  G43  G00  H04  Z100.0  M08;         建立 4 号刀具长度补偿
N270  G98  G84  X20.0  Y80.0  Z-25.0  R3.0  F500;
                                          用攻螺纹循环指令加工螺纹，进给速度 F=200（主轴
                                          速度）×2.5（导程）=500
N280  G80  M09;
N290  G49  G28  G91  Z0;                  取消 4 号刀具长度补偿，回参考点
```

```
N300  M05;
N310  M00;                            程序暂停，手动换上 3 号刀具
N320  G54  G17  G21  G40  G49  G90  G80;
N330  M03  S500;
N340  G00  X0  Y0;
N350  G43  G00  H03  Z100.0  M08;   建立 3 号刀具长度补偿
N360  G98  G81  X50.0  Y30.0  Z-15.938  R3.0  F100;
                                      钻 2 号盲孔
N370  G80  M09;
N380  G49  G28  G91  Z0;             取消 3 号刀具长度补偿，回参考点
N390  M05;
N400  M00;                            程序暂停，手动换上 5 号刀具
N410  G54  G17  G21  G40  G49  G90  G80;
N420  M03  S1500;
N430  G00  X0  Y0;                    刀具到达 3 号孔上方
N440  G43  G00  H05  Z100.0  M08;   建立 5 号刀具长度补偿
N445  X50.0  Y30.0;
N450  Z3.0;                           快速下降到安全高度
N460  G01  Z-9.95  F40;              加工 3 号孔
N470  G04  P2000;                     孔底进给暂停 3s，对孔底进行光整加工
N480  G01  Z3.0;                      刀具提升到安全高度
N482  G00  X80.0  Y50.0;
N484  G01  Z-15.05  F540;
N486  G04  P2000;
N488  Z3.0;
N490  G49  G28  G91  Z0;             取消 5 号刀具长度补偿，回参考点
N500  M05;
N510  M02;                            程序结束
```

三、装夹刀具

四、装夹工件

采用机用虎钳直接装夹零件，零件底部用垫铁块垫起。在装夹时注意垫铁的放置位置应避免通孔的加工位置。

五、输入程序

六、对刀

七、启动自动运行，加工零件

在加工过程中，使用 M00 指令暂停后更换刀具。

八、测量零件

任务四　完成本项目的实训任务

一、实训目的

（1）能够对孔系零件进行数控铣削数控工艺分析。
（2）熟练掌握 G81、G82、G84、G86 指令的含义和用法。
（3）学会编程和加工孔系零件。

二、实训内容

零件如图 7–23 所示，毛坯尺寸为 100mm×100mm×20mm，上表面已经加工并已达到图纸要求，材料为 45 号钢，试编程并加工该零件。

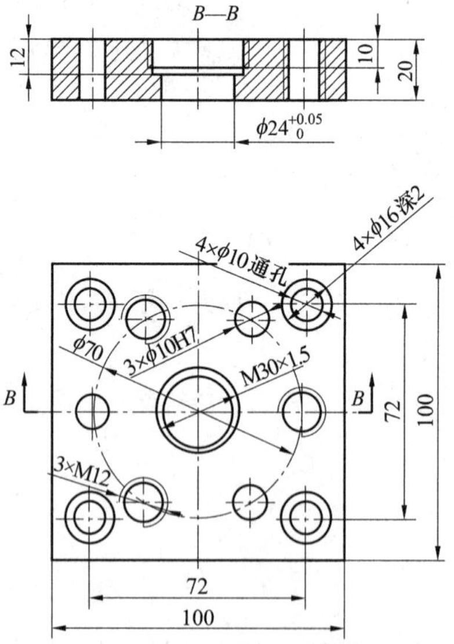

图 7–23　孔系加工实训零件图

三、实训要求

（1）分析零件图样，选择定位基准和加工方法，确定走刀路线，选择刀具和装夹方法，确定各切削用量参数，填写数控加工工序卡片，见表 7–7。

（2）根据工件的加工工艺分析和所使用数控铣床的编程指令说明，编写加工程序。

（3）使用数控铣床加工零件。

（4）测量工件。根据零件图要求，选择合适的量具对工件进行检测，并对工件进行质量分析。

（5）撰写实训报告。

项目八

凹模零件编程与加工

项目导入

要求加工如图 8–1 所示凹模零件，毛坯尺寸为 80mm×80mm×30mm，材料为 45 号钢，数量为 20 件。

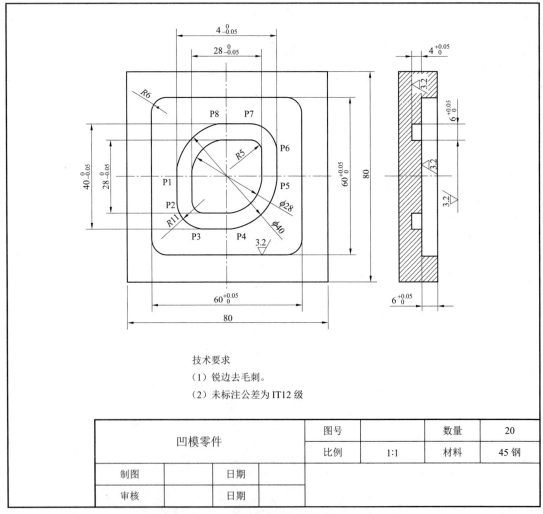

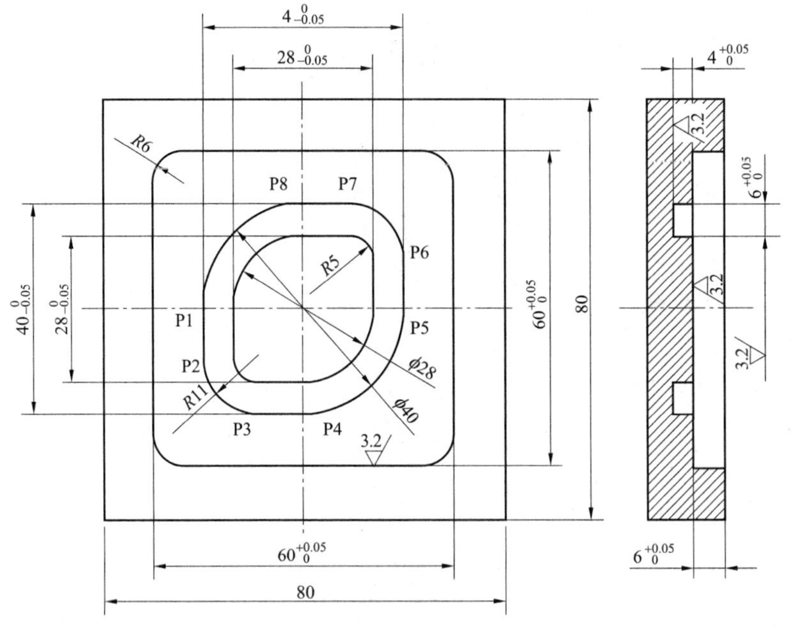

技术要求

（1）锐边去毛刺。

（2）未标注公差为 IT12 级

凹模零件				图号		数量	20
				比例	1:1	材料	45 钢
制图		日期					
审核		日期					

图 8–1　凹模零件

任务一　学习型腔铣削工艺知识

型腔的主要加工要求有侧壁和底面的尺寸精度、表面粗糙度、二维平面内轮廓的尺寸精度。

一、型腔铣削方法

型腔的加工分粗、精加工。先粗加工切除内部大部分材料，粗加工不可能都在顺铣模式下完成，也不可能保证所有地方留作精加工的余量完全均匀，所以在精加工之前通常要进行半精加工。

对于较浅的型腔，可用键槽铣刀插削到底面深度，先铣型腔的中间部分，然后再利用刀具半径补偿对垂直侧壁轮廓进行精铣加工。

对于较深的内部型腔，宜在深度方向分层切削，常用的方法是预先钻削一个所需深度孔，然后再使用比孔尺寸小的平底立铣刀从 *Z* 向进入预定深度，随后进行侧面铣削加工，将型腔扩大到所需的尺寸、形状。

型腔铣削时有两个重要的工艺要考虑：① 刀具切入工件的方法；② 刀具粗、精加工的刀路设计。

二、刀具选用

适合于型腔铣削的刀具有平底立铣刀、键槽铣刀，型腔的斜面、曲面区域要用 *R* 刀或球头刀加工。

型腔铣削时，立铣刀是在封闭边界内进行加上。立铣刀加工方法受到型腔内部结构特点的限制。

立铣刀对内轮廓精铣削加工中，其刀具半径一定要小于零件内轮廓的最小曲率半径，刀具半径一般取内轮廓最小曲率半径的 0.8～0.9 倍。粗加工时，在不干涉内轮廓的前提下，尽量选用直径较大的刀具，直径大的刀具比直径小的刀具的抗弯强度大，加工中不容易引起受力弯曲和振动。

在刀具切削刃（螺旋槽长度）满足最大深度的前提下，尽量缩短刀具从主轴伸出的长度和立铣刀从刀柄夹持工具的工作部分中伸出的长度。立铣刀的长度越长，抗弯强度越小，受力弯曲程度大，会影响加工的质量，并容易产生振动，加速切削刃的磨损。

三、型腔铣削的工艺路线设计

1. 型腔铣削加工的刀具引入方法

与外轮廓加工不同，型腔铣削时，要考虑如何 *Z* 向切入工件实体的问题。通常刀具 *Z* 向切入工件实体有如下几种方法。

（1）使用键槽铣刀沿 *Z* 轴垂直向下进刀切入工件。

（2）先预钻一个孔，再用直径比孔径小的立铣刀切削。

（3）斜线进刀及螺旋进刀。

斜线进刀及螺旋进刀，都是靠铣刀的侧刃逐渐向下铣削而实现向下进刀的，所以这两种进刀方式可以用于端部切削能力较弱的端铣刀（如可转位硬质合金刀）的向下进给。同时斜线或螺旋进刀可以改善进刀时的切削状态，保持较高的速度和较低的切削负荷。

斜向切入同时使用 *Z* 轴和 *X* 轴或 *Y* 轴进给。斜角角度随着立铣刀直径的不同而不同，如ϕ25 刀具的常见斜角为 25°，ϕ50 的刀具为 8°，ϕ100 的刀具为 3°，这种切入方法适用于平底、球头和 *R* 形立铣刀。小于ϕ20 的刀具要使用较小的角度，一般为 3°～10°。

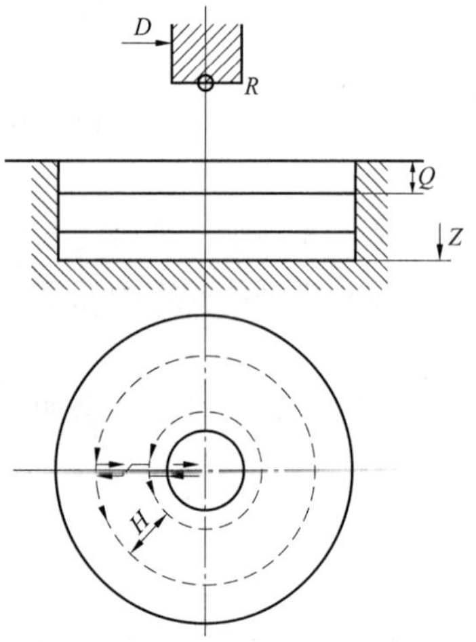

图 8–2　挖圆腔

2. 圆腔挖腔程序的编制

圆腔挖腔，一般从圆心开始，根据所用刀具，也可先预钻一孔，以便进刀。挖腔加工多用立铣刀或键槽铣刀。

如图 8–2 所示。挖腔时，刀具快速定位到 *R* 点，从 *R* 点转入切削进给，先铣一层，切深为 *Q*，在一层中，刀具按宽度（行距）*H* 进刀，按圆弧走刀，*H* 值的选取应小于刀具直径，以免留下残留，实际加工中，根据情况选取。依次进刀，直至孔的尺寸。加工完一层后，刀具快速回到孔中心，再轴向进刀（层距），加工下一层，直至到达孔底尺寸 *Z*。最后，快速退刀，离开孔腔。

3. 方腔挖腔程序的编制

方腔挖腔与圆腔挖腔相似，但走刀路径可有以下几种，如图 8–3 所示。

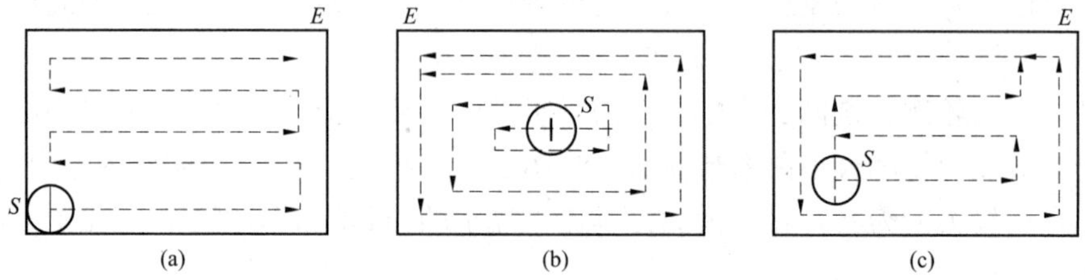

图 8–3　挖方腔

（a）从角边起刀；（b）从中心起刀；（c）先以 Z 字形排刀，最后沿腔周走一刀

图 8–3（a）的走刀，是从角边起刀，按 Z 字形排刀。这种走刀方法编程简单，但行间在两端有残留。

图 8–3（b）的走刀，是从中心起刀，或长边从（长–宽）/2 处起刀，按逐圈扩大的路线走刀，因每圈需变换终点位置尺寸，编程复杂，但腔中无残留。

图 8–3（c）的走刀，结合图 8–3（a）、图 8–3（b）两种方法的优点，先以 Z 字形排刀，最后沿腔周走一刀，切去残留。

编程时，刀具先快速定位在 *S* 点，纵向快速定位在 *R* 点，再切削进给至第一层切深，按上述 3 种走刀方式选一种，切去一层后，刀具回到出发点，再纵向进刀，切除第二层，

直到腔底，切完后，刀具快速离开方腔，以上动作可参阅圆腔挖腔正向视图。

同样，有的系统已将上述加工过程作为宏指令，在编程时，只需指令相应参量，即可将方腔挖出。

4. 带弧岛的挖腔程序的编制

带弧岛的挖腔，不但要照顾到轮廓，还要保证弧岛。为简化编程，编程员可先将腔的外形按内轮廓进行加工，再将弧岛按外轮廓进行加工，使剩余部分远离轮廓及弧岛，再按无界平面进行挖腔加工。可用方格纸进行近似取值，以简化编程。注意如下问题。

（1）刀具要足够小，尤其用改变刀具半径补偿的方法进行粗、精加工时，保证刀具不碰型腔外轮廓及弧岛轮廓。

（2）有时可能会在弧岛和边槽或两个弧岛之间出现残留，可用手动方法除去。

（3）为下刀方便，有时要先钻出下刀孔。

例 带弧岛的挖腔，零件如图 8-4 所示。

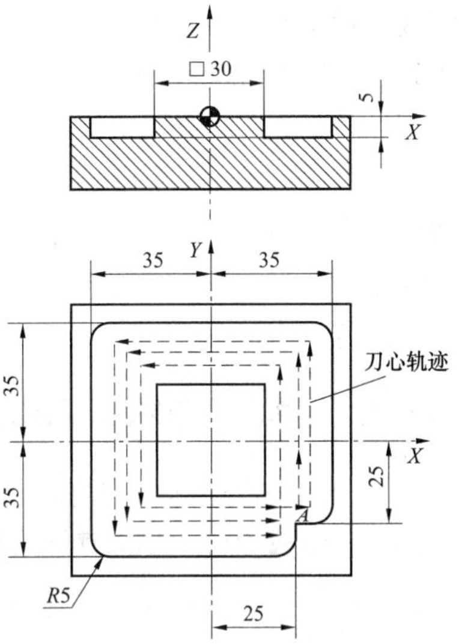

图 8-4 带弧岛的挖腔

因型腔内角为 $R5$，所以选择 $\phi10$ 立铣刀。为走刀方便，下刀点选在 A 点（20，-20）并预钻 $\phi10$ 的孔。铣削程序如下。

```
⋮
N10  G90  G00  X20.0 Y-20.0;        快进到 A 点
N20  G00  Z3.0;
N30  G01  Z-5.0  F100;
N40  X30.0  F50;                    N40～N80 铣腔内轮廓，用刀心编程
N50  Y30.0;
N60  X-30.0;
N70  Y-30.0;
N80  X20.0;
N90  Y 20.0;                        N90～N120 铣弧岛
N100  X -20.0;
N110  Y -20.0;
N120  X25;
N130  Y25.0;                        N130～N150 去残留
N140  X-25.0;
N150  X18.0;
N160  G00  Z200.0  M05;
⋮
```

四、型腔铣削用量

粗加工时，为了得到较高的切削效率，选择较大的切削用量，但刀具的切削深度与宽度应与加工条件（机床、工件、装夹、刀具）相适应。

实际应用中，一般让 Z 方向的吃刀深度不超过刀具的半径；直径较小的立铣刀，切削深度一般不超过刀具直径的 1/3。切削宽度与刀具直径大小成正比，与切削深度成反比，一般切削宽度取 0.6～0.9 倍刀具直径。值得注意的是，型腔粗加工开始第一刀，刀具为全宽切削，切削力大，切削条件差，应适当减小进给量和切削速度。

精加工时，为了保证加工质量，避免工艺系统受力变形和减小振动，精加工切深应小，数控机床的精加工余量可略小于普通机床，一般在深度、宽度方向留 0.2～0.5mm 余量进行精加工。精加工时，进给量大小主要受表面粗糙度要求限制，切削速度大小主要取决于刀具耐用度。

五、圆弧切入和圆弧切出方式

槽加工与内轮廓加工类似无法沿轮廓延长线方向切入、切出，一般都沿法向切入、切出，也可沿槽内轮廓切向切入、切出。具体做法是沿内轮廓设置一过渡圆弧切入和切出工件轮廓，如图 8–5 所示为加工圆形槽切入、切出路径。图 8–6 所示为加工键槽使用刀具半径补偿后再设置圆弧切入、切出路径。

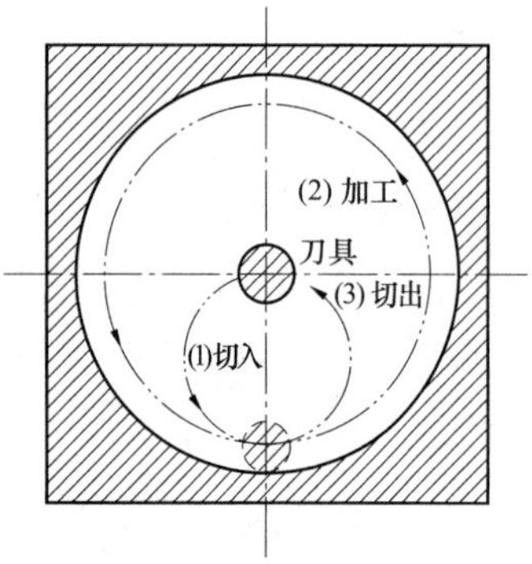

图 8–5　加工圆形槽切入、切出路径

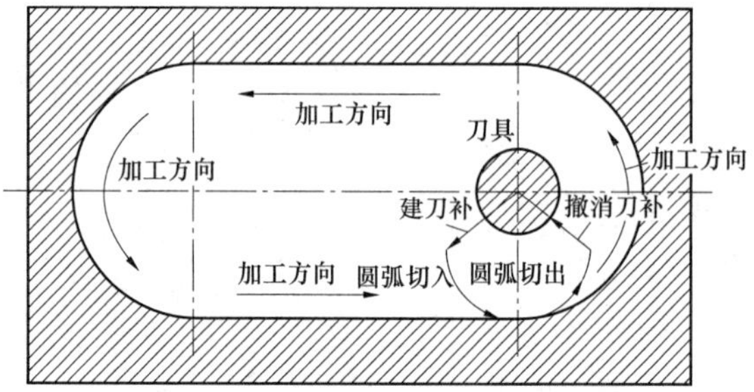

图 8–6　加工键槽切入、切出路径

任务二　项　目　实　施

一、工艺分析与工艺设计

1. 加工工艺路线制定

此例应先加工矩形方槽再加工中间环形槽。若先加工中间环形槽，一方面槽较深，刀具易断；另一方面加工矩形方槽时会在环形槽中产生飞边，影响环形槽宽度尺寸。

加工方案：矩形槽深度 6mm 不能一次加工至深度尺寸，粗加工需分层铣削。在每一层表面加工中因铣刀直径为 10mm，还需采用环切或行切法切除多余部分材料，如图 8–7 所示（其中点 *A*、*B*、*C*、*D*、…坐标需要求解）。精加工采用圆弧切入和切出方法以避免轮廓表面产生刀痕，如图 8–8 所示。环形槽深度为 4mm，粗加工也应分两次进刀，槽两边曲线形状不同，应分别进行粗、精加工；粗、精加工程序可用同一程序，只需在加工过程中设置不同的刀具半径补偿值即可。

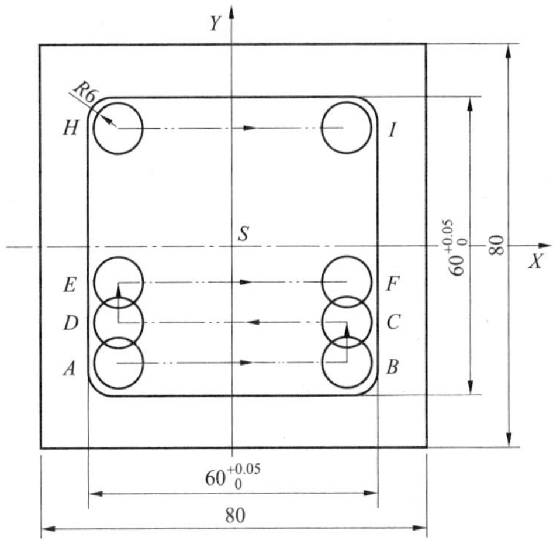

图 8–7　方腔粗加工行切路线

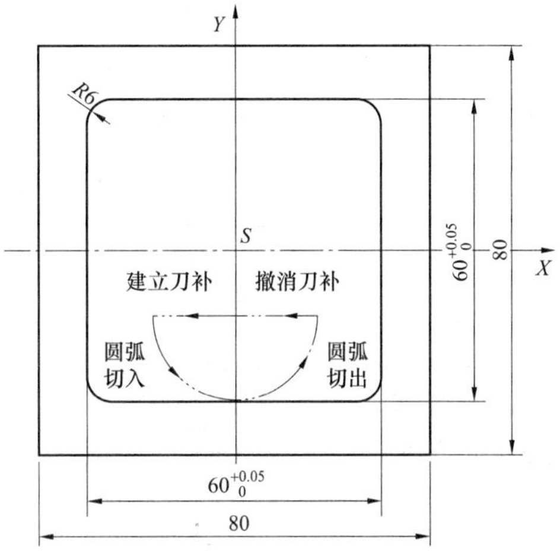

图 8–8　方腔精加工路线

2. 合理切削用量选择

加工材料为硬铝，硬度较低，切削力较小，切削速度可较高，但由于铣刀直径小，下刀深度和进给速度应较小，本课题下刀深度每层 2mm，除最后一刀粗加工留精加工余量 0.2mm。具体见表 8–1。

表 8–1　　粗、精铣削用量

刀　具	直径	工作内容	v_f（mm/min）	*n*（r/min）	下刀深度（mm）
高速钢键槽粗铣刀（T1）	$\phi10$	垂直进给	50	1000	2
		表面直线进给	70	1000	2
		表面圆弧进给	70	1000	2
高速钢键槽粗铣刀（T2）	$\phi5$	垂直进给	40	1200	2
		表面直线进给	60	1200	2
		表面圆弧进给	60	1200	2
高速钢立铣刀、精铣（T3）	$\phi10$	垂直进给	50	1200	0.2
		表面直线进给	60	1200	0.2
		表面圆弧进给	60	1200	0.2
高速钢立铣刀、精铣（T4）	$\phi5$	垂直进给	40	1500	0.2
		表面直线进给	60	1500	0.2
		表面圆弧进给	60	1500	0.2

二、编制程序

1. 工件坐标系建立

根据工件坐标系建立原则，X、Y 零点建在工件几何中心上，Z 零点建立在工件上表面。

2. 基点坐标计算

（1）粗加工行切时各点坐标计算。轮廓留加工余量 1mm，行距 9mm，A、D、E、…、H 各点 X 坐标一样，Y 坐标依次大一个行距。B、C、F、…、I 等各点也是 X 坐标相同，Y 坐标依次大一个行距 9mm。各点坐标见表 8–2。

表 8–2　　粗加工行切时刀具各点坐标　　单位：mm

A	（–24，–24）	B	（24，–24）
D	（–24，–15）	C	（24，–15）
E	（–24，–6）	F	（24，–6）
	（–24，3）		（24，3）
	（–24，12）		（24，12）
	（–24，21）		（24，21）
H	（–24，24）	I	（24，24）

（2）环形槽外侧、里侧基点坐标见表 8–3。

表 8–3　　环形槽内、外侧基点坐标　　单位：mm

基点	槽外侧（X、Y）	槽内槽（X、Y）	基点	槽外侧（X、Y）	槽内侧（X、Y）
P1	（–20，0）	（–14，0）	P5	（20，0）	（14，0）
P2	（–20，–9）	（–14，–9）	P6	（20，9）	（14，9）
P3	（–9，–20）	（–9，–14）	P7	（9，20）	（9，14）
P4	（0，–20）	（0，–14）	P8	（0，20）	（0，14）

（3）方形槽基点坐标（略）。

3. 参考程序

运用法那克系统编程，程序如下。

（1）主程序。

```
N5   G40  G90  G80  G49  G69;          设置初始状态
N10  G54  M3  S1000  T1;               设置加工参数
N20  G0  G43  X-24  Y-24  Z5  H01;     空间移动至点 X-24  Y-24  Z5
N30  G1  Z-2  F50;                     下刀
N40  M98  P0100;                       粗加工矩形槽第一层
N50  G1  Z-4  F50;                     下刀
```

N60 M98 P0100;	粗加工矩形槽第二层
N70 G1 Z-5.8 F50;	下刀
N80 M98 P0100;	粗加工矩形槽第三层
N90 G0 Z100;	抬刀
N100 M5;	主轴停止
N110 M0;	程序停，手动换ϕ5 铣刀
N120 M3 S1200 T2;	设置粗加工参数
N130 G41 X-20 Y0 D2;	空间建立刀具半径补偿
N140 G1 G43 Z-8 H02 F50;	下刀
N150 M98 P0300;	粗加工环形槽外侧面
N160 G1 Z-9.8 F50;	下刀
N170 M98 P0300;	粗加工环形槽外侧面
N180 G0 Z5;	抬刀
N190 G40 G0 X-10 Y-10;	取消刀具半径补偿
N200 G41 G0 X-14 Y0 D2;	建立刀具半径补偿
N210 G1 Z-8 F50;	下刀
N220 M98 P0400;	粗加工环形槽里侧面
N230 G1 Z-9.8 F50;	下刀
N240 M98 P0400;	粗加工环形槽里侧面
N250 G0 Z100;	抬刀
N260 G40 X0 Y0;	取消刀具半径补偿
N270 M5;	程序停
N280 M0;	主轴停止，手动换精加工刀具
N290 M3 S1200 T3;	设置精加工参数
N300 G0 G43 X-244 Y-24 Z5 H03;	
N310 G1 Z-6 F50;	下刀
N320 M98 P0100;	精加工矩形槽底面
N330 G0 Z5;	抬刀
N340 X0 Y0;	空间移动
N350 G1 Z-6 F40;	下刀
N360 M98 P0200;	半精、精加工矩形槽侧面
N370 G0 Z100;	抬刀
N380 M5;	主轴停止
N390 M0;	程序停，手动换ϕ5 精铣刀
N400 M3 S1500 T4;	设置精加工参数
N410 G0 G41 X-20 Y0 D4;	建立刀具半径补偿至点 $P1$
N420 G1 G43 Z-10 H04 F50;	下刀

N430 M98 P0300;	精加工环形槽外侧面
N440 G0 Z5;	抬刀
N450 G40 X-10 Y10;	取消刀具半径补偿
N460 G41 X-14 Y0 D4;	建立刀具半径补偿至点 P1
N470 G1 Z-10 F50;	下刀
N480 M98 P0400;	精加工环形槽里侧面
N490 G0 Z10;	抬刀
N500 G40 X0 Y0 G49;	取消刀具半径补偿
N510 M2;	程序结束

（2）矩形槽粗加工子程序。

N10 G1 X24 Y-24 F70;	加工矩形槽从点 A 行切至点 I
N20 Y-15;	
N30 X-24;	
N40 Y-6;	
N50 X24;	
N60 Y3;	
N70 X-24;	
N80 Y12;	
N90 X24;	
N100 Y21;	
N110 X-24;	
N120 Y24;	
N130 X24;	
N140 G0 Z5;	抬刀
N150 X-24 Y-24;	刀具回到起始点 X-24 Y-24
N160 M99;	子程序结束

（3）矩形槽精加工子程序。

N10 G1 G41 X-5 Y-25 D3 F70;	建立刀具半径补偿
N20 G3 X0 Y-30 R5;	圆弧切入
N30 G1 X24;	沿矩形槽轮廓加工
N40 G3 X30 Y-24 R6;	
N50 G1 Y24;	
N60 G3 X24 Y30 R6;	
N70 G1 X-24;	
N80 G3 X-30 Y24 R6;	
N90 G1 Y-24;	
N100 G3 X-24 Y-30 R6;	

```
N110 G1 X0;
N120 G3 X5 Y-2.5 R5;                    圆弧切出
N130 G1 G40 X0 Y0;                      取消刀具半径补偿
N140 M99;                               子程序结束
```

（4）环形槽外侧面加工子程序。

```
N10 G1 X-20 Y-9 F70;                    直线加工至点 P2
N20 G3 X-9 Y-20 R11;                    圆弧加工至点 P3
N30 G1 X0;                              直线加工至点 P4
N40 G3 X20 Y0 R20;                      圆弧加工至点 P5
N50 G1 Y9;                              直线加工至点 P6
N60 G3 X9 Y20 R11;                      圆弧加工至点 P7
N70 G1 X0;                              直线加工至点 P8
N80 G3 X-20 Y0 R20;                     圆弧加工至点 P1
N90 M99;                                子程序结束
```

（5）环形槽里侧面加工子程序。

```
N10 G2 X0 Y14 R14 F70;                  圆弧加工至点 P8
N20 G1 X9;                              直线加工至点 P7
N30 G2 X14 Y9 R5;                       圆弧加工至点 P6
N40 G1 Y0;                              直线加工至点 P5
N50 G2 X0 Y-14 R14;                     圆弧加工至点 P4
N60 G1 X-9;                             直线加工至点 P3
N70 G2 X-14 Y-9 R5;                     圆弧加工至点 P2
N80 G1 Y0;                              直线加工至点 P1
N90 M99;                                子程序结束
```

用加工中心加工时，只需把手动换刀指令换成自动换刀指令即可，即主程序中 M0 指令改成自动换刀指令 M6 T2（T3、T4），由机械手自动换刀即可。

任务三　完成本项目的实训任务

一、实训目的

（1）能够对型腔零件进行数控铣削数控工艺分析。
（2）学会编程和加工型腔零件。

二、实训内容

零件如图 8–9 所示，毛坯尺寸为$\phi100\times40$，上表面已经加工并已达到图纸要求，材料为 45 号钢，试编程并加工该零件。

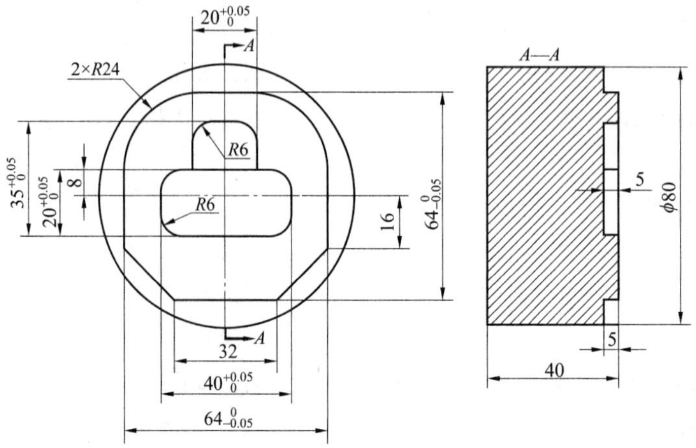

图 8–9　型腔加工实训零件图

三、实训要求

（1）分析零件图样，选择定位基准和加工方法，确定走刀路线，选择刀具和装夹方法，确定各切削用量参数，填写数控加工工序卡片，见表 8–1。

（2）根据工件的加工工艺分析和所使用数控铣床的编程指令说明，编写加工程序。

（3）使用数控铣床加工零件。

（4）测量工件。根据零件图要求，选择合适的量具对工件进行检测，并对工件进行质量分析。

（5）撰写实训报告。

项目九

双面零件编程与加工

项目导入

本项目要求加工如图 9-1 所示双面零件，零件材料为 45 钢，数量为 50 件。为了表达方便，将零件上表面设为 N 面，下表面设为 M 面。

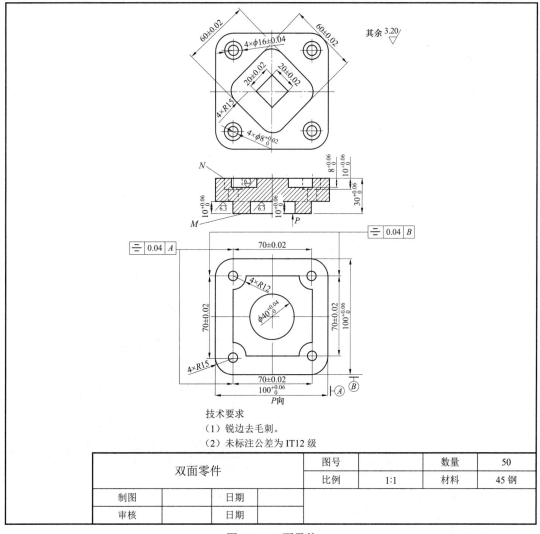

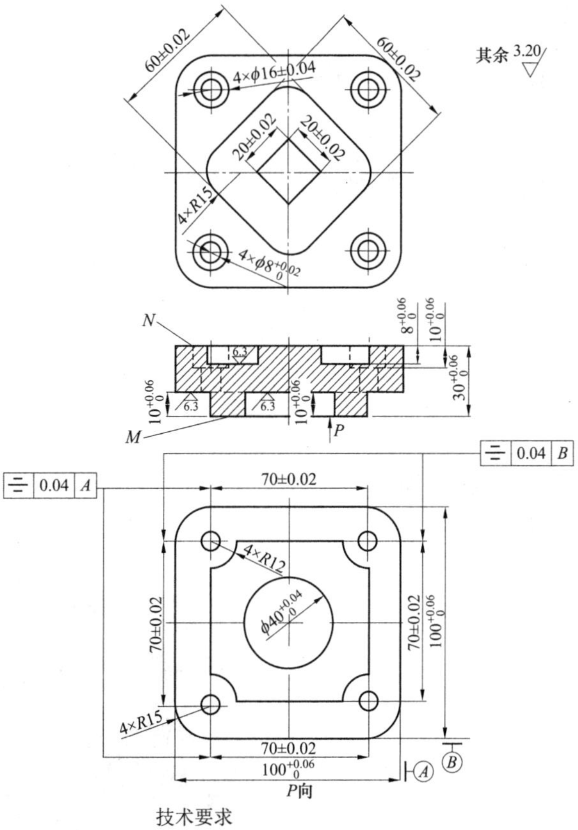

技术要求

（1）锐边去毛刺。

（2）未标注公差为 IT12 级

双面零件		图号		数量	50
		比例	1:1	材料	45 钢
制图		日期			
审核		日期			

图 9-1　双面零件

任务一　学习双面件对刀方法

一、定位夹紧方案的制订

先加工本零件的 *M* 面，将零件的 *M* 面加工完成后，需要将毛坯翻过来，利用 *M* 面和侧面定位，加工 *N* 面。

二、翻面对刀方法

将毛坯翻面装夹后，对刀要保证本次加工的 *N* 面外形与前面所加工的 *M* 面外形准确对接，精度要求不准超过 0.02mm。为保证加工精度，必须保证对刀精度。将毛坯翻面装夹后，可以采用如下的方法。

（1）采用试切对刀方法，对毛坯上部（未加工过部分）对刀。

（2）对未加工的毛坯部分进行一次试加工，本次加工尽可能少加工，只要保证四周侧面都能切削平整即可。

（3）精确测量新加工的外形与加工正面时的外形在 *X* 轴和 *Y* 轴的差值。如图 9–2 所示，得到 X_1、X_2 和 Y_1、Y_2。

（4）计算出新加工的外形的中心与 *M* 面加工时的外形中心的差值 *X* 和 *Y*。计算公式为

$$X = \frac{X_1 - X_2}{2}$$

$$Y = \frac{Y_1 - Y_2}{2}$$

（5）将计算出的 *X* 和 *Y* 输入到数控铣床的工件坐标系偏移中的 00 坐标系中对应的 *X* 和 *Y* 坐标中，如图 9–3 所示。

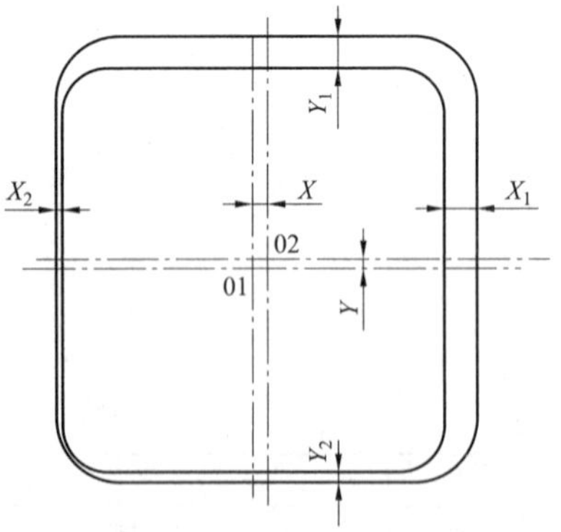

图 9–2　翻面对刀时坐标计算

01—加工 *M* 面时的工件坐标系原点；

02—加工 *N* 面时的工件坐标系原点

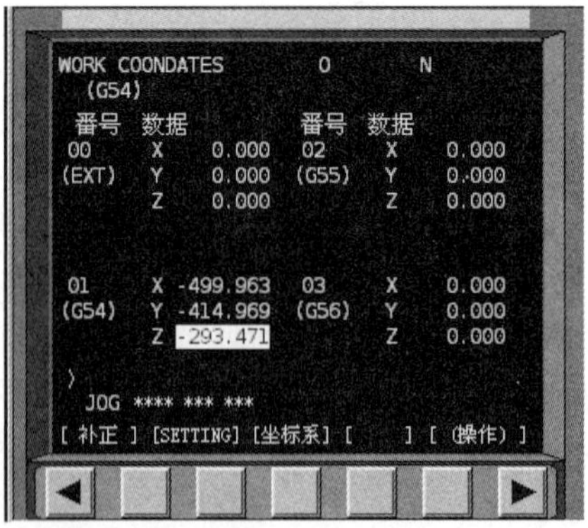

图 9–3　工件坐标系偏移的输入

任务二 项 目 实 施

一、工艺分析与工艺设计

1. 装夹方法

由于毛坯为方料，采用平口台虎钳装夹工件。在装夹之前，应先用百分表找正平口台虎钳并固定虎钳，注意工件应安装在钳口的中间部位，工件被加工部位要高出钳口 7～10mm 左右，避免刀具与钳口发生干涉，夹紧工件时注意避免工件上浮，用橡胶锤锤紧。

2. 工艺分析

该零件为双面零件，要经过两次装夹。根据零件的尺寸精度要求，要分粗铣和精铣。先加工 *M* 面，再加工 *N* 面。

3. 工艺设计

该零件用两个程序分别加工两面。

M 面：

（1）使用ϕ20 立铣刀粗铣 70mm×70mm 凸台。留 0.5mm 单边加工余量。

（2）使用 M00 指令暂停后，修订刀具参数，然后半精铣凸台，留 0.1mm 单边加工余量。

（3）使用 M00 指令暂停后，修订刀具参数，精铣凸台至规定尺寸。

（4）使用 M00 指令暂停后，更换ϕ14 键槽铣刀，修订刀具参数，粗铣ϕ40 圆形型腔，留 0.5mm 单边加工余量。

（5）使用 M00 指令暂停后，修订刀具参数，半精铣型腔，留 0.1mm 单边加工余量。

（6）使用 M00 指令暂停后，修订刀具参数，精铣型腔至规定尺寸。

N 面：

（1）使用ϕ32 立铣刀粗铣表面，注意保证高度尺寸 35mm。留 0.5mm 单边加工余量。

（2）使用 M00 指令暂停后，修订刀具长度补偿参数，然后半精铣表面，留 0.1mm 单边加工余量。

（3）使用 M00 指令暂停后，修订刀具长度补偿参数，精铣表面至规定高度。

（4）使用 M00 指令暂停后，更换ϕ20 立铣刀，修订 G54 坐标系下 *Z* 值，修订刀具参数，粗铣 100×100 外轮廓，留 0.5mm 单边加工余量。

（5）使用 M00 指令暂停后，修订刀具参数，半精铣外轮廓，留 0.1mm 单边加工余量。

（6）使用 M00 指令暂停后，修订刀具参数，精铣外轮廓至规定尺寸。

（7）使用 M00 指令暂停后，更换ϕ14 键槽铣刀，修订刀具参数，粗铣 60mm×60mm 内轮廓。留 0.5mm 单边加工余量。

（8）使用 M00 指令暂停后，修订刀具参数，半精铣内轮廓。留 0.1mm 单边加工余量。

（9）使用 M00 指令暂停后，修订刀具参数，精铣内轮廓至规定尺寸。

（10）使用 M00 指令暂停后，修订刀具参数，粗铣 20mm×20mm 岛屿。留 0.5mm 单边加工余量。

（11）使用 M00 指令暂停后，修订刀具参数，半精铣岛屿。留 0.1mm 单边加工余量。
（12）使用 M00 指令暂停后，修订刀具参数，精铣岛屿至规定尺寸。
（13）使用 M00 指令暂停后，更换 A2 中心钻，钻中心孔。
（14）使用 M00 指令暂停后，更换ϕ7.7 钻头，钻削通孔。
（15）使用 M00 指令暂停后，更换ϕ14 键槽铣刀，修订刀具参数，粗铣沉孔。
（16）使用 M00 指令暂停后，修订刀具参数，半精铣沉孔。
（17）使用 M00 指令暂停后，修订刀具参数，精铣沉孔至规定尺寸。
（18）使用 M00 指令暂停后，更ϕ8 铰刀，铰削通孔。

4. 刀具与切削用量

加工时选用刀具与切削用量参照见表 9–1。

表 9–1　　刀具与切削用量表

刀具号	刀具规格	工序内容	长度补偿号	半径补偿号	f（mm/min）	α_p（mm）	n（r/min）
T01	ϕ32 立铣刀	铣平面	H01	D01	150	13	2000
T02	ϕ20 立铣刀	铣凸台	H02	D02	200	5	2200
T03	ϕ14 键槽铣刀	铣内轮廓、沉孔	H03	D03	120	7	2500
T04	A2 中心钻	钻中心孔	H04		60	1	800
T05	ϕ7.7 麻花钻	钻通孔	H05		50	3.85	500
T06	ϕ8 铰刀	铰通孔	H06		30	0.15	200

二、程序编程

选择工件上表面的中心点为工件坐标系原点。

M 面加工程序。

```
O4018;                                   主轴上安装 T02 刀具，φ20 立铣刀
N010  G54  G17  G21  G40  G49  G90  G80;
N020   M03  S2200;
N030  G43  G00  H02  Z100.0  M08;        建立 2 号刀具长度补偿，冷却液开
N040  G00  X-50.0  Y-65.0;
N050  G00  Z0.0;
N060  M98  P81  L2;                      调用凸台加工程序
N070  G00  Z100;
N080  G49  G28  G91  Z0;                 取消 2 号刀具长度补偿
N090  M05;                               主轴停转
N100  M00;                               程序暂停，手动换上 T03 刀具，使用φ14 键
                                         槽铣刀
N110  G54  G17  G21  G40  G49  G90  G80;
```

```
N120  M03  S2500;
N130  G43  G00  H03  Z100.0  M08;          建立 2 号刀具长度补偿，冷却液开
N140  G00  X-20.0  Y-45.0;
N150  G00  Z3;
N160  G01  Z0  F50;
N170  M98  P82  L3;                        调用型腔加工程序
N180  G00  Z00;
N190  G49  G28  G91  Z0;                   取消 2 号刀具长度补偿
N200  M05;                                 主轴停转
N210  M02;

O81;                                        凸台下刀加工程序
N10  G91  G01  Z-5.0  F50;
N20  M98  P811  L3;                        调用凸台加工程序
N30  M99;                                  子程序结束，返回主程序

O82;                                       型腔下刀加工程序
N10  G91  G01  Z-5.0  F50;
N20  M98  P812  L5;                        调用型腔加工程序
N30  M99;                                  子程序结束，返回主程序

O811;                                      凸台加工程序
N10  M00;                                  修改 2 号刀具半径补偿参数
N20  G90  G41  G01  X-35.0  Y-50.0  F200  D02;
                                           建立 2 号刀具半径补偿
N30  G01  Y23.0;
N40  G0  X-23.0  Y35.0  R12.0;
N50  G01  X23.0;
N60  G03  X35.0  Y23.0  R12.0;             取消 2 号刀具半径补偿
N70  G01  Y-23.0;
N80  G03  X23.0  Y-35.0  R12.0;            子程序结束，返回主程序
N90  G01  X-23.0;
N100  G03  X-47.0  R12.0;
N110  G40  G01  X-50.0  Y-65.0
N120  M99;                                 子程序结束，返回程序 81

O812;                                      型腔加工程序
```

```
N10  M00;                                    修改3号刀具半径补偿参数
N20  G91  G00  Z-40.0;
N30  G01  Z-10.0  F100;
N40  G90  G41  G01  X20.0  Y0  F120  D03;   建立3号刀具半径补偿
N50  G03  I-20.0;
N60  G40  G01  X0  Y0;
N70  G91  G00  Z100.0;
N80  M99;                                    子程序结束，返回程序82
```

*N*面加工程序。

```
O4028;                                       主轴上安装T01刀具，φ32立铣刀
N10  G54  G17  G21  G40  G49  G90  G80;
N20  M03  S2200;
N30  M98  P821  L3;                          调用平面加工程序
N40  M05;                                    主轴停转
N50  M00;                                    程序暂停，手动换上T02刀具，使用φ20立
                                             铣刀
N60  G54  G17  G21  G40  G49  G90  G80;
N70  M03  S2500;
N80  G43  G00  H02  Z100.0  M08;             建立2号刀具长度补偿，冷却液开
N90  G00  X-60.0  Y-70.0;
N100  G00  Z3;
N110  G01  Z0  F50;
N120  M98  P83  L5;                          调用下刀程序
N130  G00  Z00;
N140  G49  G28  G91  Z0;                     取消2号刀具长度补偿
N150  M05;                                   主轴停转
N160  M00;                                   程序暂停，手动换上T03刀具，使用φ14键
                                             槽铣刀
N170  G54  G17  G21  G40  G49  G90  G80;
N180  M03  S2500;
N190  G43  G00  H03  Z100.0  M08;            建立3号刀具长度补偿，冷却液开
N200  G00  X14.14  Y-14.14;
N210  G00  Z3;
N220  G01  Z0  F50;
N230  M98  P84  L2;                          调用下刀程序
N240  G00  Z00;
```

```
N250  G49  G28  G91  Z0;                         取消 3 号刀具长度补偿
N260  M05;                                       主轴停转
N270  M00;                                       程序暂停，手动换上 T03 刀具，使用 A2 中
                                                 心钻
N280  G54  G17  G21  G40  G49  G90  G80;
N290  M03  S800;
N300  G43  G00  H04  Z100.0  M08;                建立 4 号刀具长度补偿，冷却液开
N310  G99  G81  X35.0  Y35.0  Z-2.0  R3.0  F60;
                                                 钻中心孔
N320  X35.0  Y-35.0;
N330  X-35.0  Y-35.0;
N340  G98  X-35.0  Y35.0;
N350  G49  G28  G91  Z0;                         取消 4 号刀具长度补偿
N360  M05;                                       主轴停转
N370  M00;                                       程序暂停，手动换上 T05 刀具，使用φ7.7
                                                 钻头
N380  G54  G17  G21  G40  G49  G90  G80;
N390  M03  S500;
N400  G43  G00  H05  Z100.0  M08;                建立 5 号刀具长度补偿，冷却液开
N410  G99  G73 X35.0  Y35.0  Z-30.0  Q5.0  R3.0 F50;
N420  X35.0  Y-35.0;
N430  X-35.0  Y-35.0;
N440  G98  X-35.0  Y35.0;
N450  G49  G28  G91  Z0;                         取消 5 号刀具长度补偿
N460  M05;                                       主轴停转
N470  M00;                                       程序暂停，手动换上 T03 刀具，使用φ14 键
                                                 槽铣刀
N480  G54  G17  G21  G40  G49  G90  G80;
N490  M03  S2500;
N500  G43  G00  H03  Z100.0  M08;
N510  G00  Z3.0
N520  G00  X35.0  Y35.0;
N530  G01  Z-10.0  F50;
N540  M98  P825  L2;                             调用沉孔加工程序
N550  G90  G00  Z5.0;
N560  G00  X35.0  Y-35.0;
N570  G01  Z-10.0  F50;
```

```
N580  M98  P825  L2;                        调用沉孔加工程序
N590  G90  G00  Z5.0;
N600  G00  X-35.0  Y-35.0;
N610  G01  Z-10.0  F50;
N620  M98  P825  L2;                        调用沉孔加工程序
N630  G90  G00  Z5.0;
N640  G00  X-35.0  Y35.0;
N650  G01  Z-10.0  F50;
N660  M98  P825  L2;                        调用沉孔加工程序
N670  G90  G00  Z100.0;
N680  G49  G28  G91  Z0;
N690  M05;                                  主轴停转
N700  M00;                                  程序暂停，手动换上T06刀具，使用φ8铰刀
N710  G54  G17  G21  G40  G49  G90  G80;
N720  M03  S200;
N730  G43  G00  H06  Z100.0  M08;           建立6号刀具长度补偿，冷却液开
N740  G99  G86  X35.0  Y35.0  Z-25.0  R3.0  F30;
                                            铰孔
N750  M03  S200;
N760  G99  G86  X35.0  Y-35.0  R3.0  F30;
N770  M03  S200;
N780  G99  G86  X-35.0  Y-35.0  R3.0  F30;
N790  M03  S200;
N800  G98  G86  X-35.0  Y35.0  R3.0  F30;
N810  G49  G28  G91  Z0;                    取消6号刀具长度补偿
N820  M05;                                  主轴停转
N830  M02;                                  程序结束

O821;                                       平面加工程序
N10  M00;                                   修改刀具半径补偿参数，并修改G54坐标下
                                            Z设定值

N20  G54  G17  G21  G40  G49  G90  G80;
N30  G43  G00  H01  Z100.0 M08;             建立1号刀具长度补偿，冷却液开
N40  G00  X-52.5  Y-70.0;
N50  G00  Z3.0;
N60  G01  Z0  F50;
```

```
N70  G01  Y70.0  F150;
N80  X-37.5;
N90  Y-70.0;
N100  G01  X-22.5;
N110  Y70.0;
N120  X-7.5;
N130  Y-70.0;
N140  X7.5;
N150  Y70.0;
N160  X22.5;
N170  Y-70.0;
N180  X37.5;
N190  Y70.0;
N200  X52.5;
N210  G00  Z100.0
N220  G49  G28  G91  Z0;                      取消 1 号刀具长度补偿
N230  M99;                                    子程序结束，返回主程序

O83;                                          外轮廓下刀程序
N10  G91  G01  Z-5.1  F50;
N20  M98  P822  L3;                           调用外轮廓加工程序
N30  M99;                                     子程序结束，返回主程序

O84;                                          内轮廓及岛屿下刀加工程序
N10  G91  G01  Z-4.0  F50;
N20  M98  P823   L3;                          调用内轮廓加工程序
N30  M98  P824  L3;                           调用岛屿加工程序
M99;                                          子程序结束，返回主程序

O822;                                         外轮廓加工程序
N10  M00;                                     修改 2 号刀具半径补偿参数
N20  G54  G17  G21  G40  G49  G90  G80;
N30  G41  G01  X-50.0  Y-55.0  F120  D02;     建立 2 号刀具半径补偿
N40  G01  Y35.0;
N50  G02  X-35.0  Y50.0  R15.0;
N60  G01  X35.0;                              子程序结束，返回程序 82
N70  G02  X50.0  Y35.0  R15.0;
```

```
N80  G01  Y35.0;
N90  G02  X35.0  Y-50.0  R15.0;
N100  G01  X-35.0;
N110  G02  X-50.0  Y-35.0  R15.0;
N120  G03  X-70.0  Y-15.0  R20.0;
N130  G40  G01  X-60.0  Y-70.0;                 取消 2 号刀具半径补偿
N140  M99;                                      子程序结束，返回程序 83

O823;                                           内轮廓加工程序
N10  M00;                                       修改 3 号刀具半径补偿参数
N20  G54  G17  G21  G40  G49  G90  G80;
N30  G41  G01  X21.21  Y21.21  F120  D03;       建立 3 号刀具半径补偿
N40  G01  X10.607  Y32.205;
N50  G03  X-10.607  R15.0;
N60  G01  X-32.205  Y10.607;
N70  G03  Y-10.607  R15.0;
N80  G01  X-10.607  Y-32.205;
N90  G03  X10.607  R15.0;
N100  G01  X32.205  Y-10.607;
N110  G03  Y10.607  R15.0;
N120  G01  X21.21  Y21.21;
N130  G40  G01  X14.14  Y14.14;                 取消 3 号刀具半径补偿
N140  M99;                                      子程序结束，返回程序 84

O824;                                           岛屿加工程序
N10  M00;                                       修改 3 号刀具半径补偿参数
N20  G54  G17  G21  G40  G49  G90 G80;
N30  G41  G01  X7.07  Y7.07  F120  D03;         建立 3 号刀具半径补偿
N40  G01  X14.14;
N50  G01  Y-14.14;
N60  X-14.14;
N70  Y14.14;
N80  X7.07  Y7.07;
N90  G40  G01  X14.14  Y14.14;                  取消 3 号刀具半径补偿
N100  M99;                                      子程序结束，返回程序 84

O825;                                           沉孔加工程序
```

```
N10  M00;                              修改 3 号刀具半径补偿参数
N20  G91  G41  G01  X8.0  F100  D03;
N30  G03  I-8.0;
N40  G40  G01  X-8.0;
N50  M99;                              子程序结束，返回主程序
```

任务三　完成本项目的实训任务

一、实训目的

（1）能够对双面零件进行数控铣削数控工艺分析。

（2）学会编程和加工双面零件。

二、实训内容

零件如图 9–4 所示，毛坯尺寸为 90mm×90mm×55mm，材料为 45 号钢，试编程并加工该零件。

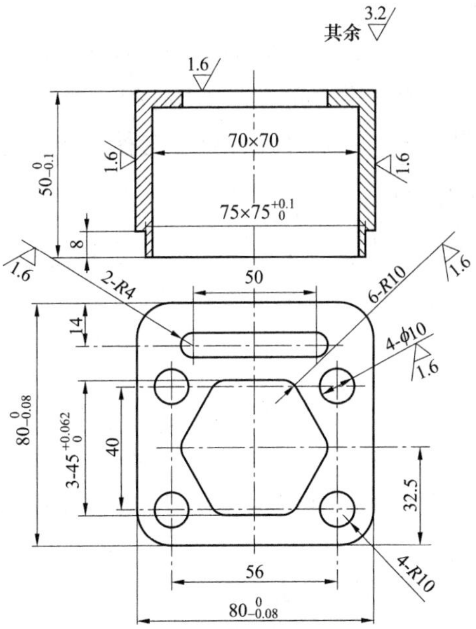

图 9–4　双面件

三、实训要求

（1）分析零件图样，选择定位基准和加工方法，确定走刀路线，选择刀具和装夹方法，确定各切削用量参数，填写数控加工工序卡片。

（2）根据工件的加工工艺分析和所使用数控铣床的编程指令说明，编写加工程序。

（3）使用数控铣床加工零件。

（4）测量工件。根据零件图要求，选择合适的量具对工件进行检测，并对工件进行质量分析。

（5）撰写实训报告。

任务四　知识拓展：加工中心的换刀程序

加工中心具有自动换刀装置，可以通过程序自动完成刀具的交换，不需要人工干涉。在加工中心换刀时，要用到选刀指令（T代码）及换刀指令（M06）。多数加工中心都规定了“换刀点”位置，即定距换刀。主轴只有运动到换刀点，机械手才能执行换刀动作。一般立式加工中心规定换刀点的位置在Z0处（即机床*Z*轴零点），同时规定换刀时应有回参考点的准备功能G28指令。卧式加工中心规定换刀点的位置在Z0及*XY*平面的第二参考点（用G30 X0 Y0指令）处。当控制系统遇到选刀指令T代码时，自动按照刀号选刀，被选中的刀具处于刀库中的换刀位置上。接到换刀的指令M06后，机械手执行换刀动作。换刀程序可采用两种方法设计。

方法一：
```
N10  G28  Z0  T02;
N11  M06;
```

当刀具返回*Z*轴换刀点的同时，刀库将T02号刀具选出，然后进行刀具交换，换到主轴上的刀具号为T02。若T功能执行时间（即选刀时间）大于*Z*轴回零时间，则M06指令等刀库将T02号刀具转到最下方位置后才能执行。这种方法占用机动时间较长。

方法二：
```
N10  G01  Z…T02;
…;
N17  G28  Z0  M06;
N18  G01  Z…T03;
…;
…;
```

在N17程序段换上N10程序段选出的T02号刀具；在换刀后，紧接着选出下次要用的T03号刀具。在N10程序段和N18程序段执行选刀时，不占用机动时间，所以通常都使用这种方法。

另外，在编制程序时，通常都把换刀动作编制成一个换刀子程序，来实现刀库中当前换刀位置上的刀具与主轴上刀具的交换。下面就是两个换刀子程序。

```
O8999;                  立式加工中心换刀子程序
M05  M09;               主轴停，切削液停
G80;                    取消固定循环
G91  G28  Z0;           Z轴回原点
G49  M06;               取消长度补偿，换刀
M99;
```

O8999; (ATC)	卧式加工中心换刀子程序
M05 M09;	主轴停，切削液停
G80;	取消固定循环
G91 G28 Z0;	*Z* 轴回原点
G91 G30 X0 Y0;	回到换刀原点（第二参考点）
G49 M06;	取消长度补偿，换刀
M99;	

项目十

薄壁、深型腔加工

项目导入

本项目要求加工如图 10–1 所示薄壁、深型腔零件，毛坯尺寸为 50mm×50mm×55mm。材料为硬铝，预加工已完成。

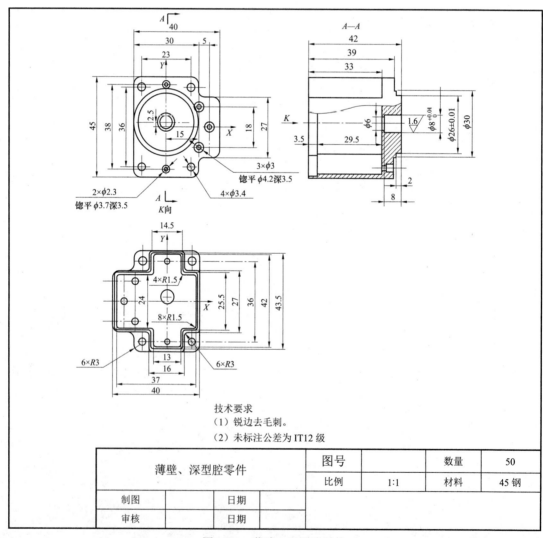

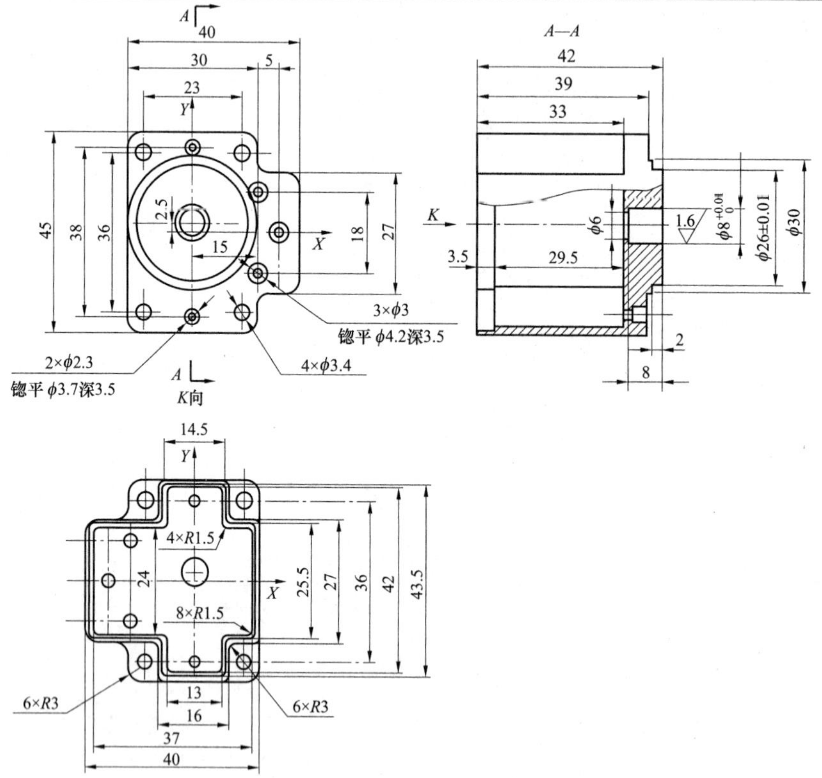

技术要求

（1）锐边去毛刺。

（2）未标注公差为 IT12 级

薄壁、深型腔零件				图号		数量	50
				比例	1:1	材料	45 钢
制图		日期					
审核		日期					

图 10–1　薄壁、深型腔零件

任务一 工艺分析与工艺设计

该工件为典型薄壁、深型腔件，需两次装夹，加工难度较大。

工艺难点如下。

（1）型腔中 *R*1.5 内凹圆无法用铣刀加工（ϕ3 铣刀切削刃短，刀杆较粗，不能加工深型腔），只能使用ϕ3 钻头清角。

（2）型腔深度需 2～3 次进刀。

（3）一次装夹工件高出钳口 45mm；二次装夹不能探出过高，只能探出 4～5mm，否则薄壁部分会变形。

（4）二次装夹后首先去除 *Z* 向余量，保证工件高度为 42mm。

（5）二次装夹加工的ϕ26 和ϕ30 两个圆形凸台使用一个程序，利用刀具半径补偿控制直径。

工艺过程及加工参数如下。

一次装夹（编程坐标系如图 10–1*K* 向视图所示），加工工艺见表 10–1。

表 10–1　　一次装夹后加工工艺

顺序	加　工　项　目	刀具号	刀　具　类　型	主轴转速（r/min）	进给速度（mm/min）		刀补号
					Z 向	周向	
1	外轮廓粗加工	T01	ϕ12 端刃过中心立铣刀	80	40	80	H01 D11 取 6.5
2	型腔清角中心孔	T02	ϕ10 90° 中心钻	1000	80		H02
3	型腔清 *R*1.5mm 角	T03	ϕ3 钻头	1500	40		H03
4	型腔粗加工	T04	ϕ10 端刃过中心立铣刀	800	40	80	H04 D41 取 5.5
5	内、外轮廓精加工	T05	ϕ5 精加工立铣刀	1200	40	80	H05 D51 取 2.5
6	上沿精加工	T06	ϕ3 精加工立铣刀	1500	30	80	H06 D61 取 1.5

二次装夹（编程原点如图 10–1 主视图所示），加工工艺见表 10–2。

表 10–2　　二次装夹后的加工工艺

顺序	加　工　项　目	刀具号	刀　具　类　型	主轴转速（r/min）	进给速度（mm/min）		刀补号
					Z 向	周向	
1	圆形凸台粗加工	T01	ϕ12 端刃过中心立铣刀	800	40	80	H01 D11 取 6.5； D12 取 10； D13 取 8.5
2	中心孔	T07	ϕ10NC90° 中心孔	1000	80		H07

续表

顺序	加 工 项 目	刀具号	刀 具 类 型	主轴转速（r/min）	进给速度（mm/min）		刀补号
					Z 向	周向	
3	钻孔	T08	ϕ6 钻头	1000	60		H08
4	钻孔	T09	ϕ3.4 钻头	1200	60		H09
5	钻孔	T10	ϕ2.3 钻头	1500	50		H10
6	钻孔	T11	ϕ3 钻头	1200	50		H110
7	沉孔	T12	ϕ3.7 键槽铣刀	1200	60		H120
8	沉孔	T13	ϕ4 键槽铣刀	1200	60		H130
9	ϕ8 底孔	T14	ϕ7.8 键槽铣刀	1000	60		H140
10	圆形凸台精加工	T05	ϕ5 精加工立铣刀	1200	40	80	H05 D51 取 2.5； D52 取 4.5
11	铰孔	T15	ϕ8 铰刀	400	200		H150

任务二　程 序 编 制

```
O7300;
G54  G00  G17  G80  G40  G49  G90;
T1;                           换取φ12 立铣刀，外轮廓粗加工
G43  Z100  H01;
S800  M03  M08;
G41  X-38  Y13.5  D11;        D11 取 6.5，0.5mm 余量
Z-11.;                        毛坯以外，快速下刀，一次切深
G01  X-30  F80;
M98  P7350;                   调用薄壁外轮廓粗加工子程序
G01  Z-22  F40;               直接下刀，二次切深
M98  P7350;
G01  Z-33  F40;               直接下刀，三次切深
M98  P7350;
G01  Z-44  F40;
M98  P7360;                   调用带耳外轮廓粗加工子程序
G00  Z2.;
G40  X0  Y0;
G49  Z100.;
T2;                           换取φ10NC 90°中心钻，型腔清角中心孔
```

```
G43  Z100  H02;
S1000  M03  M08;
G81  Z-1  R2  K0  F80;                定义钻孔循环（K0 不钻孔）
M98  P7330;                           调用清角孔位子程序
G00  G49  Z100;
T3;                                   换取φ3 钻头，清型腔 R1.5 内角
G00  G43  Z100 H03;
S1500  M03  M08;
G83  Z-33  R2  Q2  K0  F40;           定义排屑循环（K0 不钻孔）
M98  P7330;
G00  G49  Z100.;
T4;                                   换取φ10 立铣刀，型腔粗加工
G00  G43  Z100  H04;
S800  M03  M08;
G00  X0  Y0;
Z2.;
G01  Z-11  F40;
M98  P7331;
G01  Z-22  F40;
M98  P7331;
G01  Z-33  P40;
M98  P73311;
G00  G49  Z100;
G41  X-6.5  Y0  D41;                  D41 取 5.5，0.5mm 余量
G01  Z-11  P40;
Y-4  F80;                             配合 G41 建立刀具半径补偿
M98  P7320;
G01  Z-22  F40;
M98  P7320;
G01  Z-33  F40;
M98  P7320;
G00  Z2.;
G40  X0  Y0.;
G49  Z100;
T5;                                   换取φ5 精加工立铣刀，内、外轮廓半精加工
G00  G43  Z100  H05;
M03  S1200  M08;
```

```
G41  X-38  Y13.5  D51                    外轮廓精加工，D51 取 2.5
Z-17;                                    工件以外快速下刀
G01  X-30  F80;
M98  P7311;                              调用薄壁外轮廓精加工子程序
G00  G41  X-38  Y13.5  D51;
Z-33;
G01  X-30  F80;
M98  P7311;
G00  G41  X-38  Y13.5  D51
Z-44.;                                   工件以外快速下刀
M98  P7312;                              调用带耳外轮廓精加工子程序
G03  X-19  Y-16.5  R3.;                  沿 R3 圆弧的 1/4 切出
G00  Z2.;
G00  X0  Y0.;
G41  X-6.5  Y0  D51;                     内轮廓精加工，D51 取 2.5
Z-17.;                                   一次切深
G01  Y-4  F80;                           直线切入
M98  P7340;                              调用内轮廓精加工子程序
G01  Z-33  F40;                          二次切深
M98  P7340;
G03  X-3.5  Y-16.5  R3.;                 沿 R3 圆弧的 1/4 切出
G00  Z2.;
G00  X0  Y0.;
G49  G00  Z100.;
T6;                                      换取φ3 铣刀
M03  S1500  M08;
G00  G43  Z100  H06;
X0  Y0.;
Z2.;
G41  X-22.25  Y2  D61;                   D61 取 1. 5
G01  Z-3.5  F30;
G03  X-24.5  Y0  R2  F60;                沿 R2 圆弧的 1/4 切入
G01  Y-12.75;
X-7.25;
Y-21.75;
X7.25;
Y-12.75;
```

```
X14.25;
Y12.75;
X7.25;
Y21.75;
X-7.25;
Y12.75;
X-24.25;
Y0.;
G03  X-22.25  Y-2  R2.;                    R2 圆弧的 1/4 切出
G00  Z2.;
C40  X0. Y0.;
G49  Z100.;
G91  G28  Z0.;
M30;

O7311;                                      薄壁外轮廓精加工子程序
G01  X-8. F80, R3;                          直线切入
Y22.5, R1.5;
X8., R1.5;
Y13.5, R3;
X15., R1.5;
Y-13.5, R1.5;
X8., R3;
Y-22.5, R1.5;
Y-8., R1.5;
Y-13.5, R3.;
X-25., R3.;
Y10.5, R3.;
G02  X22  Y13.5  R3.;
M99;

O7312;                                      带耳外轮廓精加工子程序
G01  X-15  F80, R3.;                        直线切入
Y22.5, R3.;
X15., R3.;
Y-22.5, R3.;
X-15., R3.;
```

```
Y-13.5，R3.;
X-25,，R3.;
Y13.5，R3.;
G03  X-22. Y16.5  R3.;                  R3圆弧的1/4切出
G00  Z2.;
G00  X0. Y0.;
M99;

O7320;                                  型腔粗加工子程序
Y-21. F80;
X6.5;
Y-12.;
X13.5;
Y12.;
X6.5;
Y21.;
X-6.5;
Y12.;
X-23.5;
Y-12.;
X-6.5;
M99;

O7330;                                  清角孔位子程序
X-22  Y10.5;
X-5  Y19.5;
X5.;
X12  Y10.5;
Y-10.5;
X5  Y-19.5;
X-5.;
X-22  Y10.5;
G80;
M99;

O7331;                                  清理内腔子程序
G01  Y5  F100;
```

```
X-16;
Y-5;
X6;
Y5;
X0;
Y0;
M99;

O7340;                                  内轮廓精加工子程序
Y-21  F80;                              直线切入
X6.5;                                   内腔拐角已提前清根
Y-12，R1. 5;
X13.5;
Y12.;
X6.5，R1.5;
Y21.;
X-6.5，
Y12，R1.5;
X-23.5;
Y-12.;
X8.，R1.5;
G02  X-6.5  Y-13.5  R1.5;               R1.5 圆弧切出
M99;

O7350;                                  薄壁外轮廓粗加工子程序
X-8  F80;                               直线切入
Y22.5;
X8.;
Y13.5;
X15.;
Y-13.5;
X8.;
Y-22.5;
X-8.;
Y-13.5;
X-25.;
Y13.5;
```

```
M99;

O7360;                                  带耳外轮廓精加工子程序
X-15  F80;                              直线切入
Y22.5;
X15;
Y-22.5;
X-15;
Y-13.5;
X-25;
Y13.5;
M99;
```

二次装夹（执行以下程序前应先去除 Z 向余量，保证工件高度为 42mm）

```
O7400;
G54  G00  G17  G80  G40  G49  G90;
T1;                                     换取批 2mm 立铣刀，外轮廓粗加工
G43  Z100  H01,
S800  M03  M08;
Z2.;
G41  X-13  Y15.5  D12;                  D12 取 10，去除外部余量
G01  Z-3  F40;
Y0  F80;
M98  P7410;                             调用φ26 凸台子程序
G41  X-13  Y15.5  D13;                  加工φ30 凸台留 0.5mm 余量（D13 取 8.5）
G01  Z-3  F40;
Y0  F80;
M98  P7410;
G41  X-13  Y15.5  D11;                  D15 取 6.5，φ26 凸台留 0.5mm 余量
G00  Z-2  F40;
G01  Y0  F80;
M98  P7410;
G00  G49  Z100.;
T7;                                     换取φ10 NC 90°中心钻，打中心孔
G43  Z100  H07;
S1000  M03  M08;
G81  X-11.5  Y18  Z-4  R2  F80.;
X0  Y-19.;
```

```
X11.5  Y18.;
X15  Y9.;
X2，0. Y0.;
X15  Y-9.;
X11.5  Y-18.;
X0  Y-19.;
X-11.5  Y-18.;
X0  Y2.5  Z-1;
G00  G80  G49  Z100.;
T8;                                      换取φ6 钻头
G43  Z100  H08;
S1000  M03  M08;
G73  X0  Y2.5  Z-13  R2  Q3  F60;        断屑
T9;                                      换取φ3.4 钻头
G43  Z100  H09;
S1200  M03  M08;
G73  X-11.5  Y18  Z-13  R2  Q2.5  F60;   断屑
X11.5;
Y-18.;
X-11.5;
G00  G80  G49  Z100;
T10;                                     换取φ2.3 钻头
G43  Z100  H10;
S1500  M03  M08;
G83  X0  Y19  Z-12  R2  Q2  F50;         排屑
Y-19. 0;
G00  G80  G49  Z100.;
T11;                                     换取φ3 钻头
G43  Z100  H110;
S1200  M03  M08;
G83  X15  Y9  Z-12  R2  Q2  F50;         排屑
X20  Y0;
X15  Y-9.;
G00  G80  G49  Z100.0;
T12;                                     换取φ3.7 键槽铣刀
G43  Z100  H120;
S1200  M03  M08;
```

```
G81  X0  Y19  Z-3.5  R2  F60;
Y-19. 0;
G00  G80  G49  Z100.0;
T13;                                 换取φ4.2 键槽铣刀
G43  Z100  H130;
S1200  M03  M08;
G81  X15  Y9  Z-3.5  R2  F60;
X20  Y0;
X15  Y-9;
G00  G80  G49  Z100;
T14;                                 换取φ7.8 键槽铣刀
G43  Z100  H140;
S1000  M03  M08;
G81  X0  Y2  Z-8  R2  F60;
G00  G80  G49  Z100.;
T05;                                 换取φ5 精加工立铣刀
G43  Z100  H05;
S1200  M03  M08;
Z2;
G41  X-13  Y15.5  D52;               D52 取 4.5
G01  Z-3  F40;
Y0  F80;
M98  P7410;
G41  X-13  Y15.5  D51;               D51 取 2.5，精加工φ26 凸台
G01  Z-2  F40;
Y0  F80;
M98  P7410;
G00  G49  Z100.;
T15;                                 换取φ8 铰刀，精加工φ30 凸台
G43  Z100  H150;
S400  M03  M08;
G81  X0  Y2.5  Z-8  R2  F200;
G00  G80  G49  Z100;
G91  G28  Z0;
M30;

O7410;                               φ26 凸台子程序
```

```
G91  X0  Y0  I0  J-13;
G90  X13;
G00  Z2;
G40  X-50  Y50;
M99;
```

项目十一

配合件编程与加工

项目导入

本项目要求运用数控铣床（或加工中心）加工如图 11–1 所示凸、凹模零件，毛坯为 100mm×100mm×20mm 方料，毛坯为铝件，材料为 LY12，零件外轮廓已经加工，要求编程并加工该凸、凹模零件。

任务一　学习配合件的加工方法

配合件加工工艺的重点是保证配合件之间的配合精度。

配合件加工一般采用配作的加工方法，即首先加工配合件中的一个，加工完毕后再根据实际的成型尺寸加上配合间隙形成另一配合件的实际加工尺寸。一般情况下，习惯先加工配合件的凸模，然后配作凹模，因为凸模的加工尺寸在测量上方便一些。

一、配合件加工原则

（1）一般情况下，习惯先加工配合件的凸模，然后配作凹模。

（2）先加工质量较轻的，便于检测配合情况。

（3）先加工易测量件，后加工难测量件。

二、加工配合件的注意事项

在很多情况下配合件上的轮廓形状既有外轮廓的凸模，又有内轮廓的凹模，凸、凹形状复合在一个工件上。配合件的数控铣削的注意事项如下。

（1）配合件最好先加工凸模，然后根据加工后的凸模实际尺寸配作凹模，不要同时加工。配作的加工工艺可以降低加工难度，保证加工品质。

（2）配合件的加工顺序应按层的高度顺序进行加工。

（3）一次装夹中尽可能完成全部可能加工的内容，以最大程度保证配合件轮廓形状的位置精度，如果必须二次装夹，特别需要注意二次装夹时工件的找正，而且二次装夹时的位置误差在理论上不可避免。

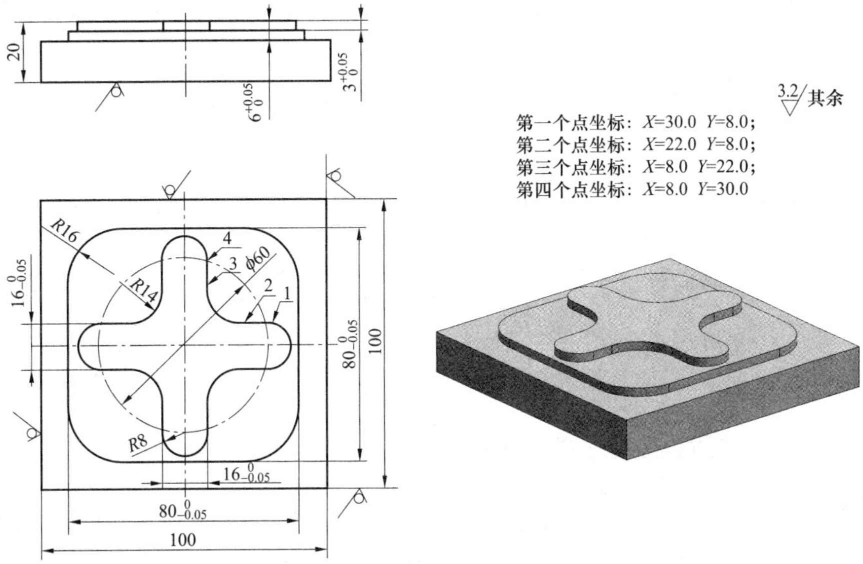

(a)

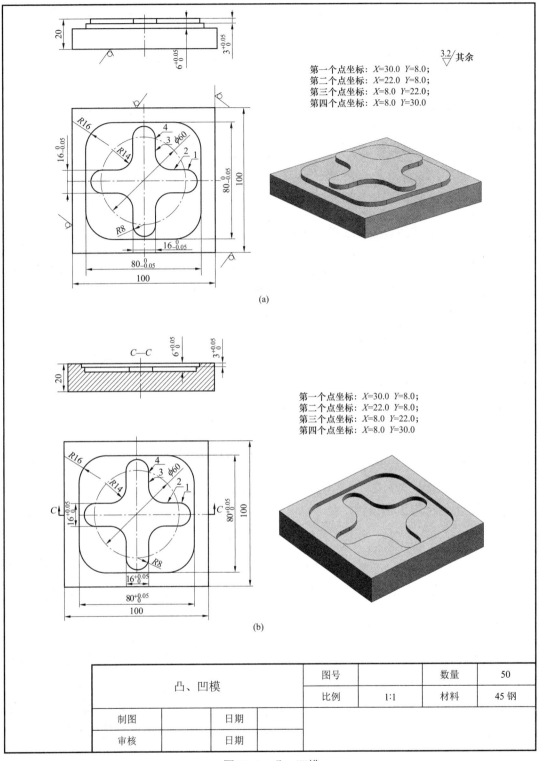

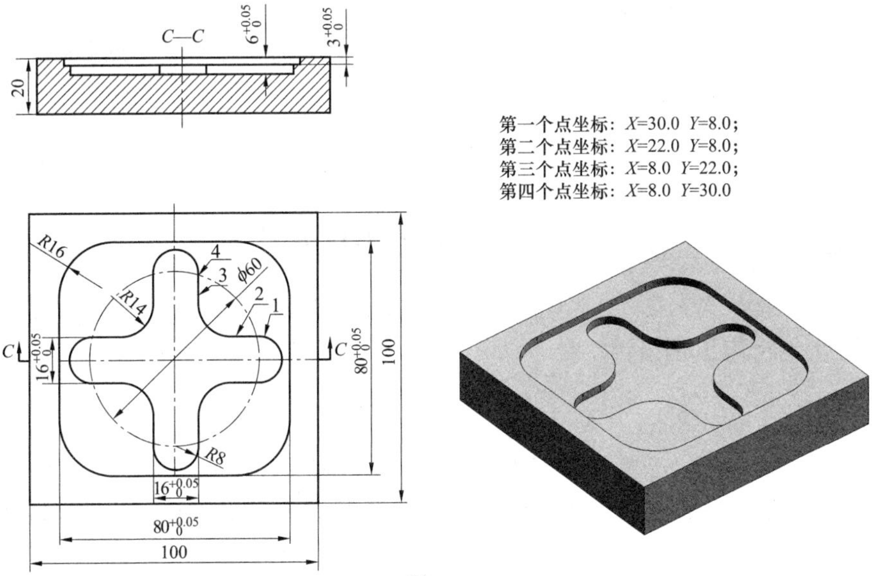

(b)

凸、凹模				图号		数量	50
				比例	1:1	材料	45 钢
制图		日期					
审核		日期					

图 11-1 凸、凹模

（a）凸模；（b）凹模

（4）对于在一个配合件上既有外轮廓又有内轮廓的凸、凹复合形状，应先加工第一层是凸模的配合件，便于尺寸测量。

（5）配合件粗加工时，为避免背吃刀量过大而损坏刀具，多采用层降铣削方式；精加工时应尽可能保证铣削深度一次完成，避免“接刀”，以保证加工表面的尺寸精度和表面粗糙度。对于尺寸精度要求较高的配合件或使用直径较小、刚度较差的铣刀时建议尽量采用逆铣。

（6）配合件上有位置精度要求的孔一定要预先用中心钻定位，再钻、扩、铰孔；对于位置精度要求较高、直径大于 16mm 的孔，为确保其位置精度可考虑使用镗孔工艺。

（7）凸、凹模配合之前一定要去除毛刺，以免影响装配精度，造成配合间隙超差。

三、加工配合件时容易出现的问题

（1）第一件在粗加工后、精加工前将虎钳松开些，减小工件的夹紧变形。如果不这样做，在加工后配合检验时，会在配合的单侧边处明显看到间隙。

（2）配合时一定要安装、拆卸自由，不要能装上而拆不下。

（3）测量薄壁厚度时要用钢球配合千分尺检验。

（4）宏编程时忘掉半径问题，在开始加工阶段就将工件加工过切，或复杂宏编程用了刀具半径补偿，出现刀具半径补偿干涉。

（5）对刀时在光洁表面上对 Z 向，导致工件光洁度受到影响。

任务二　凸模铣削加工

一、工艺分析与工艺设计

1. 图样分析

如图 11–1（a）所示凸模零件长和宽的尺寸精度为（–0.05，0），高度的尺寸精度为（0，+0.05），为了达到尺寸精度要求，可先按基本尺寸编程加工，然后再进行精度修正。

2. 加工工艺路线设计

按照工件轮廓编程进行粗加工时，要通过改变刀具半径补偿值预留合适的精加工余量；合理选择进退刀点位置，防止在建立和取消刀具半径补偿时发生干涉过切现象。

工件轮廓分粗、精加工，刀具采用沿轮廓切向切入和切出，以顺铣加工路线对轮廓进行切削；通过改变刀具半径补偿值大小来去除加工余量和保证加工尺寸精度。通过机床面板上的倍率旋钮调节 S 和 F。

加工工艺路线见表 11–1。

表 11–1　　数控铣削加工工序卡片

产品名称	零件名称	工序名称	工序号	程序编号	毛坯材料	使用设备	夹具名称
	凹模	数控铣			LY12	数控铣床	平口钳

工步号	工 步 内 容	刀 具			主轴转速（r/min）	进给速度（mm/min）	切削深度（mm）
		类型	材料	规格			
1	粗铣矩形圆角轮廓	圆柱立铣刀	高速钢	ϕ16	800	200	6
2	精铣矩形圆角轮廓	圆柱立铣刀	高速钢	ϕ16	1200	100	6
3	粗铣十字形圆角轮廓	圆柱立铣刀	高速钢	ϕ16	800	200	3
4	精铣十字形圆角轮廓	圆柱立铣刀	高速钢	ϕ16	1200	100	3

3. 刀具选择

ϕ16 圆柱立铣刀。

二、程序编制

（1）四边形圆角凸台外轮廓程序如下所示，程序名为 O0234。

```
N10  G54  G90  G40  G49  G21  G94  G17  G80;
                             建立工件坐标系，绝对坐标编程，取消刀具补偿，公制坐标，
                             每分钟进给，选择平面 XY，取消固定循环
N20  M03  S800;              主轴正转，800r/min
N30  G00  Z50;               刀具从当前点快速移动到工件上方 50mm 处
N40  X60  Y50;               刀具快速定位到下刀点上方
N50  Z5;                     快速下刀到工件上方 5mm 处
N60  G01  Z-6  F200;         以 G01 速度下刀到切削深度
N70  G41  X40  D01;          建立刀具半径左补偿
N80  Y-40，R16;              直线插补、过渡圆角加工
N90  X-40，R16;              直线插补、过渡圆角加工
N100  Y40，R16;              直线插补、过渡圆角加工
N110  X40，R16;              直线插补、过渡圆角加工
N120  Y-40;                  完成过渡圆角加工
N130  G40  X50;              取消刀具半径补偿
N140  G0  Z50;               快速抬刀
N150  M30;                   程序结束
```

（2）铣削十字形凸台外轮廓程序如下所示。程序名为 O0235。

N10 G54 G90 G40 G49 G21 G94 G17 G80;	建立工件坐标系，绝对坐标编程，取消刀具补偿，公制坐标，每分钟进给，选择平面 *XY*，取消固定循环
N20 M03 S800;	主轴正转，1200r/min
N30 G00 Z50;	刀具从当前点快速移动到工件上方 50mm 处
N40 X20 Y50;	刀具快速定位到下刀点上方
N50 Z5;	快速下刀到工件上方 5mm 处
N60 G01 Z-3 F200;	以 G01 速度下刀到切削深度
N70 G41 X8 D01;	建立刀具半径左补偿
N80 Y22;	十字形凸台外轮廓加工
N90 G03 X22 Y8 R14;	
N100 G01 X30;	
N110 G02 Y-8 R8;	
N120 G01 X22;	
N130 G03 X8 Y-22 R14;	
N140 G01 Y-30;	
N150 G02 X-8 R8;	
N160 G01 Y-22;	
N170 G03 X-22 Y-8 R14;	
N180 G01 X-30;	
N190 G02 Y8 R8;	
N200 G01 X-22;	
N210 G03 X-8 Y22 R14;	
N220 G01 Y30;	
N230 G02 X8 R8;	
N240 G01 Y22;	
N250 G40 X20 Y50;	取消刀具半径补偿
N260 G00 Z50;	快速抬刀
N270 M30;	程序结束

三、装夹刀具

四、装夹工件

五、输入程序

六、对刀

七、启动自动运行，加工零件

八、测量零件

任务三 凹模铣削加工

一、工艺分析与工艺设计

1. 图样分析

如图 11–1（b）所示凸模零件长和宽的尺寸精度为（0，+0.05），深度的尺寸精度为（0，+0.05），为了达到尺寸精度要求，可先按基本尺寸编程加工，然后再进行精度修正。

2. 加工工艺路线设计

按照工件轮廓编程进行粗加工时，要通过改变刀具半径补偿值预留合适的精加工余量；合理选择进退刀点位置，防止在建立和取消刀具半径补偿时发生干涉过切现象。

内外轮廓分粗、精加工，一次垂直下刀到要求的深度尺寸；选择轮廓交点为刀具切入点和切出点，以顺铣加工路线对内外轮廓进行切削；通过改变刀具半径补偿值大小来去除加工余量。通过机床面板上的倍率旋钮改变主轴转速调节 S 和进给量 F。

加工工艺路线见表 11–2。

表 11–2 数控铣削加工工序卡片

产品名称	零件名称	工序名称	工序号	程序编号	毛坯材料	使用设备	夹具名称
	凹模	数控铣			LY12	数控铣床	平口钳

工步号	工 步 内 容	刀 具			主轴转速（r/min）	进给速度（mm/min）	切削深度（mm）
		类型	材料	规格			
1	粗铣十字形圆角轮廓	圆柱立铣刀	高速钢	$\phi12$	800	200	6
2	精铣十字形圆角轮廓	圆柱立铣刀	高速钢	$\phi12$	1200	100	6
3	粗铣矩形圆角轮廓	圆柱立铣刀	高速钢	$\phi12$	800	200	3
4	精铣矩形圆角轮廓	圆柱立铣刀	高速钢	$\phi12$	1200	100	3

3. 刀具选择

$\phi12$ 键槽立铣刀。

二、程序编制

（1）铣削十字形槽轮廓程序如下所示。程序名为O0236。

```
N10  G54  G90  G40  G49  G21  G94  G17  G80;
                         建立工件坐标系，绝对坐标编程，取消刀具补偿，公制坐标，
                         每分钟进给，选择平面XY，取消固定循环
N20  M03  S1200;         主轴正转，1200r/m
N30  G00  Z50;           刀具从当前点快速移动到工件上方50mm处
N40  X0  Y0;             铣削十字形槽轮廓程序
N50  Z5;
N60  G01  Z-6  F200;
N70  G41  X-8  D01;
N90  G03  X8  R8;
N100  G01  Y-22;
N110  G02  X22  Y-8  R14;
N120  G01  X30;
N130  G03  Y8  R8;
N140  G01  X22;
N150  G02  X8  Y22  R14;
N160  G01  Y30;
N170  G03  X-8  R8;
N180  G01  Y22;
N190  G02  X-22  Y8  R14;
N200  G01  X-30;
N210  G03  Y-8  R8;
N220  G01  X-22;
N230  G02  X-8  Y-22  R14;
N240  G01  Y-30;
N250  G40  X0;
N260  G00  Z50;          快速抬刀到Z坐标50mm处
N270  M30;               程序结束
```

（2）铣削四边形圆角槽轮廓程序如下所示。程序名为O0237。

```
N10  G54  G90  G40  G49  G21  G94  G17  G80
                         建立工件坐标系，绝对坐标编程，取消刀具补偿，公制坐标，
                         每分钟进给，选择平面XY，取消固定循环
N20  M03  S1200;         主轴正转，1200r/m
N30  G00  Z50;           刀具从当前点快速移动到工件上方50mm处
```

```
N40  X-20  Y-20;                  铣削四边形圆角槽轮廓程序
N50  Z5;
N60  G01  Z-3  F200;
N70  G03  X0  Y-40  R20;
N80  G01  X40，R16;
N90  Y40，R16;
N100  X-40，R16;
N110  Y-40，R16;
N120  X0;
N130  G03  X20  Y-20  R20;
N140  G40  G01  X0  Y0;
N150  G00  Z50;                   快速抬刀到Z坐标50mm处
N160  M30;                        程序结束
```

三、装夹刀具

四、装夹工件

五、输入程序

六、对刀

七、启动自动运行，加工零件

八、测量零件

任务四　完成本项目的实训任务

一、实训目的

（1）能够对配合件进行数控铣削数控工艺分析。
（2）学会编程和加工配合件。

二、实训内容

配合件如图 11–2 所示，材料为 45 号钢，试编程并加工该配合件。

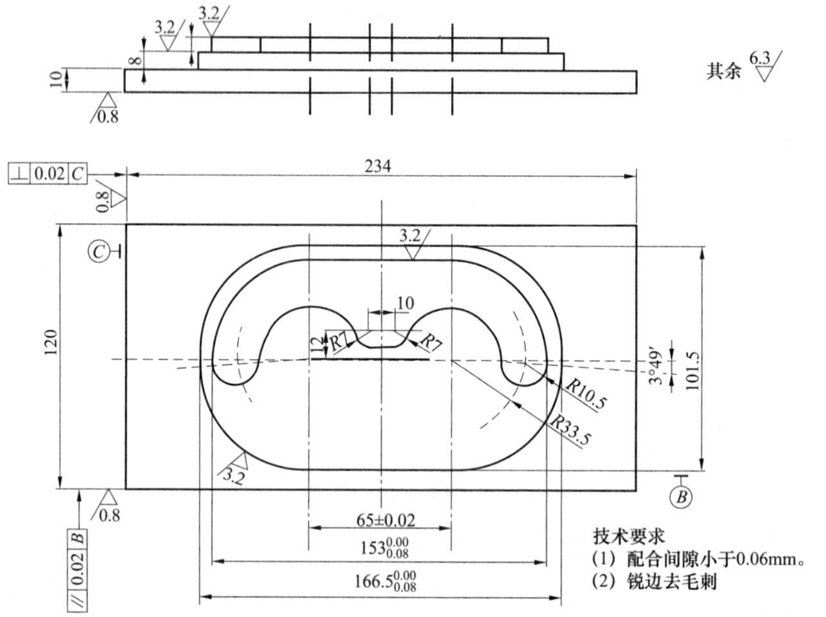

(a)

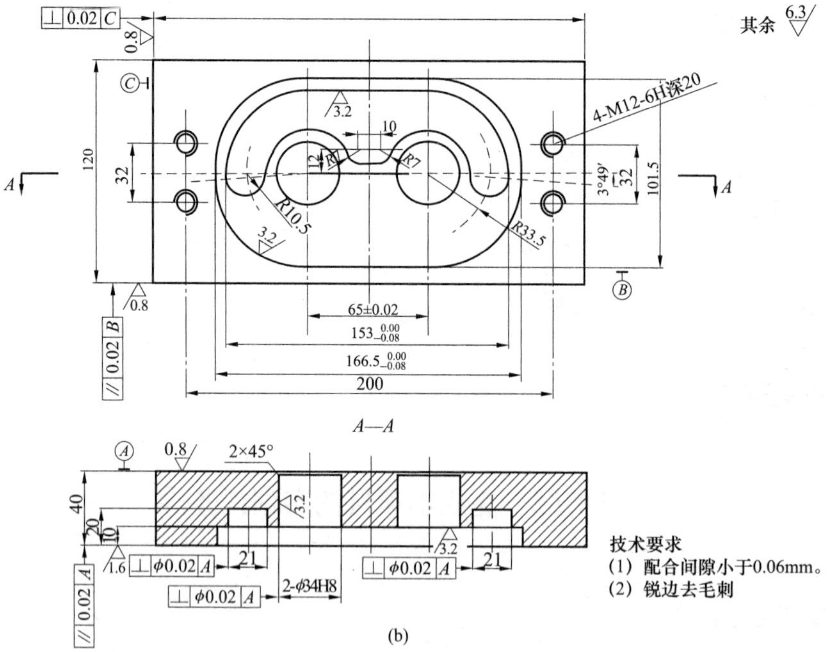

(b)

图 11–2　配合件加工实训零件图

（a）配合件一；（b）配合件二

三、实训要求

（1）分析零件图样，选择定位基准和加工方法，确定走刀路线，选择刀具和装夹方法，确定各切削用量参数，填写数控加工工序卡片，见表 11–2。

（2）根据工件的加工工艺分析和所使用数控铣床的编程指令说明，编写加工程序。

（3）使用数控铣床加工零件。

（4）测量工件。根据零件图要求，选择合适的量具对工件进行检测，并对工件进行质量分析。

（5）撰写实训报告。

项目十二

简单三维零件编程与加工

任务一　型　芯　铣　削

型芯零件如图 12–1 所示，毛坯尺寸为 100mm×100mm×40mm，材料为 45 钢。编程并加工该零件。

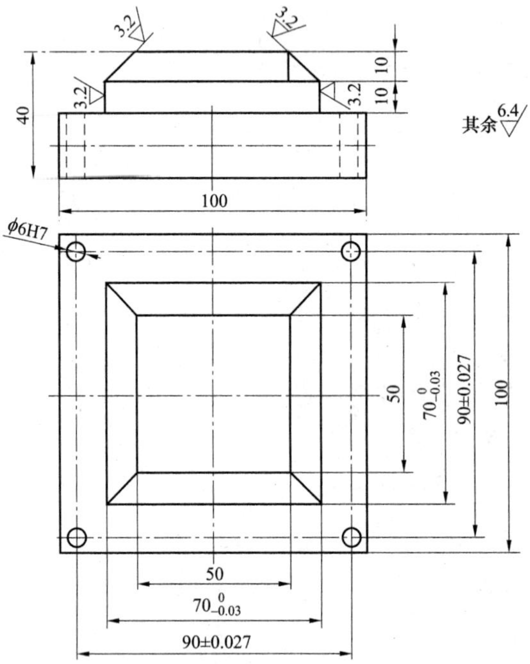

图 12–1　型芯

一、工艺设计

（1）用 ϕ16 立铣刀粗铣外形 70mm×70mm、四周及斜面。留精铣余量单边 0.15mm。

（2）用 ϕ16 立铣刀精铣外形 70mm×70mm 到尺寸。

（3）用 *R*4 球刀精铣四边斜面。

二、编程

```
O2200;                                   外形 70mm×70mm 精加工程序
```

```
N10  G54  G90  G00  Z5;                    主轴下移到 Z5
N20  S800  M03;                            主轴正转
N30  G00  X90  Y90;                        快速运动到加工轮廓外一点
N40  Z-20  M08;                            Z 轴下刀，冷却液开
N50  G01  G41  X35  Y35  F200  D01;        加刀具补偿 D01=8
N60  Y-35;                                 走外形
N70  X-35;
N80  Y35;
N90  X35;
N100  Z5;                                  抬刀
N110  G00  G40  X90  Y90;                  取消刀具半径补偿
N112  M30;

O2201;                                     斜面精加工程序
N10  G54 G90 G00  Z5;                      主轴下移到 Z5
N20  X90  Y90;                             移动到加工轮廓外一点
N30  S1000  M03;                           主轴正转
N40  G01  Z0  F100  M08;                   以切削进给速度靠近工件表面，冷却液开
N50  X25  Y40;                             移到斜面起点外，不加半径补偿
N60  M98  P100 2203;                       调用子程序 O2203 100 次
N70  G90  Z0;                              抬刀到工件表面
N80  X-25  Y40;                            另一斜面起点
N90  M98  P100 2204;                       调用子程序 O2204 100 次
N100  G90  Z0;
N110  X40  Y25;                            另一斜面起点
N120  M98  P100 2205;                      调用子程序 O2205 100 次
N130  G90  Z0;
N140  X40  Y-25;                           另一斜面起点
N150  M98  P100 2206;                      调用子程序 O2206 100 次
N160  G90  Z5;                             抬刀
N170  X90  Y0;
N180  M30;
O2203;                                     子程序
N10  G91  Z-0.1  X-0.1;                    步距 0.1 增量坐标铣斜面
N12  Y-80;
N14  Z-0.1  X0.1;
```

```
N16  Y80;
N18  M99;                              返回主程序

O2204（子程序）;
N10  G91  Z-0.1  X-0.1;                步距 0.1
N12  Y-80;
N14  G91  Z-0.1  X-0.1;
N16  Y80;
N18  M99:

O2205;                                 子程序
N12  G91  Z-0.1  Y0.1;                 步距 0.1
N14  X-80;
N16  G91  Z-0.1  Y0.1;
N18  X80;
N20  M99;

O2206;                                 子程序
N12  G91  Z-0.1  Y-0.1;                步距 0.1
N14  X-80;
N16  G91  Z-0.1  Y-0.1;
N18  X80;
N20  M99;
```

三、注意事项

（1）斜面加工时为往复加工，不采用刀具补偿。

（2）加工不采用环切是为了简化编程。

（3）注意球刀的刀位点。

（4）外形 70mm×70mm 粗加工可采用 O2300 程序，只要把 D01 的值改为 8.15mm，分两刀切完，每刀切深分别为 Z–10 和 Z–19.9，深度留 0.1mm 余量。

（5）斜面粗加工也可采用精加工程序，只需要把铣斜面起点外偏 0.15mm，子程序步距改为 0.5mm 即可。

任务二　曲面凹槽加工

如图 12–2（a）所示零件，平面已加工完，在数控铣床上铣削凹形曲面槽，刀具为$\phi16$的球头铣刀，编制铣削程序。

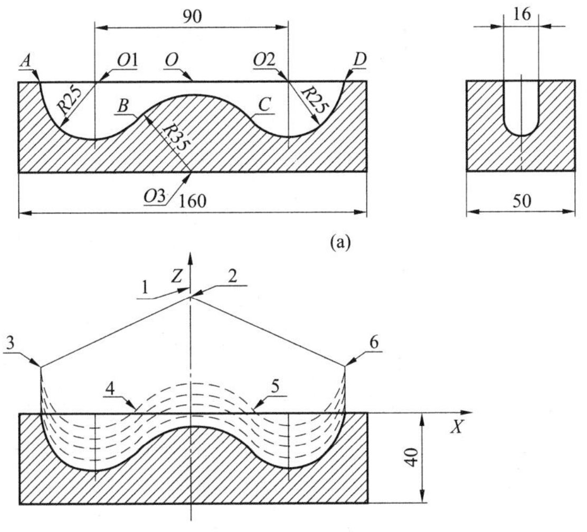

(a)

(b)

图 12–2 加工曲面槽

（a）零件；（b）走刀路线

一、工艺设计

工件坐标系原点：由图样中可以分析出加工表面的设计基准在工件中心，所以工件原点定在坯料上表面中心点，如图 12–2（a）所示的点 *O*。

工件装夹：采用平口虎钳装夹工件。

刀具选择：采用ϕ16 的球头铣刀，刀补号为 T1。采用刀具半径右补偿方式。注意：判断刀补方向要从第 3 轴的正方向来观察。

加工程序，进刀、退刀方式：刀具由工件毛坯外，直线退刀、进刀。走刀路线如图 12–2（b）所示，在面 *XZ* 内插补切削，采用半径补偿功能，*Z* 向分层切削，一个循环单元刀具轨迹为“1→2→3→4→5→6→2”，每循环一次切削一层，每次背吃刀量（*Z* 向）a_p=5mm，循环 5 次即完成加工。主轴转速为 1000r/min；进给速度为 80mm/min。

经计算，图 12–2（a）中凹形曲线轮廓的基点坐标为：*A*（–70，0）；*B*（–26.25，–16.54）；*C*（26.25，–16.5）；*D*（70，0）。圆心坐标为 *O*1（–45，0）；*O*2（45，0）；*O*3（0，–39.69）。

二、程序编制

采用子程序编程，数控程序如下。

主程序

O0001;	程序号
N5 G92 X0 Y0 Z100;	设定编程坐标系
N10 G00 X0 Y0 Z45 T01 S1000 M03;	快速定位于 1 点，确定刀补号，启动主轴
N20 M98 P0002 L5;	调 O0002 子程序，执行 5 次
N30 G90 G17 G00 X0 Y0 Z100 M05;	退刀。绝对编程，选面 *XY*，回到起始点

```
N40  M02;                                    程序结束

子程序
O0002;                                       子程序名
N20  G91  G01  Z-5  F100;                    增量编程，切削（1 点至 2 点），进给速度 100mm/min
N30  G18  G42  X-70  Z-20  D01;              选面 XZ，建立刀具半径右补偿（2 点至 3 点）
N40  G02  X43.75  Z-16.54  I25  K0;          增量，顺圆，切削（3 点至 4 点）
N50  G03  X52.5  Z0  I26.25  K-23.15;        增量，逆圆插补，切削（4 点至 5 点）
N60  G02  X43.75  Z16.54  I18.75  K16.54;    顺圆插补，增量编程（5 点至 6 点）
N70  G40  G01  X-70  Z20  F300;              取消半径补偿，增量编程直线插补（6 点至 2 点）
N80  M99;                                    子程序结束，返回到主程序
```

任务三　球面环槽加工

如图 12–3（a）所示为扣环零件图，工件材质为 16Mn，里孔 $\phi40$ 及 $R12$ 球面已在数控车上加工完成，零件厚度为 24mm。要求加工外形及 $R10$ 球面环槽。

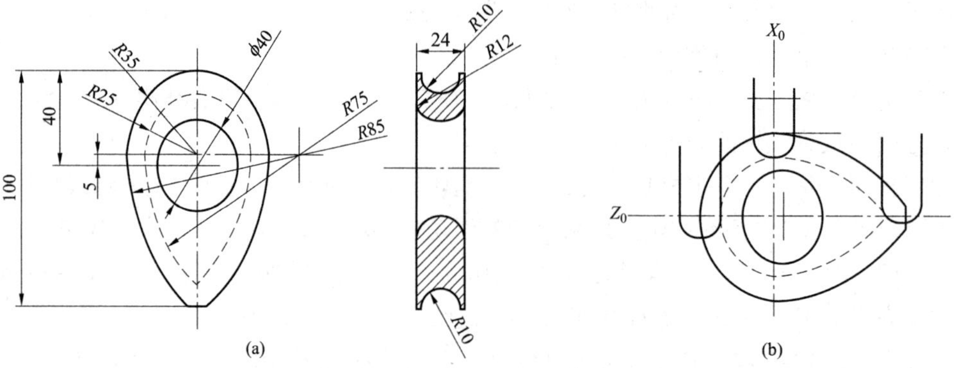

图 12–3　扣环零件

（a）零件图；（b）加工 $R10$ 球面环槽示意

一、工艺分析

以底面为加工基面。加工工步为先加工外形，再加工 $R10$ 球面环槽。

刀具参数见表 12–1。

表 12–1　　　　　　　　　　**刀　具　卡**

刀具号	刀具	长度及半径补偿	转速（r/min）	进给量（mm/min）	用途
T1	$\phi20$ 立铣刀	D1	300	30	铣外轮廓
T2	$\phi20$ 球刀	D2	300	30	铣球面环槽

二、确定加工坐标原点

加工外轮廓时，坐标原点如图 12–3（a）中以ϕ40 圆心为工件坐标系原点，工件上表面为 Z0；加工球面环槽时，坐标原点如图 12–3（b）所示 *X*、*Z* 轴交点。

三、编写加工程序

加工外轮廓程序	解释
O1004;	主程序号
G90 G54 G0 X0 Y0 M3 S300;	
Z100 M8;	
Y-80;	
Z-25;	
G42 G1 Y-60 D1 F30;	刀径右补偿
X4.8;	
G3 X30.2 Y5 R85;	逆时针铣外轮廓
G3 X-30.2 Y5 R35;	
G3 X-4.8 Y-60 R85;	
G1 X1;	
G40 G0 Z100;	
M5;	
M9;	
M30;	

加工 *R*10 球面环槽，如图（ϕ20 球刀，板厚一半为 Y0）本工步需两次装夹，一次加工一半，注意木工步的原点和加工外轮廓的原点不相同了，坐标系采用 G55。采用球心编程，用 AutoCAD 把图画好，查询各基点坐标，详见如下程序。

加工球面环槽程序	程序解释
O1005;	程序号
G90 G55 G0 X-50 Y0 M3 S300;	
Z0 M8;	冷却液开
G1 X-35 F30;	
G18 G2 X0 Z35 R35;	顺时针加工一半环槽
G2 X63.4 Z6.7 R85;	
G90 G0 Z100;	
M5;	主轴停
M9;	冷却液关
M30;	程序结束

任务四　凹 模 加 工 实 训

一、实训目的

（1）能够对肥皂盒凹模数控铣削工艺分析。

（2）熟练掌握曲面凹模的手工编程方法。

（3）通过对零件的加工，熟练掌握数控铣床的操作技能。

二、实训内容

凹模零件如图 12–4 所示，毛坯尺寸为 102mm×102mm×21mm，材料为 45 钢，编程并加工该零件。

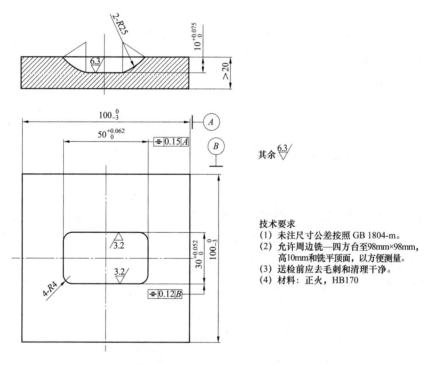

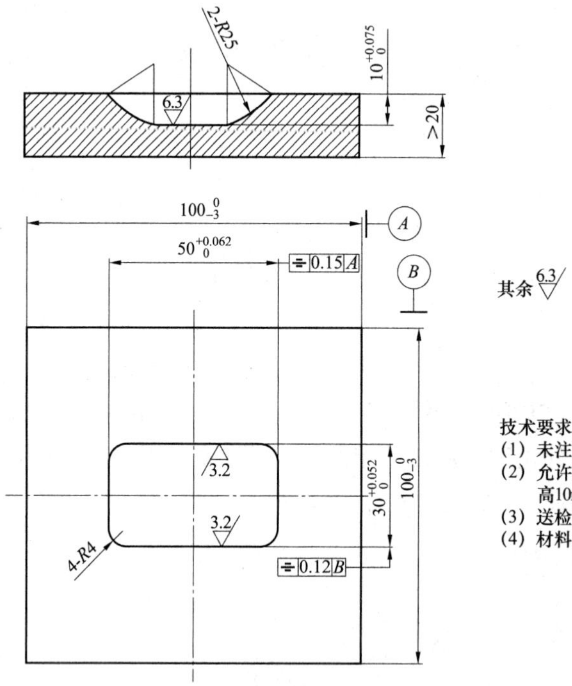

技术要求

(1) 未注尺寸公差按照 GB 1804-m。

(2) 允许周边铣—四方台至98mm×98mm，高10mm和铣平顶面，以方便测量。

(3) 送检前应去毛刺和清理干净。

(4) 材料：正火，HB170

图 12–4　凹模

三、实训步骤

1. 数控加工分析

分析零件图样，选择定位基准和加工方法，确定走刀路线，选择刀具和装夹方法，确定各切削用量参数，填写加工工序卡片，见表 12–2。

表 12–2 数控铣削加工工序卡

产品名称	零件名称	工序名称	工序号	程序编号		毛坯材料	使用设备	夹具名称
工步号	工步内容	刀具			主轴转速（r/min）	进给速度（mm/min）	切削深度（mm）	
		类型	材料	规格				

2. 编制程序，填写数控加工程序卡

根据零件的加工工艺分析和所使用数控铣床的编程指令说明，编写加工程序，填写程序单，见表 12–3。

表 12–3 数控铣削加工程序单

零件号		零件名称		编制日期	
程序号				编制	
序号	程序内容			程序说明	

任务五 知识拓展：高速切削

一、高速切削的概念

高速切削技术是以比常规高数倍的切削速度对零件进行切削加工的一项先进制造技术。高速切削是个相对的概念，是相对常规切削而言。

高速切削包括高速软切削、高速硬切削、高速干切削和大进给切削等。高速加工的切削速度因不同的刀具材料、工件材料和切削方式而异，目前，高速切削的高速范围国内外专家尚无共识。通常认为，高速加工时切削速度要比常规切削高 5～10 倍。高速加工各种材料的切削速度为钢和铸铁及其合金 500～1500m/min，铸铁最高 2000m/min（钻削 100～200m/min、攻螺纹 100m/min、滚齿 300～600m/min）；淬硬钢（35～65HRC）达 100～400m/min；铝及其合金 2000～4000m/min，最高 7500m/min；耐热合金 90～500m/min；钛合金 150～1000m/min；纤维增强塑料 2000～9000m/min。各种切削工艺的切削速度：车削为 700～7000m/min；铣削为 300 ～6000m/min；钻削为 200～1100m/min；磨削为 150m/s 以上。

高速切削已成为当今制造业中一项快速发展的新技术，在工业发达国家，高速切削正成为一种新的切削加工理念。人们逐渐认识到高速切削是提高加工效率的关键技术。

二、高速切削的应用

由于高速切削加工具有高生产效率、减少切削力、提高加工精度和表面质量、降低生产成本并且可加工高硬材料等许多优点，已在汽车和摩托车制造业、模具业、轴承业、航空航天业、机床业、工程机械、石墨电极等行业中广泛应用，使上述行业的产品质量明显提高，成本大幅度降低，获得了市场竞争优势，取得了极大的经济效益。

高速切削加工的工件材料包括钢、铸铁、有色金属及其合金、高温耐热合金以及碳纤维增强塑料等材料的加工，其中以铝合金和铸铁的高速加工最为普遍。几乎所有传统切削能加工的材料高速切削都能加工，甚至传统切削很难加工的材料，如镍基合金、钛合金和纤维增强塑料等在高速切削条件下将变得易于切削。

目前高速切削工艺主要为车削和铣削，各类高速切削机床的发展将使高速切削工艺范围进一步扩大，从粗加工到精加工，从车削、铣削到镗削、钻削、拉削、铰削、攻螺纹、磨削等。目前，高速切削的应用范围如下。

（1）模具特别是淬硬模具的高速加工。

（2）有色金属及其合金的高速切削。

（3）汽车工业。

（4）纤维增强复合材料切削时对刀具有十分严重的刻划作用，刀具磨损非常快。用聚晶金刚石 PCD 刀具进行高速加工，收到满意效果，可防止“层间剥离”出现，效率高、品质高。

（5）镍基高温合金和钛合金常用来制造发动机零件，因它们很难加工，一般采用很低的切削速度。如采用高速加工，则可大幅度提高生产效率、减小刀具磨损、提高零件的表面品质。

（6）石墨高速加工。在加工模具型腔过程中，由于采用电火花腐蚀加工，因而石墨电极被广泛使用。但石墨很脆，采用高速切削能较好地进行成形加工。

（7）干切削和硬切削是高速切削扩展的领域。

三、高速切削加工刀具材料的种类及其合理选择

1. 高速切削加工刀具材料的种类

高速铣削刀具材料主要有硬质合金、涂层刀具、金属陶瓷、陶瓷、立方氮化硼（CBN）和金刚石刀具。

目前在高速铣削加工中，应用最多的是整体硬质合金刀具，其次是机夹硬质合金刀具。在高转速下应用机夹刀具加工时，应注意刀具的动平衡等级以及最高许用转速。

2. 高速切削加工刀具材料的选用

应用高速切削加工技术时，应根据工件材料及其毛坯状态和加工要求，在数控机床和加工中心上，首先要正确选择刀具材料、刀具结构和几何参数以及切削用量等。不同加工

方式和不同工件材料对应不同的刀具材料，且有不同的高速切削速度。

（1）有色金属及其合金的高速切削。铝及其合金是现代工业中用途最广泛的轻金属材料，广泛应用于飞机、仪表、发动机、机械制造等部门。纯铝的机械强度不高，不宜做受力结构零件，在铝中加入 Si、Cu、Mn、Mg 等合金元素后形成铝合金，提高了强度。铝及其合金具有极好的易切特性，可采用很高的切削速度和进给速度进行加工，可以是铣削，也可以是车、镗、钻等加工方式，选用的刀具材料主要是 PCD、涂层硬质合金或超细晶粒硬质合金刀具，为避免由于铝与陶瓷的化学亲和力而产生黏结，一般不宜采用 Al_2O_3 基陶瓷刀具。选择切削用量时，应先说明铝合金的含硅量，随含硅量的增加，所选择的切削速度降低。PCD 刀具是高速加工高硅铝合金的理想的刀具材料。PCD 刀具高速切削加工高硅铝合金不但能获得良好的加工品质，而且刀具寿命长。高速切削加工铝合金时的切削速度为 1000～4000m/min，有时 5000～7500m/min，但受到目前机床主轴所能达到的最高转速和功率的制约。复杂型面铝合金的高速切削加工，可用整体超细晶粒硬质合金和粉末高速钢及其涂层刀具。

镁合金由于具有低密度和高强度的优良特性也颇受青睐，在汽车、电子电器、航空等众多领域中获得了广泛应用，是 21 世纪最有发展前景的材料之一。镁合金切削力小，切削能耗低，切削过程中发热少，切屑易断；刀具磨损小，寿命显著延长。因此，加工镁合金可进行高速、大切削量切削。一般选用硬质合金刀具，金刚石刀具主要用于对表面质量要求较高的情况。

铜、黄铜及铜合金应用于内燃机、船舶、电极、电子仪器及通用机械等。大多数铜合金选用 YG 类硬质合金刀具，一般能达到加工要求；选用 PCD 刀具进行高速切削加工，切削速度 200～1000m/min，可以获得很高的刀具寿命，而且能获得很高的表面品质。锡磷青铜的加工也可选用 PCBN 刀具。

（2）钢的高速切削。对钢进行高速切削加工的最高转速目前能达到加工铝合金时的 1/3，高速精加工钢时的切削速度约为 300m/min。切削速度的进一步提高受限于刀具材料的耐热性、抗热震性能和化学稳定性，主要是切削热促使切削刃发生黏结磨损、化学磨损和热震破损，造成刀具损坏。钢高速切削主要选用 PCBN 刀具、陶瓷刀具、涂层刀具、TiC（N）基硬质合金刀具等。淬硬钢（45～65HRC）的高速切削主要选用 PCBN 刀具和陶瓷刀具，工件材料硬度越高，越能体现出它们高速切削加工的优越性，可实现以车代磨，大幅度提高加工效率。目前已有多个品种，不同 CBN 含量的 PCBN 刀具已用于车刀、镗刀、铣刀等，主要用于高速加工淬硬钢和高硬铸铁以及某些难加工材料。

（3）铸铁的高速切削。铸铁进行高速切削加工的最高速度目前约为 500m/min，精铣灰铸铁可达 2000m/min，切削速度的选择取决于选用的刀具材料，而刀具材料要根据工件的加工方式及工件材料的成分、金相组织和力学性能进行合理选用。高速切削加工铸铁零件时所用的刀具材料主要有 PCBN、陶瓷刀具、TiC（N）基硬质合金、涂层刀具、超细晶粒硬质合金刀具等。当切削速度低于 500m/min 时，可选用涂层硬质合金、TiC（N）基硬质合金和超细晶粒硬质合金；切削速度为 500～1000m/min 时，可选用 PCBN 和 Si_3N_4 陶瓷刀具；当切削速度高于 1000m/min 时，PCBN 是最佳刀具材料。

（4）高温镍基合金的高速切削。Inconel 718 镍基合金是典型的难加工材料，具有较高的高温强度、动态抗剪强度，热扩散系数较小，切削时易产生加工硬化，这将导致刀具切削区温度高、磨损速度加快。PCBN 和晶须增韧陶瓷刀具对纯镍和镍基高温合金具有优异的切削性能，切削速度 100m/min 以上。高含量 CBN 的 PCBN 刀具更适合高速切削高硬镍基合金，切削速度 120～240m/min。Al_2O_3 基陶瓷刀具比 Si_3N_4 基陶瓷刀具有较高的耐磨性，而晶须增韧陶瓷刀具的抗高温磨损性能最好，适合于高速切削低硬度镍基合金，在 100～300m/min 时可获得较长的刀具寿命。Sialon 陶瓷刀具韧性高，适合于高速切削加工高温硬度高的镍基合金。

（5）钛及其合金的高速切削。目前钛及钛合金的切削加工选用的刀具材料以不含或少含 TiC 的硬质合金刀具为主。大量试验证明，选用 YC（K）类硬质合金加工钛合金效果最好，YT（P）类硬质合金加工钛合金时磨损严重，效果不好。陶瓷刀具很少被用来加工钛合金。普通涂层刀具加工钛合金时磨损也较为严重，精铣 TiN 涂层硬质合金刀具、PCD 刀具高速切削加工钛及钛合金的加工效果远好于普通硬质合金，切削速度 180～220m/min。天然金刚石刀具的加工效果更好，但其应用受到加工成本的制约。

（6）非金属复合材料的高速切削。非金属材料种类繁多，包括塑料、橡胶、黏结材料和隔热耐火材料等，选用正确的刀具材料进行切削加工是非常重要的。纤维增强塑料是机械工业中常用的一种新型材料，分碳素纤维和玻璃纤维两大类，切削这种材料时，对刀具的刻划十分严重，刀具磨损快。一般纤维增强塑料的高速切削加工选用 PCD 刀具，也可选用硬质合金刀具，但硬质合金刀具高速切削塑料时的刀具寿命太短。当用 PCD 刀具对这种材料进行高速切削加工时（v_c=2000～5000m/min），刀具寿命、加工精度和效率明显提高。

石墨也是一种非金属材料，但其有良好的导电性、优良的耐腐蚀性能，同时具有极好的自润滑性、低摩擦系数和很高的导热系数，在机械、模具、电工等许多行业的应用不断扩大，如电火花加工使用的电极、轴承、机械密封环、电刷等。用常规的车削、铣削、磨削方法可以满足加工简单形状电极的要求，但近年来对电极几何形状复杂性的要求持续增加。采用高速加工方式可提高表面品质和精度，减小石墨电极的后续加工，降低加工成本。可选择刀具有金刚石涂层刀具、PCD、PCBN 或 TiN 涂层硬质合金刀具，精加工时，一般选用 PCD 刀具较合理，陶瓷刀具不适合切削石墨材料。

3. 高速切削加工工艺

高速切削加工工艺和常规切削加工工艺有很大的不同。常规切削认为高效率应由低转速、大切深、缓进给、单行程等要素决定。而高速切削则追求高转速、中切深、快进给、多行程等要素实现高效率。在高速切削加工中，必须对切削用量参数进行合理的选择，其中包括刀具接近工件的方向、接近角度、移动的方向和切削过程等。工艺路径的拟定是制定加工工艺的总体布局，目前主要考虑是如何选择各个表面的加工方法，确定各个表面的加工顺序等。拟定工艺路径时，先确定各个表面的加工方法，根据零件的实际情况保证加工精度与表面品质，再根据最优化原则，确定最短的走刀路线和最少的换刀次数，以减少加工辅助时间。当然切削刀具的选择也是加工工艺必需的程序。切削刀具现状已由传统的切削工具时代过渡到了高效率、高精度、高可靠性和专用化的数控刀具时代，实现了向高科技产品的飞跃。而选用合理的切削刀具，即在保证加工品质的前提下，能够获得最高刀具的耐用度，从而达到提高切削效率，节约时间，提高加工效率的目的，以满足高速切削加工的需求。在高速切削加工中会产生大量的高温热，切削必须及时的将它从工作台上清楚掉，避免使机床、刀具和工件产生热变型。合理的选择冷却润滑方式是保证加工品质的先决定条件。由于在高速切削加工时常规的冷却液很难进入加工区域，所以，目前干切削和微量油雾冷却是在高速加工过程中使用较多的工艺方法。

四、高速干切削

1. 干切削的基本原理和特点

切削液在机械加工中扮演着重要的角色，但随着切削液用量的增加，其负面影响也越来越显著。

（1）增加了制造成本，这不仅包括切削液用量增加带来的成本增加，还包括运输、储存、废液处理等间接成本增加。

（2）污染环境。

（3）损害工人健康。

为了降低生产成本，减少环境污染，最好的办法是不使用或少使用切削液，即采用干切削（Dry Cutting）。干切削并不是简单地把原有工艺中的切削液去掉，也不是消极地靠降低切削参数来保刀具的使用寿命，而是用全新耐热性更好的刀具材料，设计合理的刀具结构及几何参数，选择最佳的切削速度，形成新的工艺条件，它是实现清洁高效加工的新工艺，是当前制造技术的发展趋势之一。采用干切削技术，可降低生产成本，减少环境污染。

2. 干切削刀具材料及其合理选择

干切削时，由于缺少切削液的润滑、冷却、排屑等作用，刀具—工件、刀具—切屑之间的摩擦增加，切削力增加，切削热也大大增加，切削区温度急剧上升，引起刀具寿命下降，同时工件加工品质变差。因此，干切削刀具材料应具备很好高温力学性能，如高温硬度、高温强度、高温韧性和高温化学稳定性，如超细晶粒硬质合金、涂层硬质合金、TiC（N）基硬质合金、陶瓷刀具、聚晶立方氮化硼（PCBN）等。就热硬性和热稳定性来说，PCBN 材料是最适合高速干切削工艺的刀具材料。

项目十三

应用宏程序编程与加工曲面零件

任务一　学习宏指令编程方法

一、宏程序的概念

将一群命令所构成的功能，像子程序一样登录在内存中，再把这些功能用一个命令作为代表，执行时只需写出这个代表命令，就可以执行其功能。

在这里，所登录的一群命令叫作用户宏主体（或用户宏程序），简称为用户宏（Custom Macro）指令，这个代表命令称为用户宏命令，也称作宏调用命令。

使用时，操作者只需会使用用户宏命令即可，而不必去理会用户宏主体。

例如，在下述程序流程中，可以这样使用用户宏。

主程序	用户宏
⋮	O9011
G65　P9011　A10　I5;	⋮
⋮	X#1　Y#4;

在这个程序的主程序中，用 G65 P9011 调用用户宏程序 O9011，并且对用户宏中的变量赋值：#1=10、#4=5（A 代表#1、I 代表#4）。而在用户宏中未知量用变量#1 及#4 来代表。

用户宏的最大特征有以下几个方面。

（1）可以在用户宏主体中使用变量。

（2）可以进行变量之间的运算。

（3）可以用用户宏命令对变量进行赋值。

使用用户宏时的主要方便之处，在于可以用变量代替具体数值，因而在加工同一类的工件时，只需将实际的值赋与变量即可，而不需要对每一个零件都编一个程序。

二、宏程序的种类

FANUC 0*i* 系统提供两种用户宏程序，即用户宏程序功能 A 和用户宏程序功能 B。用户宏程序功能 A 可以说是 FANUC 系统的标准配置功能，任何配置的 FANUC 系统都具备此功能，而用户宏程序功能 B 虽然不算是 FANUC 系统的标准配置功能，但是绝大部分的 FANUC 系统也都支持用户宏程序功能 B。

由于用户宏程序功能 A 的宏程序需要使用"G65 Hm"格式的宏指令来表达各种数学运算和逻辑关系，极不直观，且可读性非常差，因而导致在实际工作中很少人使用宏程序。

本项目将介绍 FANUC 0*i* 系统中用户宏程序功能 B 的编程方法。

三、宏程序中的变量

1. 变量的表示

变量用变量符号（#）和后面的变量号指定，如#1。表达式可以用于指定变量号，此时表达式必须封闭在括号中，如#［#1+#2–12］。

变量号可用变量代替，如#［#3］，设#3=1，则#［#3］为#1。

2. 变量的类型

变量根据变量号可以分成 4 种类型，具体见表 13–1。

表 13–1　　变量的类型

变量号	变量类型	功　　能
#0	空变量	该变量总是空，没有值能赋给该变量
#1～#33	局部变量	局部变量只能用在宏程序中存储数据，例如运算结果。当断电时局部变量被初始化为空。调用宏程序时，自变量对局部变量赋值
#100～#199 #1500～#999	公共变量	公共变量在不同的宏程序中的意义相同。当断电时变量#100～#199 初始化为空；变量#500～#999 的数据保存，即使断电也不丢失
#1000～	系统变量	系统变量用于读和写 CNC 的各种数据，例如刀具的当前位置和补偿值

3. 变量的引用

在地址后指定变量号即可引用其变量值。当用表达式指定变量时，要把表达式放在括号中，如 G01　X［#1+#2］F#3；

改变引用变量值的符号，要把负号“–”放在#的前面，如 G00　X–#1；

当引用未定义的变量时，变量及地址字都被忽略，如当变量#1 的值是 0，并且变量#2 的值是空时，G00　X#1　Y#2 的执行结果为 G00 X0。

在编程时，变量的定义、变量的运算只允许每行写一个（见表 13–2），否则系统报警。

表 13–2　　变量的正确和错误编程方法对比

正确的编程方法	错误的编程方法
N100　#1=0	N100　# 1=0　#2=6　#3=8
N110　#2=6	N110 #4=#2* SIN［#1］+#3　#5=#2– #2*COS［#1］
N120　#3=8	
N130　#4=#2*SIN［#1］+#3	
N140　#5=#2 #2*COS［#1］	

四、算术和逻辑

变量的算术和逻辑运算见表 13–3。

表 13–3　　　　算术和逻辑运算

功能	格　式	备　注
定义	#i=#j	
加法	#i=#j+#k	
减法	#i=#j–#k	
乘法	#i=#j*#k	
除法	#i=#j/#k	
正弦	#i=SIN［#j］	角度以度指定
反正弦	#i=ASIN［#j］	
余弦	#i=COS［#j］	
反余弦	#i= ACOS［#j］	
正切	#i=TAN［#j］	
反正切	#i=ATAN［#j］/［#k］	

功能	格　式	备　注
平方根	#i=SQRT［#j］	四舍五入取整
绝对值	#i=ABS［#j］	
舍入	#i=ROUND［#j］	
上取整	#i=FUP［#j］	
下取整	#i=FIX［#j］	
自然对数	#i=LN［#j］	
指数函数	#i=EXP［#j］	
或	#i=#jOR#K	逻辑运算一位一位地按二进制数执行
异或	#i=#jXOR#K	
与	#i=#jAND#K	
从 BCD 转为 BIN	#i=BIN［#j］	用于与 PMC 的信息交换（BIN：二进制；BCD 十进制）
从 BIN 转为 BCD	#i=#BCD［#j］	

几点说明如下。

（1）上取整和下取整。CNC 处理数值运算时，若操作后产生的整数绝对值大于原数的绝对值时为上取整；若小于原数的绝对值为下取整。对于负数的处理应注意。

如#1=1.2，#2=–1.2，则#3=FUP［#1］→#3=2；#3=FIX［#1］→#3=1；#3= FUP［#2］→#3=–2；#3=FIX［#2］→#3=–1。

（2）运算次序。函数→乘和除运算（*、/、AND）→加和减运算（+、–、OR、XOR）。

（3）括号嵌套。括号（方括号）用于改变运算次序。括号可以使用五级，包括函数内部使用的括号。圆括号用于注释语句。

如#1=SIN［[［#2+#3］*#4+#5］*#6］（三重括号）

（4）运算符。运算符见表 13–4。

表 13–4　　　　运　算　符

运　算　符	含　义	运　算　符	含　义
EQ	等于（=）	GE	大于或等于（≥）
NE	不等于（≠）	LT	小于（<）
GT	大于（>）	LE	小于或等于（≤）

（5）反三角函数的取值范围。

1）#i=ASIN［#j］当参数 No.6004#0 设为“0”时，90°～270°；当参数 No.6004#0 设为“1”时，–90°～90°。

2）#i=ACOS［#j］取值范围为 0°～180°。

3）#i=ATAN［#j］/［#k］当参数 No.6004#0 设为“0”时，0°～360°；当参数 N0.6004#0 设为“1”时，–180°～180°。

五、宏程序语句和 NC 语句

下面的程序段为宏程序语句。

（1）包含算术或逻辑运算（=）的程序段。

（2）包含控制语句（如 GOTO、DO、END）的程序段。

（3）包含宏程序调用指令（如用 G65、G66、G67 或其他 G 指令、M 指令调用宏程序）的程序段。

除了宏程序语句以外的任何程序段都为 NC 语句。

六、控制指令

通过控制指令可以控制用户宏程序主体的程序流程，常用的控制指令有以下 3 种。

1. 条件转移（IF 语句）

IF 之后指定条件表达式。

（1）IF［<条件表达式>］GOTO n。表示如果指定的条件表达式满足，则转移（跳转）到标有顺序号 n（即俗称的行号）的程序段。如果不满足指定的条件表达式，则顺序执行下个程序段。如图 13–1 所示，其含义为如果变量#1 的值大于 100，则转移（跳转）到顺序号为 N99 的程序段。

图 13–1 条件转移语句举例

（2）IF［<条件表达式>］THEN。如果指定的条件表达式满足，则执行预先指定的宏程序语句，而且只执行一个宏程序语句。

IF［#1 EQ #2］THEN #3=10；如果#1 和#2 的值相同，10 赋值给#3。

说明：条件表达式必须包括运算符。运算符插在两个变量中间或变量和常量中间，并且用“[ ]”封闭。表达式可以替代变量。运算符由两个字母组成（见表 13–5），用于两个值的比较，以决定它们是相等还是一个值小于或大于另一个值。注意，不能使用不等号。

表 13–5　　运　算　符

运算符	含　义	英文注释	运算符	含　义	英文注释
EQ	等于（=）	Equal	GE	大于或等于（≥）	Great than or Equal
NE	不等于（≠）	Not Equal	LT	小于（<）	Less Than
GT	大于（>）	Great Than	LE	小于或等于（≤）	Less than or Equal

2. 无条件转移（GOTO 语句）

转移（跳转）到标有顺序号 n（即俗称的行号）的程序段。当指定 1～99 999 以外的顺序号时，会触发 P/S 报警 No.128。其格式为

GOTO n;

n 为顺序号（1～99999）。

例如，GOTO 99；即转移至第 99 行。

3. 循环（WHILE 语句）

在 WHILE 后指定一个条件表达式。当指定条件满足时，则执行从 DO 到 END 之间的程序。否则，转到 END 后的程序段。

DO 后面的号是指定程序执行范围的标号，标号值为 1、2、3。如果使用了 1、2、3 以外的值，会触发 P/S 报警 No.126。WHILE 语句的使用方法如图 13–2 所示。

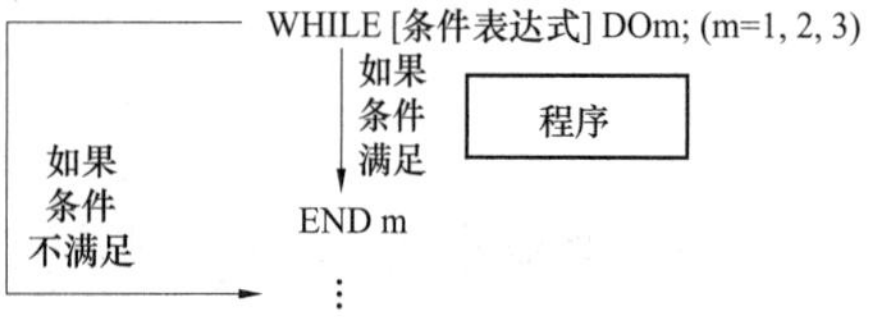

图 13–2　WHILE 语句的用法

（1）嵌套。在 DO～END 循环中的标号（1～3）可根据需要多次使用。但是需要注意的是，无论怎样多次使用，标号永远限制在 1、2、3；此外，当程序有交叉重复循环（DO 范围的重叠）时，会触发 P/S 报警 No.124。以下为关于嵌套的详细说明。

1）标号（1～3）可以根据需要多次使用，如图 13–3 所示。

2）DO 的范围不能交叉，如图 13–4 所示。

3）DO 循环可以三重嵌套，如图 13–5 所示。

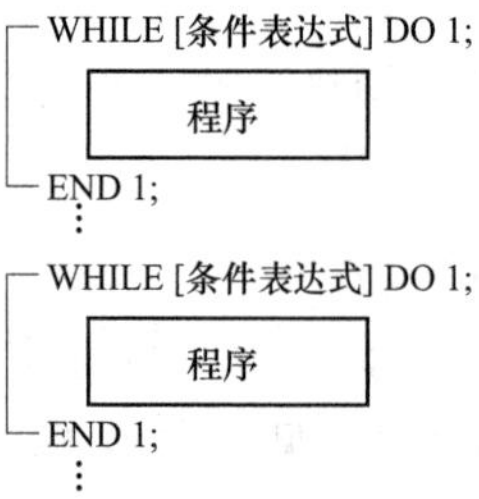

图 13–3　标号（1～3）可以多次使用

图 13–4　DO 的范围不能交叉

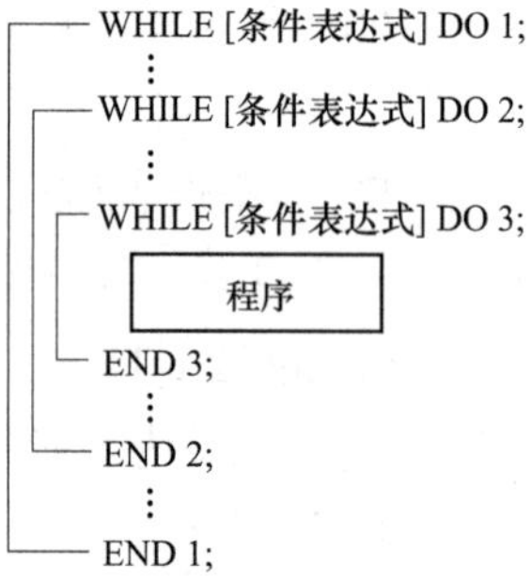

图 13–5　循环可以三重嵌套

4)（条件）转移可以跳出循环的外边，如图 13–6 所示。

5)（条件）转移不能进入循环区内，注意与 4）对照。如图 13–7 所示。

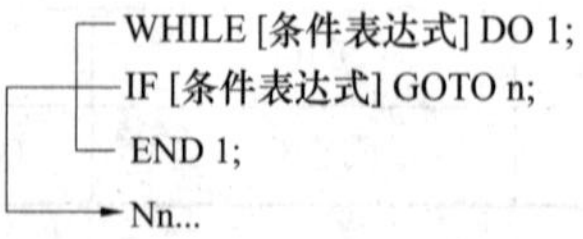

图 13–6　条件转移可以跳出循环

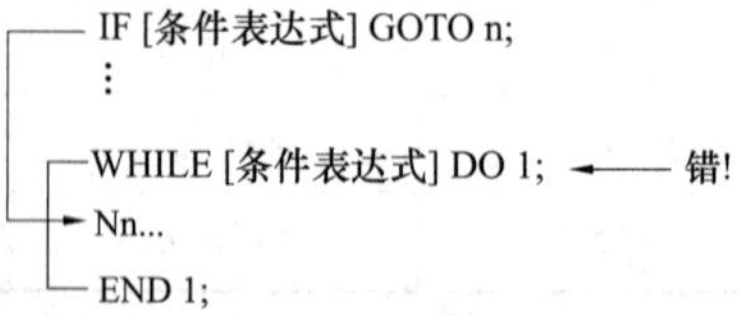

图 13–7　条件转移不能进入循环区内

（2）关于循环（WHILE 语句）的其他说明。

1）DO m 和 END m 必须成对使用。DO m 和 END m 必须成对使用，而且 DO m 一定要在 END m 指令之前。用识别号 m 来识别。

2）无限循环。当指定 DO 而没有指定 WHILE 语句时，将产生从 DO 到 END 之间的无限循环。

3）未定义的变量。在使用 EQ 或 NE 的条件表达式中，值为空和值为零将会有不同的效果。而在其他形式的条件表达式中，空即被当作零。

4）条件转移（IF 语句）和循环（WHILE 语句）的关系。显而易见，从逻辑关系上说，两者不过是从正反两个方面描述同一件事情；从实现的功能上说，两者具有相当程度的相互替代性；从具体的用法和使用的限制上说，条件转移（IF 语句）受到系统的限制相对更少，使用更灵活。

七、宏程序调用

宏程序的调用方法有：① 非模态调用（G65）；② 模态调用（G66、G67）；③ 用 G 指令调用宏程序；④ 用 M 指令调用宏程序；⑤ 用 M 指令调用子程序；⑥ 用 T 指令调用子程序。

宏程序调用不同于子程序调用（M98），用宏程序调用可以指定自变量（数据传送到宏程序），M98 没有该功能。

1. 非模态调用（G65）

编程格式：G65　P__　L*l*；（自变量指定）

P__；要调用的程序

l：重复次数（1～9999 的重复次数，省略 L 值时，默认值为 1）。

自变量：数据传递到宏程序（其值被赋值到相应的局部变量）。

例

```
O0001;                          O9010;
⋮                               #3=#1+#2;                A1.0 代表#1=1.0
G65 P9010 L2 A1.0 B2.0;         IF[#3 GT 360]GOTO 9;     B2.0 代表#2=2.0
⋮                               G00 G91 X#3;
M30;                            N9 M99;
```

自变量的指定形式有两种。自变量指定 I 使用除了 G、L、O、N 和 P 以外的字母，每个字母指定一次（见表 13–6）；自变量指定Ⅱ（表 13–7）使用 A、B、C 和 I_i、J_i 和 K_i（i 为 1～12）。

根据使用的字母，自动地决定自变量的类型。任何自变量前编写指定 G65。

表 13–6　　自变量指定 I

地址	变量号	地址	变量号	地址	变量号	地址	变量号	地址	变量号	地址	变量号	地址	变量号
A	#1	I	#4	D	#7	H	#11	R	#18	U	#21	X	#24
B	#2	J	#5	E	#8	M	#13	S	#19	V	#22	Y	#25
C	#3	K	#6	F	#9	Q	#17	T	#20	W	#23	Z	#26

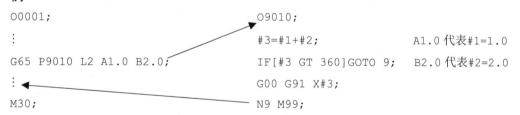

表 13-7　　自 变 量 指 定 Ⅱ

地址	变量号	地址	变量号	地址	变量号	地址	变量号	地址	变量号	地址	变量号
A	#1	I1	#4	I3	#10	I5	#16	I7	#22	I9	#28
B	#2	J2	#5	J3	#11	J5	#17	J7	#23	J9	#29
C	#3	K1	#6	K3	#12	K5	#18	K7	#24	K9	#30
		I2	#7	I4	#13	I6	#19	I8	#25	I10	#31
		J2	#8	J4	#14	J6	#20	J8	#26	J11	#32
		K2	#9	K4	#15	K6	#21	K8	#27	K12	#33

2. 模态调用（G66）

编程格式：G66　P__　L*l*；（自变量指定）

　　　　　⋮

　　　　　G67

P__：要调用的程序。

l：重复次数（1～9999 的重复次数，省略 L 值时，默认值为 1）。

自变量：数据传递到宏程序（其值被赋值到相应的局部变量）。

例

```
O0001;
⋮
⋮
G66 P9100 L2 A1.0 B2.0;
G00 G90 X100.0;
Y200.0;
X150.0 Y300.0;
G67;
⋮
M30;
```

```
O9100;
G00 Z-#1;
G01 Z-#2 F300;
⋮
⋮
M99;
```

A1.0 代表#1=1.0

B2.0 代表#2=2.0

指定 G67 指令时，其后面的程序段不再执行模态宏程序调用。

任务二　凹 模 型 腔 加 工

凹模如图 13-8 所示，编程并加工该零件的型腔部分，材料为模具钢 3Cr2Mo（P20）。

一、图样分析

该零件型腔部分深度大约为 20mm，型腔四壁有 1° 的拔模斜度，型腔底部由球面和圆弧面组成，型腔四角为 *R*10.08 的圆弧面过渡。型腔壁和底部之间为 *R*3.02 的圆弧面过渡。

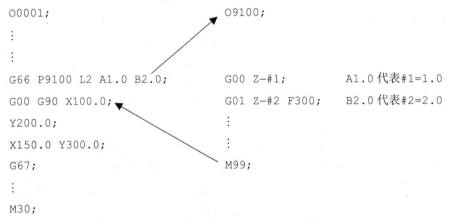

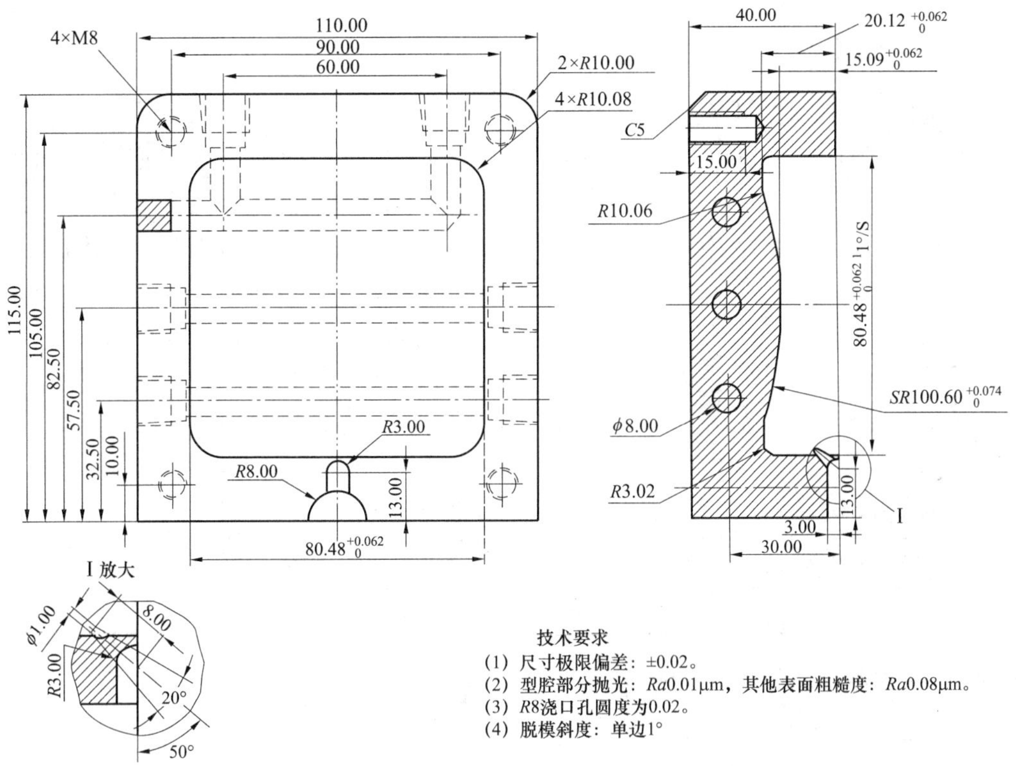

图 13–8 凹模

二、工艺设计

零件的材料为模具钢 3Cr2Mo（P20），材质较硬，采用键槽钨钢刀，先粗铣型腔到深度 14.95mm，四周留余量，再用立铣刀精铣型腔四周，然后用球头刀铣底部的球面，最后精铣型腔底部四周。

编制凹模型腔的加工工艺，填入表 13–8 中。

表 13–8 数控铣削加工工序卡片

产品名称	零件名称	工序名称	工序号	程序编号	毛坯材料	使用设备	夹具名称
	凹模	数控铣			3Cr2Mo（P20）	加工中心	平口钳

工步号	工 步 内 容	刀 具			主轴转速（r/min）	进给速度（mm/min）	切削深度（mm）
		类型	材料	规格			
1	型腔粗加工	键槽铣刀	钨钢	$\phi16$	600	150	2
2	型腔侧壁精加工	立铣刀	钨钢	$\phi16$（带 1° 锥度）	1000	50	0.5
3	型腔底部凸球面加工	球头刀	钨钢	$R6$	800	150	1
4	型腔底部四周粗加工	球头刀	钨钢	$R3$	800	100	1
5	型腔底部四周精加工	球头刀	钨钢	$R3$	800	50	0.1

三、程序编制

1. 编制型腔粗加工程序

（1）刀路设计。如图 13–9 所示，铣削一个 78mm×78mm 的矩形型腔，四周为 *R*8 的圆角过渡，深为 14.95mm。先用行切法进行粗加工，再用环切法进行半精加工，分层铣削，每层铣深 2mm。*A* 点为每层行切的起点，*M* 点为每层行切的终点。每层铣完后，再从 *M* 点开始，逆时针方向铣一周。

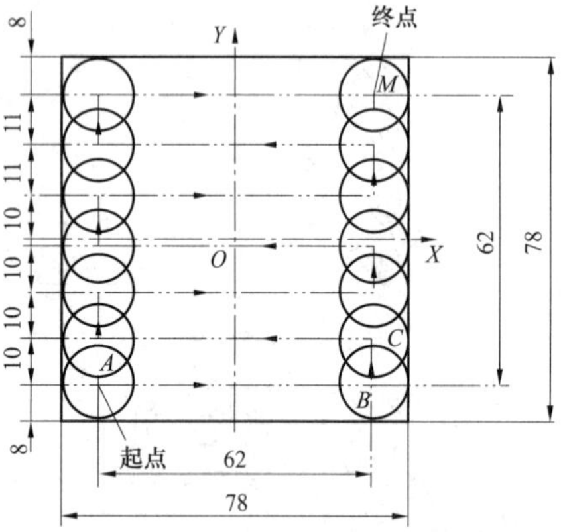

图 13–9　型腔加工刀具路线

（2）建立工件坐标系，计算关键点的坐标。如图 13–9 所示，以工件上表面的中心为工件坐标系原点，建立工件坐标系。关键点的坐标如下。

A（–31.0，–31.0）；*B*（31.0，–31.0）；*C*（31.0，–21.0）；*M*（31.0，31.0）。

（3）编制程序。使用宏程序编程，程序如下。

```
O0001;                          程序号
N10  G54;                       设定坐标系
N20  M03  S600;                 启动主轴正转，600r/min
N30  G00  X-31  Y-31  Z100.;    定位在起刀点（–31，–31，100）
N40  G00  Z 5.;                 快速定位到点（–31，–31，5）
N50  #1=0;                      #1 为加工深度控制变量，赋初始值为 0
N60  WHILE[#1 GT -14.95]DO 1;   当#1 大于–14.95 时，则执行 N70～N310，否则转到 N320
N70  #1=#1-2.0;                 深度控制变量#1 减小 2.0
N80  WHILE[#1 LT -14.95]DO 2;   当#1 小于–14.95 时，则执行 N90～N100，否则转到 N110
N90  #1=-14.95;                 将#1 赋值为–14.95
N100  END 2;
N110  G01  Z#1  F50;
N120  X31  Y-31  F150;          直线插补，G01 为模态指令，持续有效，可省略
N130  Y-21;
N140  X-31;
N150  Y-11;
N160  X31;
N170  Y-1;
N180  X-31;
N190  Y9;
N200  X31;
```

```
N210  Y20;
N220  X-31;
N230  Y31;
N240  X31;
N250  X-31;                          N250～N280为半精加工，逆时针方向铣削一周
N260  Y-31;
N270  X31;
N280  Y31;
N290  G00  Z10  F300;                抬刀
N300  G00  X-31  Y-31;               定位到点A上方
N310  END 1;
N320  G00  X-31  Y-31  Z100;
N330  M05  M09;                      主轴停转，关切削液
N340  M30;                           程序结束
```

2. 编制型腔侧壁精加工程序

（1）刀路设计。使用带1°锥度的ϕ16钨钢立铣刀，对型腔侧壁四周精铣一周，深度为14.95mm。

（2）建立工件坐标系。工件坐标系和上面粗加工型腔时一样。

（3）编制程序。程序如下。

```
O0002;                                     程序号
N10  G54;                                  设定坐标系
N20  M03  S1000;                           启动主轴正转，1000r/min
N30  G00  X-30.24  Y-10  Z100.;            定位在起刀点（-30.24，-10，100）
N40  G00  Z5.;                             快速定位到点（-30.24，-10，5）
N50  G01  Z-14.95  F200;                   下刀到深度为14.95mm处
N60  G42  G02  X-40.24  Y0  R10  D1  F50;  圆弧切入，建立右刀补，刀补值D1取为8.0mm
N70  G01  Y30.16  F50;
N80  G02  X-30.16  Y40.24  R10.08;
N90  G01  X30.16;
N100  G02  X40.24  Y30.16  R10.08;
N110  G01  Y-30.16;
N120  G02  X30.16  Y-40.24  R10.08;
N130  G01  X-30.16;
N140  G02  X-40.24  Y-30.16  R10.08;
N150  G01  Y0;
N160  G02  X-30.24  Y10  R10  F50;         圆弧切出
```

```
N170  G00  Z100;
N180  G40  G00  X0  Y0  Z100.                取消刀补
N190  M05  M09;                              主轴停转，关切削液
N200  M30;                                   程序结束
```

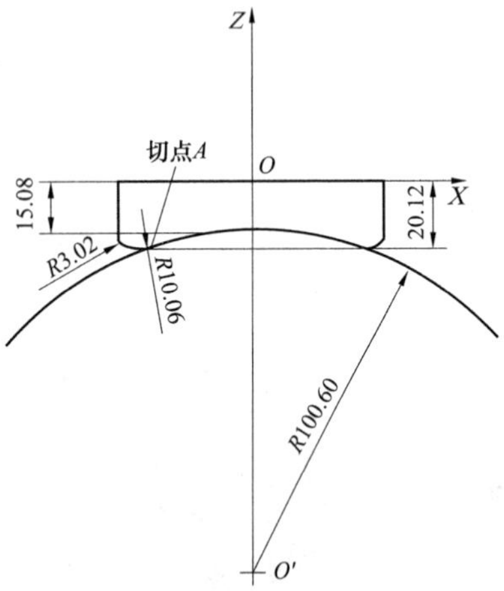

图 13–10　关键坐标计算

3. 编制型腔底部凸球面加工程序

（1）刀路设计。使用 $R6$ 球头钨钢刀，从底部中心开始逆时针走圆圈，把圆圈的起点和终点定在 X 轴的正方向。

（2）建立工件坐标系，计算关键点的坐标，确定圆方程。如图 13–10 所示。以工件上表面的中心为工件坐标系原点，建立工件坐标系。关键点的坐标如下。

底部凸球面球心 O'（X0，Z–115.68）；切点 A（X–29.94，Z–19.64）。

如图 13–10 所示，型腔底部凸球剖切面的圆方程为

$$X^2+(Z+115.68)^2=100.6^2$$

则 $Z=\sqrt{100.6^2-X^2}-115.68$

（3）编制程序。使用宏程序编程。程序如下。

```
O0002;                                       程序号
N10  G54;                                    设定坐标系
N20  M03  S800;                              启动主轴正转，800r/min
N30  G00  X0  Y0  Z100.;                     定位在起刀点（0，0，100）
N40  G00  Z5.;                               快速定位到点（0，0，5）
N50  G18  G01  G41  Z-14  D01  F400;         选择平面 XZ，建立刀具半径左补偿，同时定
                                             位到点（0，0，-14.）
N60  G01  Z-15.08  F50;
N70  #1=6.;                                  #1 为铣刀所走圆圈起点的 X 坐标值
N80  WHILE[#1 LE 29.94]DO 1;                 当#1 小于或等于 29.94 时，则执行 N90～
                                             N130，否则转到 N140
N90  #1= #1+0.1;
N100  #2=SQRT[100.6*100.6-#1*#1]-115.68;
                                             #2 为圆 O′上点的 Z 坐标值
N110  G18  G01  X#1  Z#2  F150;
N120  G17  G03  X#1  Y0  I#1  J0  F150;      选择平面 XY，铣刀走整圆
N130  END1;
N140  G01  Z10  F400;                        抬刀
N150  G00  X0  Y0  Z100.;                    抬刀至起刀点（0，0，100）
```

N160 M05 M09;	关闭主轴，关切削液
N170 M30;	程序结束

4. 编制型腔底部四周粗加工程序

（1）刀路设计。使用 *R*3 球头钨钢刀，先分层粗铣型腔底部四周，最后精铣型腔底部四周。

粗加工时，从（X–29.94，Y0）处下刀，每层铣深 1mm，先走圆形刀路，后走矩形刀路，深度方向留 1mm 余量。

（2）建立工件坐标系。工件坐标系和上面加工型腔底部凸球面时一样。

（3）编制程序。对刀时，将刀位点设在球头刀最前端，使用宏程序编程。程序如下。

O0003;	程序号
N10 G54;	设定坐标系
N20 M03 S800;	启动主轴正转，800r/min
N30 G00 X-29.94 Y0 Z100.;	定位在起刀点（-29.94，0，100）
N40 G00 Z5.;	快速定位到点（-29.94，0，5）
N50 G01 Z-14.95 F50;	
N60 #1=-14.95;	#1 为下刀深度
N65 #2=-29.94;	#2 为圆形刀路的半径
N67 #3=-32.44;	
N70 WHILE[#1 GE -19.]DO 1;	当#1 大于或等于-19.0 时，则执行 N80～N230，否则转到 N240
N80 #1= #1-1.;	
N85 G01 X-29.94 Y0;	
N90 G01 Z#1 F20;	
N100 WHILE[#2 GE -39.8]DO 2;	当#1 大于或等于-39.8 时，则执行 N110～N140，否则转到 N 150
N110 #2= #2-0.5;	
N120 G42 G01 X#2 D01 F50;	建立右刀补，刀补值 D1 取为 3.0mm
N130 G02 X#2 Y0 I-#2 J0;	
N140 END 2	
N150 WHILE[#3 GE -39.8]DO 3;	当#3 大于或等于-39.8 时，则执行 N160～N220，否则转到 N 230
N160 #3=#3-0.5;	
N170 G01 X#3 Y0;	
N175 G01 Y[-#3-10.08];	
N177 G02 X[-#3-10.08]R10.08;	
N180 G01 X[-#3-10.08];	

```
N185  G02  X-#3  Y-#3-10.08  R10.08;
N190  G01  Y[#3+10.08];
N195  G02  X[-#3-10.08]Y#3  R10.08;
N200  G01  X[#3+10.08];
N205  G02  X#3 Y[#3+10.08]  R10.08;
N210  G01  X#3  Y0;
N220  END 3;
N230  END 1;
N240  G01  Z10  F400;                    抬刀
N250  G40  G00  X0  Y0  Z100.;           抬刀至起刀点（0，0，100），取消刀补
N260  M05  M09;                          主轴停转，关切削液
N270  M30;                               程序结束
```

5. 编制型腔底部四周精加工程序

（1）刀路设计。使用 $R3$ 球头钨钢刀，从（X–29.94，Y0）处下刀，先走圆形刀路，后走矩形刀路，刀具在平面 G18 内沿图 13–11 中切点 A→切点 B→切点 C 的轨迹移动。AB 段为 $R10.6$ 的圆弧，BC 段为水平线段。

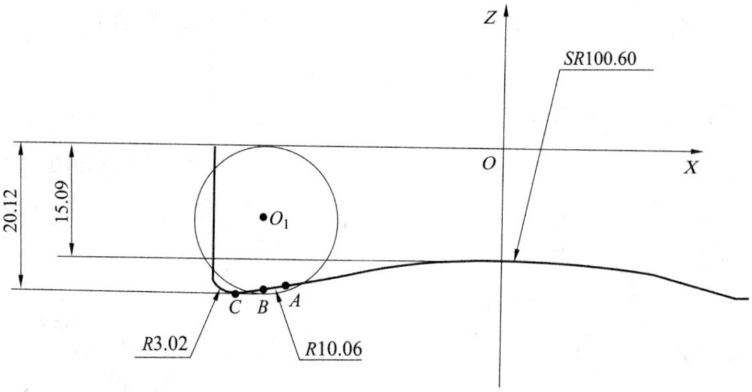

图 13–11　关键点坐标计算

（2）建立工件坐标系，计算关键点的坐标，确定圆方程。工件坐标系如图 13–11 所示，关键点的坐标如下。

切点 A（X–29.94，Z–19.64）；切点 B（X–33.10，Z–20.12）；

切点 C（X–36.92，Z–20.12）；圆心 $O1$（X–33.09，Z–9.52）。

如图 13–11 所示，圆 O_1 的方程为

$$(X+33.09)^2+(Z+9.52)^2=10.6^2$$

则　$Z=\sqrt{10.6^2-X^2-66.18X-33.09^2}-9.52=\sqrt{-X^2-66.18X-982.59}-9.52$

（3）编制程序。刀位点设在球头刀的球心，使用宏程序编程。程序如下。

```
O0004;                                   程序号
N10  G54;                                设定坐标系
```

N20 M03 S800 M08;	启动主轴正转，800r/min
N30 G00 X0 Y0 Z100.;	定位在起刀点（0，0，100）
N40 G00 X-29.94 Y0 Z5;	快速定位到点（-29.94，0，5）
N50 G18 G01 G42 Z-15.0 D01 F400;	选择平面 *XZ*，建立刀具半径左补偿，同时定位到点（-29.94，0，-15.）
N60 G01 Z-19.64 F50;	
N70 #1=-29.94.;	#1 为铣刀所走圆圈起点的 *X* 坐标值
N80 WHILE[#1 GE -33.1]DO 1;	当#1 大于或等于-33.1 时，则执行 N90～N130，否则转到 N140
N90 #1= #1-0.05;	
N100 #2=SQRT[-#1*#1-66.18*#1-982.59]-9.52;	#2 为圆 O1 上点的 *Z* 坐标值
N110 G18 G01 X#1 Z#2 F150;	
N120 G17 G03 X#1 Y0 I-#1 J0 F50;	选择平面 *XY*，铣刀走整圆
N130 END1;	
N140 #2=-33.	
N150 WHILE[#2 GE -36.92]DO 2;	当#2 大于或等于-36.92 时，则执行 N160～N180，否则转到 N195
N160 #2= #2-0.1;	
N170 G17 G01 X#2 Y0 F50;	
N180 G17 G03 X#2 Y0 I-#2 J0 F50;	选择平面 *XY*，铣刀走整圆
N190 END 2;	
N195 #3=-29.94;	
N200 WHILE[#3 GE -36.92]DO 3;	当#3 大于或等于-36.92 时，则执行 N210～N310，否则转到 N 330
N210 #3=#3-0.1;	N210～N310 铣刀走矩形路径
N220 G01 X#3 Y0;	
N230 G01 Y[-#3-10.08];	
N240 G02 X[-#3-10.08]R10.08;	
N250 G01 X[-#3-10.08];	
N260 G02 X-#3 Y-#3-10.08 R10.08;	
N270 G01 Y[#3+10.08];	
N280 G02 X[-#3-10.08]Y#3 R10.08;	
N290 G01 X[#3+10.08];	
N300 G02 X#3 Y[#3+10.08]R10.08;	
N310 G01 X#3 Y0;	

```
N320 END 3;
N330 G01 Z10 F400;                    抬刀
N340 G40 G00 X0 Y0 Z100.;             抬刀至起刀点（0，0，100），取消刀补
N350 M05 M09;                         主轴停转，关切削液
N360 M30;                             程序结束
```

任务三　球面台与凹球面铣削

球面台如图 13–12（a）所示，凹球面如图 13–12（b）所示，编程并加工该两个零件。

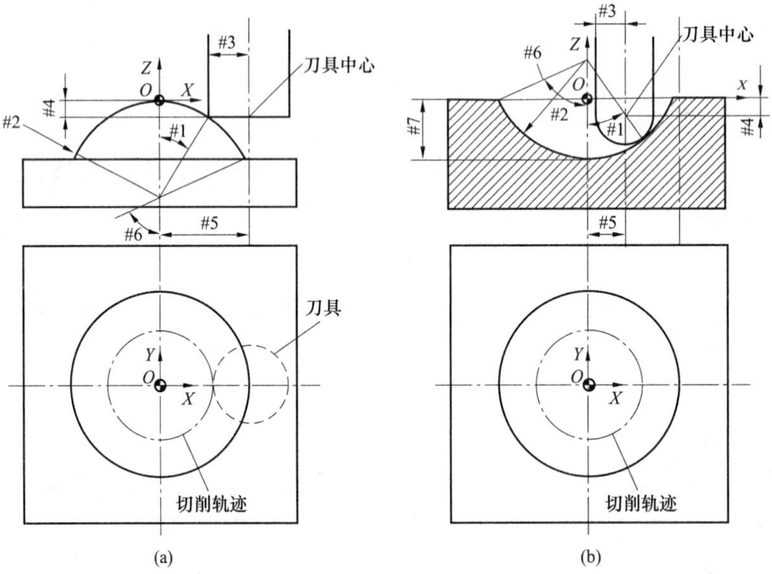

图 13–12　球面台与凹球面

（a）球面台；（b）凹球面

一、图样分析

在图 13–12 中，球面的半径为 $SR20$（#2）、球面台展角（最大为 90°）为 67。在图 13–12（a）中所用立铣刀的半径为 $R8$（#3）；在图 3–40（b）中所用球铣刀的半径为 $R6$（#3），球铣刀的刀位点在球心处，在对刀及编程时应注意。球面台外圈部分应先切除，即已加工出圆柱，本处程序略。

二、工艺设计

（1）刀具选择。选用 $\phi16$ 立铣刀。

（2）加工工艺路线。球面台的加工工艺路线见表 13–9，凹球面的加工工艺路线见表 13–10。

表 13–9　　数控铣削加工工序卡片

产品名称	零件名称	工序名称	工序号	程序编号	毛坯材料		使用设备	夹具名称
	球面台	加工中心铣削			45 钢		加工中心	平口钳
工步号	工 步 内 容	刀 具			主轴转速（r/min）		进给速度（mm/min）	切削深度（mm）
		类型	材料	规格				
1	粗铣球面台	圆柱立铣刀	高速钢	$\phi16$	2000		200	0.3
2	精铣球面台	圆柱立铣刀	高速钢	$\phi16$	2000		200	0.1

表 13–10　　数控铣削加工工序卡片

产品名称	零件名称	工序名称	工序号	程序编号	毛坯材料		使用设备	夹具名称
	凹球面	加工中心铣削			45 钢		加工中心	平口钳
工步号	工 步 内 容	刀 具			主轴转速（r/min）		进给速度（mm/min）	切削深度（mm）
		类型	材料	规格				
1	粗铣凹球面	圆柱立铣刀	高速钢	$\phi16$	2000		200	0.3
2	精铣凹球面	圆柱立铣刀	高速钢	$\phi16$	2000		200	0.1

三、程序编制

用立铣刀加工球台面的宏程序如下。

程序	说明
`O3113;`	程序名
`N10 M6 T1;`	换上 1 号刀，$\phi16$ 立铣刀
`N20 G54 G90 G0 G43 H1 Z200;`	刀具快速移动 Z200 处（在 Z 方向调入了刀具长度补偿）
`N30 M3 S2000;`	主轴正转，转速 2000r/min
`N40 X8 Y0;`	刀具快速定位（下面#1=0 时，#5=#3=8）
`N50 Z2;`	Z 轴下降
`N60 M8;`	切削液开
`N70 G1 Z0 F50;`	刀具移动到工件表面的平面
`N80 #1=0;`	定义变量的初值（角度初始值）
`N90 #2=20;`	定义变量（球半径）
`N100 #3=8;`	定义变量（刀具半径）
`N110 #6=67;`	定义变量的初值（角度终止值）
`N120 WHILE[#1LE#6]DO 1;`	循环语句，当#1≤67°时，在 N120～N190 之间循环，加工球面
`N130 #4=#2*[1-COS[#1]];`	计算变量
`N140 #5=#3+#2*SIN[#1];`	计算变量
`N150 G1 X#5 Y0 F200;`	每层铣削时，X 方向的起始位置

```
N160  Z-#4  F50;                         到下一层的定位
N170  G2  1-#5  F200;                    顺时针加工整圆
N180  #1=#1+1;                           更新角度（加工精度越高，则角度的增量值应
                                         取得越小，这里取 1°）
N190  END 1;                             循环语句结束
N200  G0  Z200  M9;                      加工结束后返回到 Z200，切削液关
N210  G49  G90  Z0;                      取消长度补偿，Z 轴快速移动到机床坐标 Z0 处
N220  M30;                               程序结束
%
```

用球铣刀加工凹球面的宏程序如下。

```
%
O3213;                                   程序名
N10  M6  T1;                             换上 1 号刀，φ12 球铣刀
N20  G54  G90  G0  G43  H1  Z200;        刀具快速移动 Z200 处（在 Z 方向调入了刀具
                                         长度补偿）
N30  M3  S2000;                          主轴正转，转速 2000r/min
N40  X0  Y0;                             刀具快速定位（下面#1=01i～#5=0）
N50  Z8;                                 Z 轴下降（注意球铣刀的刀位点，Z<6 就会撞刀）
N60  M8;                                 切削液开
N70  #1=1;                               定义变量的初值（角度初始值）
N80  #2=20;                              定义变量（球半径）
N90  #3=6;                               定义变量（刀具半径）
N100  #6=67;                             定义变量的初值（角度终止值）
N110  #7=#2-#2*COS[#6];                  计算变量
N120  G1  Z-[#7-#3]F50;                  刀具向下切削
N130  WHILE[#1 LE 67]DO 1;               循环语句，当#1≤67°时，在 N130～N190 之
                                         间循环，加工凹球面
N140  #4=[#2-#3]*COS[#1]-#2*COS[#6];
                                         计算变量
N150  #5=[#2-#3]*SIN[#1];                计算变量
N160  Z-#4  F50;                         到上一层的定位
N170  G1  X#5  Y0;                       每层铣削时，工方向的起始位置
N180  G3  I-#5  F200;                    逆时针加工整圆
N190  #1= #+1;                           更新角度
N200  END 1;                             循环语句结束
N210  G0  Z200  M9;                      加工结束后返回到 Z200，切削液关
N220  G49  G90  Z0;                      取消长度补偿，Z 轴快速移动到机床坐标 Z0 处
N230  M30;                               程序结束
```

任务四 加工椭圆锥台

编程并加工如图 13–13 所示椭圆凸台，毛坯为 50mm×60mm×33mm 方料，材料为硬铝。

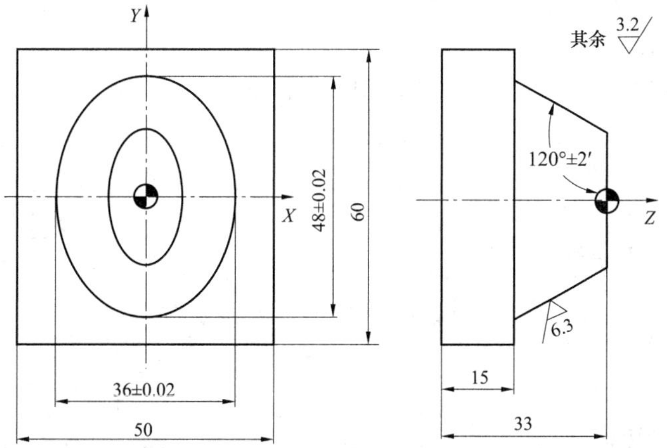

图 13–13 椭圆凸台

一、图样分析

如图 13–14 所示零件为椭圆锥台，尺寸精度为±0.02mm，角度精度为±2′，表面粗糙度值为 6.3μm 和 3.2μm。为提高加工效率，同时要达到表面质量要求，可先用立铣刀加工椭圆柱，再用立铣刀粗铣椭圆锥台，然后用球刀精铣椭圆锥台，最后用立铣刀清根。

二、工艺设计

（1）刀具选择。ϕ12 立铣刀、*R*6 球头刀。

（2）加工工艺路线见表 13–11。

表 13–11　　数控铣削加工工序卡片

产品名称	零件名称	工序名称	工序号	程序编号	毛坯材料	使用设备	夹具名称
	椭圆锥台	加工中心铣削			硬铝	加工中心	平口钳
工步号	工步内容	刀具			主轴转速（r/min）	进给速度（mm/min）	切削深度（mm）
		类型	材料	规格			
1	除料，加工椭圆柱	圆柱立铣刀	高速钢	ϕ12	800	200	0.5
2	粗加工椭圆锥台	圆柱立铣刀	高速钢	ϕ12	800	200	0.5
3	精加工椭圆锥台	球头刀	高速钢	*R*6	1000	100	0.1
4	清根	圆柱立铣刀	高速钢	ϕ12	800	100	0.1

三、程序编制

（1）编程思路。加工椭圆时，以角度α为自变量，则在平面 *XY* 内，椭圆上各点坐标分别是（$18\cos\alpha$，$24\sin\alpha$），坐标值随角度的变化而变化。对于椭圆的锥度加工，当 *Z* 每抬高δ时，长轴及短轴的半径将减小$\delta\times\tan30^\circ$，因此高度方向上用 *Z* 值作为自变量。加工时，为避免精加工余量过大，先加工出长半轴为 24mm，短半轴为 18mm 的椭圆柱，再加工椭圆锥。变量运算如图 6–14 所示。

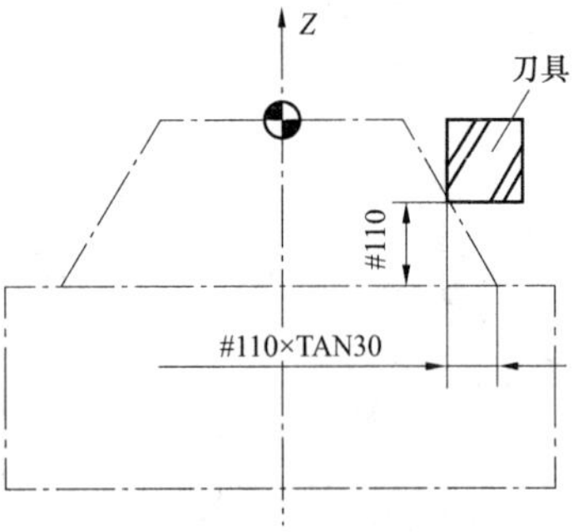

图 13–14　变量运算

其余思路与前球面的加工相同。

（2）确定变量。编程时，使用以下变量进行运算。

#110：刀尖到椭圆台底平面的高度变量。

#111：刀尖在工作坐标系中的 *Z* 坐标值变量。

#101：短半轴半径变量。

#102：长半轴半径变量。

#103：角度变量。

#104：刀尖在工作坐标系中 *X* 坐标值变量。

#105：刀尖在工作坐标系中 *Y* 坐标值变量。

（3）编写加工程序如下。

```
O020;                                    主程序
G90  G80  G40  G21  G17  G94  G54;       程序初始化
G91  G28  Z0.0;
G90  G00  X40.0  Y0.0;
G43  Z20.0  H01;
S600  M03;
G01  Z0.0  F200;
M98  P120  L4;                           去余量，Z 向分层切削，每次切深 4.5mm
G90  G01  Z20.0;
M98  P220;                               调用宏程序，加工球面
G91  G28  Z0.0;
M30;

O120;                                    去余量子程序
G91  G01  Z-4.5;
G90;
#103=360.0;                              角度变量赋初值
N100  #104=18.0*COS[#103];               X 坐标值变量
#105=24.0*SIN[#103];                     Y 坐标值变量
G41  G01  X#104  Y#105  D01;             D01=6.0
```

```
#103= #103-1.0;                        角度每次增量为-1°
IF[#103 GE 0]GOTO  100;                如果角度大于等于 0°，则返回执行循环
G40  G01  X40.0  Y0;
M99;

O220;                                  加工椭圆锥台子程序
#110=0;                                刀位点到底平面高度，如图 6-15 所示
#111=-18.0;                            刀位点 Z 坐标值
#102=24.0;                             长半轴半径
N200  #103=360.0;                      角度变量
G01  Z#111  F100;
N300  #104=#101*COS[#103];             刀尖处 X 坐标值
#105=#102*SIN[#103];                   刀尖处 Y 坐标值
G41  G01  X#104  Y#105  D02;           粗加工时 D02=6.2，留 0.2mm 余量，精加
                                       工时 D02=6.0
#103=#103-1.0;
IF[#103 GE 0.0]GOTO  300;              循环加工椭圆
G40  G01  X40.0  Y0;
#110=#110+0.1;
#111=#111+0.1;                         刀尖 Z 坐标值
#101=18.0-# 110*TAN[30.0];             短半轴半径变量
#102=24.0-#110*TAN[30.0];              长半轴半径变量
IF[#111 LE 0]GOTO  200;                循环加工椭圆锥台
M99;
```

任务五　上圆下方凸台铣削

上圆下方凸台如图 13–15 所示，编程并加工零件。

一、图样分析

在图 13–15 中，上圆的半径为 *R*15（#2），下方的半边长为 20（#3），立铣刀的半径为 *R*8（#4）。下方以外部分应先切除（即已加工出一个方台），本处程序略。

二、工艺设计

（1）刀具选择。ϕ16 立铣刀。

（2）上圆下方凸台的加工工艺路线见表 13–12。

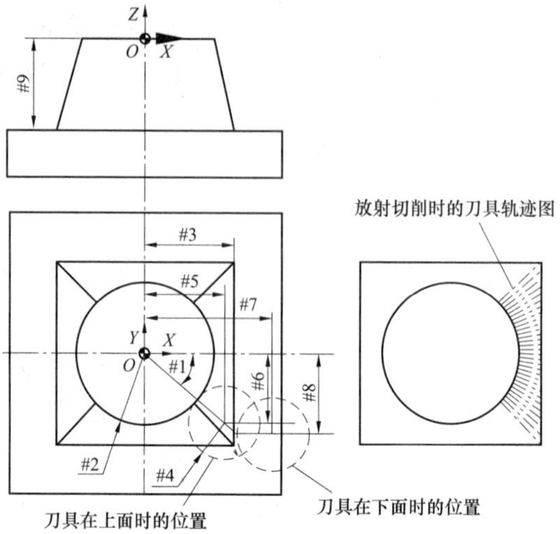

图 13–15　上圆下方凸台

表 13–12　　数控铣削加工工序卡片

产品名称	零件名称	工序名称	工序号	程序编号	毛坯材料	使用设备	夹具名称
	上圆下方凸台	加工中心铣削			45 钢	加工中心	平口钳

工步号	工 步 内 容	刀　具			主轴转速（r/min）	进给速度（mm/min）	切削深度（mm）
		类型	材料	规格			
1	粗铣凸台	圆柱立铣刀	高速钢	$\phi16$	2000	50	0.3
2	精铣凸台	圆柱立铣刀	高速钢	$\phi16$	2000	50	0.1

三、程序编制

程序	说明
O3015;	主程序名
N10 M6 T1;	换上 1 号刀，ϕ16 立铣刀
N20 G54 G90 G0 G43 H1 Z200;	刀具快速移动 Z200 处（在 Z 方向调入了刀具长度补偿）
N30 M3 S2000;	主轴正转，转速 2000r/min
N40 Z2 M8;	Z 轴下降，切削液开
N50 M98 P43115;	调用 O3115 子程序 4 次
N60 G0 Z200 M9;	加工结束后返回到 Z200，切削液关
N70 G49 G90 Z0;	取消长度补偿，Z 轴快速移动到机床坐标 4 处
N80 M30;	程序结束

子程序如下。

程序	说明
O3115;	子程序名
N10 G68 X0 Y0 R90;	增量绕原点旋转 90°
N20 G0 X16.263 Y-16.263;	快速定位到起始点（#1=-45 时刀具中心所处的位置）
N30 G1 Z0 F50;	下降到 Z0 平面

```
N40  #1=-45;                          定义变量的初值（角度初始值）
N50  #2=15;                           定义变量（上面的半径）
N60  #3=20;                           定义变量（下面的半边长）
N70  #4=8;                            定义变量（刀具半径）
N80  #9=20;                           定义变量（锥台高）
N90  WHILE[#1 LE 45]DO 1;             循环语句，当#1≤45°时，在 N90～N180 循环，
                                      加工锥台
N100  #5=[#2+#4]*COS[#1];             计算变量
N110  #6=[#2+#4]*SIN[#1];             计算变量
N120  #7=#3+#4;                       计算变量
N130  #8=#3*TAN[#1];                  计算变量
N140  G1  X#5  Y#6  Z0  F300;         铣削时，上面的起始位置
N150  X#7  Y#8  Z-#9;                 铣削时，下面的终止位置
N160  G0  Z0;                         快速抬刀
N170  #1=#1+1;                        更新角度（加工精度越高，则角度的增量值应取得
                                      越小，这里取 1°）
N180  END 1;                          循环语句结束
N190  G0  Z2;                         切削结束后快速返回到平面 Z2
N200  M99;                            子程序结束并返回到主程序
```

任务六　半内球体加工实训

一、实训目的

（1）能够对半内球体零件进行数控铣削数控工艺分析。
（2）学会应用宏程序编程和加工半内球体零件。

二、实训内容

半内球体球面零件如图 13–16 所示，材料为 45 号钢，试编程并加工该零件。

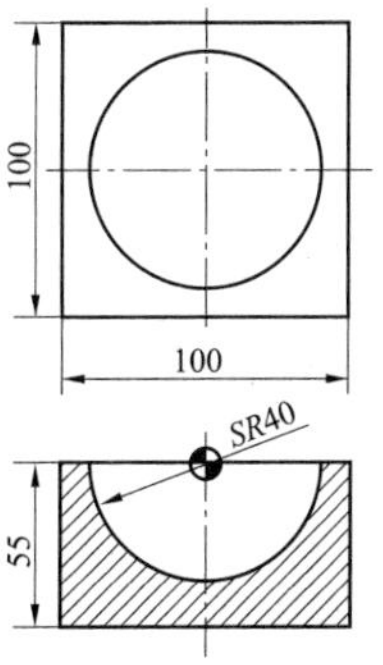

图 13–16　半内球体零件

三、实训步骤

1. 数控加工分析

分析零件图样，选择定位基准和加工方法，确定走刀路线，选择刀具和装夹方法，确定各切削用量参数，填写加工工序卡片，见表 13–13。

表 13–13　　加工中心工序卡

产品名称	零件名称	工序名称		工序号	程序编号		毛坯材料	使用设备	夹具名称
工步号	工步内容	刀具					主轴转速（r/min）	进给速度（mm/min）	切削深度（mm）
		类型		材料		规格			

2. 编制程序，填写数控加工程序卡

根据零件的加工工艺分析和所使用数控铣床的编程指令说明，编写加工程序，填写程序单，见表 13–14。

表 13–14　　加工中心程序单

零件号		零件名称		编制日期	
程序号				编制	
序号	程序内容			程序说明	

项目十四

加工五边形凸模

项目导入

本项目要求应用自动编程加工如图 14–1 所示五边形凸模。毛坯尺寸为 100mm×100mm×50mm，已铣至 96mm×96mm×50mm 的标准毛坯，零件材料为 45 钢。

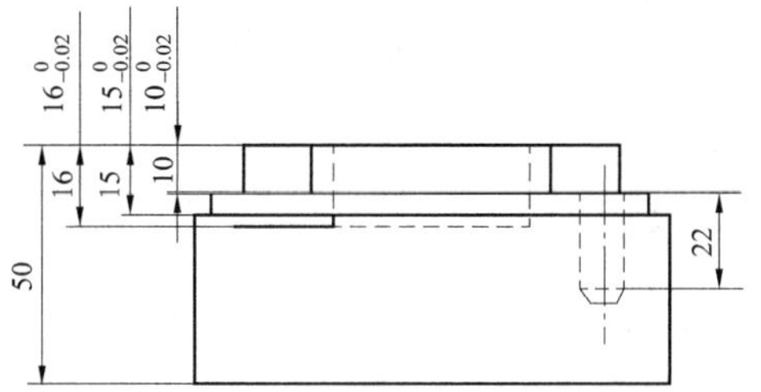

(a)

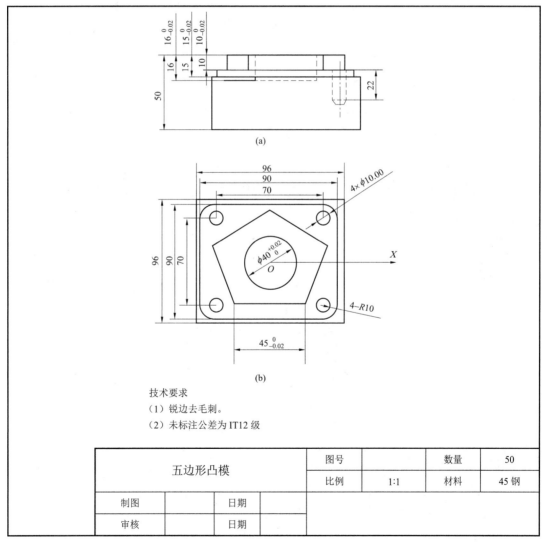

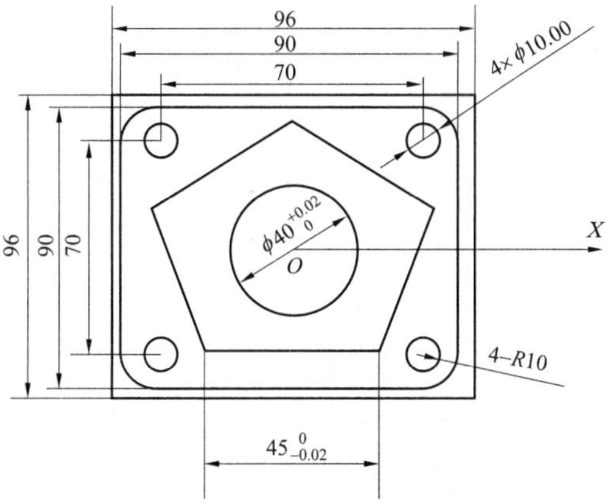

(b)

技术要求

（1）锐边去毛刺。

（2）未标注公差为 IT12 级

五边形凸模				图号		数量	50
				比例	1:1	材料	45 钢
制图		日期					
审核		日期					

图 14–1　五边形凸模

任务一 认识 MasterCAM 的基本功能

数控编程分为手工编程和自动编程两类。手工编程时，整个程序的编制过程是由人工完成的，本书在前面已经对数控铣床的手工编程进行了详细介绍。自动编程是借助计算机及其外围设备装置自动完成从零件图构造、零件加工程序编制到控制介质制作等工作的一种编程方法。目前，除工艺处理仍主要依靠人工进行外，编程中的数学处理、编写程序单、制作控制介质、程序校验等各项工作均已通过自动编程达到了较高的计算机自动处理的程度。与手工编程相比，自动编程解决了手工编程难以处理的复杂零件的编程问题，既减轻劳动强度、缩短编程时间，又可减少差错，使编程工作简便。

MasterCAM 软件是美国 CNC SoftWare INC 公司所研制开发的 CAD/CAM 系统，以其强大的加工功能闻名于世，是最经济有效率的全方位的软件系统。MasterCAM 软件在我国的许多企业都得到了广泛应用。

一、MasterCAM 系统的窗口界面

MasterCAM 系统的窗口界面（铣削模块）如图 14–2 所示。该界面主要包括标题栏、工具栏、主菜单、次菜单、系统提示区、绘图区和坐标轴图标等。

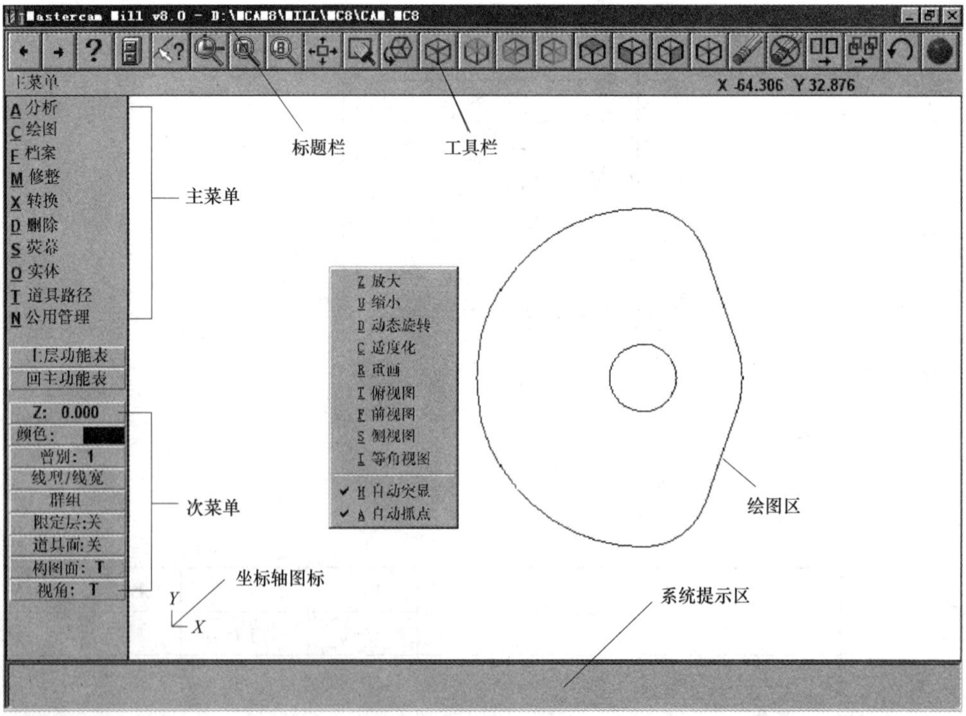

图 14–2 MasterCAM 系统的窗口界面

1. 标题栏

窗口界面的最上面为标题栏，显示系统模块名称以及系统打开的文件名与路径。

2. 工具栏

标题栏下面的一排按钮即为工具栏。用户可以通过单击工具栏中按钮←和→来改变工具栏的显示，也可以通过“屏幕”子菜单中的系统规划命令来设置用户自己的工具栏。

3. 主菜单及主菜单区

在主菜单中选择一个命令后，系统将在主菜单区域显示该命令菜单的下一级菜单。单击上层功能表和回主功能表，即可返回上级菜单或主菜单。

4. 次菜单

次菜单主要包含了图层、线型、颜色和视角等参数的设置，单击各按钮可进行设置。

5. 系统提示区

在窗口的最下部为系统提示区，该区域用来给出操作过程中相应提示，有些命令的操作结果也在该提示区显示。

二、Master CAM 系统的功能

1. 系统的功能框架

Master CAM 系统的总体功能框架包括二维线架设计、曲面造型设计、NC 等功能模块。

2. 系统的数控加工编程能力

对于数控加工编程，至关重要的是系统的数控编程能力。MasterCAM 系统的数控编程能力主要体现在以下几方面。

（1）适用范围。车削、铣削、线切割。

（2）可编程的坐标数。点位、二坐标、三坐标、四坐标和五坐标。

（3）可编程的对象。多坐标点位加工编程、表面区域加工编程（多曲面区域的加工编程）、轮廓加工编程、曲面交线及过渡区域加工编程、型腔加工编程、曲面通道加工编程等。

（4）刀具轨迹编辑。如刀具轨迹变换、裁剪、修正、删除、转置、分割及连接等。

（5）刀具轨迹验证。如刀具轨迹仿真、刀具运动过程仿真、加工过程模拟等。

三、运用 MasterCAM 系统自动编程的工作步骤

1. 分析加工零件

当拿到待加工零件的零件图样或工艺图样（特别是复杂曲面零件和模具图样）时，首先应对零件图样进行仔细的分析。

（1）分析待加工表面。一般来说，在一次加工中，只需对加工零件的部分表面进行加工。这一步骤的内容是确定待加工表面及其约束面，并对其几何定义进行分析，必要的时候需对原始数据进行一定的预处理，要求所有几何元素的定义具有唯一性。

（2）确定加工方法。根据零件毛坯形状以及待加工表面及其约束面的几何形状，并根据现有机床设备条件，确定零件的加工方法及所需的机床设备和工夹量具。

（3）确定程序原点及工件坐标系。一般根据零件的基准面（或孔）的位置以及待加工表面。确定程序原点及工件坐标系。

2. 对待加工表面及其约束面进行几何造型

这是数控加工编程的第一步。对于 MasterCAM 系统来说，一般可根据几何元素的定义方式，在前面零件分析的基础上，对加工表面及其约束面进行几何造型。

3. 确定工艺步骤并选择合适的刀具

一般来说，可根据加工方法和加工表面及其约束面的几何形态选择合适的刀具类型及刀具尺寸。但对于某些复杂曲面零件，则需要对加工表面及约束面的几何形态进行数值计算，根据计算结果才能确定刀具类型和刀具尺寸，这是因为，对于一些复杂曲面零件的加工，希望所选择的刀具加工效率高，同时又希望所选择的刀具符合加工表面的要求，且不与非加工表面发生干涉或碰撞。但在某些情况下，加工表面及其约束面的几何形态数值计算很困难，只能根据经验和直觉选择刀具，这时，便不能保证所选择的刀具是合适的，在刀具轨迹生成之后，需要进行刀具轨迹验证。

4. 刀具轨迹生成及刀具轨迹编辑

对于 MasterCAM 系统来说，一般可在所定义加工表面及其约束面（或加工单元）上确定其外法矢方向，并选择一种走刀方式，根据所选择的刀具（或定义的刀具）和加工参数，系统将自动生成所需的刀具轨迹。

刀具轨迹生成以后，利用系统的刀具轨迹显示及交互编辑功能，可以将刀具轨迹显示出来，如果有不合适的地方，可以在人机交互方式下对刀具转迹进行适当的编辑与修改。

5. 刀具轨迹验证

对可能过切、干涉与碰撞的刀位点，采用系统提供的刀具轨迹验证手段进行检验。

6. 后置处理

根据所选用的数控系统，调用其机床数据文件，运行数控编程系统提供的后置处理程序，将刀位原文件转换成数控加工程序。

任务二 图形绘制与修整

一、二维基本几何绘图

二维绘图功能的子菜单如图 14–3 所示，包括点、线、圆弧、倒圆角、曲线、曲面曲线、矩形、尺寸标注、倒角、文字等子功能表。下面只介绍曲线子功能表和文字子功能表。

1. 曲线子功能表

从主功能表里选择【绘图】→【Spline 曲线】，即进入 Spline 曲线子功能表。在 MasterCAM 中，Spline 曲线指令会产生一条经过所有选点的平滑 Spline 曲线。有两种 Spline 曲线型式：参数式 Spline 曲线（型式 P）和 NURBS 曲线（型式 N）。用户可以通过选择功能表中的【曲线型式】来切换。

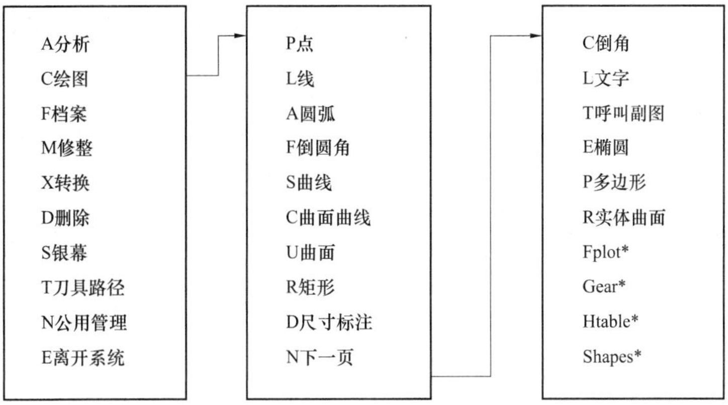

图 14–3 绘图功能表

参数 Spline 曲线可以被想作一条有弹性的皮带，在其上面加上适当的重量使它经过所给的点，要求点两侧的曲线有同样的斜率和曲率。

NURBS 是 NON–Uniform Rational B–Spline 曲线或曲面的缩写。一般而言，NURBS 比一般的 Spline 曲线光滑且较易编辑，只要移动它的控制点就可以了。

产生 Spline 曲线的方法有如下 3 种。

（1）手动。人工选择 Spline 曲线的所有控制点。

（2）自动。自动选择 Spline 曲线的控制点。

（3）转成曲线。串连现有的图表以产生 Spline 曲线。

Spline 曲线功能表的最后一项是【端点状态】。这是一个切换选择，让你可以调整 Spline 曲线起始点和终止点的斜率，预设值是“关（N）”。

2. 文字子功能表

文字图形可用于在饰板上切出文字。进入文字指令的顺序是绘图→下一页→文字，会得到其 3 个子项目：真实字型、标注尺寸、档案。

（1）真实字型。该选项是用真实字型 True Type 构建文字，只限于现在已安装在计算机内的真实字型号。关于真实字型，参看 Windows 可得到更多的信息。从主功能表里选择【绘图】→【下一页】→【文字】→【真实文字】，出现相应的对话框，可选取所需的真实字型【True Type】。

选择字型和字体后，系统提示输入要构建的文字和字高。在有些情况下，实际字高可与输入的值不匹配，可用转换 Xform 中比例功能来改变字型的尺寸。

构建真实字型 True Type 文字几何图形，要选择一个方向，可选择下列方法。

1）水平 Horizontal。构建文字平行构图平面的 X 轴。

2）垂直 Vertical。构建文字平行构图平面的 Y 轴。

3）圆弧顶部 Top of arc。构建文字以一个半径环绕盛开个圆弧，按顺时针方向排列，文字在圆弧上方。

4）圆弧底部 Bottom of arc。构建文字以一个半径环绕成一个圆弧，按逆时针方向排列，文字在圆弧下方。

输入方向后，文本框显示了一个缺省的字间距，MasterCAM 根据字高计算的，推荐接受该字间距，但如有需要，可输入不同的字间距。

（2）标注尺寸。该选项用于 MasterCAM 构建标注尺寸的全部参数（字体、倾斜、字高等），它包括了线、圆弧和 Spline 曲线。

用标注尺寸构建文字步骤如下。

1）从主菜单中选【绘图】→【文字】→【下一页】→【标注尺寸】。

2）在显示的文本框输入文字，然后按 Enter 键，显示点输入菜单。

3）输入文字的起点，构建标注尺寸文字。

（3）档案。从主功能表里选择【绘图】→【下一页】→【文字】→【档案】，可从选取 MasterCAM 现有的文字图形来构建文字，有单线字、方块字、罗马字、斜体字 4 种。使用【其他】项，可从指定子目录文档中调用文字、符号来使用或编辑。

二、几何图形的编辑

要产生复杂工件的几何图形，必须通过编辑功能来修改现有的几何图素，以使作图更容易和更快。几何图形的编辑功能有删除、修整和转换 3 种。

1. 删除功能

删除功能是用于从屏幕和系统的资料库中删除一个或一组设定因素。从主功能表选择删除（或者在键盘上按 F5），系统会显示它的子菜单，包括串连、窗选、区域、仅某图素、所有的、群组、重复图素和回复删除等。

2. 修整功能

在修整功能表下包括一组相关的修整功能，用于改变现有的图素。从主功能表中选择修整，系统会显示它的子菜单，包括倒圆角、修剪延伸、打断、连接、曲面法向、控制点、转成 NURBS、延伸、动态移位、曲线变弧等。

3. 转换功能

MasterCAM 提供了 9 种有用的编辑功能来改变几何图素的位置、方向和大小。从主功能表中选择转换，系统会显示它的子菜单，包括镜射、旋转、等比例、不等比例、平移、单体补正、串连补正、牵移、缠绕等。

任务三　刀具路径与后处理程序生成

一、刀具设置

当运用 MasterCAM 的 CAD 功能生成工件的几何外形之后，下一步就是根据工件的几何外形设置相关的切削加工数据并生成刀具路径，刀具路径实际上就工艺数据文件（NCI），它包含了一系列刀具运动轨迹以及加工信息，如进刀量、主轴转速、冷却液控制指令等。再由后处理器将 NCI 文件转换为 CNC 控制器可以解读的 NC 码，通过介质传送到数控机车就可以加工出所需的零件。在这个过程中，刀具设置是操作者要做的一项很重要的工作。

在 MasterCAM 中，用户可以直接从系统的刀具库中选择要使用的刀具，也可以对已有的刀具进行编修和重新定义，还可以自己定义新刀具，并加入到刀具库中。

1. 从刀具库中选择刀具

当在主功能表中选择【T 刀具路径】，进行某项加工任务如选择【C 外形铣削】时，系统提示定义要加工的对象，串联外形，选定加工对象后选择【D 执行】，此时系统弹出刀具参数对话框，如图 14–4 所示。

将鼠标移到如图 14–4 所示刀具区中右击，弹出如图 14–5 所示的快捷菜单。再移动鼠标，单击【从刀具库中选取刀具】，系统弹出如图 14–6 所示的刀具管理对话框，移动下拉条从中选择要用的刀具，如选择ϕ20 的平刀，单击【确定】即可选定该刀具。

确定所选刀具后，系统返回如图 14–4 所示刀具参数对话框。此时对话框中刀具区多了一把ϕ20 的平刀。

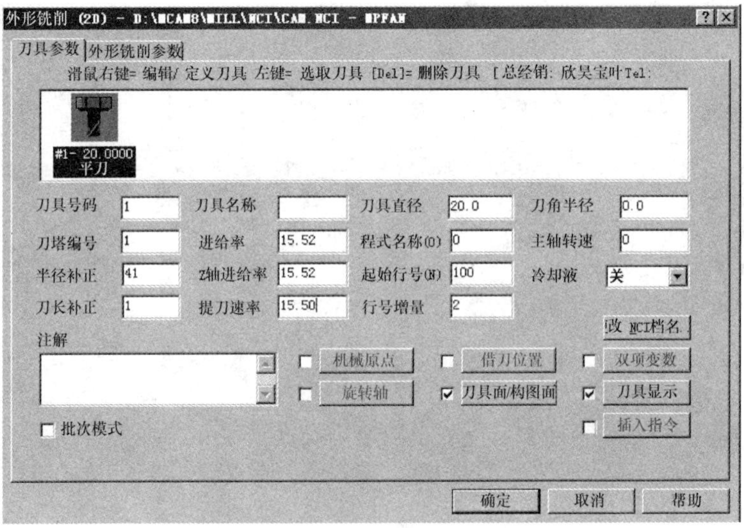

图 14–4 刀具参数对话框

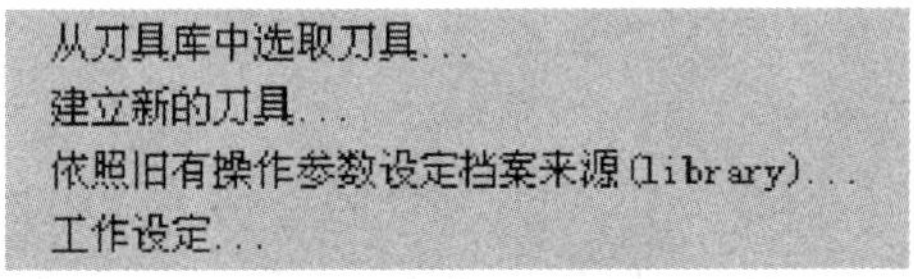

图 14–5 鼠标右键快捷菜单

2. 定义新刀具

系统允许用户从刀具库中选取刀具的形状，通过设置刀具参数，在刀具列表中添加一个新刀具。在如图 14–5 所示的快捷菜单中选择【建立新刀具】时，系统弹出如图 14–7 所示的定义刀具对话框。当采用公制单位时，系统给出的默认刀具为ϕ10 的平刀。

如果要改变刀具类型，单击刀具型式参数卡，出现刀具型式对话框如图 14–8 所示，在刀具型式参数卡中选择需要的刀具类型，选定刀具类型后，自动打开该类刀具的型式参数卡，如选择球刀，图 14–7 就变为球刀定义对话框。

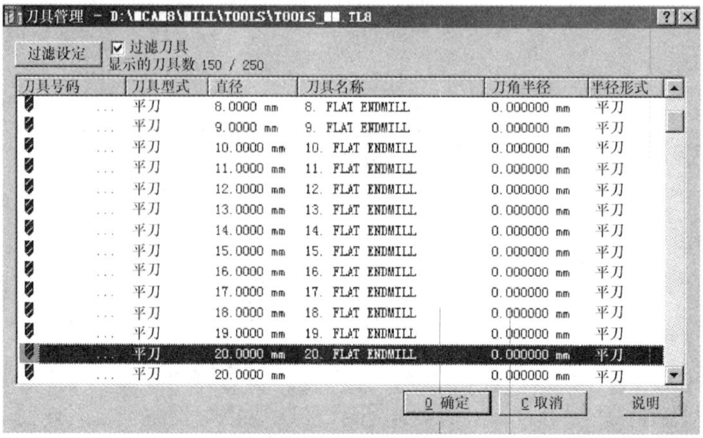

图 14–6　刀具管理对话框

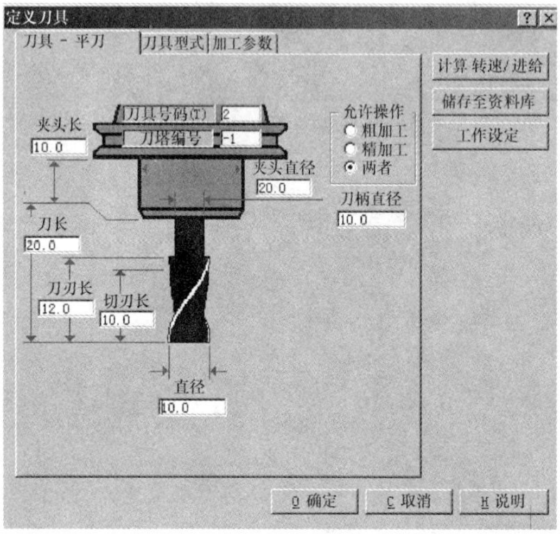

图 14–7　刀具定义对话框

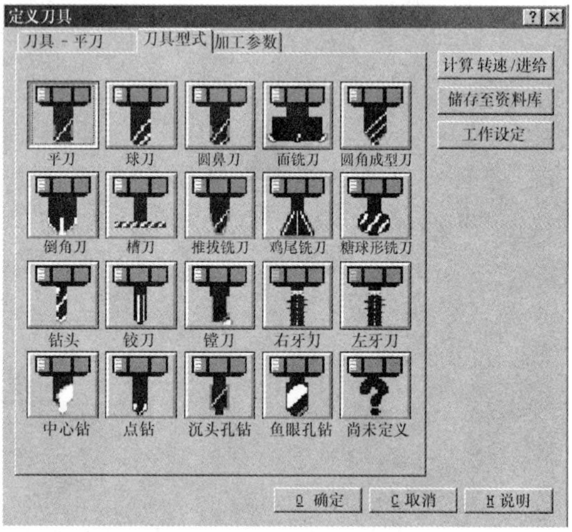

图 14–8　刀具型式对话框

选择刀具类型后，对照图 14–7，填写各项几何参数，对刀具的几何外观参数进行设定。设定完刀具几何参数后，还要对刀具加工参数进行设定，选择加工参数，如图 14–9 所示。可在此输入刀具的加工参数。主要参数说明如下。

（1）*XY* 粗（精）切步进。粗（精）切削加工时允许刀具切入材料的吃刀厚度，用直径百分比表示。如一个 10mm 平铣刀的粗切步进百分比是 60%，那它在粗加工过程中的步进量是 6mm。

（2）*Z* 方向粗（精）切步进。粗（精）切削加工时允许刀具沿 *Z* 方向切入材料的吃刀深度，用直径百分比表示。

（3）刀具材质。单击“材质”下拉条，有 4 个选项：高速钢、碳钢、碳化钢和陶瓷。

（4）中心直径（无刀刃）。刀具中心无切削刃部位的直径。

（5）半径补正号码。指定刀具补正值的编号，暂存器号码形式一般是 D××，该参数只有当系统设定刀具补正为左或右时才使用。

（6）刀长补正号码。存储刀具长度补正值的暂存器编号，形式一般为 H××。

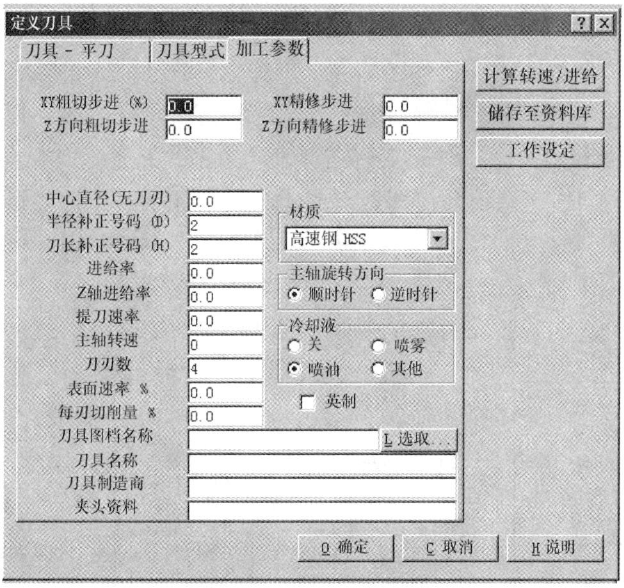

图 14–9 刀具加工参数对话框

（7）进给率。共有两种进给率能控制切削速度，*Z* 轴进给率只用于 *Z* 轴垂直进刀方向，*XY* 进给率能适合其他方向的进给。单位是 mm/min。

（8）提刀速率。*Z* 轴方向空行程时刀具移动速度。

（9）表面速率。刀具切削线速度的百分比。

（10）每刃切削量。刀具进刀量的百分比。

注意：实际加工时进刀量可以由刀具来决定，也可由材料来决定。当在工作设定中选择由刀具来决定时，以上参数有效。

参数设定完毕，按【储存至资料库】按钮，以便将来使用时调用该刀具资料。

二、编辑刀具

如果用户已经选择了刀具库的某把刀具，现想要对其参数进行部分修改，那么只要在如图 14–4 所示的刀具区中，右击要修改的刀具，例如修改图 14–4 中直径为 20mm 的平刀参数，右击该刀具，此时系统弹出图 14–6 所示的刀具定义对话框，用户可按前面介绍的定义新刀具的办法去修改刀具的各项参数，最后存储至资料库即可。

三、二维刀具路径的生成

二维刀具路径的生成有 4 种方式：外形铣削、挖槽、钻孔及文字铣削，而这些加工方式是通过各种类型的参数来定义刀具路径所需的资料，这些参数可以分为 3 类：刀具定义、共同参数及加工特定参数。

刀具定义：提供了从刀具库中调出已有的刀具进行修改与定义新刀具和依现场加工需要设定刀具。

共同参数：即刀具参数，是指所有加工方式产生刀具路径都要到的参数。

加工特定参数：指某一种加工方式所特有的部分参数。

刀具定义和刀具参数在前面已作了叙述，现分别介绍上述 4 种加工方式。

1. 外形铣削

外形铣削是指沿着一系列串联的几何图形来产生刀具路径，几何图形有线段、弧及曲线。而外形是指一系列相连接的几何图素形成一个切削加工的工件外形，这个外形有两种：封闭外形和开放外形。

外形铣削通常用于加工二维外形，在加工中背吃刀量不变。

进行外形铣削加工时，选择外形的方式如图 14–10 所示。

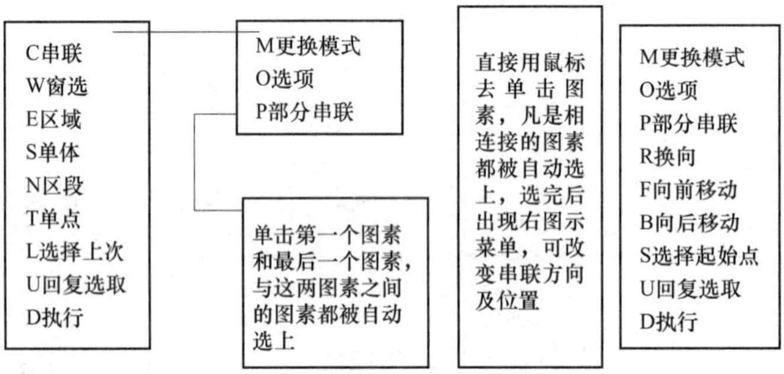

图 14–10　外形选择方式菜单

我们一般单击串联选取，所谓串联选取用于串联所选图素以形成一串联的外形。所选的第一个图素即成为串联外形的第一个图素，第一个图素的位置决定了刀具开始运动位置和图形串联方向，串联方向即是刀具进给运动方向，选择外形后可单击【D 执行】项来确定外形选择完毕。

串联外形示意如图 14–11 所示。

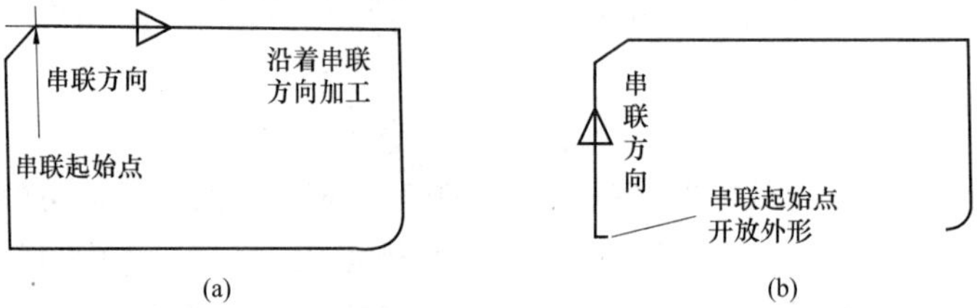

图 14–11　串联外形示意图

（a）封闭外形；（b）开放外形

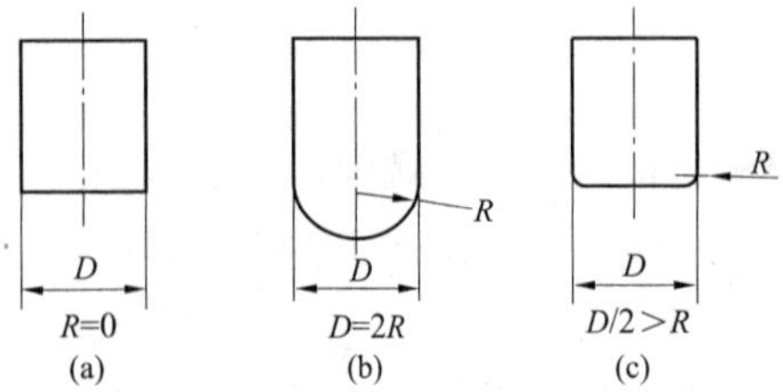

图 14–12　刀具种类

（a）平底铣刀；（b）球刀；（c）象鼻刀

D—刀具直径；*R*—刀角半径

（1）刀具参数。刀具参数是每种加工方式都需设定的参数，在前面已作了介绍，但是因加工方式的不同参数多少会不一样。

在 MasterCAM 中，铣刀一般分为 3 种：平底铣刀、球刀、象鼻刀，如图 14–12 所示。

外形铣削的主要刀具参数如下。

1）刀具直径 D、刀角半径 R。通过设定刀具直径与刀角半径来设定刀具的类型、大小。

2）冷却液。有关闭、喷雾（M07）、喷油（M08）选项。

3）主轴转速。主轴的转速，单位为 r/min。

4）进给率。*X*、*Y* 轴的进给速率。

5）*Z* 轴进给率。*Z* 轴的进给速率。

6）提刀速率。刀具往上提的速率，即快速走刀速率。

7）刀具面/构图面。一般要求刀具面与构图面在同一平面。

（2）外形铣削参数。外形铣削参数设置对话框如图 14–13 所示。

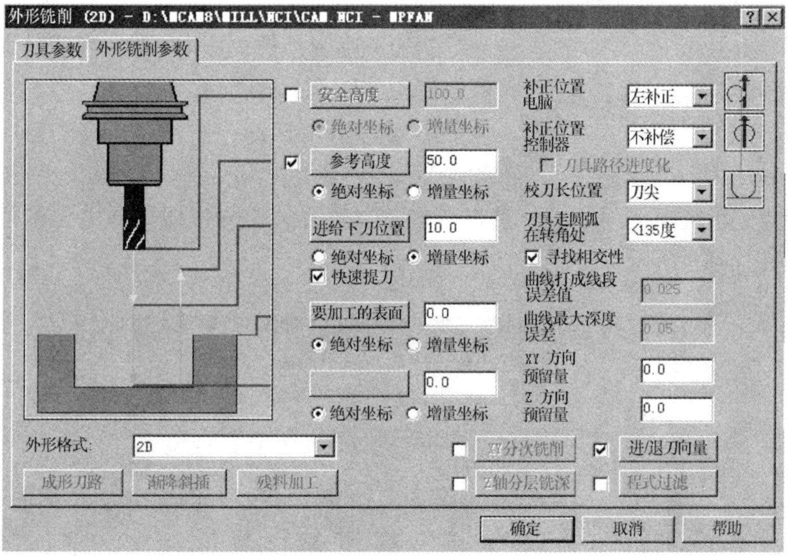

图 14–13 外形铣削参数设置对话框

参数简介及设定如下。

1）安全高度。刀具加工的起始高度，刀具端面到工件表面的距离，取正值，一般取 20mm 左右。

单击安全高度按钮前的复选框，在栏内输入 20mm，单击绝对坐标。

2）参考高度。设定刀具下一次加工的起始高度，通常安全高度设定了，无需再设定参考高度，可不单击。

3）进给下刀位置。指刀具从安全高度快速移动到工件表面上的某位置时，速度改变为进给速度，开始加工工件，该位置即是进给下刀位置，该位置离工件表面都较近，一般取 2～3mm 即可。

在进给下刀位置栏内输入 2mm，点选绝对坐标。

4）要加工的表面。设定工件表面位于 *Z* 轴的高度，在二维刀路中一般设为 0。在要加工的表面栏内输入 0，单击绝对坐标。

5）最后深度。指工件的加工深度，即是工件有多厚，就输入多少，一般为负值，如图 14–13 所示。

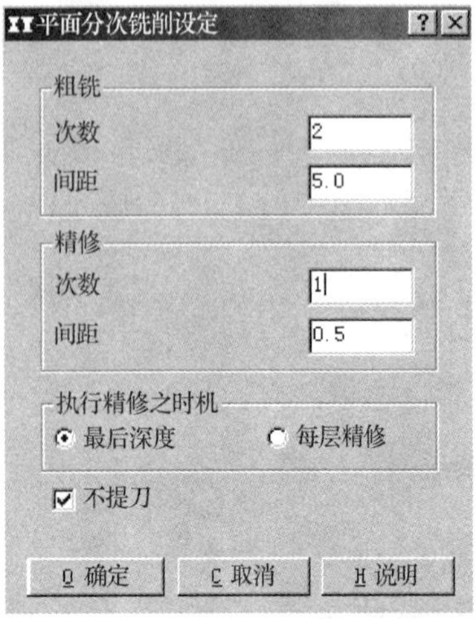

图 14–14　平面 *XY* 分次铣削设定对话框

在最后深度栏内输入–10mm，单击绝对坐标，指加工的工件厚度为–10mm。

6）*XY* 分次铣削。确定 *XY* 方向的加工余量分几次加工完，单击 *XY* 分次铣削按钮，弹出 *XY* 平面分次设定对话框，如图 14–14 所示。可根据加工余量进行粗、精加工的次数和每次切削量的设定。

说明：在粗加工时，考虑刀具寿命及工件表面状况，铣刀的进刀间距一般取刀具直径的 3/4 左右；精加工则进刀间距较小。

7）*XY* 方向预留量。指 *XY* 方向的精加工余量，一般根据需要留 0.1～0.5mm。

8）*Z* 轴分层铣深。指在 *Z* 方向的粗切削和精切削的次数。

单击 *Z* 轴分层铣深按钮前的复选框，单击 *Z* 轴分层铣深按钮，弹出 *Z* 轴分层铣深设定对话框，如图 14–15 所示。

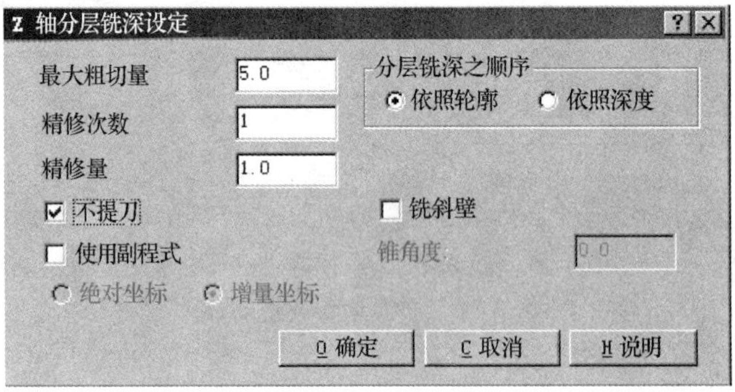

图 14–15　*Z* 轴分层铣深对话框

最大粗切量：设定刀具下刀的最大深度。

精修次数及精修量：决定了 *Z* 方向的精修次数及精修量。

不提刀：设定刀具在完成每一层切削时是否提刀到安全高度或参考高度，再下刀到下一层切削点。

铣斜壁及锥度角：指工件外形边界铣削是否带锥度。

9）*Z* 方向预留量。在 *Z* 轴方向是否留精加工余量。

10）补正位置。在外形铣削时，为了精确控制要切削的外形，需进行刀具半径补偿。刀具补偿分为两种：电脑补正和控制器补正。

补正分为左补正、右补正、不补正 3 种，判断方法与手工编程中的方法相同。

一般使用电脑补正，而将控制器补正关闭，但是根据实际情况可电脑补正与控制器补正同时开启。

11）刀补位置。可设定刀具补正为刀具的球心或刀尖，一般选球心补正。

12）刀具转角设定。加工时刀具遇到转角的地方，系统提供了小于 135° 走圆角、全走圆角、不走圆角 3 种方式来控制刀具转角的运动模式。

13）进/退刀向量。允许在刀具路径的起始点及结束点加入一直线或圆弧段。使用进/退刀向量可使刀具与工件间平稳过渡，因此最好能加入进/退刀向量。

2. 挖槽加工

挖槽加工用于铣削一封闭的区域，在封闭的区域内可以有岛屿和无岛屿两种。

（1）外形的选取。我们可将挖槽加工比作是海与岛屿的关系，选取海的边界与岛屿，那么海的边界与岛屿之间的材料全部被去除，只留下岛屿（工件外形）。海的边界与岛屿的选取顺序就比较重要了，不同的选取顺序会产生不同的加工结果，因此，我们要根据要求正确定义工件外形。外形的选取一般采用串联选取的方式，顺序示意如图 14–16、图 14–17 所示。

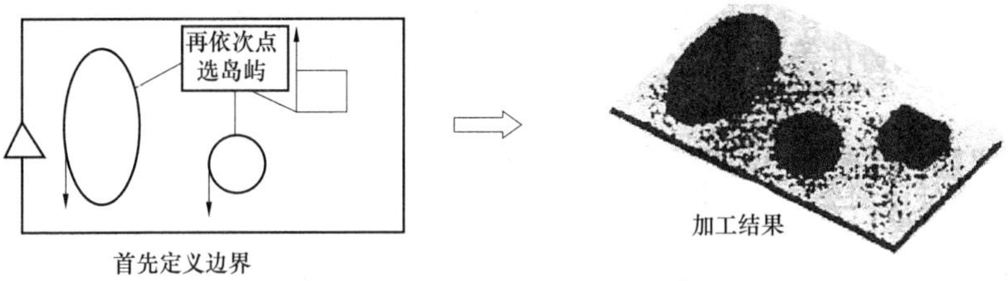

图 14–16 外形定义

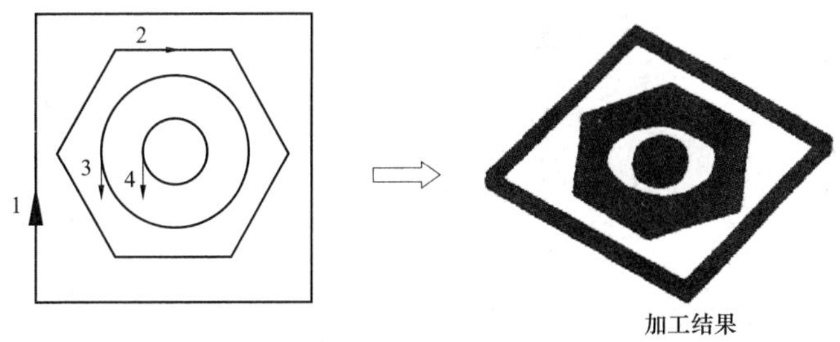

图 14–17 外形顺序选取

（2）参数简介及设定。挖槽加工有 3 个参数设定：刀具参数、挖槽参数、加工参数，如图 14–18 所示。

1）刀具参数简介。刀具参数的内容与设定同外形铣削。

2）挖槽参数简介及设定。挖槽参数与外形铣削很相似，只是某些细节部分有所不同，我们就这些不同处的设定方法进行讲解及说明。

a. 精修方向。指定用何种铣削的形式来执行挖槽加工，有两种铣削方式：顺铣和逆铣。

设定：在进行粗加工或铣削铸件等工件时一般使用逆铣，在进行精加工时为保证表面粗糙度一般使用顺铣。

b. *XY* 预留量。在挖槽中的预留量是指在边界及岛屿都均匀留出的余量。

c. *Z* 方向预留量。在 *Z* 轴方向是否留精加工余量。

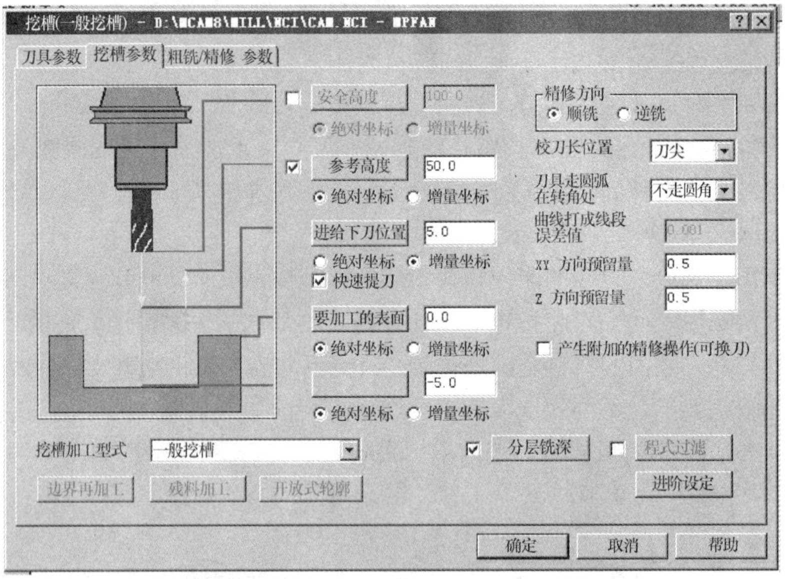

图 14–18　挖槽参数设置

d. 分层铣深。在图 14–18 中单击【分层铣深】按钮，弹出【*Z* 轴分层铣深度】对话框，如图 14–19 所示。该对话框与外形铣削中的分层铣深对话框基本相同，只是多了一个使用岛屿深度复选框，该复选框用来指定岛屿的挖槽深度。同时，若选中铣斜壁的复选框，增加了岛屿锥度角的输入框，用来输入铣斜壁的角度。可铣削出与边界和岛屿具有斜角的路径。

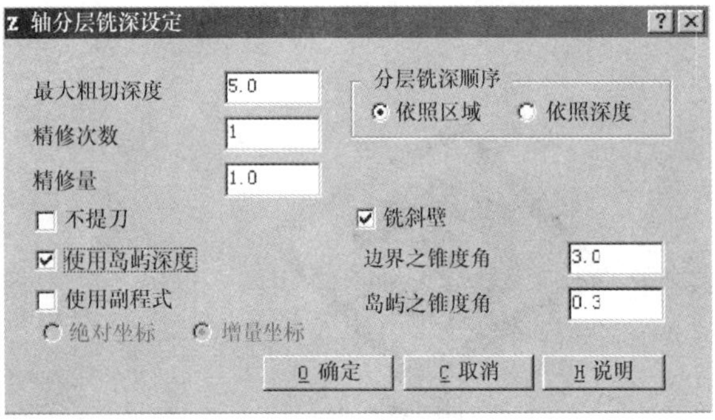

图 14–19　*Z* 轴分层铣深设定对话框

e. 进阶设定。进阶设定用于设定残料加工和等距环切误差值。

f. 挖槽加工形式。有 5 种，即一般挖槽，边界再加工，使用岛屿深度挖槽，残料清角，开放式轮廓挖槽。边界再加工可以设定完成的边界是否再进行一次加工，即延展挖槽刀具路径到挖槽的边界。残料清角用于将前次未加工到的区域进行清角加工。

3）加工参数。

a. 切削方式。单击图 14–18 中的【粗铣/精铣】按钮，将弹出如图 14–20 所示对话框，MasterCAM 提供 7 种切削方式，简介如下。

双向切削：也就是所谓的弓字形铣削，刀具路径方向是由粗切角度所设定的。

等距环切：刀具等距离环形偏移切削加工。

平行环切：以外形为基准平行环绕切削。

平行环切并清角：以外形为基准平行环绕并以清转角的方式切削。

依外形环切：需具有一个以上的岛，顺着外形环绕产生挖槽路径。

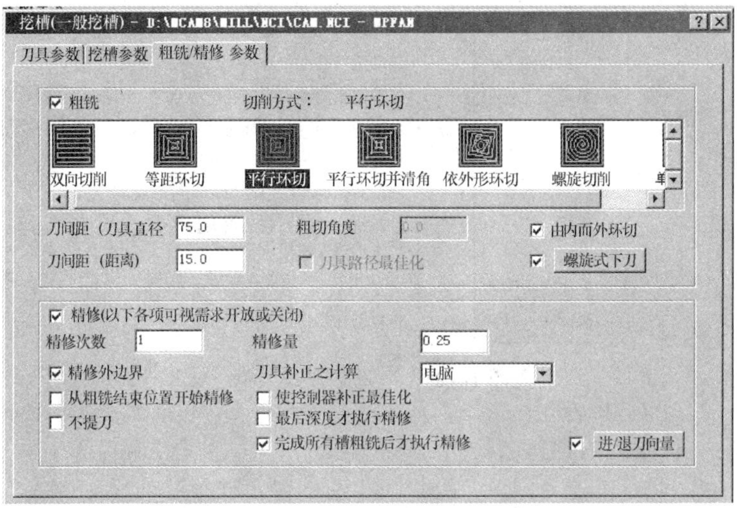

图 14–20 挖槽附加精修参数

螺旋切削：以螺旋形方式产生挖槽路径。

单向切削：刀具切削时都只沿同一方向切削，而切削完成后便又提刀移到下一加工位置再进刀，加工方向取决于顺铣或逆铣。一般在粗加工时选择双向切削，精加工时选单向切削。

切削间距与刀具直径百分比：用于设定刀具切削的平移间距量，即铣刀的进给量。这两个参数是相关联的，即设定了其中一个，另一个会随之变化。

b. 下刀方式：有螺旋式下刀和斜插式下刀两种。

挖槽使用的刀具一般都是端铣刀，而端铣刀大部分都无法随直接下刀的冲击，因此最好采用螺旋式下刀和斜插式下刀，否则刀具会自起始高度直接进刀到第一刀的深度。

螺旋式下刀：刀具自起始位置处开始以螺旋式下刀方式切削。

无法执行螺旋时：当螺旋式下刀失败时，指定为直线下刀或程式中断。

进/退刀向量：指定螺旋下刀的方向是顺时针或逆时针。

将进入点设为螺旋线的中心：指定挖槽的进刀点。

斜插式下刀：刀具走斜线下刀。

c. 粗切角度：设定刀具路径与 X 轴正半轴的夹角，一般为 0°、45°、90°、180° 等。

刀具路径最佳化：将刀具路径优化至最佳状态。

说明：槽铣削这项功能只能用于切削二维平面的槽，不允许铣削斜面上的槽。挖槽的外形必须是封闭的。

3. 钻孔

MasterCAM 的钻孔模组用于产生钻孔、镗孔和螺纹的刀具路径。钻孔模组是以点的位置来定义孔的坐标，而孔的大小取决于刀具直径。

要想使用好钻孔模组，需做好选择合适的钻孔点和设定好钻孔加工的参数这两方面的工作。

（1）孔的选取。孔的选取方式如图 14–21 所示。

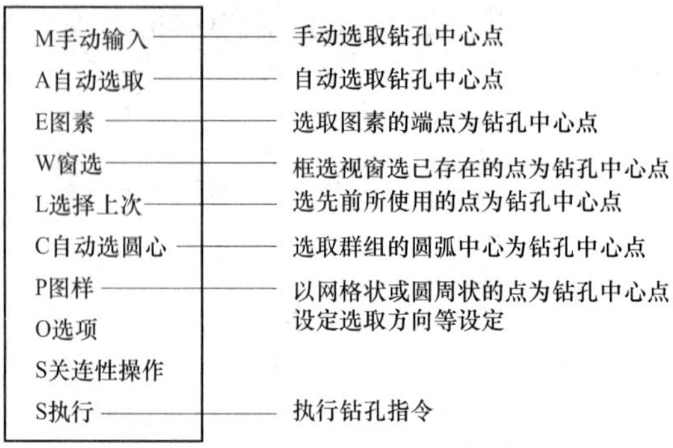

图 14–21　孔选取方式菜单

孔的选取主要有如下两种方法。

1）手动输入。使用鼠标一个个去选要钻孔的位置，可在屏幕上任意选，也可通过输入点的坐标来确定。加工时将已选取的顺序作为加工顺序，选完后按 ESC 键结束。

2）自动选取。首先可通过主功能表中的【绘图】→【点】，利用各种方式来绘制点。

利用自动选取可逐一选取屏幕上已绘制好的【点】。

点（孔）选取完毕后，单击【执行】即弹出参数设定对话框。

（2）加工参数。在加工参数对话框中主要是钻孔循环和刀尖补偿。

1）钻孔循环。MasterCAM 钻孔循环提供了约 20 种形式，其中包括 6 种标准形式、2 种备用形式、11 种自设循环，这里我们就 6 种标准形式作一简介。

a. 钻孔（G81），暂留时间=0；钻孔（G82），暂留时间≠0。用途：钻孔或镗沉头孔，孔深小于 3 倍的直径。

b. 深孔钻（G83）。用途：钻深度大于 3 倍刀具直径的深孔，特别用于碎屑不易清除的情况。

c. 断屑式快速钻孔（G73）。用途：钻深度大于 3 倍刀具直径的深孔。

d. 攻螺纹（G84）。用途：攻右旋内螺纹。

e. 镗孔 1（G85）。暂留时间=0；深孔钻（G89），暂留时间≠0。用途：用于进刀和退刀路径镗孔。

f. 镗孔 2（G86）。用途：用于进刀主轴停止，快速退刀路径镗孔。

2）刀尖补偿。允许刀尖补正至 118°。

4. 文字雕刻

在 MasterCAM 中，文字雕刻并不是一个专门模组，而是利用挖槽和外形铣削组合达到雕刻文字的目的，只不过所使用的刀具较小而已。

在各项参数设定好之后，单击参数设置对话框中的【确定】按钮，参数设置对话框关闭，同时回到如图 14–1 所示的窗口界面，并在图形上生成刀具路径。

四、操作管理

在刀具路径产生之后，刀具路径能用图形进行验证，并用“后处理”来产生 NC 代码，

MasterCAM 将这些功能都分类归于“操作管理”对话框内。

选择【主功能表】→【刀具路径】→【操作管理】，即弹出如图 14–22 所示的操作管理员对话框。

（1）刀具路径模拟。单击【全选】→【刀具路径模拟按钮】，弹出子功能表。单击【自动执行】可自动进行刀具路径的模拟，可单击【手动控制】来一步一步进行轨迹的模拟。

通过参数设定来定义模拟的速度、模拟方式、路径适度化等选项。

（2）执行后处理。刀具路径模拟检查完毕后，不能用来进行加工，因为刀具路径并不是程序，需转换为可用于加工的 NC 程序，即需要执行后处理程序。

选择某一操作或者部分操作，单击操作管理员（图 14–22）中【执行后处理】按钮，弹出图 14–23 所示的对话框。有关后处理参数选项说明如下。

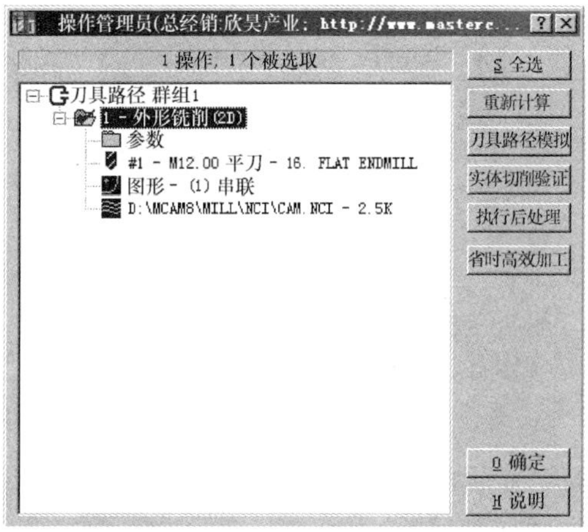

图 14–22　操作管理员对话框

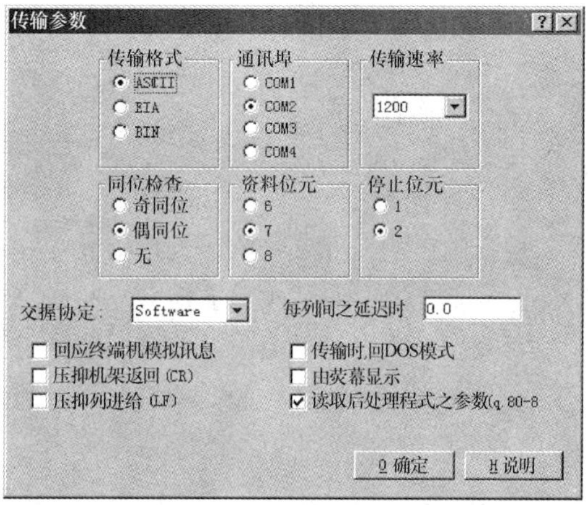

图 14–23　后处理设置对话框

1）更改后处理程式。对于不同的 CNC 控制器，它的 NC 代码也有些差别，MasterCAM 提供了一些常用的 CNC 后处理器，单击该按钮，用户可以选择使用。内设值 MPFAN.PST 是 FANUC 系统的后处理器。

2）NCI 档。用于设定在执行后处理时是否要存储和编辑刀具路径（NCI）文件，“覆盖”和“询问”是用于存储同名时的处理。

3）NC 档。用于设定后处理时 NC 文件的存储和编辑，只是多一个文件后缀，其他参数选择与 NCI 档相同。

4）传送。用于传送 NC 代码至 CNC 控制器（数控机床）。选中复选框，参照 CNC 控制器的传送参数，对应设置如图 14–24 所示的传输参数，连接好通信电缆，即可通过电脑传送 NC 代码至数控机床。

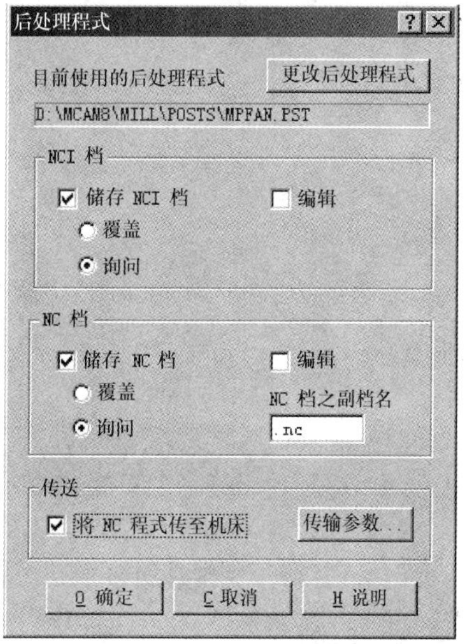

图 14–24　传输参数

如果NC代码还需进行手工修改，就不选该复选框，也可以通过其他的通信软件进行传输。

5）手工修改NC代码。如果选择了如图14–23所示的参数，单击确定，系统会自动提示输入存储的NCI和NC文件名，同名时还会出现是否覆盖选项，单击确定以后，系统将打开编辑器对生成的NC代码进行编辑，用记可根据使用的CNC控制器的代码要求，适当修改NC语句。

在系统生成的代码中，某些说明语句、程序名称等可能都要修改。修改完毕，在编辑器中按指定文件目录和文件名保存。再通过通信软件传送至加工机床，应避免到机床上去修改NC代码。

任务四　项　目　实　施

一、工艺分析和图形绘制

1. 加工路线分析

根据如图14–1所示零件图样，确定加工顺序为四边形→五边形→大孔→4个小孔。

2. 刀具选用

根据工件的尺寸及形状，选用刀具如下。

直径ϕ10的中心钻（用于打定位孔），直径ϕ10的钻头（用于钻4个小孔）。

直径ϕ12的双刃平底铣刀（用于粗加工），直径ϕ8的四刃铣刀（用于精加工）。

3. 图形的绘制

二维图形绘制，略。

二、刀路的生成

步骤如下。

1. 粗铣四边形（直径ϕ12的两刃铣刀，外形铣削）

单击主功能表【刀具路径】→【外形铣削】→【串连】，用鼠标单击四边形，串连方向如图14–25所示。

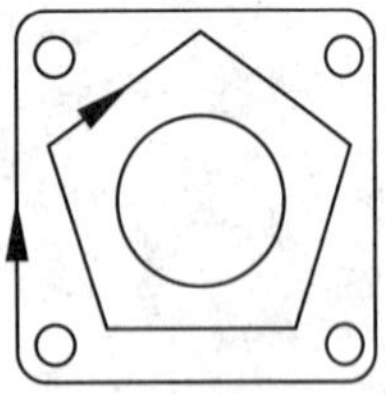

图14–25　串联方向选择

选取完后，单击【执行】，弹出参数对话框，参数设定如下。

（1）刀具参数。刀具名称：HM1。刀具直径：12mm。刀角半径：0。主轴转速：900r/min。冷却液：喷油程式名称：0。起始行号：1。行号增量：1。进给率：200。Z轴进给率：60。提刀速率：600。

（2）外形铣削参数。安全高度：20mm。进给下刀位置：2。要加工表面：0。最后深度：–15mm。电脑补正位置：左补正。控制器补正：关。校刀长位置：刀尖。刀具走圆弧在拐角处：＜135°走圆角。☑快速提刀。XY预留量：0.4mm。Z方向预留量：0。

（3）XY分次铣削。粗铣次数：1。间距：6mm。精铣次数：0。间距：0。执行精修最后时机：☑最后深度，☑不提刀。

（4）Z轴分层铣削。最大粗切量：4mm。精修次数：0。精修量：0。☑不提刀。

（5）进/退刀向量。☑由封闭轮廓中点位置执行进/退刀。进刀向量的进刀线及进刀圆弧设为 10mm。退刀向量的退刀线及退刀圆弧设为 10mm。

设定完单击【确定】按钮。

2. 粗铣五边形（ϕ12mm 的两刃铣刀，外形铣削）

单击主功能【刀具路径】→【外形铣削】→【串连】，单击五边形，串连方向如图 14–26 所示。

选取完后，单击【执行】，弹出参数对话框，参数设定如下。

（1）刀具参数（同步骤 1）。

（2）外形铣削参数。最后深度：–10mm。

（3）*XY* 分次铣削。粗铣次数：3。间距：8mm。精铣次数，0。间距：0。执行精修最后时机：☑最后深度。

其余参数设定同步骤 1。

设定完单击【确定】按钮。

3. 粗铣ϕ40 大孔（ϕ12 的两刃铣刀，挖槽）

单击主功能表【刀具路径】→【挖槽】→【串连】，单击圆弧，选取完后，单击【执行】，弹出参数对话框，参数设定如下。

（1）刀具参数（同步骤 1）。

（2）挖槽参数。最后深度：–16mm。精修方向：顺铣。其余参数设定同步骤 1。

（3）粗/精加工参数。双向切削。刀间距（刀具直径）：58.333mm。刀间距（距离）：7mm。粗切角度：0°。☑刀具路径最佳化。☑精修。精修次数：1。精修量：0.5mm。☑精修外边界。☑完成所有粗加工再精修。☑螺旋式下刀。最大半径：30mm。最小半径：16mm。

设定完单击【确定】按钮。

4. 打中心孔（ϕ10 的中心钻，钻孔）

单击主功能表【刀具路径】→【钻孔】→【手动输入】→【圆心点】，依此捕捉 4 个小孔圆心，选取完后，单击【执行】，弹出参数对话框，参数设定如下。

（1）刀具参数。在空白处右击，单击建立一把新刀具，弹出刀具对话框，选择刀具类型为中心钻刀具直径：10mm。主轴转速：2000r/min。刀具名称：HM2。进给率：50。冷却液：喷油。

（2）加工参数。安全高度：20mm。参考高度：–8mm。要加工表面：–10mm。深度：–13mm。钻孔循环：镗孔#1—进给退刀。暂留时间：2。

设定完单击【确定】按钮。

5. 钻ϕ10 的 4 个小孔（ϕ10mm 的钻头，钻削）

单击主功能表【刀具路径】→【钻孔】→【手动输入】→【圆心点】，依此捕捉 4 个小孔圆心，选取完后，单击【执行】，弹出参数对话框，参数设定如下。

（1）刀具参数。在空白处右击，单击建立一把新刀具，弹出刀具对话框，选择刀具类型为钻头。刀具直径：10mm。主轴转速：600r/min。刀具名称：HM3。进给率：60。冷却液：喷油。

（2）加工参数。安全高度：20mm。参考高度：8mm。要加工表面：–10mm。深度：–25mm。钻孔循环：深孔钻（G83）。首次深孔钻：15。暂停时间：1s。

6. 精铣四边形（ϕ8 的四刃铣刀，外形铣削）

单击主功能表【刀具路径】→【外形铣削】→【串联】，单击四边形，串联方向如图 14–25 所示。

选取完后，单击【执行】，弹出参数对话框，参数设定如下。

（1）刀具参数。在空白处右击，单击【建立一把新刀具】，弹出刀具对话框，选择刀具类型为平铣刀，直径为 8。刀具名称：HM4。刀具直径：8mm。刀角半径：0。主轴转速：200 0 r/min。冷却液：喷油程式名称：0。起始行号：1。行号增量；1。进给率：300。*Z* 轴进给率：60。提刀速率：600。

（2）外形铣削参数。*XY* 预留量：0。*Z* 方向预留量：0。*XY* 分次铣削。粗铣次数：0。间距：0。精铣次数：1。间距：0.4。执行精修最后时机：☑最后深度。

（3）*Z* 轴分层铣削。最大粗切量：15mm。精修次数：0。精修量：0。☑不提刀。

其余同步骤 1。

设定完单击【确定】按钮。

7. 精铣五边形（ϕ8 的四刃铣刀，外形铣削）

单击主功能表【刀具路径】→【外形铣削】→【串连】，单击五边形，串连方向如图 14–25 所示。

选取完后，单击【执行】，弹出参数对话框，参数设定如下。

（1）刀具参数。刀具名称：HM4，其余同步骤 6。

（2）外形铣削参数。最后深度：–10mm。其余参数设定同步骤 5。

（3）*Z* 轴分层铣削。最大粗切量：10mm。

设定完单击【确定】按钮。

8. 精铣ϕ40 的孔（ϕ8 的四刃铣刀，挖槽）

单击主功能表【刀具路径】→【挖槽】→【串连】，单击圆弧，选取完后，单击【执行】，弹出参数对话框，参数设定如下。

（1）刀具参数。刀具名称：HM4。其余同步骤 6。

（2）挖槽参数。最后深度：–16mm。*XY* 预留量：0。

（3）*Z* 轴分层铣削。最大粗切量：16。其余同步骤 3。

（4）粗/精加工参数。将粗铣得选框的勾去除，只选☑精修。精修次数：1。精修量：0.4mm。☑精修外边界。☑完成所有粗加工再精修。

设定完单击【确定】按钮。

三、检查刀路轨迹

选【工作设定】，在弹出的对话框内输入 *X*、*Y*、*Z* 坐标为 96、96、50，工件原点 *X*、*Y*、*Z* 为 0、0、0，以完成毛坯的设定。

单击【操作管理】，弹出操作管理对话框，如图 14–21 所示。

单击【全选】→【实体切削验证】，弹出实体验证播放条，单击参数设定，在弹出的对话框内单击【重设】→【使用工件设定中的设定】→【确定】，单击演示开始按钮，进行实体切削检查，结果如图 14–1（b）所示。

四、生成 NC 程序

当刀路模拟正确后，就可生成用于加工的 NC 程序。

单击操作管理器中的【执行后处理】按钮，弹出后处理程式对话框，单击【更改后处理程式】按钮，弹出对话框，找到与数控系统相对应的后处理文件，单击【打开】按钮，回到后处理程式对话框，单击☑储存 NCI 档☑储存 NC 档两选项，单击【确定】按钮，弹出存储 NCI 文件对话框，选择适当路径，输入文件名 GJ，单击【保存】按钮，接着弹出存储 NC 文件对话框，选择适当路径，输入文件名 GJ，单击【保存】按钮即可生成 NC 程序。

任务五　完成本项目的实训任务

一、实训目的

（1）熟练掌握 MasterCAM 软件的使用方法。

（2）学会应用 MasterCAM 软件编程和加工零件。

二、实训内容

零件如图 14–26 所示，材料为 45 号钢，试应用 MasterCAM 编程并在数控铣床上加工该零件。

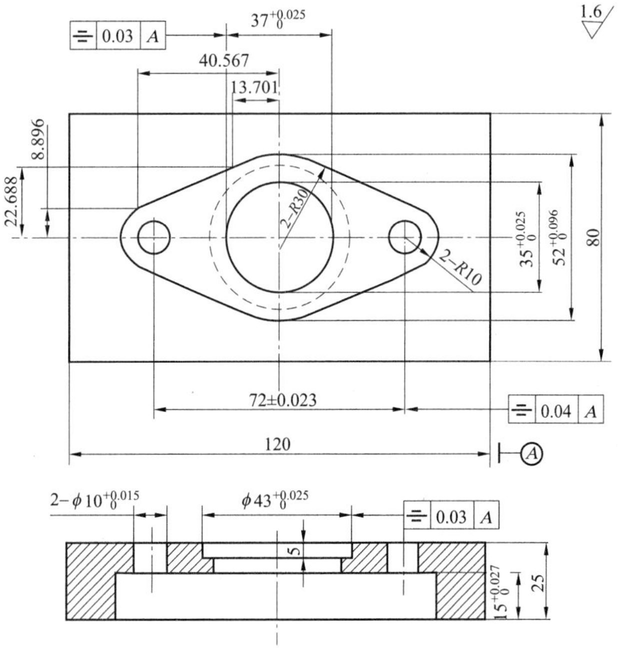

图 14–26　自动编程实训零件图

三、实训要求

（1）分析零件图样，选择定位基准和加工方法，确定走刀路线，选择刀具和装夹方法，确定各切削用量参数，填写加工工序卡片。

（2）应用 MasterCAM 软件绘图并编制程序。

（3）加工零件。

（4）测量工件。根据零件图要求，选择合适的量具对工件进行检测，并对零件进行质量分析。

（5）撰写实训报告。

项目十五

数控铣床操作工职业技能综合训练

任务一　中级数控铣床操作工职业技能综合训练一

零件如图 15–1 所示，毛坯尺寸为ϕ80×35，材料为 45 钢，试编写其数控铣加工程序并进行加工。

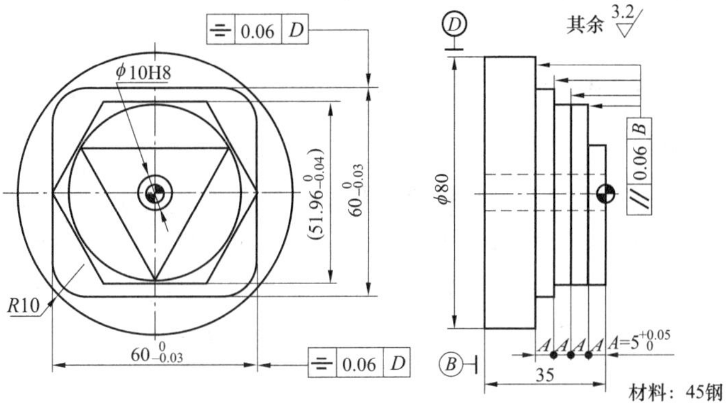

技术要求

(1) 工件表面去毛倒棱。

(2) 加工表面粗糙度：侧平面及孔为 Ra1.6μm，底平面为 Ra1.6μm

图 15–1　中级职业技能综合训练一零件图

零件的评分表见表 15–1。为使叙述简练，后面的中级操作工实操考核中将把评分表省略。

表 15–1　　中级操作工实操考核—评分表

工件编号				总　得　分			
项目与分配		序号	技　术　要　求	分配	评　分　标　准	检测记录	得分
工件加工评分（80%）	外形轮廓与孔	1	60$^{0}_{-0.03}$	2×3	超差全扣		
		2	51.96$^{0}_{-0.04}$	3×2	超差全扣		
		3	5$^{+0.05}_{0}$	4×5	超差全扣		
		4	对称度 0.06	2×2	每错一处扣 8 分		
		5	平行度 0.06	8	每错一处扣 2 分		
		6	侧面 Ra1.6μm	6	每错一处扣 1 分		
		7	底面 Ra3.2μm	4	每错一处扣 1 分		

续表

项目与分配		序号	技术要求	分配	评分标准	检测记录	得分
工件加工评分（80%）	外形轮廓与孔	8	R10	8	每错一处扣 2 分		
		9	孔径ϕ10H8	8	超差全扣		
	其他	10	工件按时完成	5	未按时完成全扣		
		11	工件无缺陷	5	缺陷一处扣 2 分		
程序与工艺（10%）		12	程序正确合理	5	每错一处扣 2 分		
		13	加工工序卡	5	不合理每处扣 2 分		
机床操作（10%）		14	机床操作规范	5	出错一次扣 2 分		
		15	工件、刀具装夹	5	出错一次扣 2 分		
安全文明生产（倒扣分）		16	安全操作	倒扣	安全事故停止操作或酌情扣 5～30 分		
		17	机床整理	倒扣			

一、工艺分析与工艺设计

1. 零件精度分析和保证措施

该零件由三角形、圆形、六边形和四方圆弧凸台组成，尺寸精度要求较高，公差范围为（$^{0}_{-0.03}$）和（$^{0}_{-0.04}$），孔的精度要求为 H8，对于尺寸精度要求，主要通过在加工过程中精确对刀，正确选用刀具的磨损量和正确选用合适的加工工艺等措施来保证。

该零件的形位精度有各凸台上表面相对底面的平行度；四方圆弧凸台和六方凸台相对零件中心轴线的对称度。对于形位精度要求，在对刀精确的情况下，主要通过工件在夹具中的正确安装等措施来保证。

该零件加工表面的表面粗糙度为 *Ra*3.2μm 和 *Ra*1.6μm.对于表面粗糙度要求，主要通过选用正确的粗、精加工路线，选用合适的切削用量等措施来保证。

2. 加工工艺路线设计

（1）铣四方圆弧凸台，每次切深 5mm。

（2）铣六方凸台，每次切深 5mm。

（3）铣圆形凸台，每次切深 5mm。

（4）铣三角形凸台，每次切深 5mm。

（5）钻孔ϕ10 至ϕ9.8。

（6）铰孔ϕ10H8 至尺寸要求。

二、坐标计算

利用三角函数求基点的方法计算出本例的基点坐标如图 15–2 所示。

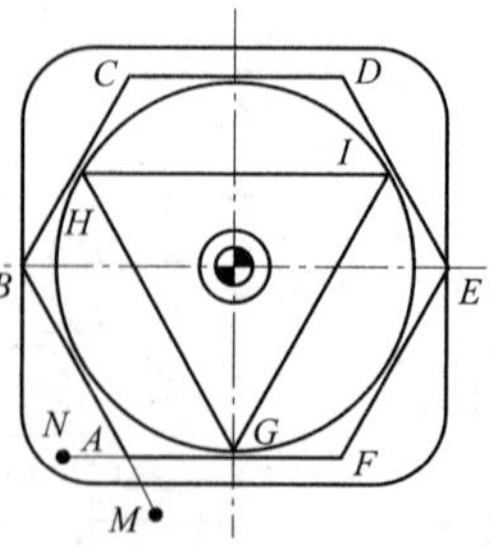

A(−15.0, −25.98); *B*(−30.0, 0); *C*(−15.0, 25.98); *D*(15.0, 25.98); *E*(30.0, 0); *F*(15.0, −25.98); *G*(0, −25.98); *H*(−22.5, 12.99); *I*(22.5, 12.99); *M*(−5.0, −43.30); *N*(−25.0, −25.98)

图 15–2 坐标计算

三、程序编制

选择工件上表面对称中心为编程原

点，使用 FANUC 0*i* 系统编程，程序如下。

```
O0100;                                      程序号
N10  G90  G49  G21  G54  F100;              程序初始化
N20  G91  G28  Z0;
N30  M03  S600;                             主轴正转，600r/m
N40  G90  G00  X-50.0  Y-50.0;              快速定位至起刀点
N50  Z30.0  M08;
N60  G01  Z0.0  F100;
N70  M98  P101  L4;
N80  G01  Z0.0;
N90  M98  P102  L3;
N100  G01  Z0.0;
N110  M98  P103  L2;
N120  G01  Z0.0;
N130  M98  P104;
N140  G91  G28  Z0;
N150  M30;

O0101;                                      四方圆弧子程序
N10  G91  G01  Z-5.0;                       每次切深 5mm
N20  G90  G41  G01  X-30.0  D01;            延长线上建立刀补
N30  Y20.0;                                 四方圆弧凸台轮廓铣削
N40  G02  X-20.0  Y30.0  R10.0;
N50  G01  X20.0;
N60  G02  X30.0  Y20.0  R10.0;
N70  G01  Y-20.0;
N80  G02  X20.0  Y-30.0  R10.0;
N90  G01  X-20.0;
N100  G02  X-30.0  Y-20.0  R10.0;
N110  G40  G01  X-50.0  Y-50.0;             取消刀具半径补偿
N120  M99;                                  返回主程序

O0102;                                      六方凸台轮廓子程序
N10  G91  G01  Z-5.0;                       每次切深 6mm
N20  G90  G41  X-5.0  Y-43.30  D01;         建立刀补
N30  X-30.0  Y0;                            六边形凸台轮廓加工
N40  X-15.0  Y25.98;
N50  X15.0;
N60  X30.0  Y0;
N70  X15.0  Y-25.98;
N80  X-25.0;
N90  G40  G01  X-50.0  Y-50.0;              取消刀具半径补偿
N100  M99;                                  返回主程序
```

```
O0103;                                       圆弧凸台轮廓子程序
N10  G91  G01  Z-5.0;                        每次切深 5mm
N20  G90  G41  G01  X15.0  Y-25.98  D01;     建立刀补
N30  X0;                                     圆弧凸台轮廓加工
N40  G02  X0  Y-25.98  I0  J25.98;
N50  G01  X-15.0;
N60  G40  G01  X-50.0  Y-50.0;               取消刀具半径补偿
N70  M99;                                    返回主程序

O0104;                                       三角形轮廓子程序
N10  G91  G01  Z-5.0;                        每次切深 5mm
N20  G90  G41  G01  X10.0  Y-43.30  D01;     切线切入
N30  X-22.50  Y12.99;                        三角形凸台轮廓加工
N40  X22.5;
N50  X-10.0  Y-43.3;                         切线切出
N60  G40  G01  X-50.0  Y-50.0;               取消刀具半径补偿
N70  M99;                                    返回主程序
```

任务二　中级数控铣床操作工职业技能综合训练二

零件如图 15–3 所示，毛坯为方料，工件 6 个表面已经加工，其尺寸和粗糙度等要求均已符合图纸要求，材料为 45 钢。在数控铣床上编程并加工内、外轮廓。

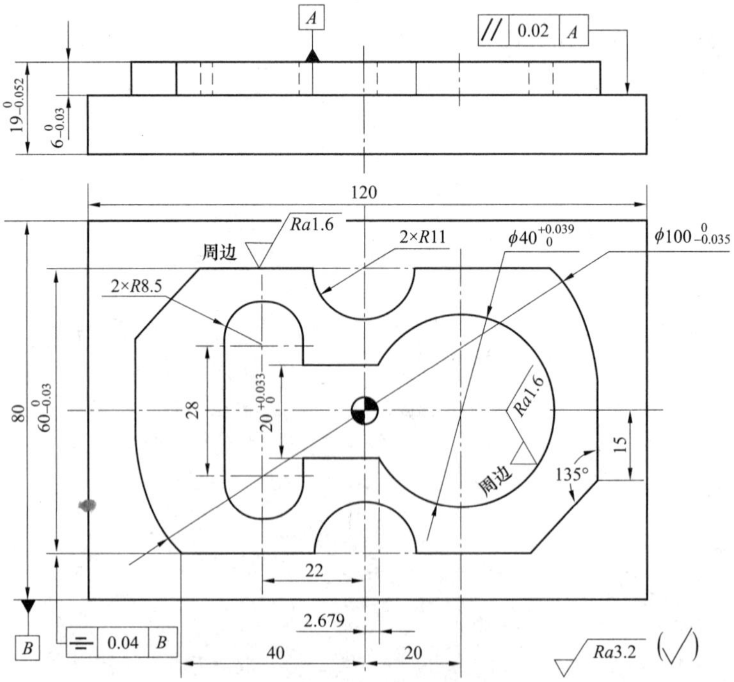

图 15–3　中级职业技能综合训练二零件图

一、工艺分析

选用机用平口钳装夹工件，校正平口钳固定钳口的平行度以及工件上表面的平行度后夹紧工件。利用偏心式寻边器找正工件的 *X*、*Y* 轴零点（位于工件上表面的中心位置），设定 *Z* 轴零点与机床坐标系原点重合（见图 15–3），刀具长度补偿利用 *Z* 轴设定器设定。图示上表面为执行刀具长度补偿后的零点表面。

根据图纸的形位尺寸及表面粗糙度要求，选择$\phi 16$ 的粗齿、细齿高速钢直柄立铣刀，对内、外轮廓表面分别进行粗精加工，加工时的切削参数见表 15–2。

表 15–2　　平面内、外轮廓铣削的切削参数

内、外轮廓铣削	选 用 刀 具	主轴转速（r/min）	进给率（mm/min）	刀具长度补偿	刀具半径补偿
粗加工	$\phi 16$ 粗齿三刃立铣刀	500	120	H1/T1D1	D_1=8.3mm
精加工	$\phi 16$ 细齿四刃立铣刀	600	60	H2/T2D1	D_2=7.99mm

二、程序编制

用 FANUC 系统编程，程序如下。

程序	说明
O4511;	程序名
N1 G54 G90 G17 G21 G94 G49 G40;	建立工件坐标系，绝对编程，平面 *XY*，公制编程，分进给，取消刀具长度、半径补偿。
N2 M03 S500 T1;	主轴正转，转速 500r/min，主轴上装 1 号刀
N3 G00 Z150 H1;	*Z* 轴快速定位，调用刀具 1 号长度补偿
N4 X-20 Y-55 M07;	*X*，*Y* 轴快速定位，切削液开
N5 Z-6;	*Z* 轴进刀至铣削深度
N6 G01 G41 X-40 Y-30 F120 D1;	引入刀具 1 号半径补偿，铣削至外轮廓始点，进给率 120mm/min
N7 M98 P1;	调用一次子程序，子程序名 O1（外轮廓）
N8 G00 X-53;	*X* 轴快速定位
N9 G01 Y-30;	铣削左下位置的多余材料
N10 G00 Z5;	*Z* 轴快速退刀
N11 Y55;	*Y* 轴快速定位
N12 Z-6;	*Z* 轴快速进刀
N13 G01 Y30;	铣削左上位置的多余材料
N14 G00 Z5;	*Z* 轴快速退刀
N15 X53 Y55;	*X*，*Y* 轴快速定位
N16 Z-6;	*Z* 轴快速进刀
N17 G01 Y30;	铣削右上位置的多余材料
N18 G00 Z5;	*Z* 轴快速退刀
N19 Y-55;	*Y* 轴快速定位
N20 Z-6;	*Z* 轴快速进刀
N21 G01 Y-30;	铣削右下位置的多余材料

```
N22  G00  Z5;                          Z 轴快速定位
N23  X0  Y0;                           X、Y 轴快速定位
N24  G01  Z0;                          Z 轴进给至工件表面
N25  X20  Z-6  F80;                    斜向进刀至内轮廓深度，进给率 80mm/min
N26  G41  X2.679  Y10  D1  F120;       引入刀具 1 号半径补偿，铣削至内轮廓始点，
                                       进给率 120mm/min
N27  M98  P2;                          调用一次子程序，子程序名 02（内轮廓）
N28  G00  Z150  M09;                   Z 轴快速定位，切削液关
N29  M05;                              主轴停转
N30  M00;                              程序暂停，手动换φ16 细齿立铣刀（2 号刀）
N31  M03  S600;                        主轴正转，转速 600r/min
N32  G00  G43  Z150  H2;               Z 轴快速定位，调用刀具 2 号长度补偿
N33  X-20  Y-55  M07;                  X，Y 轴快速定位，切削液开
N34  Z-6;                              Z 轴进刀至铣削深度
N35  G01  G41  X-40  Y-30  F60  D2;    引入刀具 2 号半径补偿，铣削至外轮廓始点，
                                       进给率 60mm/min
N36  M98  P1;                          调用一次子程序，子程序名 01（外轮廓）
N37  G00  Z5;                          Z 轴快速定位
N38  X20  Y0;                          X，Y 轴快速定位
N39  G01  Z-6;                         Z 轴进刀至铣削深度
N40  G41  X2.679  Y10  D2;             引入刀具 2 号半径补偿，铣削至内轮廓始点，
                                       进给率 60mm/min
N41  M98  P2;                          调用一次子程序，子程序名为 02（内轮廓）
N42  G00  G49  Z-50;                   取消刀具长度补偿，Z 轴快速定位
N43  M30;                              程序结束，机床复位（切削液关，主轴停转）

01;                                    子程序名（外轮廓）
N1  G02  X-50  Y0  R50;                R50 凸圆弧铣削
N2  G01  Y15;
N3  X-35  Y30;
N4  X-11;
N5  G03  X11  R-11;                    R11 凹圆弧铣削
N6  G01  X40;
N7  G02  X50  Y0  R50;                 R50 凸圆弧铣削
N8  G01  Y-15;                         直线铣削
N9  X35  Y-30;                         斜线铣削
N10  X11;                              直线铣削
N11  G03  X-11  R-11;                  R11 凹圆弧铣削
N12  G01  X-40;                        直线铣削
N13  G40  X-20  Y-55;                  取消刀具半径补偿，离开轮廓起点
N14  M99;                              子程序结束，返回主程序

02;                                    子程序名（内轮廓）
```

```
N1  G01  X-13.5;
N2  Y14;
N3  G03  X-30.5  R-8.5;                  R8.5 凹圆弧铣削
N4  G01  Y-14;
N5  G03  X-13.5  R-8.5;                  R8.5 凹圆弧铣削
N6  G01  Y-10;
N7  X2.679;
N8  G03  Y10  R-20;                      φ40 凹圆弧铣削
N9  G01  G40  X20  Y0;                   取消刀具半径补偿，离开内轮廓起点
N10  G0  Z5;                             Z 轴快速退刀
N11  M99;                                子程序结束，返回主程序
```

任务三　中级数控铣床操作工职业技能综合训练三

零件如图 15–4 所示，材料为铝合金，工件的外形已经加工，要求编制孔系加工程序。

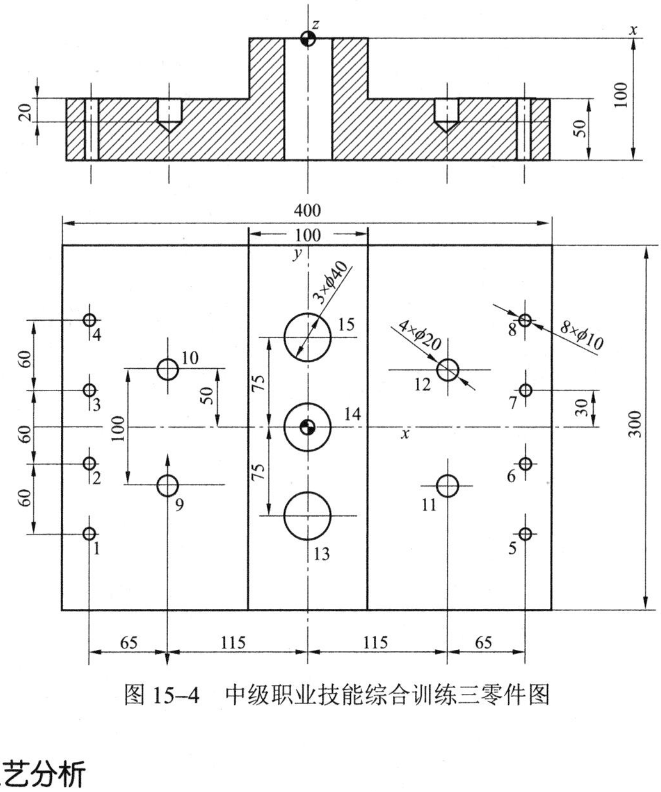

图 15–4　中级职业技能综合训练三零件图

一、加工工艺分析

加工路线：用钻头钻 1～8 号孔时，因孔径小需使用中心钻打底孔。1～8 号孔为深孔（因其长径比等于 5），加工时采用深孔钻削循环加工，加工工步以刀具划分。具体的钻孔走刀路线为 1→2→3→4→5→6→7→8，9→10→11→12→13→14→15→11→12，13→14→15。

工件坐标系的零点设置在毛坯的中心位置。

基点的计算见程序。

钻孔深度：ϕ10 孔深为 50+0.3×10+5=58（mm）；ϕ20 孔深为 20+0.3×20=26（mm）；ϕ40 孔深为 100+0.3×40+6=118（mm）。

刀具：T01 ϕ10 中心钻；T02 ϕ10 麻花钻；T03 ϕ 20 麻花钻；T04 ϕ40 钻头。

夹具：精密平口虎钳。

切削用量如下。

T01：主轴转速选 3000r/min，进给速度选 450mm/min；

T02：主轴转速选 2000r/min，进给速度选 500mm/min；

T03：主轴转速选 1000r/min，进给速度选 480mm/min；

T04：主轴转速选 800r/min，进给速度选 380mm/min。

二、程序编制

使用 SINUMERIK 802D 系统编程，程序如下。

```
GZK.MPF
G71;                                        单位设置为公制
T01  D01;                                   用 1 号刀，刀补值为 1 号切削沿
M3  S3000;                                  主轴正转，转速 3000r/min
G17  G90  G40  G54;                         选平面 XY，绝对编程等
G00  Z50;                                   下刀到距离毛坯上表面 50mm
X-180  Y-100  M8  F450;                     快速定位，冷却液开，进给速度 450mm/min
Z-45;                                       刀具趋近工件，离毛坯表面 5mm
MCALL  CYCLE82(-45,-50,5,-55,5,0);          模态调用中心钻循环
HOLES1(-180,-100,90,10,60,4);               调用排孔循环钻 1～4 号孔
MCALL;                                      取消模态调用
G0  Z10;
X180  Y-100;
Z-45;
MCALL  CYCLE82(-45,-50,5,-55,5,0);          模态调用中心钻循环
HOLES1(180,-100,90,10,60,4);                调用排孔循环钻 5～8 号孔
MCALL;                                      取消模态调用
G0  Z50  M05;                               抬刀
M00;                                        程序暂停，手动换 2 号刀，对刀，重新设定
                                            G54 的 Z 坐标
S2000  M03;                                 主轴正转，转速 2000r/min
G54  G00  Z50;                              下刀到距离毛坯上表面 50mm
X-180  Y-100  M8  F800;                     进给速度 500mm/min
Z-45;                                       刀具趋近工件离毛坯表面 5mm
MCALL  CYCLE83(-45,-50,5,-108,58,-60,10, 0, 0, 0, 1, 1);
                                            模态调用深孔钻循环
```

```
HOLES1(-180,-100,90,10,60,4);                 调用排孔循环钻1～4号孔
MCALL;                                        取消模态调用
G0  Z10;
X180  Y-100;
Z-45;
MCALL  CYCLE83(-45,-50,5,-108,58,-60,10, 0, 0, 0, 1, 1);
                                              模态调用深孔钻循环
HOLES1(180,-100,90,10,60,4);                  调用排孔循环钻5～8号孔
MCALL;                                        取消模态调用
G0  Z50;                                      抬刀
M00;                                          程序暂停，手动换3号刀，对刀，重新设定
                                              G54的Z坐标
S1000  M03;                                   主轴转速1000r/min
G54  G00  Z50;
X-115  Y-60  M8  F480;                        进给速度480mm/min
Z-45;
MCALL  CYCLE82(-45,-50,5,-55,5,0.5);          模态调用中心钻循环
HOLES1(-115,-60,90,10,100,2);                 调用排孔循环钻9、10号孔
MCALL;                                        取消模态调用
G0  Z10;
X0  Y-85;
MCALL  CYCLE83(10,0,5,-112,112,-10,10, 0, 0, 0, 1, 1);
                                              模态调用深孔钻循环（用φ20麻花钻预钻孔径
                                              40mm的孔）
HOLES1(0,-85,90,10,75,3);                     调用排孔循环钻13～15号孔
MCALL;                                        取消模态调用
G0  X115  Y-60;
Z-45;
MCALL  CYC LE82(-45,-50,5,-55,5,0.5);         模态调用中心钻循环
HOLES1(115,-60,90,10,100,2);                  调用排孔循环钻11、12号孔
MCALL;                                        取消模态调用
G0  Z50  M05;
M00;                                          程序暂停，手动换4号刀，对刀，重新设定G54
                                              的Z坐标
S800  M03;                                    主轴转速800r/min
G54  G00  Z10;
X0  Y-85  M8  F380;                           进给速度380mm/min
MCALL  CYCLE82(10,0,5,-118,118,0);            模态调用中心钻循环
HOLES1(0,-85,90,10,75,3);                     调用排孔循环钻13～15号孔
MCALL;                                        取消模态调用
G00  Z150  M9;
M5;
M2;                                           程序结束
```

任务四 高级数控铣床操作工职业技能综合训练一

零件如图 15–5 所示，评分标准见表 15–3，工件材料为 45 钢，毛坯尺寸为ϕ100×25mm，试编程并加工出符合图纸要求的零件。

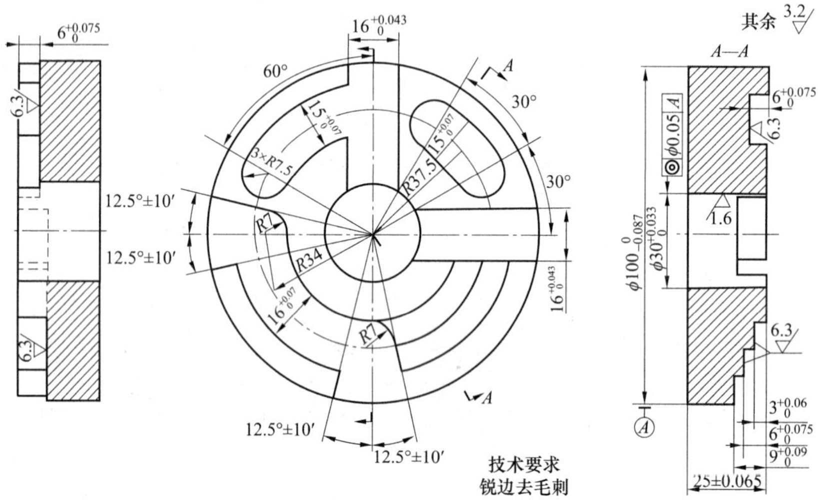

图 15–5 高级职业技能综合训练一零件图

表 15–3 高级操作工实操考核一评分标准

评 分 表			图号	GJSHC1	检测编号	
考核项目		考 核 要 求	配分	评 分 标 准	检测结果	得 分
主要项目	1	$\phi30^{+0.033}_{0}$ *Ra*3.2	10/4	超差不得分		
	2	$15^{+0.0}_{0}$（2 处） *Ra*3.2	16/4	超差不得分		
	3	$16^{+0.043}_{0}$（2 处） *Ra*3.2	16/4	超差不得分		
	4	$16^{+0.07}_{0}$ *Ra*3.2	5/1	超差不得分		
	5	12.5°±10′ *Ra*3.2	4/1	超差 1 处扣 0.75 分		
	6	$3^{+0.06}_{0}$（2 处） *Ra*6.3	2/1	超差不得分		
	7	$6^{+0.075}_{0}$（3 处） *Ra*6.3	6/3			
	8	$9^{+0.09}_{0}$ *Ra*6.3	2/1			
一般项目	1	*R*7（2 处）	2×1	超差 1 处扣 1 分		
	2	3–*R*7.5	3×1	超差 1 处扣 1 分		
	3	*R*34、*R*37.5	2×1	超差 1 处扣 1 分		
	4	30°（2 处）	2×1	超差 1 处扣 1 分		
	5	60°	1	超差不得分		

续表

考核项目		考核要求	配分	评分标准	检测结果	得分
形位公差	1	◎ | ϕ0.05 | *A*	5	超差不得分		
其他	1	安全生产	3	违反有关规定扣1～3分		
	2	文明生产	2	违反有关规定扣1～2分		
	3	按时完成		超时≤15min扣5分		
				超时15～30min扣10分		
				超时＞30min不计分		
总配分			100	总分		

工时定额	5h		监考				日期	
加工开始：　时　分	停工时间		加工时间		检测		日期	
加工结束：　时　分	停工原因		实际时间		评分		日期	

一、加工准备

（1）详阅零件图，并检查坯料的尺寸。

（2）编制加工程序，输入程序并选择该程序。

（3）用三爪卡盘装夹工件，伸出12mm左右，用百分表找正。

（4）使用百分表找正，确定工件零点为坯料上表面的圆心，设定零点偏置。

（5）安装A2.5中心钻并对刀，设定刀具参数，选择自动加工方式。

二、加工工艺

（1）加工ϕ30孔和工艺孔。

1）钻中心孔。

2）安装ϕ12钻头并对刀，设定刀具参数，钻通孔和工艺孔。

3）安装ϕ28钻头并对刀，设定刀具参数，钻通孔。

4）安装镗刀并对刀，设定刀具参数，粗镗孔，留0.50mm单边余量。

5）调整镗刀，半精镗、精镗孔至要求尺寸。

（2）铣直槽和腰形槽。安装ϕ2粗立铣刀并对刀，设定刀具参数，选择程序，粗铣直槽和腰形槽，留0.50mm单边余量。

（3）铣腰形槽。选择程序，粗铣腰形槽，留0.50mm单边余量。

（4）铣直槽和圆弧槽。选择程序，粗铣直槽和圆弧槽，留0.50mm单边余量。

（5）铣扇形台阶。选择程序，粗铣扇形台阶，留0.50mm单边余量。

（6）精铣直槽、圆弧槽和腰形槽。

1）安装ϕ2精立铣刀并对刀，设定刀具参数，半精铣各槽，留0.10mm单边余量。

2）测量各槽尺寸，调整刀具参数，精铣各槽至要求尺寸。

三、工、量、刃具清单

工、量、刃具清单见表 15–4。

表 15–4　　　　工、量、刃 具 清 单

序号	名　　称	规　　格	精　　度	单　　位	数　　量
1	*Z* 轴设定器	50	0.01	个	1
2	带表游标卡尺	1～150	0.01	把	1
3	深度游标卡尺	0～200	0.02	把	1
4	外径百分表	18～35	0.01	个	1
5	杠杆百分表及表座	0～0.8	0.01	个	1
6	万能角度尺	0°～320°	2′		
7	粗糙度样板	N0～N1	12 级	副	1
8	半径规	*R*7～*R*14.5、*R*34		套	各 1
9	塞规	*ϕ*15H10、*ϕ*16H9		个	各 1
10	立铣刀	*ϕ*12		个	2
11	中心钻	*ϕ*2.5		个	1
12	麻花钻	*ϕ*12、*ϕ*28		个	1
13	镗刀	*ϕ*25～*ϕ*38		个	1
14	三爪卡盘	*ϕ*250		个	1
15	平行垫铁			副	若干

四、注意事项

（1）使用杠杆百分表找正中心时，磁性表座应吸在主轴端面上。

（2）粗、精铣应分开，且精铣时采用顺铣法，以提高尺寸精度和表面粗糙度。

（3）铣腰形槽时，应先在工件上预钻工艺孔，避免立铣刀中心垂直切削工件。

（4）铣削加工后，需用锉刀或油石去除毛刺。

（5）*ϕ*30 孔的正下方不能放置垫铁，并应控制钻头的进刀深度，以免损坏平口虎钳或刀具。

五、编写程序

粗铣、半精铣和精铣时使用同一加工程序，只需调整刀具参数分 3 次调用相同的程序进行加工即可。精加工时换*ϕ*12 精立铣刀。使用 FANUC 0*i*–MC 系统，编写程序如下。

（1）加工*ϕ*30 孔和工艺孔主程序。

```
%
O0001;                                      主程序名
N5 G54 G90 G17 G21 G94 G49 G40;             建立工件坐标系，选用ϕ2.5 中心钻
```

```
N10  G00  Z100  S1200  M03;
N15  G82  X0  Y0  Z-4  R5  P2000  F60;
N20  X26.517  Y26.517;
N22  G80;
N25  G00  Z100  M05;
N30  Y-80;
N35  M00;                                    程序暂停，手工换φ12 钻头
N40  G00  Z5  S300  M03;
N45  G83  X0  Y0  Z-29  R5  Q2  P1000  F30;
N47  G80;
N50  G82  X26.517  Y26.517  Z-5.9 R5  P2000  F30;
N52  G80;
N55  G00  Z100  M05;
N60  Y-80;
N65  M00;                                    程序暂停，手工换φ28 钻头
N70  G00  Z30  S200  M03;
N75  G83  X0  Y0  Z-34  R5  Q2  P1000  F30;
N77  G80;
N80  G00  Z100  M05;
N85  Y-80;
N90  M00;                                    程序暂停，手工换φ25～38 镗刀
N95  G00  Z30  S200  M03;
N100  G85  X0  Y0  Z-26  R5  F30;
N102  G80;
N105  G00  Z100  M05;
N110  Y-80;
N115  M30;                                   程序结束
%
```

（2）铣直槽、腰形槽和圆弧槽主程序。

```
%
O0002;                                       主程序名
N5  G54  G90  G17  G21  G94  G40;            建立工件坐标系，选用φ12 立铣刀
N10  G00  Z50  S800  M03;
N15  G00  X0  Y0;
N20  Z1;
N25  G01  Z-6  F200;
N30  G01  G41  X8  Y12.689  D1  F60;         N30～N70 铣直槽至 6mm 深度处
N35  G01  Y50;
N40  X-8;
N45  Y44.283;
N50  G03  X-38.971  Y22.50  R45;
N55  G03  X-25.981  Y15  R7.5;
```

```
N60  G02  X-8  Y28.913  R30;
N65  G01  Y12.689;
N70  X8  Y12.689;
N75  G00  Z5;
N80  G40  X26.517  Y26.517;
N85  G01  Z-6  F30;                       N85～N110 铣腰形槽至 6mm 深度处
N90  G01  G41  X25.981  Y15  D1  F60;
N95  G03  X38.971  Y22.5  R7.5;
N100  G03  X22.5  Y38.971  R45;
N105  G03  X15  Y25.981  R7.5;
N110  G02  X25.981  Y15  R30;
N115  G00  Z5;
N120  G00  X60  Y0;
N125  G01  Z-4.5  F100;                   N125～N300 铣圆弧槽至 9mm 深度处
N130  G01  G41  X50  Y8  D1;
N135  X11  Y8;
N140  Y-8;
N145  X43.356;
N150  G02  X9.542  Y-43.041  R42;
N155  G01  X6.980  Y-31.485;
N160  G03  X0  Y26  R7;
N165  G02  X-26  Y0.115  R26;
N170  G03  X-3.485  Y6.980  R7;
N175  G01  X-48.815  Y10.822;
N180  G03  X-48.815  Y-10.822  R50.0;
N185  G01  X-41.004  Y-9.090;
N190  G03  X-9.090  Y-41.004  R42;
N195  G01  X-10.822  Y-48.815;
N200  G03  X10.822  Y-48.815  R50;
N205  G01  X9.228  Y-42.555;
N210  G00  Z5;
N215  G40  X60  Y0;
N220  G01  Z-9  F100;
N225  G01  G41  X50  Y8  D1;
N230  X11  Y8;
N235  Y-8;
N240  X43.356;
N245  G02  X9.542  Y-43.041  R42;
N250  G01  X6.980  Y-31.485;
N255  G03  X0  Y26  R7;
N260  G02  X-26  Y0.115  R26;
N265  G03  X-31.485  Y6.980  R7;
N270  G01  X-48.815  Y10.822;
```

```
N275  G03  X-48.815  Y-10.822  R50.0;
N280  G01  X-41.004  Y-9.090;
N285  G03  X-9.090  Y-41.004  R42;
N290  G01  X-10.822  Y-48.815;
N295  G03  X10.822  Y-48.815  R50;
N300  G01  X9.228  Y-42.555;
N305  G00  Z5;
N310  G40  X60 Y0;
N315  G01  Z-3  F100;                  N315～N335 铣圆弧槽至 3mm 深度处
N320  G01  G41  X26  Y0  D1;
N325  G02  X0  Y-26  R26;
N330  G01  X0  Y-34;
N335  G03  X34  Y0  R34;
N340  G00  Z5;
N345  G40  G00  X60  Y0;
N350  G01  Z-6  F100;                  N350～N360 铣圆弧槽至 6mm 深度处
N355  G01  G41  X34  Y0  D1;
N360  G02  X0  Y-34  R34;
N365  G00  Z100;
N370  G40  Y80;
N375  M30;                             程序结束
%
```

任务五　高级数控铣床操作工职业技能综合训练二

零件如图 15–6 所示，毛坯尺寸为 150mm×120mm×25mm，材料为 45 钢，在数控铣床上编程并加工该零件。

一、工艺分析与工艺设计

1. 加工难点分析

（1）椭圆轮廓编程。编写椭圆曲线时，以曲线上的 *Y* 坐标作为自变量，*X* 坐标作为应变量。程序中使用以下变量进行运算。

#111：公式曲线中的 *Y* 坐标，其变化范围为 15.90～–15.90。

#112：公式曲线中的 *X* 坐标，#112=–15/20*SQRT［400.0–#111*#111］。

#113：工件坐标系中的 *Y* 坐标，#113= #111。

#114：工件坐标系中的 *X* 坐标，#114= #112–25.0。

（2）正弦曲线编程。编写该曲线的宏程序（参数程序）时，以曲线上的 *Y* 坐标作为自变量，*X* 坐标作为应变量，则 *X*=8.0×sin（3×*Y*）–50.0（左侧正弦曲线公式）。程序中使用以下变量进行运算。

#101：公式曲线中的 *Y* 坐标，其变化范围为 0～120.0。

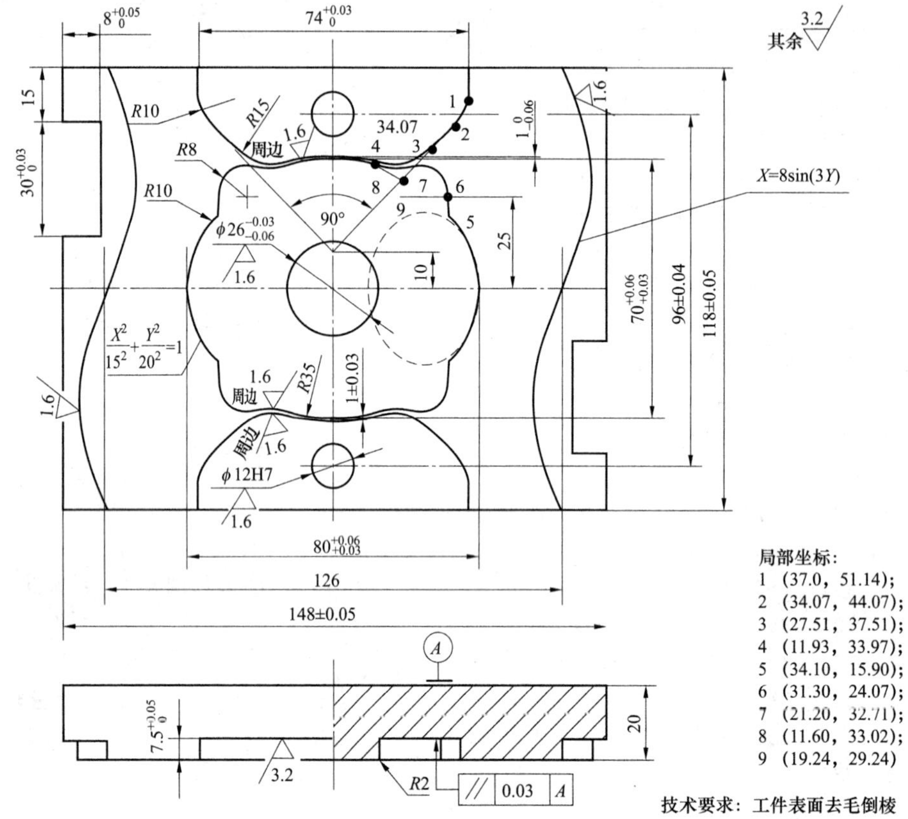

图 15–6　高级职业技能综合训练二零件图

#102：公式曲线中的 X 坐标，#102=–8.0*SIN［3*#101］。

#103：工件坐标系中的 Y 坐标，#103=#101–60.0。

#104：公式坐标系中的 X 坐标，#104=#102–63.0。

另一条曲线则采用坐标旋转方式进行编程，旋转角度为 180°。

2. 制定加工工艺

（1）选择 ϕ8 钻头钻孔，同时在点（0，23）的位置钻出内型腔加工时的工艺孔。

（2）采用 ϕ16 立铣刀粗、精铣外形两条正弦曲线和两内凹外轮廓。

（3）选择 ϕ11.8 钻头扩孔。

（4）选择 ϕ12H8 铰刀进行铰孔加工。

（5）采用 ϕ12 立铣刀粗、精铣内型腔轮廓。

（6）采用 ϕ12 立铣刀进行圆凸台倒圆角。

（7）重新装夹工件（两次），粗、精铣侧面槽。

（8）手动去毛倒棱，自检自查。

二、编写程序

选择工件上表面对称中心作为编程原点，采用 FANUC 0i 系统编程，程序如下。

```
O0904;                                  正弦曲线主程序
```

```
G90  G94  G21  G40  G54  F100;         程序初始化
G91  G28  Z0;                          程序开始部分
M03  S600;
M98  P0012;                            加工左边正弦曲线
G00  Z20.0;                            Z 向抬刀
G68  X0  Y0  R180.0;                   坐标旋转
M98  P0012;                            加工右边正弦曲线
G00  Z20.0;                            Z 向抬刀
G69;                                   取消坐标旋转
G91  G28  Z0;                          程序结束部分
M30;

O0914;                                 内型腔加工程序
⋮
G90  G00  X0  Y25.0;                   程序初始化及刀具定位
G01  Z-7.5  F100;
G41  G01  X19.24  D01;                 延长线上切入
G03  X-11.60  Y33.02  R35.0;           加工上方圆弧内轮廓
G02  X-21.20  Y32.71  R16.0;
G03  X-31.30  Y24.07  R8.0;
G02  X-34.10  Y15.90  R10.0;
#111=14.90;                            加工左侧椭圆曲线
N80  #112=-15/20*SQRT[400.0-#111*#111];
     #113=#111;
     #114=#112-25.0;
G01  X#114  Y#113;
#111= #111-1.0;
IF[#111 GE -15.90]GOTO  80;
G02  X-31.30  Y-24.07  R10.0;          加工下方圆弧曲线
G03  X-21.20  Y-32.71  R8.0;
G02  X-11.60  Y-33.02  R16.0;
G03  X11.60  R35.0;
G02  X21.20  Y-32.71  R16.0;
G03  X31.30  Y-24.07  R8.0;
G02  X34.10  Y-15.90  R10.0;
#121=-14.90;                           加工右侧椭圆曲线
N90  #122=15/20*SQRT[400.0-#121*#121];
     #123=#121;
     #124=#122+25.0;
G01  X#124  Y#123;
#121=#121-1.0;
IF[#121 LE 15.9]GOTO  90;
G02  X31.30  Y24.07  R10.0;            加工右上方圆弧
```

```
G03  X21.20  Y32.71  R8.0;
G02  X11.60  Y33.02  R16.0;
G40  G01  X0  Y25.0;
G41  G01  X-10.0  Y13.0  D01;              加工内圆柱
X0;
G02  J-13.0;
G40  G01  Y25.0;
⋮                                          程序结束部分

O0012;                                     正弦曲线子程序
G90  G00  X-80.0  Y-70.0;                  刀具定位到起刀点
Z20.0;
G01  Z-7.5  F100;                          Z向下刀至加工位置
#101=0;                                    曲线上各点的Y坐标
N40  #102=8.0*SIN[3.0*#101];               曲线上各点的X坐标
     #103=#101-60.0;                       工件坐标系中的Y坐标
     #104=#102-53.0;                       工件坐标系中的X坐标
G41  G01  X#104  Y#103  D01;               加工正弦曲线
#101=#101+1.0;                             Y坐标每次增加1mm
IF [#101 LE 120.0] GOTO  40;               条件判断
G01  X-37.0;                               加工上方内凹外轮廓
Y51.14;
G03  X-34.07  Y44.07  R10.0;               加工上方内凹外轮廓
G01  X-27.51  Y37.51;
G03  X-11.93  Y33.97  R15.0;
G02  X-11.93  R36.0;
G03  X27.51  Y37.51  R15.0;
G01  X34.07  Y44.07;
G03  X37.0  Y51.14  R10.0;
G01  Y70.0;
G40  G01  X20.0  M09;                      取消补偿
M99;                                       返回主程序
```

注：其他轮廓程序及孔加工程序请读者自行编制。

三、上机床调试程序并加工零件

四、修正尺寸并检测零件

任务六　高级数控铣床操作工职业技能综合训练三

零件如图 15–7 所示，毛坯尺寸为 1500mm×120mm×30mm，材料为 45 钢，应用数控铣床编程并加工该零件。

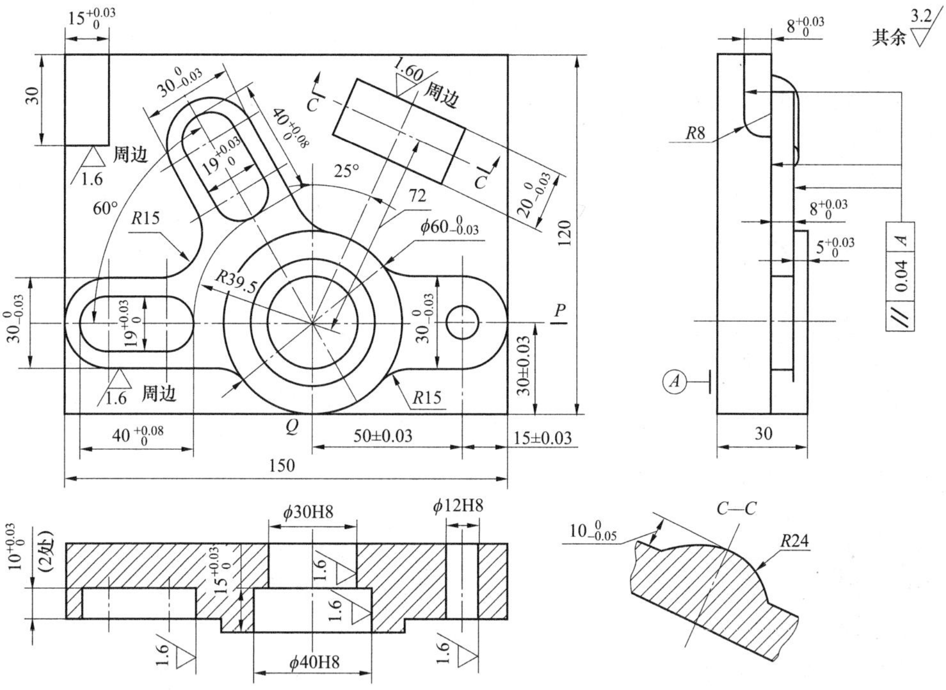

图 15–7 高级职业技能综合训练三零件图

一、工艺分析

在不允许采用成型刀具的情况下，完成倒角或三维曲面的加工是很困难的。只有使用宏程序，以解决这类问题。整个圆弧凸台的加工采用立铣刀走四方的形式来完成。工件的四边为已加工面，所以前后两面在加工过程中可以适当地偏出一段距离，以不接触工件为准。

对于工件在 G19 平面内的轮廓，需要工件的二次装夹，装夹过程中的定位或找正基准要符合基准的选用原则，以确保工件的平行度要求。

二、程序编制

使用 SINUMERIK 802D sl 系统编程，程序如下。

```
%_N_JCAO_MPF                          键槽主程序
N10 G90 G94 G71 G40 G54 F100;         程序初始化
N20 G74 Z0;                           程序开始部分
N30 T1 D1 M03 S600;
N40 G00 X-49.5 Y-30;
N50 Z20;
N60 L12;                              调用子程序
N70 G00 Z20;                          Z 向抬刀
N80 TRANS X10.0 Y-30;                 绝对平移
N90 AROT RPL=-60                      顺时针旋转 60°
N100 L12;                             调用子程序
```

```
N110  G00  Z20;                               Z向抬刀
N120  ROT;                                    取消旋转
N130  G74  Z0;                                程序结束部分
N140  M03;

L12.SPF;                                      键槽加工子程序
N10  G00  X-70.0  Y-60;                       定位起点
N20  Z5  M08;                                 快速进刀
N30  G01  Z-15  F80;                          进刀到所需深度
N40  G41  G01  X-50.5  Y-30;                  圆弧切入
N50  G02  X-60  Y-39.5  CR=-9.5               轮廓加工
N60  G01  X-39;
N70  G03  Y-20.5  CR=9.5
N80  G01  X-60;
N90  G40  G01  X-49.5  Y-30  M09;             取消刀补
N100  M17;                                    返回主程序

%_N_TUTAI_MPF                                 圆弧凸台加工程序
N10  G90  G94  G71  G40  G54  F100;           程序初始化
N20  G74  Z0;                                 程序开始部分
N30  T1  D1  M03  S600;
N40  G00  X-25  Y70;
N50  Z20;
N60  TRANS  X10  Y-30;                        绝对平移
N70  AROT  RPL=-25;                           顺时针旋转25°
N80  L14;                                     调用子程序
N90  G00  Z20;
N100  ROT;                                    取消旋转
N110  G74  Z0;                                程序结束部分
N120  M30;

L14.SPF;                                      圆弧凸台子程序
N10  G00  X-25.0  Y70;                        定位起点
N20  R1=-10;                                  深度参数赋值
N30  R2=14;                                   参数赋值
N40  Z5  M08;                                 快速进刀
N50  AAA:G01  Z=R1  F80;                      进刀到所需深度
N60  R3=SQRT(24.0*24.0-R2*R2);                计算凸台长度
N70  G41  G01  X=-R3  Y54;
N80  Y30;                                     轮廓加工
N90  X=R3;
N100  Y54;
N110  X=-R3;
```

```
N120  G40  G01  X=-25  Y70  M09;          取消刀补
N130  R1=R1+0.1;                          深度递增赋值
N140  R2=R2+0.1;                          参数递增赋值
N150  IF  R1<=0  GOTOB  AAA;              条件判断
N160  M17;                                返回主程序
```

说明：其他程序请读者自行编制。

项目十六

加工中心操作工职业技能综合训练

任务一　加工中心中级操作工实操考核一

零件如图 16–1 所示，毛坯为 90mm×90mm×30mm 方料，材料为 45 钢，在加工中心上编程并加工零件。

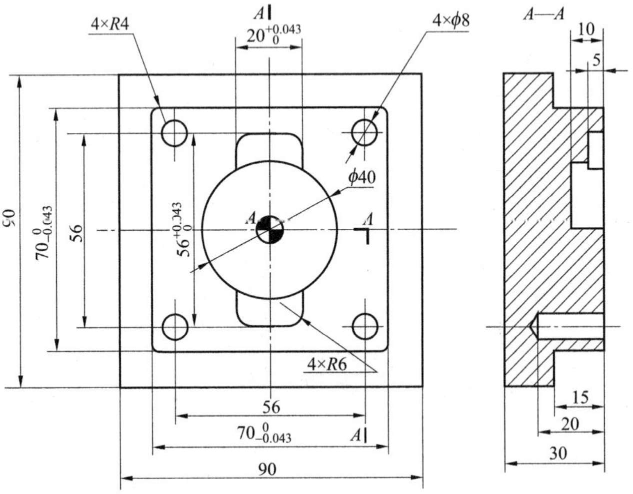

图 16–1　中级操作工实操考核一零件图

一、工艺分析与工艺设计

先加工凸台，再加工槽，最后加工孔。工件原点设在零件上表面与其轴线的交点处。加工工艺路线如下。

（1）铣凸台。T1，ϕ18 平底刀。

（2）铣方槽。T2，ϕ10 平底刀。

（3）铣圆槽。T3，ϕ16 平底刀。

（4）钻孔。T4，ϕ8 钻头。

二、程序编制

使用 FANUC 0*i* 系统编程，在加工中心上加工该零件。

```
N10  T1  M6;                                   换ϕ18 平底刀
N20  G90  G54  G0  X0  Y-18  S500  M3;
```

```
N30  G43  H1  Z50.;
N40  Z10.;
N50  G1  Z-5  F100;                              去方槽余量
N60  Y18.;
N70  G0  Z10.;
N80  X0  Y-67.;                                  铣凸台
N90  G1  Z-14.8  F100;                           深度留 0.2mm 余量
N100  D1  M98  P1002;                            D1 粗刀补为 9.2mm
N110  Z-15.;
N120  D11  M98  P1002;                           D11 精刀补为 9.0mm，实测调整
N130  G0  Z50.  M5;
N140  T2  M6;                                    换φ10 平底刀
N150  G90  G0  X0  Y0  S700  M3;
N160  G43  H2  Z50.;
N170  Z10.;
N180  G1  Z-5  F80;
N190  D2  M98  P1012;                            D2 粗刀补为 5.2mm
N200  D22  M98  P1012;                           D22 精刀补为 5.0mm，实测调整
N210  G0  Z50.  M5;
N220  T3  M6;                                    换φ16 平底刀
N230  G90  G0  X0  Y0  S500  M3;
N240  G43  H3  Z50.;
N250  Z10.;
N260  G1  Z-10.  F100;
N270  X10.;
N280  G3  I-10.;
N290  D3  M98  P1013;                            D3 粗刀补为 8.2mm
N300  D33  M98  P1013;                           D33 精刀补为 8.0mm，实测调整
N310  G0  Z50.  M05
N320  T4  M06;                                   换φ8 钻头
N330  M03  S400;
N340  G99  G81  X-28.0  Y-28.0  Z-20.0  R2.0  F50;
N350  X28.0  Y-28.0;
N360  X28.0  Y28.0;
N370  X-28.0  Y28.0;
N380  G91  G28  Z0  M5;
N390  M30;
```

铣凸台子程序。

```
O1002;
N10  G41  G1  X16.  Y-51.;
N20  G3  X0  Y-35.  R16.;
N30  G1  X-27.;
```

```
N40  G2  X-35.  Y-27.  R8.;
N50  G1  Y27.;
N60  G2  X-27.  Y35  R8.;
N70  G1  X27.;
N80  G2  X35. Y27.  R8.;
N90  G1  Y-27.;
N100  G2  X27.  Y-35.   R8.;
N110  G1  X0;
N120  G3  X-16.  Y-51.  R16.;
N130  G1  G40  X0  Y-67.;
N140  M99;
```

铣方槽子程序。

```
O1012;
N10  G41  Y-10.;
N20  G3  X10.  Y0  R10.;
N30  G1  Y22.;
N40  G3  X4.  Y28.  R6.;
N50  G1  X-4.;
N60  G3  X-10.  Y22.  R6.;
N70  G1  Y-22.;
N80  G3  X-4.  Y-28.  R6.;
N90  G1  X4.;
N100  G3  X10.  Y-22.  R6.;
N110  G1  Y0;
N120  G3  X0  Y10.  R10.;
N130  G1  G40  Y0;
N140  M99;
```

铣圆槽子程序：

```
O1013;
N10  G1  G41  Y-10.;
N20  G3  X20.  Y0   R10.;
N30  G3  I-20.;
N40  G3  X10.  Y10.  R10.;
N50  G1  G40  X0  Y0;
N60  M99;
```

任务二　加工中心中级操作工实操考核二

零件如图 16–2 所示，毛坯为 82mm×72mm×40mm 方料，材料为 45 钢，在加工中心上编程并加工零件。

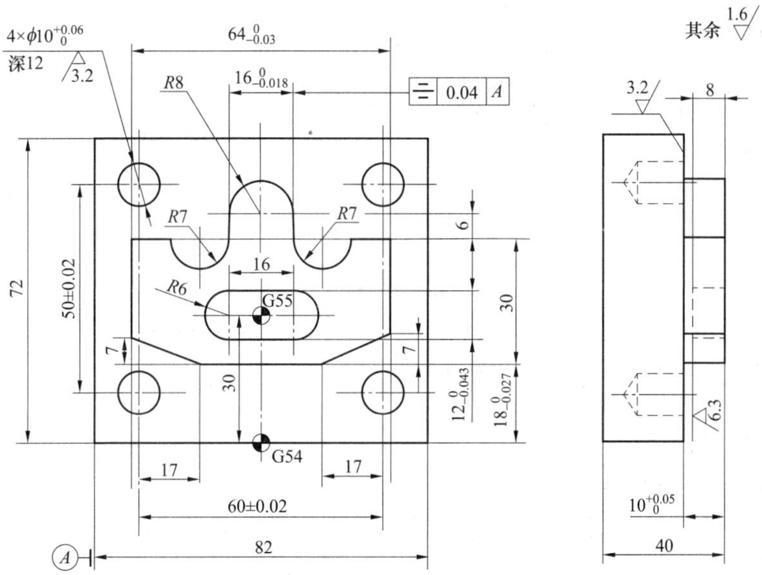

图 16–2　中级操作工实操考核二零件图

1. 工艺分析

此零件铣削内容是凸台、封闭槽及孔的加工。凸台加工时要选择合适的刀具合理地去除余量。孔加工时采用 A3 中心钻钻中心孔、φ9.8 钻头钻孔、φ10 铰刀铰孔。零件实体图如图 9–3 所示。

2. 加工步骤

（1）粗铣外形。T1，φ20 平底刀。

（2）精铣外形。T2，φ12 平底刀。

（3）铣封闭槽。T3，φ10 平底刀。

（4）钻中心孔。T4，A3 中心钻。

（5）钻孔。T5，φ9.8 钻头。

（6）铰孔。T6，φ10 铰刀。

3. 程序编制

使用 FANUC 系统编程。

```
O0007;
N10  T1  M6;                                        换φ20 平底刀
N20  G90  G54  G0  X52.  Y7.  M3  S600;
N30  G43  Z50.  H01;
N40  Z10.;
N50  G1  Z-10.02  F100;
N60  X-43.;
N70  Y60.;
N80  X-19.;
N90  Y73.;
N100  X-41.;
```

```
N110  X19.;
N120  Y60.;
N130  X38.;
N140  Y72.;
N150  X43.;
N160  Y0;
N170  G0  Z50.;
N180  M5;
N190  T2  M6;                                    换φ12平底刀
N200  G90  G0  X-50. Y55.  M3  S700;
N210  G43  Z50.  H02;
N220  Z10.;
N230  G1  Z-10.02  F100;
N240  X-15.;
N250  Y48.;
N260  Y54.;
N270  G2  X15.  Y54.  I15.  J0;
N280  G1  Y48.;
N290  Y55.;
N300  G1  G41  X32.  D02;
N310  Y25.;
N320  X15.  Y18.;
N330  X-15.;
N340  X-32.  Y25.;
N350  Y48.;
N360  X-22.;
N370  X-8.  I7.  J0;
N380  G1  Y54.;
N390  G2  X8.  I8.  J0;
N400  G1  Y48.;
N410  G3  X22.  I7.  J0;
N420  G1  X33.;
N430  G40  Y55.;
N440  G0  Z50.;
N450  M5;
N460  T3  M6;                                    换φ10平底刀
N470  G90  G55  G0  X8.  Y0  M3  S700;
N480  G43  Z50.  H03;
N490  G1  Z-8.  F100;
N500  X-8.;
N510  G41  X6.  D3;
N520  G3  X0  Y6.  R6.;
N530  G1  X-8.;
```

```
N540  G3  Y-6.  I0  J-6.;
N550  G1  X8.;
N560  G3  Y6.  I0  J6.;
N570  G3  X-6.  Y0  R6.;
N580  G1  G40  X0;
N590  G0  Z50.;
N600  T4  M6;                              换A3中心钻
N610  G90  G56  X30.  Y25.  M3  S800;      G56为零件外形轮廓对称中心
N610  G43  Z50.  H04;
N620  Z10.;
N630  G98  G81  Z-15.  R-7.  F60;
N640  M98  P1000;
N650  G0  Z50.;
N660  T5  M6;                              换φ9.8钻头
N670  G90  G56  G0  X30.  Y25.0  M3  S600;
N680  G43  Z50.  H05;
N690  Z10.;
N700  G98  G83  Z-27.  R-7.  Q5.  F100;
N710  M98  P1000;
N720  G0  Z50.;
N730  M5;
N740  T6  M6;                              换φ10铰刀
N750  G90  G56  G0  X-30.  Y-25.  M3  S200;
N760  G43  Z50.  H6;
N770  Z10.;
N780  M98  P1001;
N790  G0  X30.;
N800  M98  P1001;
N810  G0  Y25.;
N820  M98  P1001;
N830  G0  X-30.;
N840  M98  P1001.;
N850  G0  Z50.;
N860  X0  Y0;
N870  M5;
N880  M30;
```

钻孔（孔位）子程序。

```
O1000;
N10  X-30.;
N20  Y-25.;
N30  X30.;
N40  M99;
```

铰孔子程序。

```
O1001;
N10  G0  Z-8.;
N20  G1  Z-22.  F60;
N30  Z-8.  F120;
N40  G0  Z1.;
N50  M99;
```

任务三　加工中心中级操作工实操考核三

零件如图 16–3 所示，毛坯为方料，工件 6 个表面已经加工，其尺寸和粗糙度等要求均已符合图纸要求，材料为 45 钢。在加工中心上编程并加工内、外轮廓。

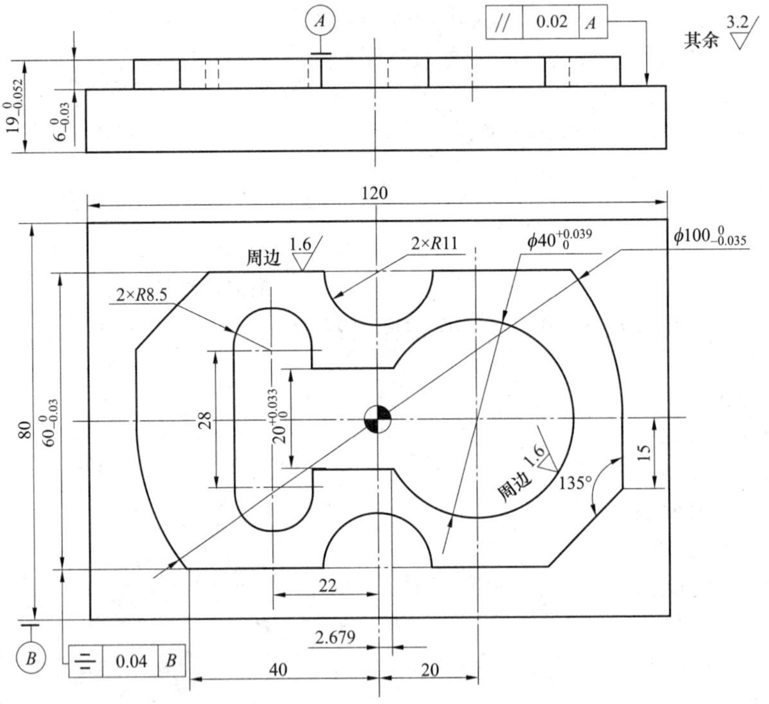

图 16–3　中级操作工实操考核三零件图

1. 加工方案确定

选用机用平口钳装夹工件，校正平口钳固定钳口的平行度以及工件上表面的平行度后夹紧工件。利用偏心式寻边器找正工件的 *X*、*Y* 轴零点（位于工件上表面的中心位置），设定 *Z* 轴零点与机床坐标系原点重合（见图 16–3），刀具长度补偿利用 *Z* 轴设定器设定。图示上表面为执行刀具长度补偿后的零点表面。

根据图纸的形位尺寸及表面粗糙度要求，选择 ϕ16mm 的粗齿、细齿高速钢直柄立铣刀，对内、外轮廓表面分别进行粗精加工，加工时的切削参数见表 16–1。

表 16–1 平面内、外轮廓铣削的切削参数

内、外轮廓铣削	选 用 刀 具	主轴转速（r/min）	进给率（mm/min）	刀具长度补偿	刀具半径补偿
粗加工	ϕ16mm 粗齿三刃立铣刀	500	120	H1/T1D1	$D1$=8.3mm
精加工	ϕ16mm 细齿四刃立铣刀	600	60	H2/T2D1	$D2$=7.99mm

2. 程序编制

用 FANUC 系统编程，程序如下。

程序	说明
O4511;	程序名
N1 G54 G90 G17 G21 G94 G49 G40;	建立工件坐标系，绝对编程，平面 XY，公制编程，分进给，取消刀具长度、半径补偿。
N2 M03 S500 M06 T1;	主轴正转，转速 500r/min，换 1 号刀
N3 G00 G43 Z150 H1;	Z 轴快速定位，调用刀具 1 号长度补偿
N4 X-20 Y-55 M07;	X 轴，Y 轴快速定位，切削液开
N5 Z-6;	Z 轴进刀至铣削深度
N6 G01 G41 X-40 Y-30 F120 D1;	引入刀具 1 号半径补偿，铣削至外轮廓始点，进给率 120mm/min
N7 M98 P1;	调用一次子程序，子程序名 O1（外轮廓）
N8 G00 X-53;	X 轴快速定位
N9 G01 Y-30;	铣削左下位置的多余材料
N10 G00 Z5;	Z 轴快速退刀
N11 Y55;	Y 轴快速定位
N12 Z-6;	Z 轴快速进刀
N13 G01 Y30;	铣削左上位置的多余材料
N14 G00 Z5;	Z 轴快速退刀
N15 X53 Y55;	X 轴，Y 轴快速定位
N16 Z-6;	Z 轴快速进刀
N17 G01 Y30;	铣削右上位置的多余材料
N18 G00 Z5;	Z 轴快速退刀
N19 Y-55;	Y 轴快速定位
N20 Z-6;	Z 轴快速进刀
N21 G01 Y-30;	铣削右下位置的多余材料
N22 G00 Z5;	Z 轴快速定位
N23 X0 Y0;	X 轴、Y 轴快速定位
N24 G01 Z0;	Z 轴进给至工件表面
N25 X20 Z-6 F80;	斜向进刀至内轮廓深度，进给率 80mm/min
N26 G41 X2.679 Y10 D1 F120;	引入刀具 1 号半径补偿，铣削至内轮廓始点，进给率 120mm/min
N27 M98 P2;	调用一次子程序，子程序名 O2（内轮廓）
N28 G00 Z150 M09;	Z 轴快速定位，切削液关
N29 M05;	主轴停转
N30 M06 T2;	换ϕ16 细齿立铣刀

N31 M03 S600;	主轴正转，转速 600r/min
N32 G00 G43 Z150 H2;	*Z* 轴快速定位，调用刀具 2 号长度补偿
N33 X-20 Y-55 M07;	*X* 轴，*Y* 轴快速定位，切削液开
N34 Z-6;	*Z* 轴进刀至铣削深度
N35 G01 G41 X-40 Y-30 F60 D2;	引入刀具 2 号半径补偿，铣削至外轮廓始点
N36 M98 P1;	调用一次子程序，子程序名 O1（外轮廓）
N37 G00 Z5;	*Z* 轴快速定位
N38 X20 Y0;	*X* 轴，*Y* 轴快速定位
N39 G01 Z-6;	*Z* 轴进刀至铣削深度
N40 G41 X2.679 Y10 D2;	引入刀具 2 号半径补偿，铣削至内轮廓始点，进给率 60mm/min
N41 M98 P2;	调用一次子程序，子程序名为 O2（内轮廓）
N42 G00 G49 Z-50;	取消刀具长度补偿，Z 轴快速定位
N43 M30;	程序结束回起始位置，机床复位（切削液关，主轴停转）
O1;	子程序名（外轮廓）
N1 G02 X-50 Y0 R50;	*R*50 凸圆弧铣削
N2 G01 Y15;	
N3 X-35 Y30;	
N4 X-11;	
N5 G03 X11 R-11;	*R*11 凹圆弧铣削
N6 G01 X40;	
N7 G02 X50 Y0 R50;	*R*50 凸圆弧铣削
N8 G01 Y-15;	直线铣削
N9 X35 Y-30;	斜线铣削
N10 X11;	直线铣削
N11 G03 X-11 R-11;	*R*11 凹圆弧铣削
N12 G01 X-40;	直线铣削
N13 G40 X-20 Y-55;	取消刀具半径补偿，离开轮廓起点
N14 M99;	子程序结束，返回主程序
O2;	子程序名（内轮廓）
N1 G01 X-13.5;	
N2 Y14;	
N3 G03 X-30.5 R-8.5;	*R*8.5 凹圆弧铣削
N4 G01 Y-14;	
N5 G03 X-13.5 R-8.5;	*R*8.5 凹圆弧铣削
N6 G01 Y-10;	
N7 X2.679;	
N8 G03 Y10 R-20;	ϕ40 凹圆弧铣削
N9 G01 G40 X20 Y0;	取消刀具半径补偿，离开内轮廓起点
N10 G0 Z5;	*Z* 轴快速退刀
N11 M99;	子程序结束，返回主程序

任务四　加工中心高级操作工实操考核一

零件如图 16–4 所示，工件材料为 45 钢，毛坯尺寸为 160mm×120mm×40mm，除上表面以外其他表面均已加工，并符合图纸要求，应用加工中心编程并加工出符合图纸要求的零件。

零件的评分表见表 16–2。为使叙述简练，后面的考核实例将把评分表省略。

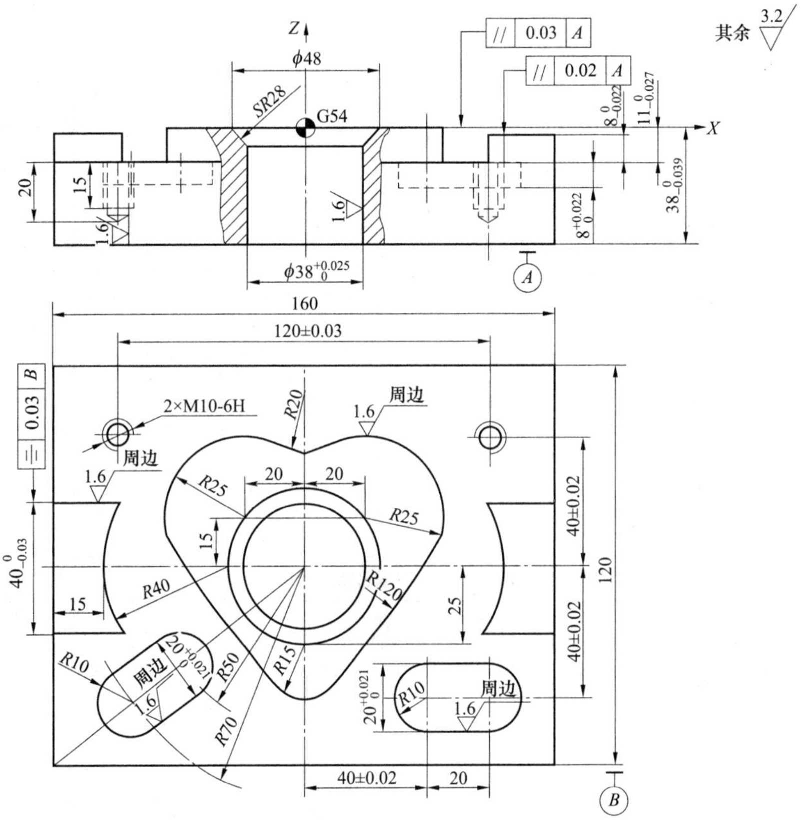

图 16–4　高级操作工实操考核一零件图

表 16–2　　考核实例一评分标准　　单位：mm

准考证号			操作时间	300min	得分			
试题编号		2	系统类型					
序号	考核项目	考核内容及要求	评　分　标　准	配分	检测结果	扣分	得分	备注
1	零件厚度	$38_{-0.039}^{\ 0}$	每超差 0.01 扣 1 分	5				
2	零件表面	平行度 0.03	每超差 0.01 扣 1 分	1				
		平行度 0.02	每超差 0.01 扣 1 分	1				
		*Ra*3.2	每降一级扣 1 分	2				

续表

序号	考核项目	考核内容及要求	评 分 标 准	配分	检测结果	扣分	得分	备注
3	凸台（两处）	长度 $40_{-0.03}^{0}$	每超差 0.01 扣 1 分	2				
		宽度 15	超差不得分	2				
		高度 $8_{-0.022}^{0}$	每超差 0.01 扣 1 分	2				
		圆弧 *R*40	超差不得分	2				
		周边 *Ra*1.6	每降一级扣 1 分	2				
4	球面槽	*SR*28	超差不得分	2				
		*ϕ*48	超差不得分	2				
		*Ra*3.2	每降一级扣 1 分	2				
5	孔	$\phi\ 38_{0}^{+0.025}$	每超差 0.01 扣 2 分	10				
		*Ra*1.6	每降一级扣 1 分	3				
6	键形槽（两处）	槽宽 $20_{0}^{+0.021}$	超差 0.01 扣 2 分	5×2				
		槽深 $8_{-0.022}^{0}$	每超差 0.01 扣 1 分	1×2				
		圆弧 *R*10	超差不得分	1×2				
		周边 *Ra*1.6	每降一级扣 1 分	2×2				
7	螺纹孔 2×Ml0–6H	中径	每处超差扣 4 分	5				
		定位尺寸 120±0.03	每超差 0.01 扣 1 分	2				
		定位尺寸 40±0.02	每超差 0.01 扣 1 分	2				
8	曲线轮廓凸台	圆弧过渡，*R*15、*R*20，*R*25（两处）	有明显接痕每处扣 1 分	10				
		周边 *Ra*1.6	每降一级扣 2 分	4				
		高度 $11_{-0.027}^{0}$	每超差 0.01 扣 1 分	2				
9	残料清角	外轮廓加工后的残料必须切除；内轮廓必须清角	每留一个残料岛屿扣 1 分；没有清角每处扣 1 分。扣完为止	8				
10	安全文明生产	（1）遵守机床安全操作规程。 （2）工具、量具放置规范。 （3）设备保养、场地整洁	酌情扣 1～5 分	3				
11	工艺合理	（1）工件定位、夹紧及刀具选择合理。 （2）加工顺序及刀具轨迹路线合理	酌情扣 1～5 分	3				
12	程序编制	（1）指令正确，程序完整。 （2）数值计算正确、程序编写表现出一定的技巧，简化计算和加工程序。 （3）刀具补偿功能运用正确、合理。 （4）切削参数、坐标系选择正确	酌情扣 1～5 分	5				

续表

序号	考核项目	考核内容及要求	评分标准	配分	检测结果	扣分	得分	备注
13	其他项目	（1）发生重大事故（人身和设备安全事故等）、严重违反工艺原则和情节严重的野蛮操作等，由考评员决定取消其实操考试资格。 （2）操作时间 300min						
记录员		监考人		检验员		考评员		

1. 工艺分析

此零件不仅精度要求较高，可以看到轮廓的周边曲线圆弧和粗糙度值要求也较高，零件采用平口钳装夹。将工件坐标系 G54 建立在工件上表面、零件的对称中心处。针对零件图样要求给出加工工序如下。

（1）铣大平面，保证尺寸 38，选用ϕ80 可转位面铣刀（T1）。

（2）铣心型外形面，选用ϕ12 立铣刀（T2）。

（3）铣两个凸台，选用ϕ12 立铣刀（T2）。

（4）铣边角料，选用ϕ16 立铣刀（T5）。

（5）铣键槽 16，选用ϕ12 键铣刀（T4）粗铣，ϕ20 立铣刀（T3）精铣。

（6）钻孔ϕ8.5，选用ϕ8.5 钻头（T6）。

（7）钻孔ϕ32，选用ϕ32 钻头（T7）。

（8）铣孔ϕ37.6，选用ϕ16 立铣刀（T5）。

（9）镗孔ϕ38，选用ϕ38 精镗刀（T8）。

（10）铣凹圆球面，选用ϕ16 立铣刀（T5）。

（11）钻两螺纹底孔ϕ8.5，选用ϕ8.5 钻头（T6）。

（12）攻螺纹 M10，选用 M10 机用丝锥（T9）。

2. 刀具的选择

加工工序中采用的刀具为ϕ80 可转位面铣刀、ϕ20 立铣刀、ϕ16 立铣刀、ϕ12 键铣刀、ϕ12 立铣刀、ϕ8.5 钻头、ϕ32 钻头、ϕ38 精镗刀、M10 机用丝锥。

3. 切削参数的选择

各工序刀具的切削参数见表 16–3。

表 16–3　各工序刀具的切削参数

机床型号 TK7650		加工数据				
序号	加工面	刀具号	刀具类型	主轴转速（r/min）	进给速度（mm/min）	刀具补偿号
1	铣上平面	T1	ϕ80 可转位面铣刀	800	100	D01
2	铣心型外形面	T2	ϕ12 立铣刀	600	50	D02
3	铣两个凸台	T2	ϕ12 立铣刀	600	50	D02
4	铣边角料	T5	ϕ16 立铣刀	350	40	D05
5	粗铣键槽 16	T4	ϕ12 键铣刀	700	45	D04

续表

机床型号 TK7650		加 工 数 据				
序号	加 工 面	刀具号	刀 具 类 型	主轴转速（r/min）	进给速度（mm/min）	刀具补偿号
6	精铣键槽 16	T5	ϕ16 立铣刀	350	40	D05
7	钻孔ϕ8.5	T6	ϕ8.5 钻头	600	35	D06
8	钻孔ϕ32	T7	ϕ32 钻头	150	30	D07
9	铣孔ϕ37.6	T5	ϕ16 立铣刀	350	40	D05
10	镗孔ϕ38	T8	ϕ38 精镗刀	900	25	D08
11	铣凹圆球面	T5	ϕ16 立铣刀	800	200	D05
12	钻两螺纹底孔ϕ8.5	T6	ϕ8.5 钻头	600	35	D06
13	攻螺纹 M10	T9	M10 机用丝锥	100		D09

4. 程序编制

工件编程零点选择在工件上表面，该零点位于工件上表面的中心位置，使用 SINUMERIK 810D/840D 数控系统，程序如下。

（1）主程序（CZY2.MPF）。

```
%_N_CZY2_MPF                         主程序名
;$PATH=/N_MPF_DIR                     传输格式
N10 G53 G90 G94 G40 G17;             分进给，绝对编程，切削平面，取消刀补，机床
                                     坐标系；安全指令
N20 T1;                              选 1 号刀；φ80 可转位面铣刀
N30 L6;                              换刀；L6 换刀子程序
N40 M41;                             低速挡开；小于等于 800r/min
N50 S500 M3;                         主轴正转，转速 500r/min
N60 G0 G54 X130 Y-30 D1;             工件坐标系建立，刀补值加入，快速定位
N70 Z50;                             快速进刀
N80 M7;                              切削液开
N90 Z0.1;                            快速进刀
N100 G01 X-130 F120;                 平面铣削进刀
N110 G0 Z50;                         抬刀
N120 X130 Y30;                       快速定位铣削起点
N130 Z0.1;                           快速进刀
N140 G01 X-130 F120;                 平面铣削进刀
N150 G0 Z50;                         抬刀
N160 X90 Y-110;                      快速定位铣削起点
N170 Z-1.9;                          快速进刀
N180 G01 Y110 F100;                  平面铣削进刀，粗铣凸台平面
N190 G0 Z50;                         抬刀
N200 X-90 Y-110;                     快速定位铣削起点
N210 Z-1.9;                          快速进刀
N220 G01 Y110 F100;                  平面铣削进刀，粗铣凸台平面
```

N230 G0 Z50;	抬刀
N240 S800;	换速，转速 800r/min
N250 G0 X130 Y0;	快速定位铣削起点
N260 Z0;	快速进刀
N270 G01 X-130 F100;	平面铣削进刀
N280 G0 Z50;	抬刀
N290 X90 Y-110;	快速定位铣削起点
N300 Z-2;	快速进刀
N310 G01 Y110 F100;	平面铣削进刀，精铣凸台平面
N320 G0 Z50;	抬刀
N330 X-90 Y-110;	快速定位铣削起点
N340 Z-2;	快速进刀
N350 G01 Y110 F100;	平面铣削进刀，精铣凸台平面
N360 G0 Z50;	抬刀
N370 M9;	切削液关
N380 M5;	主轴停转
N390 T2;	选 2 号刀;ϕ12 立铣刀
N400 L6;	换刀;L6 换刀子程序
N410 M41;	低速挡开；小于等于 800r/min
N420 S600 M3;	主轴正转，转速 600r/min
N430 G0 G54 X0 Y0 D1;	工件坐标系建立，刀补值加入，快速定位
N440 Z50;	快速进刀
N450 M7;	切削液开
N460 L1;	调用于程序 L1，铣削心型外形通过更改 T2D1 中的刀具半径值实现轮廓粗和精加工
N470 G0 G90 Z100;	快速抬刀
N480 X0 Y0;	快速定位点
N490 M7;	切削液开
N500 L2;	调用子程序 L2，铣削凸台轮廓，通过更改 T2 D1 中的刀具半径值实现轮廓粗和精加工
N510 G0 G90 Z100;	快速抬刀
N520 AROT Z180;	坐标系旋转 180°
N530 L2;	调用子程序 L2，铣削对称凸台轮廓，通过更改 T2 D1 中的刀具半径值实现轮廓粗和精加工
N540 ROT;	取消坐标旋转
N550 G0 G90 Z100;	快速抬刀
N560 M9;	切削液关
N570 M5;	主轴转停
N580 T5;	选 5 号刀；ϕ16 立铣刀
N590 L6;	换刀；16 换刀子程序
N600 S350 M3;	主轴正转，转速 350r/min
N610 G0 G54 X0 Y0 D1;	工件坐标系建立，刀补值加入，快速定位
N620 G0 G90 Z50;	快速进刀

N630 M7;	切削液开
N640 G0 X31 Y-70;	快速定位点
N650 Z-11;	快速进刀到 Z 轴背吃刀量
N660 G1 X53 Y0 F50;	
N670 G0 Z50;	切削外形多余料
N680 X-31 Y-70;	
N690 Z-11;	往复走刀去除余料
N700 G1 X-53 Y0 F50;	
N710 G0 Z50;	
N720 X90 Y-53;	
N730 Z-11;	
N740 G1 X-90 F50;	
N750 G0 Z50;	
N760 X90 Y-37;	
N770 Z-11;	
N780 G1 X27 F50;	
N790 Y-50;	
N800 X-27;	
N810 Y-37;	
N820 X-90;	
N830 G0 Z50;	
N840 X90 Y53;	
N850 Z-11;	
N860 G1 X-90 F50;	
N870 G0 Z50;	快速抬刀
N880 X90 Y36;	
N890 Z-11;	
N900 X53;	
N910 Y50;	
N920 X-53;	
N930 Y36;	
N940 X-90;	
N950 G0 Z50;	快速抬刀
N960 M9;	切削液关
N970 M5;	主轴转停
N980 T4;	选 4 号刀；ϕ12 键铣刀
N990 L6;	换刀；L6 换刀子程序
N1000 S600 M3;	主轴正转，转速 600r/min
N1010 G0 G54 X40 Y-40 D1;	工件坐标系建立，刀补值加入，快速定位
N1020 Z50;	快速进刀
N1030 M7;	切削液开
N1040 Z-10;	快速进刀
N1050 G01 Z-19 F25;	进刀到 Z 轴背吃刀量

```
N1060  G01  X60  Y-40  F45;               粗铣 20 键槽
N1070  G01  Z-10  F200;                   工进抬刀
N1080  G0  Z50;                           快速退刀
N1090  X-56  Y-42;                        快速定位点
N1100  Z-10;                              快速进刀
N1110  G01  Z-19  F25;                    进刀到 Z 轴背吃刀量
N1120  G01  X-40  Y-30  F45;              粗铣 20 键槽
N1130  G01  Z-10  F200;                   工进抬刀
N1140  G0  Z100;                          快速退刀
N1150  M9;                                切削液关
N1160  M5;                                主轴转停
N1170  T3;                                选 3 号刀；φ20 键铣刀
N1180  L6;                                换刀；L6 换刀子程序
N1190  S400  M3;                          主轴正转，转速 600r/min
N2000  G0  G54  X40  Y-40  D1;            工件坐标系建立，刀补值加入，快速定位
N2010  Z50;                               快速进刀
N2020  M7;                                切削液开
N2030  Z-10;                              快速进刀
N2040  G01  Z-19  F25;                    进刀到 Z 轴背吃刀量
N2050  G01  X60  Y-40  F50;               精铣 20 键槽
N2060  G01  Z-10  F200;                   工进抬刀
N2070  G0  Z50;                           快速退刀
N2080  X-56  Y-42;                        快速定位点
N2090  Z-10;                              快速进刀
N2100  G01  Z-19  F25;                    进刀到 Z 轴背吃刀量
N2110  G01  X-40  Y-30  F50;              精铣 20 键槽
N2120  G01  Z-10  F200;                   工进抬刀
N2130  G0  Z100;                          快速退刀
N2140  M9;                                切削液关
N2150  M5;                                主轴转停
N2160  T6;                                选 6 号刀；φ8.5 钻头
N2170  L6;                                换刀；L6 换刀子程序
N2180  S600  M3  F35;                     主轴正转，转速 600r/min
N2190  G0  G54  X0  Y0  D1;               工件坐标系建立，刀补值加入，快速定位
N2200  Z50;                               快速进刀
N2210  M7;                                切削液开
N2220 MCALL  CYCLE 83(30,,3,-42,42,-10,,3,0,1,0.8,1);
                                          模态调用钻孔循环
N2230  G0  X0  Y0;                        定位钻孔位置点
N2240  MCALL;                             取消模态调用
N2250  M9;                                切削液关
N2260  M5;                                主轴转停
N2270  T7;                                选 7 号刀；φ32 钻头
```

```
N2280  L6;                                   换刀；L6 换刀子程序
N2290  S150  M3  F30;                        主轴正转，转速 150r/min
N2300  G0  G54  X0  Y0  D1;                  工件坐标系建立，刀补值加入，快速定位
N2310  Z50;                                  快速进刀
N2320  M7;                                   切削液开
N2330  MCALL  CYCLE 83(30,,3,-48,48,-12,0,3,0,1,0.8,1);
                                             模态调用钻孔循环
N2340  G0  X0  Y0;                           定位钻孔位置点
N2350  MCALL;                                取消模态调用
N2360  M9;                                   切削液关
NZ370  M5;                                   主轴转停
N2380  T5;                                   选 5 号刀；16 立铣刀
N2390  L6;                                   换刀；L6 换刀子程序
N2400  S350  M3;                             主轴正转，转速 350/min
N2410  G0  G54  X0  Y0  D1;                  工件坐标系建立，刀补值加入，快速定位
N2420  Z2;                                   快速进刀
N2430  M7;                                   切削液开
N2440  G01  Z-39  F500;                      进刀到 Z 轴背吃刀量
N2450  G01  G42  X19  F40;                   激活刀具半径右补偿进刀
N2460  G2  I-19  F50;                        顺圆弧切削整圆，粗铣φ38 内孔，改变 T3 D1
                                             中的半径值可实现
N2465  G01  Z2  F200;                        工进抬刀
N2470  G01  G40  X0  F800;                   取消刀具半径补偿退刀
N2480  G0  Z50;                              快速抬刀
N2490  M9;                                   切削液关
N2500  M5;                                   主轴停转
N2510  T8;                                   选 8 号刀；φ38 精镗刀
N2520  L6;                                   换刀；L6 换刀子程序
N2530  M42;                                  高速挡开；大于 800r/min
N2540  S900  M3  F25;                        主轴正转，转速 350r/min
N2550  G0  G54  X0  Y0  D1;                  工件坐标系建立，刀补值加入，快速定位
N2560  Z50;                                  快速进刀
N2570  M7;                                   切削液开
N2580  MCALL  CYCLE 86(30,,3,-39,39,0,3,,,,0);
                                             模态调用镗孔循环
N2590  G0  X0  Y0;                           定位镗孔位置点
N2600  MCALL;                                取消模态调用
N2610  M9;                                   切削液关
N2620  M5;                                   主轴停转
N2630  T5;                                   选 5 号刀；φ16 立铣刀
N2640  L6;                                   换刀；L6 换刀子程序
N2650  M41;                                  低速挡开；小于 800r/min
N2660  S800  M3;                             主轴正转，转速 800r/min
```

```
N2670  G0  G55  X0  Y0  D1;              工件坐标系G55建立，刀补值加入，快速定位
N2680  G0  Z-13;                         快速进刀
N2690  R0=-14.42;                        定义圆球起始点的Z值
N2700  R1=-20.57;                        定义圆球终止点的Z值
N2710  AAA:;                             标示符
N2720  R2=SQRT(28*28-R0*R0);             圆弧起点X轴点的坐标计算
N2730  R3=R2-8;                          圆球起点X轴点的实际坐标值；减去刀具半径
N2740  G01  X=R3  F1000;                 进给到圆球X轴的起点
N2750  Z=R0  F100;                       进给到圆球Z轴的起点
N2760  G17  G2  I=-R3  F150;             整圆铣削加工
N2770  R0=R0-0.04;                       Z值每次减少量
N2780  IF  R0 >= R1  GOTOB  AAA;         判断Z值是否已到达终点，不到的话返回标示符处
N2790  G0  G90  Z100;                    快速回退
N2800  M9;                               切削液关
N2810  M5;                               主轴转停
N2820  T6;                               选6号刀；φ8.5钻头
N2830  L6;                               换刀；L6换刀子程序
N2840  M41;                              低速挡开；小于800r/min
N2850  S600  M3  F35;                    主轴正转,转速600r/min,进给速度35mm/min
N2860  G0  G54  X0  Y0  D1;              工件坐标系建立，刀补值加入，快速定位
N2870  Z50;                              快速进刀
N2880  M7;                               切削液开
N2890  MCALL  CYCLE83(10,,-8,-31,31,-8,,0,3,,1,0.  8,1);
                                         模态调用钻孔循环
N2900  G0  X60  Y40;                     定位钻孔位置点
N2920  X-60  Y40;                        定位钻孔位置点
N2940  MCALL;                            取消模态调用
N2950  M9;                               切削液关
N2960  M5;                               主轴停转
N2970  T9;                               选9号刀；M10机用丝锥
N2980  L6;                               换刀；L6换刀子程序
N2990  M41;                              低速挡开；小于800r/min
N3000  S100  M3;                         主轴正转，转速100r/min
N3010  G0  G54  X0  Y0  D1;              工件坐标系建立，刀补值加入，快速定位
N3020  Z50;                              快速进刀
N3030  M7;                               切削液开
N3040  SPOS=0;                           主轴定位
N3050  MCALL  CYCLE84(10,,-8,-26,,26,,,,1.5,0,60,100);
                                         模态调用攻螺纹循环

N3060  G0  X60  Y40;                     定位钻孔位置点
N3070  X-60  Y40;
N3080  MCALL;                            取消模态调用
```

```
N3090  G0  G90  Z200;                  快速抬刀
N3100  Y150;                           工作台退至工件装卸位
N3110  M9;                             切削液关
N3120  M5;                             主轴转停
N3130  M30;                            程序结束
```

（2）心型轮廓外形精加工子程序（L1.SPF）。

```
%__N__L1__SPF                          子程序名
;$PATH=/N  SPF  DIR                    传输格式
N10  G0  X0  Y-70;                     快速定位点
N20  Z2;                               快速进给
N30  G01  Z-11  F500;                  进刀到背吃刀量对应的深度
N40  G01  G42  X-9.282  Y-36.784  F50; 激活刀具半径补偿，实现刀具半径右补偿切入
                                       轮廓
N50  G03  X41.736  Y3.82  CR=120;      轮廓加工
N60  X8.889  Y37.395  CR=25;           轮廓加工
N70  G02  X-8.889  Y37.395  CR=20;     轮廓加工
N80  G03  X-39.294  Y-0.897  CR=25;    轮廓加工
N90  G01  X-11.577  Y-34.538;          轮廓加工
N100  G03  X9.282  Y-36.784  CR=15;    轮廓加工
N110  G01  Z2  F200;                   工进抬刀
N120  G0  G40  Z50;                    取消刀具半径补偿快速回退抬刀
N130  M17;                             子程序结束返回
```

（3）凸台轮廓精加工子程序（L2.SPF）。

```
%__N__L2__SPF                          子程序名
;$PATH=/N__SPF__DIR                    传输格式
N10  G0  X110  Y40;                    快速定位点
N20  Z2;                               快速进给
N30  G01  Z-11  F500;                  进刀到背吃刀量对应的深度
N40  G01  G42  X85  Y20  F50;          激活刀具半径补偿，实现刀具半径左补偿切入
                                       轮廓
N50  X59.641;                          轮廓加工
N60  G02  X59.641  Y-20  CR=40;        轮廓加工
N70  G01  X90;                         轮廓加工
N80  G0  Z2;                           快速抬刀
N90  G0  G40  Z100;                    取消刀具半径补偿快速回退
N100  X110  Y40;                       回退起始点
N110  M17;                             子程序结束返回
```

任务五　加工中心高级操作工实操考核二

零件如图 16–5 所示，评分标准略，工件材料为 45 钢，毛坯尺寸为 150mm×120mm×

20mm，6 面均已加工，并符合图纸要求，应用加工中心编写程序并加工出符合图纸要求的零件。

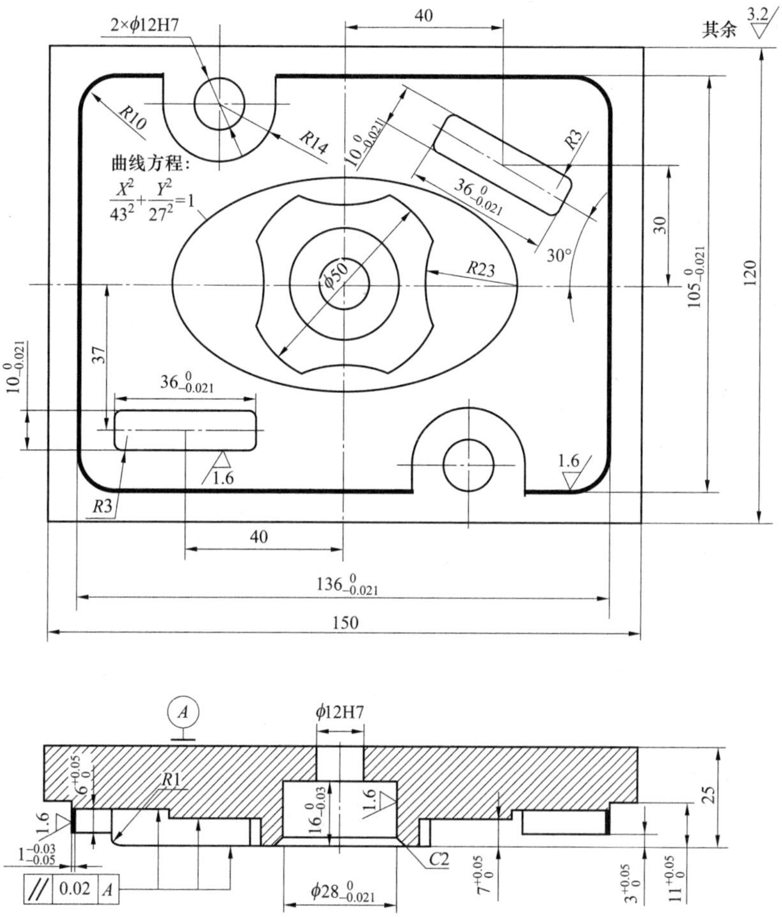

图 16–5　高级操作工实操考核二零件图

一、工艺分析

（1）轮廓 136mm×105mm 的薄壁外轮廓采用 $\phi 16$ 的刀具进行铣削，编制其中的 1/2 部分程序，采用坐标旋转指令，可使程序编辑得简单。

（2）凸键程序的编写可将 G52（TRANS）指令和旋转指令相结合，使程序编辑变得简单。

（3）由对于花形轮廓，使用系统的旋转功能，编制其中的 1/4 轮廓程序，采用坐标旋转指令，加工其余轮廓，可节省编程时间和程序输入时间。

（4）特殊功能的掌握：椭圆曲线的加工从 $\theta=0$ 开始，将椭圆轮廓分成 180 段线段（每段线段对应 θ 角增加 2°），每个循环切削一段，当 θ 大于 360° 时切削结束。$C2$ 倒角可采用宏程序编制，也可采用宏程序与 G10 相结合来完成编程工作。

二、程序编制

本考核实例使用 SINUMERIK 802D 系统编程。编程如下。

```
AA011.MPF;                                  外轮廓程序
N10  G90  G94  G71  G40  G54  F100;         程序初始化
N20  G74  Z0;                               Z 向回参考点
N30  T1  M6;                                调 1 号刀
N40  M03  S600  D1;                         主轴正转，600r/min
N50  G00  X-80.0  Y-80.0;                   快速定位至起刀点
N60  Z5.0  M08;                             Z 向下刀
N70  L12;                                   调用子程序
N80  G00  Z5.0;                             Z 向抬刀
N90  X80.0  Y80.0;                          平面 XY 定位
N100  ROT  RPL=180.0;                       逆时针旋转 180°
N110  L12;                                  调用于程序
N120  G00  Z5.0;                            Z 向抬刀
N130  ROT;                                  取消旋转指令
N140  M05;                                  主轴停转
N150  G74  Z0;                              返回换刀点
N160  T2  M6;                               换 2 号刀
N170  M03  S600;                            主轴正转，600r/min
N180  G00  X50.0  Y0;                       平面 XY 定位
N190  Z5.0;                                 Z 向下刀
N200  L13                                   调用于程序
N220  BBB:R10=-90.0;                        设定旋转角度变量
N230  ROT  RPL=R10;                         设定旋转角度
N240  L14;                                  调用于程序
N250  R10=R10-90.0;                         计算角度变量
N260  IF  R10>=-360.0  GOTOB  BBB;          循环，判断变量
N270  ROT;                                  取消旋转指令
N280  G00  X0  Y-45.0;                      指定下刀位置
N290  TRANS  X-40.0  Y-30.0;                设定局部坐标系
N300  L15;                                  调用于程序
N310  TRANS;                                取消局部坐标系
N320  X0  Y45.0;                            指定下刀位置
N330  MIRROR  X0  Y0;                       沿工件原点镜像
N340  TRANS  X40  Y30;                      设定局部坐标系
N350  AROT  RPL=-30.0;                      逆时针旋转 30°
N360  L15;                                  调用于程序
N370  MIRROR;                               取消镜像
N380  G52  X0  Y0;                          取消局部坐标系
N390  G00  X-30.0  Y42.5;                   指定下刀位置
```

```
N400  L16;                                  调用于程序
N410  G00  X0  Y0;                          平面XY定位
N420   L17;                                 调用子程序
N430  G74  Z0;                              返回Z向参考点
N440   M30;                                 程序结束

L12.SPF;                                    外轮廓程序
N10  G01  Z-11.0  F80;                      Z向下刀
N20  G41  G01  X-68.0  Y-70.0;              建立刀补
N30  Y4.5;                                  轮廓加工
N40  G02  X-58.0  Y52.5  CR=10.0;
N50  G01  X-44.0;
N60  G01  Y46.5;
N70  G03  X-16.0  CR=14.0;
N80  G01  Y52.5;
N90  X58.0;
N100  G02  X68.0  Y42.5  CR=10.0;
N110  G40  G01  X90.0;                      取消刀具半径补偿
N120  G00  Z5.0;                            Z向抬刀
N130  M17;                                  返回主程序

L13.SPF;                                    椭圆子程序
N10  G01  Z-9.0  F80;                       Z向下刀
N20  G41  G01  X-43.0  Y-10.0;              建立半径补偿
N30  R1=0;                                  定义极角初始值
N40  MA1:R2=43.0*COS(#1);                   计算X坐标
N50  R3=27.0*SIN(#1);                       计算Y坐标
N60  G01  X=R2  Y=R3;                       加工椭圆部分
N70  R1=R1+2.0;                             计算极角
N80  IF R1<=360.0  GOTOB  MA1;              循环，判断变量
N90  G40  G01  X50.0  Y0;                   取消半径补偿
N100  G00  Z5.0;                            Z向抬刀
N110   M17;                                 返回主程序

AA014.SPF;                                  中心花形轮廓
N10  G01  Z-7.0  F80:                       Z向下刀
N20  G00  X50.0  Y0;                        指定下刀位置
N30  G41  G01  X25.0  Y0;                   半径补偿有效
N40  G02  X10.654  Y22.616  CR=25.0;        轮廓加工
N50  G03  X-10.654  CR=23.0;
N60  G40  G01  X0   Y-50.0;                 取消半径补偿
N70  G00  Z5.0;                             Z向抬刀
N80  M17;                                   返回主程序
```

```
L15.SPF;                                   铣方键子程序
N10  G01  Z-9.0  F80;                      Z向下刀
N20  G41  G01  X25.0  Y-5.0:               半径补偿有效
N30  X15.0;                                轮廓加工
N40  G02  X18.0  Y-2.0  CR=3.0;
N50  G01  Y2.0;
N60  G02  X15.0  Y5.0  CR=3.0;
N70  G01  X-15.0;
N80  G02  X-18.0  Y2.0  CR=3.0;
N90  G01  Y-2.0;
N100  G02  X-15.0  Y-5.0  CR=3.0;
N110  G40  G01  X-40.0  Y-5.0;             取消半径补偿
N120  G00  Z5.0;                           Z向抬刀
N130  M17;                                 返回主程序

L16.SPF:                                   薄壁内轮廓程序
N10  G01  Z-9.0  F80:                      Z向下刀
N20  G41  G01  X-44.0  Y 52.5;             建立刀具半径补偿
N30  G01  X-58.0;                          轮廓加工
N40  G03  X-68.0  Y42.5  CR=10.0;
N50  G01  Y-42.5;
N60  G03  X-58.0  Y-52.5  CR=10.0;
N70  G01  X58.0;
N80  G03  X68.0  Y-42.5  CR=10.0;
N90  G01  Y42.5;
N100  G03  X58.0  Y52.5  CR=10.0;
N110  G01  X-44.0;
N120  G40  G01  X-30.0  Y42.5:             取消半径补偿
N130  G00  Z5.0;                           Z向抬刀
N140  M17;                                 返回主程序

L17.SPF;                                   倒角程序
N10  R4=0;                                 定义深度变量
N20  R5=45.0;                              定义倒角角度
N30  R6=4.0;                               定义刀具半径
N40  R9=2.0;                               定义倒角高度
N50  AAA:R7=R4;                            计算变量
N70  R8=R6-(R9-R4)*TAN(R5);                计算变量
N80  G01  Z-R7  F60;                       Z向下刀
N90  $TC_DP6[1,1]=R8;                      赋半径补偿值
N100  G41  G01  X14.0  Y0;                 建立半径补偿
N110  G03  I-14.0;                         轮廓加工
```

```
N120  G40  G01  X0  Y0;                    取消半径补偿
N130  R4=R4+0.2;                           计算变量
N140  IF  R4<=R9  GOTOB  AAA;              循环，判断变量
N150  M17;                                 返回主程序
```

任务六　加工中心高级操作工实操考核三

零件如图 16–6 所示，评分标准略，工件材料为 45 钢，毛坯尺寸为 120mm×80mm×20mm，除上表面以外，其他表面均已加工，并符合图纸要求，应用加工中心编写程序并加工出符合图纸要求的零件。

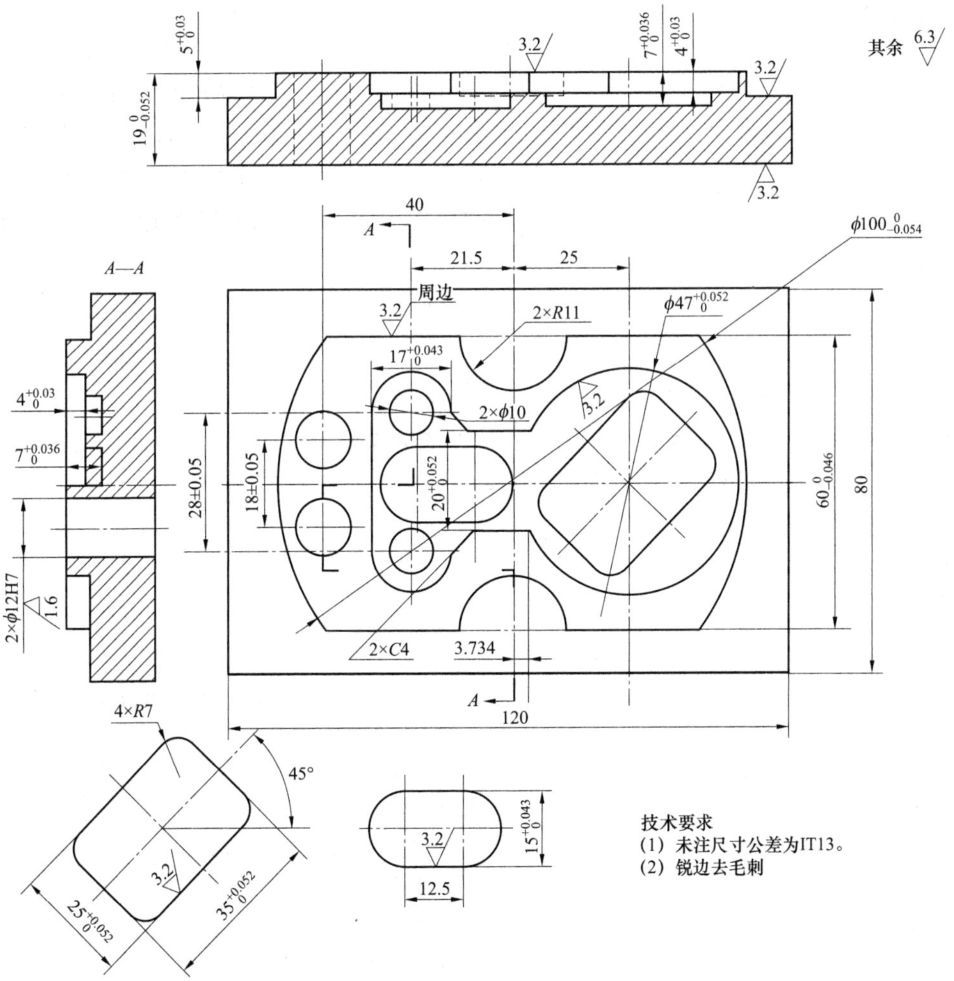

图 16–6　高级操作工实操考核三零件图

1. 选择刀具

该实例所用的刀具见表 16–4。

表 16–4　　加工用刀具

刀具号	刀具名称	长度补偿号	半径补偿号
T1	ϕ80 面铣刀	H1	
T2	ϕ16 立铣刀	H2	D2
T3	ϕ12 键槽铣刀	H3	D3
T4	ϕ10 键槽铣刀	H4	D4
T5	ϕ4 中心钻	H5	
T6	ϕ11.8 麻花钻	H6	
T7	ϕ12（H7）机用铰刀	H7	

2. 加工顺序

（1）用刀具 T1 铣削一个 120mm×80mm 的平面。结束后把工件翻身，擦净等高垫块及已加工的平面，重新装夹、夹紧。继续用刀具 T1 铣削平面，注意此时的长度补偿量应根据工件的厚度要求重新设置。具体操作为：在加工中心刀具长度补偿页面中在摩耗（H）中输入一个如–0.2（具体值应根据工件原始厚及切削第一个平面时的背吃刀量综合确定），然后进行加工。等加工完毕后，重新测量工件的厚度，根据此厚度与工件厚度要求重新计算余量，把此余量与摩耗（H）叠加，重新设置，设置完后再加工一次平面。

（2）用刀具 T2 沿工件外轮廓路径粗加工（包括切除轮廓加工后的残料），粗、精加工外形。

（3）用刀具 T3 粗、精加工 45° 旋转的型腔及深 4mm 的大型腔。

（4）用刀具 T4 粗、精加工月牙型腔；加工 2×ϕ10 孔。

（5）用刀具 T5 点钻 2×ϕ12（H7）中心。

（6）用刀具 T6 钻 2×ϕ11.8 的孔。

（7）用刀具 T7 点钻 2×ϕ12（H7）。

3. 编写程序

使用 FANUC 0i–MC 系统编程，程序如下。

O3921;	程序名（注意翻身加工前必须重新设置长度补偿量）
N10　M6　T1;	换上 1 号刀，ϕ80 面铣刀
N20　G54　G90　G0　G43　H1　Z200;	刀具快速移动 Z200 处（在 Z 方向调入了刀具长度补偿）
N30　M3　S600;	主轴正转，转速 600r/min
N40　X101　Y20;	快速定位
N50　Z26　M8;	Z 轴下降，切削液开
N60　G1　Z0　F50;	刀具进给到加工平面
N70　X-62　F120;	
N80　Y-20;	加工平面
N90　X62;	
N100　G0　Z200　M9;	快速返回到 Z200，切削液关

N110 G49 G90 Z0;	取消刀具长度补偿，Z 轴快速移动到机床坐标 Z0 处
N120 M30;	程序结束

其他加工的主程序。

O3021;	主程序名
N10 M6 T2;	换上 2 号刀，ϕ16 立铣刀
N20 G54 G90 G0 G43 H2 Z20;	刀具快速移动 Z200 处（在 Z 方向调入了刀具长度补偿）
N30 M3 S800;	主轴正转，转速 800r/min
N40 X-60 Y50;	快速定位
N50 Z2 M8;	主轴下降，切削液开
N60 G1 Z-5 F50;	主轴进给下降到 Z-5
N70 Y40 F200;	进给切削到 Y40
N80 X60;	
N90 Y-40;	
N100 X-60;	沿坯料四周路径加工
N110 Y50;	
N115 X-70 Y0;	移动到外轮廓起切位置
N120 G10 L12 P2 R8.2;	给定 D2，指定刀具半径补偿量 8.2（精加工余量 0.2）
N130 M98 P3121;	调用 O3121 子程序一次粗加工
N140 G10 L12 P2 R7.98;	重新给定 D2，指定刀具半径补偿量 7.98（考虑公差）
N150 M98 P3121;	调用 O3121 子程序一次精加工
N160 G0 Z200 M9;	快速抬刀，切削液关
N170 G49 G90 Z0;	取消刀具长度补偿，Z 轴快速移动到机床坐标 Z0 处
N180 M5;	主轴停转
N190 M6 T3;	换上 2 号刀，ϕ12 键槽铣刀
N200 G0 G43 H3 Z200;	刀具快速移动 Z200 处（在 Z 方向调入了刀具长度补偿）
N210 M3 S800;	主轴正转，转速 800r/min
N220 X25 Y0;	快速定位
N230 Z2 M8;	主轴下降，切削液开
N240 G10 L12 P3 R6.2;	给定 D3，指定刀具半径补偿量 6.2（精加工余量 0.2）
N250 G1 Z0 F60;	进给到 Z0
N260 M98 P23221;	调用 O3221 子程序两次，粗加工旋转凹槽
N270 G0 Z-4;	快速返回到 Z-4
N280 M98 P3321;	调用 O3321 子程序一次，粗加工大的凹槽
N290 G0 Z0;	返回到 Z0
N300 G10 L12 P3 R5.97;	重新给定 D3，指定刀具半径补偿量 5.97（考虑公差）
N310 G1 Z-4;	进给到 Z-4
N320 M98 P3321;	调用 O3321 子程序一次，精加工大凹槽
N330 G1 Z-7;	进给到 Z-7
N340 M98 P3221;	调用 O3221 子程序一次，精加工旋转凹槽
N350 G0 Z200 M9;	快速抬刀，切削液关
N360 G49 G90 Z0;	取消刀具长度补偿，Z 轴快速移动到机床坐标 Z0 处

N370 M5;	主轴停转
N380 M6 T4;	换上 4 号刀，ϕ10mm 键槽铣刀
N390 G0 G43 H4 Z200;	刀具快速移动 Z200 处(在 Z 方向调入了刀具长度补偿)
N400 M3 S1000;	主轴正转，转速 1000r/min
N410 X-7.5 Y0;	快速定位
N420 Z2 M8;	主轴下降，切削液开
N430 G10 L12 P4 R5.1;	给定 D4，指定刀具半径补偿量 5.1（精加工余量 0.1）
N440 G1 Z-7 F20;	进给到 Z-7
N450 M98 P3421;	调用 O3421 子程序一次，粗加工月牙型槽
N460 G10 L12 P4 R4.98;	重新给定 D4，指定刀具半径补偿量 4.98（考虑公差）
N470 M98 P3421;	调用 O3421 子程序一次，精加工月牙型槽
N480 G0 Z20;	快速上升到 Z20
N490 G99 G89 X-21.5 Y14 Z-7 R2 P1000 F20;	用键槽铣刀加工 2×ϕ10 孔（在孔底暂停 1s）
N500 G98 Y-14;	
N510 G0 Z200 M9;	快速抬刀，切削液关
N520 G49 G90 Z0;	取消刀具长度补偿，Z 轴快速移动到机床坐标 Z0 处
N530 M5;	主轴停转
N540 M6 T5;	换上 5 号刀，ϕ4mm 中心钻
N550 G0 G43 H5 Z200;	刀具快速移动 Z200 处(在 Z 方向调入了刀具长度补偿)
N560 M3 S1500;	主轴正转，转速 1500r/min
N570 G99 G81 X-40 Y9 Z-4 R3 F50 M8;	点钻 2×ϕ12H7 孔中心，切削液开
N580 G98 Y-9;	
N590 G49 G90 Z0 M9;	取消刀具长度补偿，Z 轴快速移动到机床坐标 Z0 处，切削液关
N600 M5;	主轴停转
N610 M6 T6;	换上 6 号刀，ϕ11.8mm 麻花钻
N620 G0 G43 H6 Z200;	刀具快速移动 Z200 处（在 Z 方向调入了刀具长度补偿）
N630 M3 S800;	主轴正转，转速 800r/min
N640 G99 G83 X-40 Y-9 Z-25 R3 F100 M8;	深孔往复钻孔
N650 G98 Y9;	
N660 G49 G90 Z0 M9;	取消刀具长度补偿，Z 轴快速移动到机床坐标 Z0 处，切削液关
N670 M5;	主轴停转
N680 M6 T7;	换上 7 号刀，ϕ12mmH7 机用铰刀
N690 G0 G43 H7 Z200;	刀具快速移动 Z200 处（在 Z 方向调入了刀具长度补偿）
N700 M3 S300;	主轴正转，转速 800r/min
N710 G99 G89 X-40 Y9 Z-22 R2 P1000 F100 M8;	铰 2×ϕ2mm 孔

```
N720  G98  Y-9;
N730  G49  G90  Z0  M9;                 取消刀具长度补偿，Z 轴快速移动到机床坐标 Z0
                                        处，切削液关
N740  M30;                              主程序结束
```

加工外轮廓的子程序。

```
O3121;                                  子程序名
N10  G41  G1  X-60  Y-10  D2;           刀具半径左补偿
N20  G3  X-50  Y0  R10;                 走过渡段
N25  G2  X-40  Y30  R50;
N30  G1  X-11;
N40  G3  X11  R-11  F90;
N50  G1  X40  F200;
N60  G2  Y-30  R50;
N70  G1  X11;                           切削外形
N80  G3  X-11  R-11  F90;
N90  G1  X-40  1200;
N100  G2  X-50  Y0  R50;
N110  G3  X-60  Y10  R10;               走过渡段
N120  G40  G1  X-70  Y0;                切削刀具半径补偿
N130  M99;                              子程序结束并返回主程序
```

旋转槽的子程序。

```
O3221;                                  子程序名
N10  G90  G68  X25  Y0  R45;            绕点（X25，Y0）逆时针旋转 45°
N20  G91  Z-3.5  F30;                   增量向下进给 3.5mm
N30  G41  X-4  Y6  D3  F60;             刀具半径左补偿
N40  G3  X-6.5  Y6.5  R6.5;             走 1/4 圆弧过渡段
N50  X-7  Y-7  R7;
N60  G1  Y-11;
N70  G3  X7  Y-7  R7;
N80  G1  X21;
N90  G3  X7  Y7  R7;                    加工旋转槽
N100  G1  Y11;
N110  G3  X-7  Y7  R7;
N120  G1  X-21;
N130  G3  X-6.5  Y-6.5  R6.5;           走 1/4 圆弧过渡段
N140  G40  G1  X17  Y-6;                切削刀具半径补偿
N150  G90  G69;                         取消旋转
N160  M99;                              子程序结束并返回主程序
```

加工 4mm 深大型腔的子程序。

```
O3321;                                  子程序名
N10  G41  G1  X28.5  Y0  D3  F60;       刀具半径左补偿
N20  G3  X48.5  R-10;                   走半圆过渡段
```

```
N30  X3.734  Y10  R23.5;
N40  G1  X-9;
N50  X-13  Y14;
N60  G3  X-30  R-8.5  F20;
N70  G1  Y-14  F60;                  加工大型腔
N80  G3  X-13  R-8.5  F20;
N90  G1  X-9  Y-10  F60;
N100  X3.734;
N110  G3  X48.5  Y0  R23.5;
N120  X28.5  R-10;                   走半圆过渡段
N130  G40  G1  X25  Y0;              取消刀具半径补偿
N140  M99;                           子程序结束并返回主程序
```

加工月牙型腔的子程序(注意切入点的选择,选择不当会在引入半径补偿时产生过切)。

```
O3421;                               子程序名
N10  G91  G41  G1  X-14 Y6  D4  F50; 刀具半径左补偿，增量移动
N20  G3  X-6  Y-6  R6  F10;          走 1/4 圆弧过渡段
N30  X7.5  Y-7.5  R7.5  F20;
N40  G1  X12.5  F50;
N50  G3  Y15  R-7.5  F20;            加工月牙型腔
N60  G1  X-12.5  F50;
N70  G3  X-7.5  Y-7.5  R7.5  F20;
N80  X6  Y-6  R6  F50;               走 1/4 圆弧过渡段
N90  G90  G1  G40  X-7.5  Y0;        取消刀具半径补偿
N100  M99;                           子程序结束并返回主程序
```

任务七　加工中心高级操作工实操考核四

零件如图 16–7 所示，评分标准略，工件材料为 45 钢，毛坯尺寸为 160mm×118mm×40mm，除上表面以外其他表面均已加工，并符合图纸要求，应用加工中心编程并加工出符合图纸要求的零件。

一、工艺分析

此工件从图样中可以看到轮廓的周边曲线圆弧和粗糙度值要求都较高，零件的装夹采用平口钳装夹。在安装工件时，要注意安装在钳口中间部位。安装台虎钳时，要对它的固定钳口找正，工件被加工部分要高出钳口，避免刀具与钳口发生干涉。安装工件时，注意工件上浮。如图将工件坐标系 G54 建立在工件上表面、零件的对称中心处。针对零件图样要求给出加工工序如下。

（1）铣大平面，保证尺寸 38，选用ϕ80 可转位面铣刀（T1）。

（2）铣月形外形及平台面，选用ϕ32 立铣刀（T2）。

（3）铣整个外形，选用ϕ16 立铣刀（T3）。

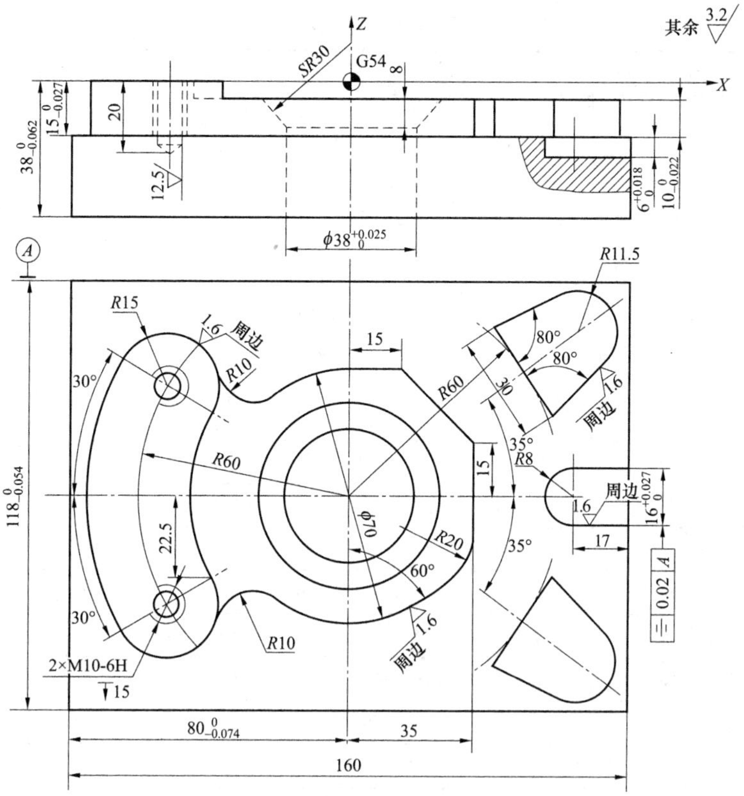

图 16–7　高级操作工实操考核四零件图

（4）铣两个凸台，选用ϕ16 立铣刀（T3）。

（5）铣边角料，选用ϕ16 立铣刀（T3）。

（6）铣键槽 16，选用ϕ12 键铣刀（T4）粗铣，ϕ16 立铣刀（T3）精铣。

（7）钻孔ϕ8.5，选用ϕ8.5 钻头（T5）。

（8）钻孔ϕ32，选用ϕ32 钻头（T6）。

（9）铣孔ϕ37.6，选用ϕ16 立铣刀（T3）。

（10）镗孔ϕ38，ϕ38 精镗刀（T7）。

（11）铣凹圆球面，选用ϕ16 立铣刀（T3）。

（12）钻两螺纹底孔ϕ8.5，选用ϕ8.5 钻头（T5）。

（13）攻螺纹 M10，选用 M10 机用丝锥（T8）。

二、刀具的选择

加工工序中采用的刀具为ϕ80 可转位面铣刀、ϕ32 立铣刀、ϕ16 立铣刀、ϕ12 键铣刀、ϕ8.5 钻头、ϕ32 钻头、ϕ38 精镗刀、M10 机用丝锥。

三、切削参数的选择

各工序刀具的切削参数见表 16–5。

表 16–5　　各工序刀具的切削参数

机床型号 TH5660A		加工数据					
序号	加工面	刀具号	刀具类型	主轴转速（r/min）	进给速度（mm/min）	刀具补偿号	
						长度	半径
1	铣上平面	T1	ϕ80 可转位面铣刀	800	100	H01	D11
2	铣月形外形及平台面	T2	ϕ32 立铣刀	200	50	H02	D12
3	铣整个外形	T3	ϕ16 立铣刀	350	40	H03	D13
4	铣两个凸台	T3	ϕ16 立铣刀	350	40	H03	D13
5	铣边角料	T3	ϕ16 立铣刀	350	40	H03	D13
6	粗铣键槽 16	T4	ϕ12 键铣刀	600	45	H04	D14
7	精铣键槽 16	T3	ϕ16 立铣刀	350	40	H03	D13
8	钻孔ϕ8.5	T5	ϕ8.5 钻头	600	35	H05	
9	钻孔ϕ 32	T6	ϕ32 钻头	150	30	H06	
10	铣孔ϕ37.6	T3	ϕ16 立铣刀	350	40	H03	D03
11	镗孔ϕ38	T7	ϕ 38 精镗刀	900	25	H07	
12	铣凹圆球面	T3	ϕ16 立铣刀	800	200	H03	D03
13	钻两螺纹底孔ϕ8.5	T5	ϕ8.5 钻头	600	35	H05	
14	攻丝 M10	T8	M10 机用丝锥	100		H10	D10

四、编写程序

使用 FANUC 0*i*–MC 系统编程，程序如下。

```
O1111;                          主程序名
N10  G98  G90  G80  G40  G17;   绝对编程，取消刀补，取消固定循环
N20  G53  G49  G0  Z0;          选择机床坐标系，返回参考点，取消长度补偿
N30  M19;                       主轴定位
N40  M6  T1;                    换刀 1 号刀；ϕ80 可转位面铣刀
N50  S500  M3;                  主轴正转，转速 500r/min
N60  G0  G54  X130  Y-30;       工件坐标系建立，快速定位
N70  G0  G43  Z50  H01;         快速进刀，刀补值加入
N80  M7;                        切削液开
N90  Z0.5;                      快速进刀
N100  G01  X-130  F120;         平面铣削进刀
N110  G0  Z50;                  抬刀
N120  X130  Y30;                快速定位铣削起点
N130  Z0.5;                     快速进刀
N140  G01  X-130  F120;         平面铣削进刀
N150  G0  Z50;                  抬刀
N160  S800;                     换速，转速 800r/min
```

N170 G0 X130 Y-30;	快速定位铣削起点
NI80 Z0;	快速进刀
N190 G01 X-130 F100;	平面铣削进刀
N200 G0 Z50;	抬刀
N210 M9;	切削液关
N220 M5;	主轴转停
N230 G53 G0 G49 Z0;	返回参考点，取消长度补偿
N240 M19;	主轴定位
N250 M6 T2;	换刀 2 号刀；ϕ32 立铣刀
N260 S200 M3;	主轴正转，转速 200r/min
N270 G0 G54 X0 Y0;	工件坐标系建立，快速定位
N280 G0 G43 Z50 H02;	快速进刀，加入刀具长度补偿值
N290 M7;	切削液开
N300 M98 P0001;	调用子程序 O0001，粗铣上轮廓
N310 G0 G90 Z50;	快速抬刀
N320 X65 Y-80;	快速定位点
N330 G0 Z2;	快速进刀
N340 G01 Z-5 F200;	进刀到 Z 轴背吃刀量
N350 G01 Y60 F50;	切削外形多余料
N360 X35;	
N370 Y-60;	往复走刀去除余料
N380 X5;	
N390 Y60;	
N400 X-25;	
N410 Y-80;	
N420 M9;	切削液关
N430 M5;	主轴转停
N440 G53 G0 G49 Z0;	返回参考点，取消长度补偿
N450 M19;	主轴定位
N460 M6 T3;	换刀 3 号刀；ϕ16 立铣刀
N470 S350 M3;	主轴正转，转速 350r/min
N480 G0 G54 X0 Y0;	工件坐标系建立，快速定位
N490 G0 G43 Z50 H03;	快速进刀，刀补值加入
N500 M7;	切削液开
N510 M98 P0002;	调用子程序 O0002，铣削整个外轮廓，通过更改 D03 中的刀具半径值实现轮廓粗和精加工
N520 G0 Z50;	快速抬刀
N530 X0 Y0;	快速定位点
N540 M98 P0003;	调用子程序 O0003，铣削耳凸台 1
N550 G68 X0 Y0 R70;	工件坐标系旋转 70°
N560 M98 P0003;	调用子程序 O0003，铣削耳凸台 2
N570 G69;	取消坐标系旋转
N580 G0 Z50;	快速抬刀

N590 X90 Y-30;	快速定位点
N600 Z2;	快速进刀
N610 G01 Z-15 F200;	进刀到 Z 轴背吃刀量
N620 G01 X80 Y-20 F50;	切削外形多余料
N630 Y20;	
N640 X50 Y0;	往复走刀去除余料
N650 X80 Y-20;	
N660 G0 Z50;	快速抬刀
N670 X24 Y-70;	快速定位点
N680 Z2;	快速进刀
N690 G01 Z-15 F200;	进刀到 Z 轴背吃刀量
N700 G01 Y-51 F50;	切削外形多余料
N710 X-20;	
N720 Y-61;	往复走刀去除余料
N730 X-80;	
N740 Y-51;	
N750 G0 Z50;	快速抬刀
N760 X24 Y70;	快速定位点
N770 Z2;	快速进刀
N780 G01 Z-15 F200;	进刀到 Z 轴背吃刀量
N790 G01 Y51 F50;	切削外形多余料
N800 X-23;	
N810 Y61;	
N820 X-80;	往复走刀去除余料
N830 Y51;	
N840 G0 Z100;	快速抬刀
N850 M9;	切削液关
N860 M5;	主轴转停
N870 G53 G0 G49 Z0;	返回参考点，取消长度补偿
N880 M19;	主轴定位
N890 M6 T4;	换刀 4 号刀；ϕ12 键铣刀
N900 S600 M3;	主轴正转，转速 600r/min
N910 G0 G54 X90 Y0;	工件坐标系建立，快速定位
N920 G0 G43 Z50 H04;	快速进刀，刀补值加入
N930 M7;	切削液开
N940 Z-21;	进刀到 Z 轴背吃刀量
N950 G01 X63 F45;	粗铣 16 键槽
N960 G01 Z-12 F200;	工进抬刀
N970 G0 Z50;	快速抬刀
N980 M9;	切削液关
N990 M5;	主轴转停
N1000 G53 G0 G49 Z0;	返回参考点，取消长度补偿
N1010 M19;	主轴定位

```
N1020  M6  T3;                               换刀 3 号刀；φ16 立铣刀
N1030  S400  M3;                             主轴正转，转速 400r/min
N1040  G0  G54  X90  Y0;                     工件坐标系建立，快速定位
N1050  G0  G43  Z50  H03;                    快速进刀，刀补值加入
N1060  M7;                                   切削液开
N1070  Z-21;                                 进刀到 Z 轴背吃刀量
N1080  G01  X63  F40;                        精铣 16 键槽
N1090  G01  Z-12  F200;                      工进抬刀
N1100  G0  Z200;                             快速退刀
N1110  M9;                                   切削液关
N1120  M5;                                   主轴转停
N1130  G53  G0  G49  Z0;                     返回参考点，取消长度补偿
N1140  M19;                                  主轴定位
N1150  M6  T5;                               换刀 5 号刀；φ8.5 钻头
N1160  S600  M3  F35;                        主轴正转，转速 600r/min，进给速度 35mm/min
N1170  G0  G54  X0 Y0;                       工件坐标系建立，快速定位
N1180  G0  G43  Z50  H05;                    快速进刀，刀补值加入
N1190  M7;                                   切削液开
N2000  G98  G83  X0  Y0  Z-42  R3  Q10;      钻孔循环定位钻孔（回起始平面）
N2010  G80  G0  Z30;                         取消固定循环
N2020  M9;                                   切削液关
N2030  M5;                                   主轴转停
N2040  G53  G0  G49  Z0;                     返回参考点，取消长度补偿
N2050  M19;                                  主轴定位
N2060  M6  T6;                               换 6 号刀；φ32 钻头
N2070  S150  M3  F30;                        主轴正转，转速 150r/min，进给速度 30mm/min
N2080  G0  G54  X0  Y0  D1;                  工件坐标系建立，快速定位
N2090  G0  G43  Z50  H06;                    快速进刀，刀补值加入
N2100  M7;                                   切削液开
N2110  G98  G83  X0  Y0  Z-48  R3  Q10;      钻孔循环定位钻孔（回起始平面）
N2120  G80  G0  Z30;                         取消固定循环
N2130  M9;                                   切削液关
N2140  M5;                                   主轴转停
N2150  G53  G0  G49  Z0;                     返回参考点，取消长度补偿
N2160  M19;                                  主轴定位
N2170  M6  T3;                               换 3 号刀；φ16 立铣刀
N2180  S350  M3;                             主轴正转，转速 350r/min
N2190  G0  G54  X0  Y0;                      工件坐标系建立，快速定位
N2200  G0  G43  Z5  H03;                     快速进刀，刀补值加入
N2210  M7;                                   切削液开
N2220  G01  Z-39  F500;                      进刀到 Z 轴背吃刀量
N2230  G01  G42  X19  F40  D03;              激活刀具半径右补偿进刀
N2240  G2  I-19  F50;                        顺圆弧切削整圆，粗铣φ38 内孔，改变 D03 中
```

	的半径值可实现
N2245 G01 Z2 F500;	工进抬刀
N2250 G01 G40 X0 F500;	取消刀具半径补偿退刀
N2260 G0 Z50;	快速抬刀
N2270 M9;	切削液关
N2280 M5;	主轴转停
N2290 G53 G0 G49 Z0;	返回参考点，取消长度补偿
N2300 M19;	主轴定位
N2310 M6 T7;	换 7 号刀；ϕ38 精镗刀
N2320 S900 M3 F25;	主轴正转，转速 900r/min
N2330 G0 G54 X0 Y0;	工件坐标系建立，快速定位
N2340 G0 G43 Z5 H07;	快速进刀，刀补值加入
N2350 M7;	切削液开
N2360 G98 G86 X0 Y0 Z-39 R3;	镗孔循环定位钻孔（回起始平面）
N2370 G80 G0 Z30;	取消固定循环
N2380 M9;	切削液关
N2390 M5;	主轴转停
N2400 G53 G0 G49 Z0;	返回参考点，取消长度补偿
N2410 M19;	主轴定位
N2420 M6 T3;	换 3 号刀；ϕ16 立铣刀
N2430 S800 M3;	主轴正转，转速 800r/min
N2440 G0 G55 X0 Y0;	工件坐标系 G55 建立，快速定位
N2450 G0 G43 Z5 H03;	快速进刀，刀补值加入
N2460 G0 Z-15;	快速进刀
N2470 #100=-15.22;	定义圆球起始点的 Z 值
N2480 #101=-23.22;	定义圆球终止点的 Z 值
N2490 WHILE [#100 GE #101] DO 1;	判断 Z 值是否已到达终点，当条件不满足时退出循环体
N2500 #102=SQRT(30*30-#100*#100);	圆弧起点 X 轴点的坐标计算
N2510 #103=#102-8;	圆球起点 X 轴点的实际坐标值；减去刀具半径
N2520 G01 X [#103] F1000;	进给到圆球 X 轴的起点
N2530 Z [#100] F100;	进给到圆球 Z 轴的起点
N2540 G17 G2 I [-#103] F150;	整圆铣削加工
N2550 #100=#100-0.04;	Z 值每次减少量
N2560 END 1;	循环体结束
N2570 G0 G90 Z100;	快速回退
N2580 M9;	切削液关
N2590 M5;	主轴转停
N2600 G53 G0 G49 Z0;	返回参考点，取消长度补偿
N2610 M19;	主轴定位
N2620 M6 T5;	换 5 号刀；ϕ8.5 钻头
N2630 S600 M3 F35;	主轴正转，转速 600r/min，进给速度 35mm/min
N2640 G0 G54 X0 Y0;	工件坐标系建立，快速定位

N2650 G0 G43 Z5 H05;	快速进刀，刀补值加入
N2660 M7;	切削液开
N2670 G98 G83 X-51.962 Y30 Z-42 R3 Q10;	钻孔循环定位钻孔 1（回起始平面）
N2680 X-51.962 Y-30;	定位钻孔 2
N2690 G80 G0 Z30;	取消固定循环
N2700 MCALL;	取消模态调用
N2710 M9;	切削液关
N2720 M5;	主轴转停
N2730 G53 G0 G49 Z0;	返回参考点，取消长度补偿
N2740 M19;	主轴定位
N2750 M6 T8;	换 8 号刀；M10 机用丝锥
N2760 S100 M3;	主轴正转，转速 100r/min
N2770 G0 G54 X0 Y0;	工件坐标系建立，刀补值加入，快速定位
N2780 G0 G43 Z5 H08;	快速进刀，刀补值加入
N2790 M7;	切削液开
N2800 M19;	主轴定位
N2810 G99 G84 X0 Y0 Z-15 R5 P200 F150;	攻螺纹循环；螺矩 1.5mm
N2820 G80 G01 Z30 F1500;	取消固定循环
N2830 G0 G90 Z200;	快速抬刀
N2840 Y150;	工作台退至工件装卸位
N2850 G53 G0 G49 Z0;	返回参考点，取消长度补偿
N2860 M9;	切削液关
N2870 M5;	主轴转停
N2880 M30;	程序结束

O0001 为上部分腰形轮廓外形精加工子程序。

O0001;	子程序名
N10 G0 X-100 Y-30;	快速定位点
N20 Z2;	快速进给
N30 G01 Z-5 F200;	进刀到背吃刀量
N40 G01 G41 X-75 Y0 D02 F50;	激活刀具半径补偿，实现刀具半径左补偿切入轮廓
N50 G02 X-64.952 Y37.5 R75;	轮廓加工
N60 X-38.971 Y22.5 R15;	轮廓加工
N70 G03 X-38.971 Y-22.5 R45;	轮廓加工
N80 G02 X-64.952 Y-37.5 R15;	轮廓加工
N90 G02 X-75 Y0 R75;	轮廓加工
N100 G01 Z2 F200;	工进抬刀
N110 G0 Z50;	快速抬刀
N120 G0 G40 X-100 Y-30;	取消刀具半径补偿快速回退起始点
N130 M99;	子程序结束返回

O0002 为整个轮廓外形精加工子程序。

```
O0002;                                  子程序名
N10  G0  X100  Y-30;                    快速定位点
N20  Z2;                                快速进给
N30  G0  Z-15  F500;                    进刀到背吃刀量
N40  G0  G42  X90  Y0  D03  F50;        激活刀具半径补偿，实现刀具半径右补偿切入
                                        轮廓
N50  X35;                               N50～N180 为轮廓加工
N60  Y15;
N70  X15  Y35;
N80  X0  Y35;
N90  G03  X-21.456  Y27.652  R35;
N100  G02  X-37.336  Y33.332  R10;
N110  G03  X-64.952  Y37.5  R15;
N120  X-64.952  Y-37.5  R75;
N130  X-37.336  Y-33.332  R15;
N140  G02  X-21.456  Y-27.652  R10;
N150  G03  X17.5  Y-30.311  R35;
N160  G01  X25  Y-25.98;
N170  G03  X35  Y-8.66  R20;
N180  G01  Y18;
N190  G01  Z2  F200;                    工进抬刀
N200  G0  G40  Z50;                     取消刀具半径补偿快速回退抬刀
N210  M99;                              子程序结束返回
```

O0003 为耳凸台轮廓精加工子程序。

```
O0003;                                  子程序名
N10  G0  X20  Y-110 ;                   快速定位点
N20  Z2;                                快速进给
N30  G01  Z-15  F500;                   进刀到背吃刀量
N40  G01  G41  X20  Y-76.033  D03  F50; 激活刀具半径补偿，实现刀具半径左补偿切入
                                        轮廓
N50  G01  X40.545  Y-46.702;            N50～N90 为轮廓加工
N60  X57.753  Y-22.127;
N70  X72.716  Y-37.091;
N80  G02  X59.725  Y-55.645  R11.5;
N90  G01  X38.705  Y-45.844;
N100  G01  Z2  F200;                    工进抬刀
N110  G0  Z50;                          快速抬刀
N120  G0  G40  X20  Y-110;              取消刀具半径补偿快速回退起始点
N130  M99;                              子程序结束返回
```

参　考　文　献

[1] 龙光涛. 数控铣削（含加工中心）编程与考级（FANUC 系统）[M]. 北京：化学工业出版，2009.
[2] 沈建峰，黄俊刚. 数控铣床/加工中心技能鉴定考点分析和试题集萃 [M]. 北京：化学工业出版社，2007.
[3] 徐衡，段晓旭. 数控铣床 [M]. 北京：化学工业出版社，2005.
[4] 秦曼华. 数控铣床 Fanuc 系统编程与操作实训 [M]. 北京：中国劳动和社会保障出版社，2009.
[5] 宗国成，等. 数控铣工技能鉴定考核培训教程 [M]. 北京：机械工业出版社，2008.
[6] 周虹. 数控编程与实训（第 2 版）[M]. 北京：人民邮电出版社，2009.
[7] 霍苏萍，等. 数控铣削加工工艺编程与操作 [M]. 北京：人民邮电出版社，2009.
[8] 高恒星，孙仲峰. Fanuc 系统数控铣/加工中心加工工艺与技能训练 [M]. 北京：人民邮电出版社，2009.
[9] 仲小敏，王娟. Siemens 系统数控铣/加工中心加工工艺与技能训练 [M]. 北京：人民邮电出版社，2009.